普通高等教育"十二五"规划教材

生物化学

符爱云　主编

李天骄　何　庆　副主编

化学工业出版社

·北京·

本书是编者在已有生物化学教材的基础上，参考近年来国内外生物化学的进展编写而成。内容包括：蛋白质、核酸、酶学、维生素与辅酶、生物能学和生物氧化、糖代谢、脂类代谢、蛋白质的降解和氨基酸的代谢、核酸代谢、蛋白质的生物合成和物质代谢调控等。内容吸收了国际、国内生物化学的最新进展，内容丰富，图文并茂，便于教师教学使用和学生自学。同时，为了培养学生的学习兴趣，部分章节后面附带了阅读材料，能够让读者加深对相关知识点的理解，并且了解该领域发展的前沿方向。

　　本书通俗易懂，具有一定的深度和广度，适合生物学、农学、医学等相关专业使用，也可作为参考书供相关领域或学科的科学工作者阅读。

图书在版编目（CIP）数据

　生物化学/符爱云主编． —北京：化学工业出版社，2014.9

　普通高等教育"十二五"规划教材

　ISBN 978-7-122-21370-9

　Ⅰ.①生…　Ⅱ.①符…　Ⅲ.①生物化学-高等学校-教材　Ⅳ.①Q5

中国版本图书馆 CIP 数据核字（2014）第 161151 号

责任编辑：赵玉清　　　　　　文字编辑：魏　巍
责任校对：宋　夏　　　　　　装帧设计：关　飞

出版发行：化学工业出版社（北京市东城区青年湖南街 13 号　邮政编码 100011）
印　　装：大厂聚鑫印刷有限责任公司
787mm×1092mm　1/16　印张 17½　字数 448 千字　　2015 年 1 月北京第 1 版第 1 次印刷

购书咨询：010-64518888（传真：010-64519686）　　售后服务：010-64518899
网　　址：http://www.cip.com.cn
凡购买本书，如有缺损质量问题，本社销售中心负责调换。

定　　价：35.00 元

前言

生物化学 （biochemistry） 是运用化学的理论和方法研究生命物质的学科。 其任务主要是了解生物的化学组成、 结构及生命过程中各种化学变化。 从早期对生物总体组成的研究， 进展到对各种组织和细胞成分的精确分析。 目前正在运用诸如光谱分析、 同位素标记、 X 射线衍射、 电子显微镜以及其他物理学、 化学技术， 对重要的生物大分子 （如蛋白质、 核酸等） 进行分析， 以期说明这些生物大分子的多种多样的功能与它们特定的结构关系。

生物化学是生物科学中最活跃的分支学科之一， 是现代生物学和生物工程技术的重要基础， 它不仅与多门学科有着广泛的联系， 而且发展迅速， 新知识、 新技术不断涌现， 尤其是分子生物学领域则发展更快。 工业、 农业、 医药、 食品、 能源、 环境科学等越来越多的研究领域都以生物化学理论为依据， 以其实验技术为手段。 生物化学是高等院校生物科学及农业科学各专业普遍开设的重要专业基础课程。 打好坚实的生物化学基础， 使学生对该学科的基本理论与基本研究技术的原理有较全面和清晰的理解， 是学生对相关专业知识的学习和研究工作的共同需要。

本书的编写适当强调对基本概念、 重要原理的解释， 以便读者更好地理解生物化学基本知识。 编写过程中， 以已有的生物化学教材为基础， 参考近年来国内外生物化学的进展编写而成。 内容包括： 蛋白质、 核酸、 酶学、 维生素与辅酶、 生物能学和生物氧化、 糖代谢、 脂类代谢、 蛋白质的降解和氨基酸的代谢、 核酸代谢、 蛋白质的生物合成和物质代谢调控等。本书内容吸收了生物化学国际、 国内的最新进展， 内容丰富， 图文并茂， 便于教师教学使用和学生自学。 同时， 为了培养学生的学习兴趣， 部分章节后面附带了阅读材料， 能够让读者加深对相关知识点的理解， 并且了解该领域发展的前沿方向。 同时对教学基本要求部分力图体现精简的原则， 理论联系实际， 同时也注重反映本学科领域的新进展， 从而帮助读者加深对基本教学要求内容的掌握， 为相关课程奠定必需的生化基础。

本书通俗易懂， 具有一定的深度和广度， 在编写过程中， 尽量实现教材内容的科学性、准确性、 系统性和实用性。 该书适合生物学、 农学、 医学等相关专业使用， 也可作为参考书供相关领域或学科的科学工作者阅读。

本教材由符爱云担任主编， 李天骄、 何庆担任副主编， 赵静、 朱清华、 张红参加了编写工作。 本书在编写过程中， 参照和引用了现已发行的相关教材的部分内容及相关资料， 在此予以说明并深表感谢， 由于受理论水平、 实践经验及资料所限， 虽经努力， 但教材中仍有不足之处， 敬请广大读者批评指正。

编者
2014 年 7 月

目录

第1章 绪论

导读

　　生命的本质是化学反应，是更高级的化学反应，生物化学（biochemistry）是运用化学的理论和方法研究生物（包括人类、动物、植物和微生物等）体内基本物质的化学组成、化学变化（物质代谢）及其与生理功能之间关系的一门科学，是生物学和化学学科的相互交叉和渗透产生的崭新学科。地球上的生物尽管十分复杂。但构成生物体的化学元素却基本相同，包括 C、H、O、N、P、S 和少数其他元素。生命现象也遵循和符合化学规律。因此，我们可以运用化学的基本原理和方法，来探索生命现象的本质。因其在分子水平上探讨生命现象的本质，因此生物化学又称生命的化学。

　　21 世纪是生命科学与技术高速发展的时代，它的发展使人类活动和生活方式发生了深刻变化，同时给农业、轻工业、医药行业等带来了重大的革新，而这些变化都离不开生物化学学科的发展。现代生物化学主要是在分子水平上研究生物体内各种物质的化学本质及其在生命活动过程中的化学变化规律。人类要了解各种生物的生长、生殖、生理、遗传、衰老、抗性、疾病、生命起源和演化等现象都需要应用生物化学的基本原理和方法。生物化学是生命科学的基础，特别是生理学、微生物学、遗传学、细胞生物学等学科，在分子生物学、基因-蛋白质组学、生物信息学等新兴学科中也占有特别重要的位置。生物化学课程是我国高等院校生物学类和大多数非生物学类专业学生的学科基础，是后续一系列重要课程的基础，具有举足轻重的地位。

1.1 生物化学的研究范围与内容

1.1.1 生物体的化学组成、结构与功能

　　生物体内的化学物质是各种生命活动最基本的物质基础，本部分内容主要研究生物体的化学物质组成以及结构、性质和功能，这部分也通常称为静态生物化学。

　　生物体的化学组成种类繁多、结构复杂、功能各异，而构成生物体的主要元素有 C、O、H、N、P、S、Cl、Mg、K、Na、Ca、Fe、Cu、Mo、Al 等。上述化学元素在体内可构成两大类化学物质，第一类为水及无机盐类，第二类为碳氢化合物（生物有机化合物）。除了水及无机盐类之外，大多数生物的化学组成包括 30 种小分子前体物质。主要包括以下物质。

　　① 氨基酸：氨基酸是蛋白质的基本结构单元或构件分子，也参与许多其他结构物质和活性物质的组成。

② 碱基：五种芳香族碱基（两种嘌呤和三种嘧啶）。

③ 糖类：葡萄糖和核糖。

④ 脂肪酸、甘油和胆碱。

由上述前体物质组成的蛋白质、核酸、脂类和多糖是生物体四大类基本物质。除此以外，生物体还含有可溶性糖、有机酸、维生素、激素、生物碱及无机离子等物质。

1.1.2　物质代谢及调控

物质代谢及调控是生物化学研究的核心内容，主要研究生命的化学组成成分在生物体内进行的分解与合成、相互转化与制约，以及物质转化过程中伴随的能量转换等问题，通常称为动态生物化学，或生理生物化学。

生物体最显著同时也是不同于无生命体的基本特征是新陈代谢，新陈代谢是生物体与外界环境进行物质交换与能量交换，维护内环境相对稳定的过程。其中，生物体从周围环境摄取营养物质和能量，通过体内一系列化学变化合成自身的组成物质，这个过程称为同化作用（assimilation）；生物体内原有的物质又经过一系列的化学变化最终分解为不能利用的废物和热量排出体外，进入周围环境中去的过程称为异化作用（dissimilation）。

新陈代谢是生命活动的物质基础和推动力，生物体的所有生命现象，包括生长、发育、遗传、变异等都建立在生物从不停止的新陈代谢基础之上，在这些变化中，生物体内特殊的生物催化剂——酶起着决定性的作用。酶参与了绝大部分的化学反应，酶的结构和酶量的变化对代谢的调节起着重要的作用。在生物体内各类物质都有其各自的分解和合成途径，而且各种途径的速率总是能恰到好处地满足机体的需要，并且各种途径之间互不干扰，互相配合，彼此协调，互相转化，这说明生物体内有高度精密的自动调节控制系统。

新陈代谢过程中，在生物体进行物质转化的同时伴随着能量转化。生物体内的最初能量来源是太阳的辐射能，太阳光能是生物生命活动的最终能源。太阳能通过以绿色植物为主的光合作用进入植物体内并转变为化学能储存在以碳水化合物为主的有机物中，再进入动物体内。糖类是细胞的结构物质和储藏物质，既是合成其他生物分子的碳源，又是生物界进行代谢活动的主要能源，生物体内的能量有70%是由糖类氧化分解提供的。

脂类是生物膜的重要结构成分，可防止热量散发并且可储存能量、提供生物体需要的能量。

1.1.3　遗传信息的传递与表达

除了生物体的化学组成、结构与功能以及物质代谢与调控，遗传信息的传递与表达也是生物化学研究的核心内容，即机能生物化学，也称为分子生物化学或综合生物化学。生命现象得以延续不断地进行就在于生物体能够自我复制，一方面生物体可以进行繁殖以产生相同的后代，另一方面多细胞生物在细胞分裂过程中也维持了相似的基本组成。生物体可以在细胞间和世代间保证准确的信息复制和信息传送。核酸是遗传信息的载体，DNA是遗传的主要物质基础，生物体内遗传信息传递的主要通路是由DNA的复制和RNA的转录以及蛋白质的生物合成构成的。DNA重组、转基因、基因剔除、新基因克隆、人类基因组计划及功能基因组计划等的发展，将大大推动这一领域的研究进程。

1.2　生物化学发展简史

生物学是一门既古老又年轻的学科，生物化学的研究始于18世纪，但到20世纪初才成为一门独立的学科，这是生物化学发展的第一阶段。20 世纪初开始，生物化学进入蓬勃的发展阶段，这是生物化学发展的第二阶段。20 世纪中叶后，分子生物学的崛起成为生物化学发展的显著特征，这是生物化学发展的第三阶段。

第一阶段：18 世纪 70 年代至 20 世纪初，随着近代化学和生理学的发展，生物化学学科开始形成，是生物化学的初期阶段，主要研究生物体的化学组成。

1774 年，英国人约瑟夫·普里斯特利（Joseph Priestley）发现了氧气，并指出动物消耗氧而植物产生氧。

1785 年，拉瓦锡（Attoine-Laurent Lavoisier）证明动物在一定时期内吸进的氧气被消耗，呼出的是二氧化碳，同时放出热能，在呼吸过程中有氧化作用。这是生物氧化与能量代谢研究的开端。

1770—1786 年，瑞典人卡尔舍勒（C. W. Scheele）分离了甘油、柠檬酸、苹果酸、乳酸、尿酸等。

1779—1796 年，荷兰人简·英格豪茨（Jan Ingenbousz）证明在光照条件下绿色植物吸收 CO_2 并放出 O_2。

1828 年，维勒（Wohler）首次使用无机物合成了有机物即尿素，从而打破了有机物只能靠生物产生的观点，给"生机论"以重大打击。

1842 年，李比希（Justus von Liebig）首次提出新陈代谢这个名词。

1828 年，维勒合成了尿素 $[CO(NH_2)_2 = NH_4CNO]$。

1877 年，德国医生霍佩-塞勒（Hoppe-Seyler）首先使用"biochemistry"一词，生物化学作为一门新兴学科诞生。

1897 年，法国生理学家爱德华·布赫纳（Buchner）证实不含细胞的酵母提取液也能使糖发酵，引进了生物催化剂的概念。

第二阶段：从 20 世纪初到 20 世纪 40 年代，随着化学分析及同位素技术的发展与应用，生物化学进入动态生物化学的时期，在蛋白质、酶、激素和物质代谢及生物氧化方面有了很大进展。这个阶段，生物化学基本上阐明了酶的化学本质以及与能量代谢有关的物质代谢途径。

1926 年，美国化学家萨姆纳（Sumner）首次从刀豆提取液中分离纯化得到脲酶结晶，并证明它具有蛋白质的性质，提出酶的本质是蛋白质的观点。

20 世纪前半叶，美国生物化学家门德尔（Lafayette Benedict Mendel）发现了维生素和蛋白质的营养价值，建立了现代营养学概念，随后又证明不同蛋白质的营养价值决定于必需氨基酸的种类和数量。

20 世纪 30 年代以后，生物化学在研究生物体的新陈代谢及其调控机制方面取得了重大进展，相继对糖酵解、三羧酸循环、氧化磷酸化、磷酸戊糖途径等进行了详细的研究。在研究糖酵解方面，G. Embden、O. Meyerhof、J. K. Parnas 三位科学家做出了非常大的贡献。H. A. Krebs 证明了三羧酸循环，M. Calvin 证明了光合碳代谢途径，并获得了 1961 年诺贝尔化学奖。这些研究使在物质代谢方面，基本确定了生物体内物质的代谢途径。

我国生物化学家吴宪（1893—1959 年）在 1931 年提出了蛋白质变性的概念，吴宪堪称中国生物化学的奠基人，他在血液分析、蛋白质变性、食物营养和免疫化学等四个领域都做出了重要贡献，并培养了许多生化学家。

第三阶段：20 世纪中叶以来，借助于各种理化技术，对蛋白质、酶、核酸等生物大分子进行化学组成、序列、空间结构及其生物学功能的研究，并进行了人工合成，创立了基因工程，生物化学的研究逐渐深入到了分子水平。

1950 年，莱纳斯·鲍林（Linus Pauling）提出蛋白质，发现了 α-螺旋二级结构。1953 年，詹姆斯·沃森（J. D. watson 和弗朗西斯·克里克（F. H. Crick）提出了 DNA 的双螺旋模型，为揭示遗传信息传递规律奠定了基础，是公认的人类科学发展史上的里程碑。1958 年，弗朗西斯·克里克提出分子遗传的中心法则，从而揭示了核酸和蛋白质之间的信息传递关系。弗朗西斯·克里克又于 1961 年证明了遗传密码的通用性。1966 年由 H. G. Khorana 和 Nirenberg 合作破译了遗传密码，至此遗传信息在生物体由 DNA 到蛋白质的传递过程已经弄清。

1961 年，法国科学家莫诺（J. L. Monod，1910—1976 年）与雅可布（F. Jacob）发表"蛋白质合成中的遗传调节机制"一文，提出操纵子学说，开创了基因调控的研究。

1965 年，罗伯特·霍利（Robert W. Hollcy）等测定了第 1 个核酸——酵母丙氨酸转移核糖核酸的一级结构，即核苷酸的排列顺序。同年，Phillips 等人用 X 射线晶体结构分析法阐明了溶菌酶的三维结构，这一成果的发表标志着结构生物学研究的开始，高分辨率的酶三维结构使得了解酶在分子水平上的工作机制成为可能。

1965 年，中国学者用化学方法成功完成了人工合成具有生物活性的蛋白质-结晶牛胰岛素，1983 年又采用有机合成和酶促合成相结合的方法，完成了酵母丙氨酸转移核糖核酸的人工全合成。

1969 年，美国生化学家尼伦伯格（Marshall Warren Nirenberg）在破译遗传密码方面做出重要贡献。美籍生化学家科兰纳（Khorana）合成了精确结构已知的核酸分子，首次人工复制成酵母基因。霍利（R. W. Holly）阐明酵母丙氨酸 tRNA 的核苷酸排列顺序，上述三人分享了 1969 年的诺贝尔奖。

1970 年，Temin 和 Baltimore 几乎同时发现逆向转录酶，证实了 Temin 在 1964 年提出的"前病毒假说"，阐明在劳氏肉瘤病毒（RSV）感染以后，首先产生含 RNA 病毒基因组全部遗传信息的 DNA 前病毒，而子代病毒的 RNA 则是以前病毒的 DNA 为模板进行合成。

1972—1973 年，Berg 等成功地进行了 DNA 体外重组；Cohen 创建了分子克隆技术，在体外构建成具有生物学功能的细菌质粒，开创了基因工程新纪元。在此同时，Boyer 等在 E. coli 中成功表达了人工合成的生长激素释放抑制因子基因。

1975 年，埃德温·迈勒·萨瑟恩（Edwin Mellor Southern）发明了凝胶电泳分离 DNA 片段的印迹法。

1979 年，艾伦·所罗门（Solomon）和沃特·波曼（Bodmer）最先提出至少 200 个限制性片段长度多态性（RELP）可作为连接人的整个基因组图谱的基础。

1983 年 Karry Mullis 等发明了聚合酶链式反应（PCR）；Smith 等报道了 DNA 测序中应用荧光标记取代同位素标记的方法。

1985 年，凯利·穆利斯（Mullis）等人发明了聚合酶链式反应（polymerase chain reaction）；迈克尔·史密斯（Mike Smith）等报道了 DNA 测序中应用荧光标记取代同位素标记的方法。

1985 年 5 月，美国 Santa Cruz 加州大学校长 R. Sinsheimer 提出人类基因组研究计划，1986 年 8 月美国科学院生命科学委员会确定由 Bruce Alberts 负责的 15 人小组起草确定这个提议的报告，联邦政府 1987 年正式开始启动这一计划。

1994 年，日本科学家在《Nature Genetics》上发表了水稻基因组遗传图，Wilson 等用 3 年时间完成了线虫（C. elegans）3 号染色体连续的 2.2 Mb 的测定，预示着百万碱基规模的 DNA 序列测定时代的到来。

1997 年，伊恩·威尔穆特（Ian wilmut）等首次不经过受精，用成年母羊体细胞的遗传物质，成功地获得克隆羊——多莉（Dolly）。

1998 年，保罗·勒纳尔（Renard）等用体细胞操作获得克隆牛——Marguerife，再次证明从体细胞可克隆出遗传上完全相同的哺乳动物；Gene Bank 公布最新人的"基因图谱 98"，代表了 30181 条基因定位的信息；Venter 对人类基因组计划提出新的战略——全基因组随机测序，毛细血管电泳测序仪启动。

1999 年，甘特·布洛贝尔（Gunter Blobel）发现细胞中内在的的运输和定位信号，并具体展示了这种信号在发送过程中的分子状态。

2001 年，利兰·哈特韦尔（Hartwell）发现和研究了细胞周期分裂基因，保罗·纳斯（Paul Nurse）和蒂莫西·亨特（Tim Hunt）分别发现了调节细胞周期的关键分子周期蛋白依赖性激酶（cyclin-dependent kinases，CDKs）及调节 CDKs 功能的因子蛋白。

2003 年，罗德里克·麦金农通过对钾离子通道 KcsA 的研究，认为是离子筛结构的构象变化使得钾离子通道选择性地通透钾离子，阐述了钾离子通道结构及功能机制。而彼得·阿格雷（Peter Agre）发现了细胞膜水通道，他们的发现阐明了盐分和水如何进出组成活体的细胞。

2004 年，以色列科学家阿龙·切哈诺沃（Aaron Ciechanover）、阿夫拉姆·赫什科（Avram Hershko）和美国科学家欧文·罗斯（Irwin Rose）因发现泛素调节的蛋白质降解被授予 2004 年诺贝尔化学奖。泛素控制的蛋白质降解具有重要的生理意义，他不仅能清除错误的蛋白质，对细胞生长周期、DNA 复制以及染色体结构都有重要的调控作用。

2006 年，美国科学家安德鲁·法尔（Andrew Fire）和克雷格·梅洛（Craig C. Mello）发现了核糖核酸（RNA）干扰机制，RNA 干扰已被广泛用作研究基因功能的一种手段，并有望在未来帮助科学家开发出治疗疾病的新疗法。

2007 年，美国科学家马里奥·卡佩奇（Mario R. Capecchi）、奥利弗·史密斯（Oliver Smithies）和英国科学家马丁·埃文斯（Martin J. Evans）等人的一系列突破性的发现为基因靶向技术的发展奠定了基础。基因靶向技术已广泛应用于基因功能研究、人类疾病动物模型的研制以及经济动物遗传物质的改良等方面，给现代生物学和医学研究带来了革命性的变化，并直接引发了现代生物学和医学研究各个领域中许多突破性的进展，成为后基因组时代研究基因功能最直接和最有效的方法之一。

2008 年，华裔美国科学家钱永健、美因科学家马丁·沙尔菲（Martin Chalfie）和日本科学家下村修等人在绿色荧光蛋白的研究和应用方面作出了突出贡献。

2009 年，三位美园科学家伊丽莎白·布莱克本（Elizabeth Blackburn）卡罗尔·格雷德（Carol Greider）、杰克·绍斯塔克（Jack Szostak），发现了端粒和端粒酶保护染色体的机理，他们的工作解决了个重要的生物学问题，即线性染色体的末端是如何实现完整复制，以及如何避免核酸酶的降解以维持染色体的稳定性。

从以上所述的生物化学的发展中，可以看出 20 世纪 50 年代的双螺旋结构，60 年代的操纵子学说，70 年代的 DNA 重组，80 年代的 PCR 技术，90 年代的 DNA 测序都具有里程碑的意义。其中又以核酸的研究为核心，带动着分子生物学向纵深发展，将生命科学带向一个由宏观到微观再到宏观，由分析到综合的时代；现代生物化学正在进一步发展，其基本理论和实验方法均已渗透到科学各个领域，无论在哪个方面都在不断取得重大进展。经过大约两个世纪的时间，通过很多杰出的生物工作者的辛勤研究现已成为独立完整的新科学。今后生物化学遂将发展，这就有待于后来人的努力了。综上所述，可知生物化学在生命科学中的位置是越来越重要的，生物化学的理论和技术介入了所有各门生物科学。

1.3 生物化学的应用与发展前景

1.3.1 生物化学的应用

生物化学的产生和发展不仅大大推动了生命科学研究的迅猛发展，同时，为农业、工业、医药、食品加工生产等发展提供了重要的理论知识和实验技术。因此，生物化学不仅仅成为推动生命科学及其他相关学科发展的重要工具，更是有利促进了社会经济的发展和人们生活水平的提高。

1.3.1.1 在农业生产中的应用

在农业生产上，生物化学将作为有力的工具和手段，对农业中的作物栽培、作物品种鉴定、遗传育种、土壤农业化学、豆科作物的共生固氮、植物的抗逆性、植物病虫害防治等问题加以研究和解决。

在农业科学中，栽培学是研究作物栽培、服务于农业生产的理论和技术。运用生物化学的知识，可以研究作物的生长发育规律与环境条件的关系、有关的调节控制技术及其原理，对于提高作物产品的数量和质量、降低生产成本、提高劳动效率和经济效益具有重要意义。

作物品种鉴定是农业生产中一个很重要的课题。常用常规鉴定方法如田间种植鉴定法、籽粒形态鉴定法、物理化学鉴定法等存在着鉴定结果需要周期长、准确度低、应用范围受限制等问题。生化鉴定法是在分子水平上对具有不同遗传特性的种子予以鉴别。它是一种准确性较高、发展快的种子纯度鉴定方法。具有经济方便、准确快速等特点。常用的生化鉴定方法包括同工酶电泳、蛋白质电泳、高效液相色谱和抗体反应等方法。其中同工酶和蛋白质电泳技术在纯度检测中显示了强大的生命力。如运用电泳的方法将不同品种中的储藏蛋白分离，染色后显现出蛋白质的区带，不同作物品种具有不同的区带，因此，可以将这些区带编号，再根据某一品种的蛋白质区带即可查出它属于什么品种。同时，还可利用现代分子生物学中的限制性酶切片段长度多态性分析技术，直接提取同一作物小同品种的种子 DNA，进行限制性内切酶消化并进行电泳分析，根据不同品种具有其独特的电泳谱带来鉴别种子。

在生物化学研究过程中，人们已经知道负责生物遗传变异的物质基因是脱氧核糖核酸 DNA 的片段，改变 DNA 的性质和结构，就可以改变生物的遗传特性。例如，将某一基因引入生物体内，可以不受亲缘关系的限制进行品种改良，甚至创造出新品种。

土壤农业化学的深入研究依赖生物化学的基础知识。土壤微生物学、土坡酶学和土壤营养元素的研究可以揭示土壤中有机成分的分解转化过程，有助于提高土壤肥力和植物对养分的吸收利用。土壤中的微生物可分泌出多种胞外酶，这些酶与土壤中有机成分的转化及营养物质的释放有密切关系，影响着土壤中营养的有效性。这些问题的研究都要应用生物化学的原理和方法，属于生物化学的研究内容。豆科植物的共生固氮作用是生物化学的一个重要课题。

生物固氮是 21 世纪的一个研究课题，氮素是增加谷物产量的重要因子，人们可以将固氮基因或固氮生物转移到禾本科粮食作物上，使其能像豆科植物那样自行固氮，从而降低化肥使用量，减少污染。

作物的抗寒性、抗旱性、抗盐性、抗虫以及抗病性的研究离不开生物化学。以抗寒性为例，抗寒性是作物的重要遗传性状，过去育种要在田间鉴定作物的抗寒性，而现在已经知道抗寒性与作物的生物膜有密切关系，生物膜上的膜脂流动性越大，作物的抗寒性越强，反之抗寒性弱。抗寒品种的膜脂中不饱和脂肪酸含量高，非抗寒品种不饱和脂肪酸含量低。另外，抗寒性还与膜上的许多种酶有密切关系，如 ATP 酶、过氧化物歧化酶（superoxide dismutase，SOI）等。所以现在可利用生物化学方法鉴定作物的抗寒性。

生物化学的理论可以作为病虫害防治和植物保护的理论基础，用于研究植物被病原微生物侵染以后的代谢变化，了解植物抗病性的机理。病菌及害虫的生物化学特征，化学药剂如杀菌剂、杀虫剂和除草剂的毒性机理，以提高植物对环境的适应能力，增强植物生产力，使植物资源更好地为人类服务。

此外，畜牧、桑蚕养殖等农业生产领域，以及农产品、畜产品、水产品储藏、保鲜等都有应用相关的生物化学知识。

1.3.1.2　在工业生产中的应用

在某些轻工业生产中，生物化学在发酵、食品、纺织、制药、皮革等行业都需要广泛地应用生物化学的基本理论及技术。例如皮革的鞣制、脱毛，蚕丝的脱胶，棉布的浆纱都用酶法代替了老工艺。近代发酵工业、生物制品及制药工业包括抗生素、有机溶剂、有机酸、氨基酸、酶制剂、激素、血液制品及疫苗等均创造了相当巨大的经济价值，特别是固定化酶和固定化细胞技术的应用更促进了酶工业和发酵工业的发展。

1.3.1.3　在医学领域的应用

生物化学与医学的发展密切相关，生物化学已经渗透到医学科学的各个领域，是一门重要的医学基础课程。人的病理状态是由于细胞的化学成分发生了改变，从而引起代谢及身体机能的紊乱。根据疾病的发病原因以及病原体与人体在代谢和调控上的差异，设计或筛选出各种高效低毒的药物来防治疾病等，这些问题的研究都需要应用生物化学的理论和技术合成生化药物。

（1）生物化学的发展促进对人或动物致病机理的认识

从医学方面讲，人或动物的病理状态往往是由于细胞中化学成分的改变，从而引起功能的紊乱。例如，血液中脂类物质含量增高是心血管疾病的特征之一，如冠心病、血管栓塞引起的脑出血、脑血栓等症状；血红蛋白一级结构的改变可以溶血，如人被毒蛇咬伤后丧命，是由于蛇毒液中含有磷酸二酯酶，使血细胞溶血所致等，许多疾病的临床诊断愈来愈多地依赖于生化指标的测定。

（2）生物化学理论和方法促进生化药物研究与开发

生化药物是一类从动物、植物及微生物体内分离、纯化所得，以及用生物化学法合成或用现代生物技术制得，用于预防、治疗和诊断疾病的生化基本物质。这些药物的特点是来自生物体，基本生化成分即氨基酸、肽、蛋白质、酶、辅酶、多糖、脂质、生物胺、核酸，以及其衍生物、降解产物及大分子的结构修饰物等。这些物质成分均具有生物活性或生理功能，毒副作用极小，药效高而被服用者接受。上述物质的理化性质确定、生物活性检验、效价测定以及安全性检查等，都与生物化学理论与技术密不可分。

1.3.1.4　在环境保护领域的应用

技术的不断进步与经济的迅速发展给人类带来巨大改变的同时也给人类居住的环境带来了巨大的污染，已经严重危害人类的生存与发展，如目前引人关注的水质污染、雾霾等。通过筛选良好的微生物菌株进行转化，或使用微生物发酵产物对污染废水进行处理，这些都与生化理论和方法密切相关。

此外，航空航天事业、海洋资源的开发利用等都离不开生物化学及由它发展起来的生物化学工程技术。

1.3.2　生物化学发展前景

20 世纪 70 年代，生物化学的迅速发展形成了一门独立的新学科——分子生物学。分子生物学被看成是生命科学以崭新的面目进入 21 世纪的带头学科，是从生物大分子和生物膜的结构、性质和功能的关系来阐明生物体繁殖、遗传等生命过程中的一些基本生化机理问题，如生物进化、遗传变异、细胞增殖、分化、转化、个体发育、衰老等。

在分子生物学基础上又发展起来一门新兴的技术中科——生物工程，包括基因工程、酶工程、细胞工程、发酵工程、生化工程、蛋白质工程、海洋生物工程、生物计算机及生物传感器等主要八大工程。其中基因工程是生物工程的核心。人们试图像设计机器或建筑物一样，定向设计并构建具有特定优良性状的新物种、新品系，结合发酵和生化工程的原理和技术，生产出新的生物产品。尽管仍处于起步阶段，但目前用生物工程技术手段已经大规模生产出动植物体内含量少但为人类所需的蛋白质，如干扰素、生长素、胰岛素、肝炎疫苗等珍贵药物，展示出其广阔的应用前景，对人类的生产和生活将产生巨大而深远的影响，是 21 世纪新兴技术产业之一。

世人瞩目的人类基因组计划（human genome project，HGP）是由美国科学家于 1985 年率先提出，于 1990 年正式启动。来自美国、英国、法国、德国、日本、中国六国的科学家组成了一个多国合作小组，共同参与了这一预算达 30 亿美元的研究项目，希望在 2005 年前能够获得人类 DNA 序列的图谱，揭开组成人体 4 万个基因的 20 亿个碱基对的秘密。在人类基团组计划启动八年后的 1998 年 5 月，美国私营的塞莱拉基因公司（Celera Genomics Group）宣称，要在 3 年内以所谓的"人类全基因组散弹法测序策略"完成人类的基因组测序，要在无政府投资条件下早于多国合作小组完成人类基因组计划。由于塞莱拉基因公司的竞争，多国合作小组不得不改进其策略，加速工作进程，人类基因组计划得以提前完成。2000 年 6 月 26 日，多国合作的人类基因组计划的官方机构和塞莱拉基因公司共同宣布人类基因组工作草图基本绘制完成，已测定出人类 90% 以上的 DNA 碱基序列；2001 年初，完成了 99% 的人类基因组草图。

2001 年 2 月 12 日，联合宣布人类基因组测序工作完成。在人类基因组计划中，还包括对模式生物基因组的研究：酵母、大肠杆菌、果蝇、线虫、小鼠、拟南芥、水稻、玉米等的基因组计划也都相继完成或正在进行。

人类基因组计划的目的不只是为了读出全部的 DNA 序列，更重要的是读懂每个基因的功能及每个基因与某种疾病的相互关系，对生命进行真正系统地科学解码，以期从根本上了解生命的起源、了解生物体生长发育的规律、认识物种之间和个体之间存在差异的起因、认识疾病产生的机制以及长寿与衰老等生命现象。伴随着人类基因组计划的进行，许多崭新的生物技术应运而生并得到了实际应用，如在 mRNA 水平上，通过 DNA 芯片（DNA chip）和微阵列分析法（mlcroarray analysis）以及基因表达连续分析法（serial analysis of gence expression，SAGE）等技术检测到了成千上万基因的表达。同时，一些新兴学科也相继诞生，如生物信息学（bioinformatios）、功能基因组学（functional genomics）、蛋白质组学（protcomics）等。因此，作为新世纪的科技工作者，学习并掌握生物化学的基础理论、基础知识和基本技能，对于了解现代生物科学技术发展的前沿知识和发展动态，是十分必要的。

1.4 生物化学与其他学科的关系

1.4.1 生物化学与化学的关系

生物化学与化学特别是有机化学和物理化学有着密切的联系。生物化学发展的历史告诉我们，生物化学是在不断地研究和阐明生命现象中的化学问题过程中发展起来的。几乎所有生物化学的重要发现和突破，都包含了大量化学方面的研究工作。例如，三羧酸循环的发现和阐明，遗传物质 DNA 的确定以及 DNA 双螺旋结构的发现、蛋白质的组成和结构测定等都是生物化学家和化学家们共同努力的结果。

1.4.2　生物化学与生物学的关系

生物化学与分子生物学被看成是一对姐妹学科，她们携手把生命科学带入 21 世纪，成为生命科学的带头学科。尽管很难明确地划分，但一般认为，以生物化学、生物物理学、微生物学和遗传学为基础发展起来的分子生物学，其主要任务是从分子水平来阐明生命现象和生物学规律，更倾向于研究生物大分子和生物膜的结构、性质、功能及其相互关系，并以此来阐明生命过程的一些基本问题。生物化学则偏重于研究上述问题的化学基础和化学变化，由此可见两者实际密不可分。

1.4.2.1　生理学

生物化学与生理学关系密切，研究植物生命活动原理的植物生理学，必然要涉及植物体内有机物代谢这一重要内容，而有机物代谢的途径和机理正是生物化学的核心内容之一。

1.4.2.2　遗传学

遗传规律决定生命活动基本方式，遗传学的研究与分子生物学和生物化学有着密切关系。遗传学研究生命过程中遗传信息的传递与变异。核酸是遗传信息的载体，遗传信息的表达是通过将核酸所携带的遗传信息翻译为蛋白质来实现的。所以、核酸和蛋白质的结构、性质、代谢与功能是遗传学和生物化学的重要内存。将生物化学与遗传学相结合的边缘学科也被称为分子遗传学或狭义的分子生物学，主要研究核酸的复制、转录、表达、调控及其与其他生命活动的关系。

1.4.2.3　微生物学

生物化学与微生物学的联系也十分密切，目前积累的许多生物化学知识有相当部分是用微生物为研究材料获得的，如大肠杆菌是被广泛应用的试验材料。而生物化学的理论又是研究微生物形态、分类和生命活动过程的理论基础。在研究微生物的代谢和生命活动、病毒的本质以及免疫的化学过程、抗体的产生机制等方面都会应用到生物化学的理论和技术。

1.4.2.4　细胞生物学

细胞生物学研究生物细胞的形态、结构和功能，探索组成细胞的各种化学物质的性质及其变化规律，这些都要应用生物化学的知识和理论。

1.4.2.5　生物分类学

目前的研究发现，不同生物体内某些蛋白质具有一定的保守性，因此可以作为判断物种遗传和亲缘关系的可靠指标。蛋白质及其他特殊生化成分可以作为生物分类的依据，以补充形态分类的不足，解决分类学中的难题。

1.5　生物化学的学习方法

生物化学的内容体系庞杂，知识点多，理论、概念和各部分内容之间的内在联系均较难把握。尤其是对非生物专业的学生由于本门课程课时较少，要对本课程的概况和基础理论有全面的把握和深入理解，不仅要有正确的学习态度，还要有正确的学习方法。学习生物化学时，要有明确的学习目的，同时还要有勤奋的学习态度和科学的学习方法。

生物化学是生命科学领域最重要的基础学科之一，它的理论在专业人才培养体系中具有重要意义。所以对该课程从思想上要给予高度重视。本门课程既有理论深度，又与每个人自身生活实际密切联系，同时也与当今社会科技领域的热点与焦点问题相关。带着问题，带着兴趣，以探究的心态去学习，会大大提高学习效率。

本课程的各章节间存在着有机的联系。各部分内容的学习绝不能孤立地进行，学习新知识要结合复习旧知识进行，并善于区分各知识间的相同点与不同点，认识知识间的本质联系，采用科学的方法，努力构筑知识网，促进知识迁移，防止负迁移。

生物化学要求记忆的内容较多，学习者要采用科学的记忆方法，好的记忆方法应符合记忆的规律，符合学科的特点，符合个人记忆的特点。在学习中反对死记硬背，要分清楚哪些需要记忆，哪些根本就不需要记忆。如氨基酸的三字母和单字母符号、一些关键词的缩写、氨基酸和碱基的结构等是需要记的，而有些分子的结构式如维生素 B_1 等并不需要记。大力提倡在理解的前提下记忆，要抓住重点和核心内容，选择性地记忆。如记忆蛋白质的结构时，首先明确各级结构描述的对象，再去记忆其中各结构层次的类型及特点。在记忆难度最大的代谢过程中的各物质来源、去路及代谢途径联系时，可采用框架图或表格形式，先记住处于各途径交会点的代谢中间物，再记住代谢过程的各关键酶，最后再记具体途径和各普通代谢中间物，这样不仅记忆效果好，又能加深理解。

应将所学的基础理论知识应用到实际中，做到理论联系实际。要重视实验的研究方法，通过实验课和练习题，培养和提高分析问题和解决问题的能力。在学习基本理论知识的同时，应该注意理解科学、技术与社会间的相互关系，理解所学生物化学知识的社会价值，并运用所学知识去解释一些现象，解决一些问题，指导生产实践。如应用酶促反应动力学和维生素等章节的基础理论知识解释磺胺药物的作用机理；应用糖代谢等章节的基础理论知识解释糖尿病的发病机理和临床上的"三多一少"症状；应用维生素和核酸代谢等章节的基础理论知识解释为什么缺乏叶酸和维生素 B_{12} 会导致巨幼细胞性贫血；应用酶学等章节的基础理论知识解释酶原激活和同工酶的生理意义等。

第2章 蛋白质

导读

蛋白质的英文名称 protein，源自希腊文"最原初的"、"第一重要的"意思，蛋白质是生物体内重要的生物分子，是生物功能的主要载体，广泛存在于生物体中。根据蛋白质的元素分析，蛋白质含有 C（50%～60%）、H（6%～8%）、O（19%～24%）、N（13%～19%）以及少量的 S（4%以下），有些蛋白质还含有 P、Fe、Cu、I、Zn、Mo 等。蛋白质的平均含氮量非常接近，都在 16% 左右，这是蛋白质元素的一个特点，凯氏定氮法就是根据上述特点通过测定生物样品中的含氮量来计算出样品中蛋白质的含量：

$$蛋白质含量 = 蛋白氮 \times 6.25$$

式中，"6.25"是 16% 的倒数，为 1g 氮代表的蛋白质质量。

蛋白质具有重要的生物学功能，各种生命现象往往是通过蛋白质来体现的。生物体的主要机能都与蛋白质有关，例如生物催化作用（酶）、代谢调控作用（激素）、免疫防御作用（抗体）、运输储存作用、运动作用（躯体、心肌收缩、肠蠕动等）、生物膜功能及受体作用等。

2.1 氨基酸

2.1.1 氨基酸的一般结构及其分类

蛋白质是生物大分子，相对分子质量大且结构复杂。蛋白质可被酸、碱或蛋白酶催化水解，水解过程中，逐渐降解成分子量越来越小的肽段，直到最后水解成各种氨基酸。因为氨基酸不能再水解成更小的单位，所以氨基酸是组成蛋白质的基本结构。

目前已发现的氨基酸种类近 300 种，但是从蛋白质水解中分离出来常见的氨基酸或基本氨基酸只有 20 种。由于遗传密码只能翻译出 20 种氨基酸，因此这 20 种氨基酸也称为编码氨基酸，所有生物都利用这 20 种氨基酸作为构件组成各种蛋白质分子（表 2-1）。这些氨基酸在结构上的共同特点是：与羧基相邻的碳原子上都有一个氨基，因此被称为 α-氨基酸。

表 2-1　20 种天然氨基酸的中、英文名称及简写

中文名称	英文名称	三字母缩写	简写	中文名称	英文名称	三字母缩写	简写
甘氨酸	glycine	Gly	G	脯氨酸	proline	Pro	P
丙氨酸	alanine	Ala	A	苯丙氨酸	phenylalaine	Phe	F
缬氨酸	valine	Val	V	酪氨酸	tyrosine	Tyr	Y
亮氨酸	leucine	Leu	L	色氨酸	tryptophan	Trp	W
异亮氨酸	isoleucine	Ile	I	丝氨酸	serine	Ser	S

中文名称	英文名称	三字母缩写	简　写	中文名称	英文名称	三字母缩写	简　写
苏氨酸	threonine	Thr	T	天冬氨酸	aspartic acid	Asp	D
半胱氨酸	cystine	Cys	C	谷氨酸	glutamic acid	Glu	E
蛋氨酸	methionine	Met	M	赖氨酸	lysine	Lys	K
天冬酰胺	asparagine	Asn	N	精氨酸	arginine	Arg	R
谷氨酰胺	glutamine	Gln	Q	组氨酸	histidine	His	H

氨基酸的结构通式为：R—CH—COOH
　　　　　　　　　　　　　　|
　　　　　　　　　　　　　NH₂

链接在 α-碳上有一个氢原子和一个可变侧基链成为 R 基，各种氨基酸的区别就在于 R 基不同，各种氨基酸具有以下两个特点。

① 均具有酸性的 —COOH 和碱性的 —NH₂，使氨基酸成为两性电解质，因而各种氨基酸具有共同的化学性质。

② 如果 R≠H，则 α-碳原子为不对称碳原子，所以除甘氨酸（R═H）外，所有的氨基酸均具有旋光性。

氨基酸分类的方法有多种，目前常以氨基酸的 R 基团的结构和性质作为氨基酸分类的基础。

根据 R 基团的结构可将 20 种氨基酸分为 7 类：R 为脂肪族基团的氨基酸；R 为芳香族基团的氨基酸；R 为含硫基团的氨基酸；R 为含羟基基团的氨基酸；R 为碱性基的氨基酸；R 为酸性基团的氯基酸；R 为含酰胺基因的氨基酸。

根据 R 基团的极性大小（指细胞在 pH7 左右的解离状态下）可将氨基酸分为四类：①非极性 R 基团氨基酸；②不带电荷极性 R 基团氨基酸；③带负电荷 R 基团的氨基酸；④带正电荷 R 基团的氨基酸。这种分类方法更有利于说明不同氨基酸的蛋白质结构和功能上的作用。

2.1.1.1 非极性 R 基氨基酸

包括 8 种氨基酸（表 2-2），其中 4 种带有脂肪烃侧链的氨基酸，即丙氨酸、缬氨酸、亮氨酸和异亮氨酸。丙氨酸的侧链是一个简单的甲基，缬氨酸的侧链是一个有分支的三碳基团。亮氨酸和异亮氨酸都含有带支链的四碳侧链，这 4 种氨基酸的侧链高度疏水，因此它们倾向于聚集以避开水，这在建立和维持蛋白质的三维结构中起着重要的作用。脯氨酸是一种亚氨基酸，其环形侧链结构限制蛋白质的空间结构，有时会在多肽链中引进一个转折的变化。苯丙氨酸和色氨酸均是含有芳香环的氨基酸，其中色氨酸的侧链带有一个双环的吲哚基。甲硫氨酸含有硫氨基，也是疏水氨基酸。这组氨基酸中以丙氨酸的 R 基疏水性为最小。

表 2-2　非极性 R 基氨基酸

氨基酸名称	结构式	氨基酸名称	结构式
丙氨酸		亮氨酸	
缬氨酸		异亮氨酸	

氨基酸名称	结 构 式	氨基酸名称	结 构 式
脯氨酸	H_2C—CH_2 CH—COO^- H_2C—N H	色氨酸	C—CH_2—CH—COO^- CH NH_3^+ N H
苯丙氨酸	CH_2—CH—COO^- NH_3^+	甲硫氨酸	CH_3—S—CH_2—CH_2—CH—COO^- NH_3^+

2.1.1.2 不带电荷的极性 R 基氨基酸

包括 7 种氨基酸（表 2-3），它们的侧链含有不解离的极性基团，能与水形成氢键，比非极性 R 基氨基酸易溶于水。甘氨酸是 20 种氨基酸中结构最简单的，它的侧链是氢原子。由于甘氨酸的侧链很小，对极性强的 α-氨基和 α-羧基影响较小。丝氨酸和苏氨酸都是侧链含有羟基的极性氨基酸。半胱氨酸是一种含硫氨基酸，其侧链上含有一个巯基（—SH），虽然半胱氨酸的侧链具有疏水性，但 —SH 是一个高反应性的基团，失去氢质子倾向较大，所以是一种极性氨基酸。两个半胱氨酸分子通过二硫键连接形成胱氨酸，二硫键（disulfide bonds）由两个半胱氨酸的巯基氧化形成的，又称为二硫桥，可以在不同肽链链之间或在一条肽链内部形成，在稳定某些蛋白质的三维结构中起着重要作用。酪氨酸的侧链也含芳香族基团，结构类似于苯丙氨酸。由于酪氨酸的侧链带有极性基团（—OH），所以具有极性。

天冬酰胺和谷氨酰胺的 R 基极性是他们的酰胺基引起的，可以和水相互作用，经常出现在蛋白质分子的表面。这两种氨基酸的酰胺基可以和其他极性氨基酸形成氢键。

表 2-3 极性不带电荷 R 基团氨基酸

氨基酸名称	结 构 式	氨基酸名称	结 构 式
甘氨酸	H—C—COO^- NH_3^+	酪氨酸	HO——CH_2—C—COO^- NH_3^+
丝氨酸	HO—CH_2—C—COO^- NH_3^+	天冬酰胺	H_2N—C—CH_2—C—COO^- O NH_3^+
苏氨酸	CH_3—CH—C—COO^- OH NH_3^+	谷氨酰胺	H_2N—C—CH_2—CH_2—C—COO^- O NH_3^+
半胱氨酸	HS—CH_2—C—COO^- NH_3^+		

13

2.1.1.3　R 基团带负电荷的氨基酸

这一类包括 2 种酸性氨基酸（表 2-4）即天冬氨酸和谷氨酸，这两种氨基酸经常出现在蛋白质分子的表面，都含有两个羧基，并且第二个羧基在 pH7 左右也完全解离，因此分子带负电荷。

表 2-4　天冬氨酸和谷氨酸

氨基酸名称	结　构　式	氨基酸名称	结　构　式
天冬氨酸	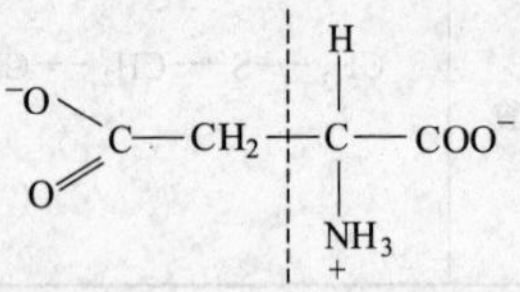	谷氨酸	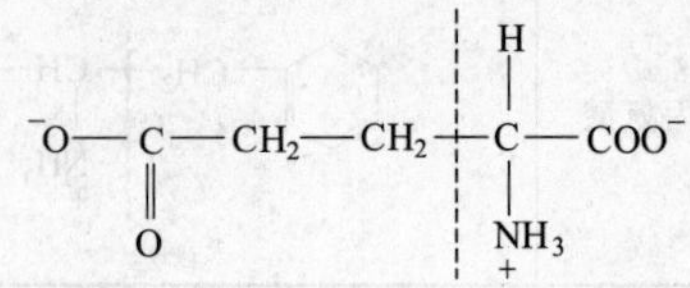

2.1.1.4　R 基团带正电荷的氨基酸

这一类氨基酸在 pH7 时携带正净电荷，侧链都带有亲水性的含氮碱基基团，属于碱性氨基酸，主要包括 3 种氨基酸（表 2-5），即组氨酸、精氨酸和赖氨酸。

组氨酸有一个弱碱性的咪唑基，是唯一一个 R 基的 pKa 值在 7 附近的氨基酸。精氨酸含有一个带正电荷的胍基，是 20 种氨基酸中碱性最强的氨基酸。赖氨酸是一个双氨基酸，含有氨基和 ε-氨基。在中性 pH 值时，C-氨基是以碱性氨离子形式存在的，在蛋白质中通常带正电荷。

表 2-5　R 基团带正电荷的氨基酸

氨基酸名称	结　构　式	氨基酸名称	结　构　式
赖氨酸	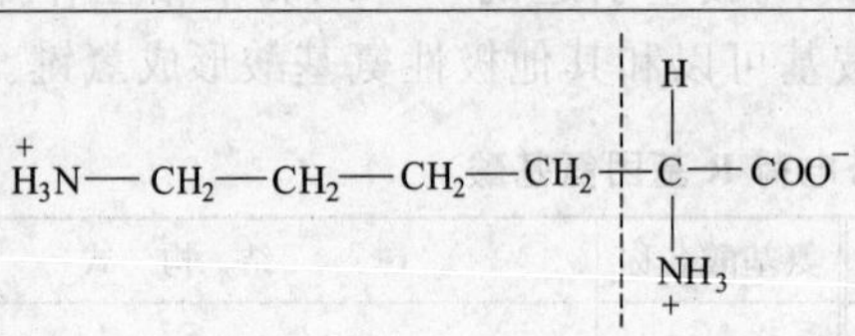	组氨酸（pH6.0 时）	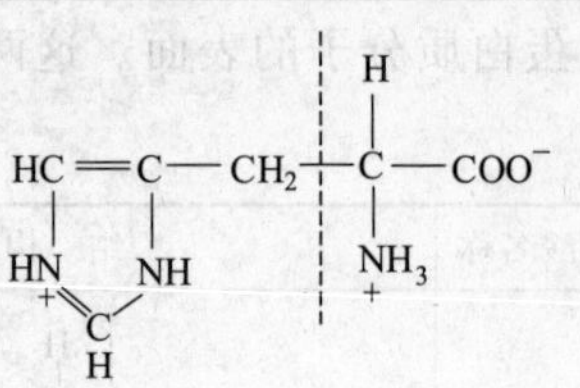
精氨酸	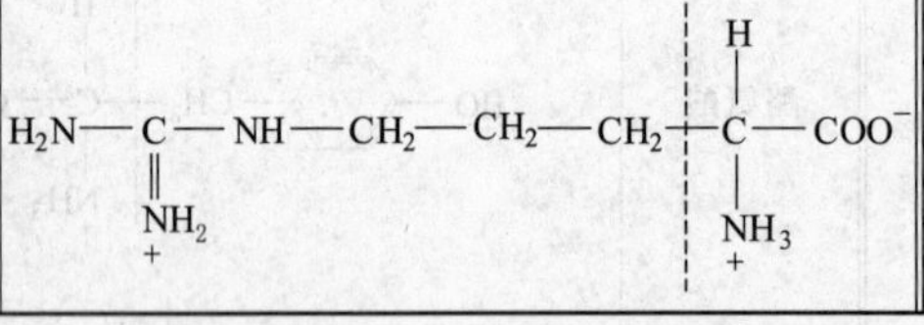		

2.1.2　非蛋白质氨基酸

除了上述 20 种基本氨基酸和少数不常见的氨基酸外，还在各种组织和细胞中找到 200 多种其他氨基酸，它们不存在于蛋白质中，而是以游离或结合状态存在于生物体内，所以称为非蛋白质氨基酸。这些氨基酸大多数是蛋白质中存在的 L 型 α-氨基酸的衍生物，如鸟氨酸（ornithine）、瓜氨酸（citrulline）、高丝氨酸（homoserine）、高胱氨酸（homocysteine）等，但也有一些是 β-、γ- 或 δ-氨基酸，这些氨基酸虽然不参与蛋白质组成，但在生物体中往往具有一定的生理功能，如有些是重要的代谢中间物，γ-氨基丁酸是传递神经冲动的化学介质，鸟氨酸和瓜氨酸是尿素循环的中间物，肌氨酸是一碳单位代谢的中间物。植物中含有很多非蛋白质氨基酸，不少这类氨基酸的生物意义尚不清楚，有待进一步研究。

2.1.3 氨基酸的理化性质

2.1.3.1 氨基酸的溶解性质

氨基酸多为无色的晶型固体。在有机化合物中，氨基酸属于熔点高的化合物，其熔点为200～300℃。氨基酸不溶于石油醚、苯等非极性溶剂，有一定的水溶性。不同的氨基酸在水中的溶解度相差较大（表2-6）。

表 2-6　氨基酸的溶解度

氨基酸	水中溶解度(25℃)	乙醇中溶解度	氨基酸	水中溶解度(25℃)	乙醇中溶解度
甘氨酸	25.0	0.0029(25℃)	L-谷氨酸	0.864	0.00027(25℃)
L-丙氨酸	16.65	0.16(20℃)	L-精氨酸	15.0	不溶
L-缬氨酸	8.85	微量溶解	L-赖氨酸	易溶	微量溶解
L-亮氨酸	2.19	0.017(25℃)	L-苯丙氨酸	2.96	不溶
L-异亮氨酸	2.23	略溶于热乙醇	L-酪氨酸	0.045	0.01(17℃)
L-丝氨酸	25.0	不溶	L-组氨酸	4.16	微量溶解
L-苏氨酸	可溶	不溶	L-色氨酸	0.25	微量溶解
L-甲硫氨酸	可溶	不溶	L-脯氨酸	162.3	1.18(19℃)
L-半胱氨酸	极易溶	可溶	L-天冬酰胺	2.989	0.0003(25℃)
L-胱氨酸	0.011	—	L-谷氨酰胺	4.25	0.00046(25℃)
L-天冬氨酸	可溶	不溶			

2.1.3.2 氨基酸的光谱性质

参与蛋白质组成的 20 种氨基酸在可见光区都不吸收可见光，但在红外区和远紫外区（$\lambda < 200nm$）都有光吸收。酪氨酸、苯丙氨酸和色氨酸等均是含有芳香族共轭双键系统，所以在近紫外区（200～400nm）有吸收光的能力。其中，酪氨酸的最大吸收波长（λ_{max}）在275nm 处，苯丙氨酸的最大吸收波长在 257nm 处。色氨酸的最大吸收波长在 280nm 处。由于大多数蛋白质都含有酪氨酸，有些蛋白质还含有色氨酸或苯丙氨酸，所以可以利用紫外分光光度法测定蛋白质的含量。

此外，芳香族的氨基酸在紫外区呈现较弱的荧光，近年来的检测表明，色氨酸显现磷光。荧光与磷光性质的研究对于研究蛋白质结构和动力学具有重要的作用。

2.1.3.3 氨基酸的旋光性

介绍氨基酸分类时，曾经提到除甘氨酸（R＝H）外，所有的氨基酸均具有旋光性，这是由氨基酸的自身结构决定的。

从氨基酸的结构可以看出，除甘氨酸的 R 侧链为氢原子外，其他氨基酸的 α-碳原子都是不对称碳原子，在此碳原子上连着四个互不相同的基团或原子（即 —R 、—NH$_2$ 、—COOH 和 H），这四个基团在空间排列的位置可以有两种形式即两种构型，D 型和 L 型。两种构型互为镜像，不能重叠，成为两个相对映的异构体它们的分子式和结构式均相同，只是构型不同。氨基酸的构型与单糖一样，以甘油醛（图 2-1）为参考物，与 D-甘油醛构型相同的氨基酸为 D-氨基酸，与 L-甘油醛构型相同的氨基酸为 L-氨基酸。从蛋白质的酸水解或酶促水解液中分离获得的氨基酸都是 L-氨基酸。

由于氨基酸分子中含不对称碳原子，所以具有旋光性，两种立体异构体也可称为旋光异构体。甘氨酸只有一种构型，无放光性。苏氨酸（图 2-2）和异亮氨酸除了 α-碳原子是一

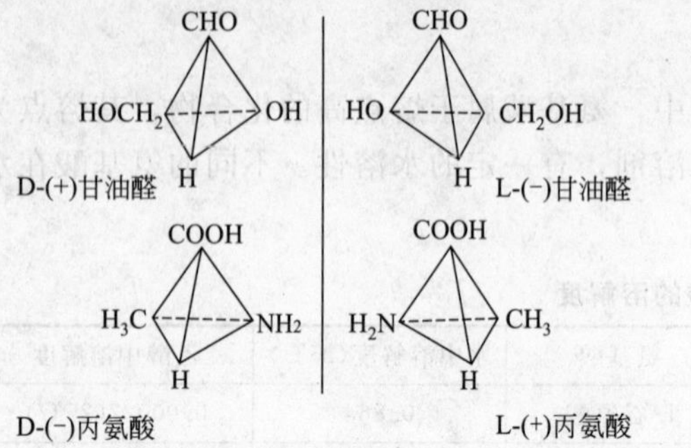

图 2-1 甘油醛和丙氨酸立体异构示意图

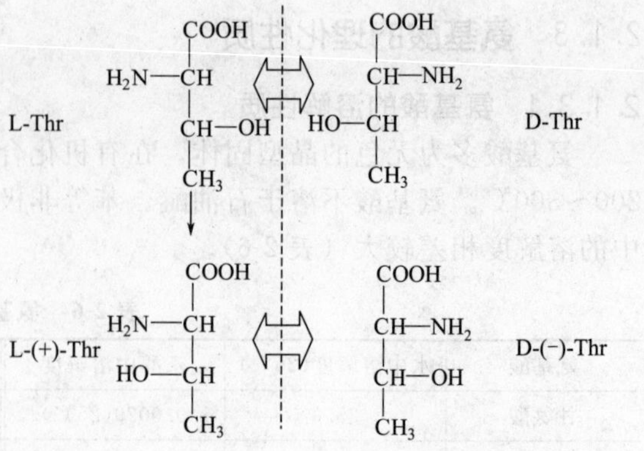

图 2-2 苏氨酸的四种光学异构体

个不对称碳原子外，还有第二个不对称碳原子，因此均有四种光学异构体，其余 17 种氨基酸有两种光学异构体。

胱氨酸是一种特殊情况，它有两个相同的不对称中心。当两个不对称中心的构型相同时，由此产生 D 型和 L 型两种异构体；当两个不对称中心不同时，一个不对称中心的构型将是另一个不对称中心构型的镜像。这样，分子内部由于对映体互相抵消而无旋光性。这种胱氨酸异构体称为内消旋胱氨酸（meso-cystime）。

外消旋体是由等量的对映体组成的混合物，无旋光性，如等物质的量的 L-苏氨酸和 D-苏氨酸混合组成外消旋体。

旋光异构体在旋光仪中旋光角度相同，但方向相反，左旋（levorotatory）用 "－" 表示，右旋（dextrorotatory）用 "＋" 表示。氨基酸的旋光符号和大小取决于它的 R 基团性质，并且与测定时的溶液 pH 值有关，这是因为在不同的 pH 值条件下氨基和羧基的解离状态不同。比旋光度是氨基酸的物理常数之一，也是鉴别各种氨基酸的一种依据。常见氨基酸的比旋光度见表 2-7。

表 2-7　常见 L-氨基酸的比旋光度

名称	相对分子质量	比旋光度（H_2O）	名称	相对分子质量	比旋光度（H_2O）	名称	相对分子质量	比旋光度（H_2O）
甘氨酸	75.05	—	赖氨酸	146.13	＋13.5	甲硫氨酸	149.15	－10.0
丙氨酸	89.06	＋1.8	组氨酸	155.09	－38.5	谷氨酰胺	146.08	＋6.3
缬氨酸	117.09	＋5.6	谷氨酸	147.08	＋12.0	半胱氨酸	121.12	－16.5
酪氨酸	181.09		胱氨酸	240.33	—	异亮氨酸	131.11	＋12.4
色氨酸	204.11	－33.7	亮氨酸	131.11	－11.0	羟脯氨酸	131.08	－76.0
丝氨酸	105.06	－7.5	脯氨酸	115.08	－86.2	苯丙氨酸	165.09	－34.5
苏氨酸	119.18	－28.5	天冬氨酸	133.6	＋5.0			
精氨酸	174.4	＋12.5	天冬酰胺	132.6	5.3			

2.1.3.4 两性解离及等电性

氨基酸分子中既含有氨基又含有羧基，在水溶液中它既可以释放质子，又可以接受质子，根据 Brönsted-Lowry 的酸碱质子理论，氨基酸在水中既起到酸的作用又起到碱的作用，故它是两性电解质（ampholyte）。氨基酸在水溶液中或固体状态时以两性离子［图 2-3(a)］形式存在，同一个氨基酸分子中带有等量的正、负两种电荷，由于正、负电荷相互中和而呈电中性，故又称为兼性离子或偶极离子（dipolarion）。当调节溶液的 pH 值至氨基酸分子中阳离子数目与阴离子数目相等时，净电荷为零，电泳时既不向阳极又不向阴极移动，这时氨基酸水溶液的 pH 值就称为该氨基酸的等电点（isoelectric point，pI），用 pI 表示，也就是说氨基酸在等电点时以两性离子形式存在，但也有少量的而且数量相等的正、负离子，还有极少量的中性分子［图 2-3(b)］。

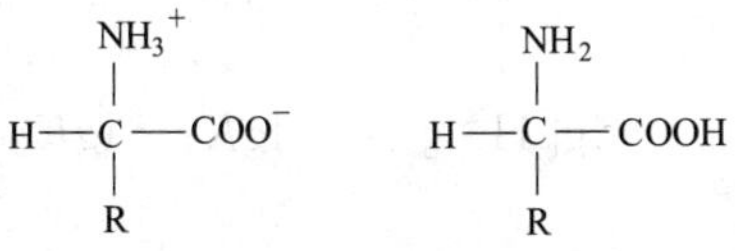

$$
\begin{array}{cc}
\underset{|}{\overset{NH_3^+}{H{-}C{-}COO^-}} & \underset{|}{\overset{NH_2}{H{-}C{-}COOH}} \\
R & R
\end{array}
$$

(a) 两性离子　　　　(b) 中性分子

图 2-3　两性离子与中性分子形式

氨基酸各个解离基的表观解离常数按其酸性强度递降的顺序，分别以 K_1'、K_2' 来表示。氨基酸完全质子化时可看作多元弱酸，各解离基团的表观解离常数按酸性减弱的顺序，以 pK_1'、pK_2'、pK_3' 表示。氨基酸可作为缓冲溶液，在 pK' 处的缓冲能力最强，pI 处的缓冲能力最弱。

因为氨基酸是两性电解质，所以它在溶液小的带电荷情况下随溶液 pH 值的变化而变化。即氨基酸上氨基和羧基的解离取决于溶液的 pH 值，当氨基酸处于偏酸性的环境中，就发生碱式电离，当氨基酸处于偏碱性的环境中，就发生酸式电离。

当溶液的 pH<pI 时，氨基酸带正电荷，在电场中向负极移动。当溶液的 pH>pI 时，氨基酸带负电荷，在电场中向正极移动。

当溶液的 pH＝pI 时，由于净电荷为零，氨基酸易凝集，此时氨基酸的溶解度最小，最易沉淀析出。由于各种氨基酸分子上所含氨基、羧基等基团的数目不同，以及各种基团的 pK 值的不同，使每种氨基酸都有各自特定的 pI。

因此在不同的 pH 值下其溶解度会发生变化，人们常利用加入酸或碱的方式来提高难溶解氨基酸的溶解度，反之通过调整 pH 值和 pI 的方式来促进氨基酸沉淀。根据这一原理，对于一个含有多种氨基酸的混合液可以分步调节其 pH 值到某一氨基酸等电点，从而使该氨基酸沉淀，达到分离的目的。例如，在谷氨酸发酵工艺中，就是将发酵液的 pH 值调节到 3.22（谷氨酸的等电点）左右，而使谷氨酸形成晶体沉淀析出。

因为每种氨基酸都有 2 个或 3 个 pK 值，所以在给定的 pH 值下，其等电点也不相同。氨基酸的等电点可由实验测定，也可根据氨基酸分子中所带的可解离基团 pK 值来计算。如根据甘氨酸的解离方程，推导出计算等电点的公式。当甘氨酸在酸性溶液中，它是以带净的正电荷的形式存在的，可以看作是个二元弱酸，有两个可解离的 H^+，即 $—COOH$ 和 $—NH_3^+$ 的 H^+。根据上述甘氨酸的解离方程可得到如下方程式。

$$K_1 = \frac{[H^+][H_3\overset{+}{N}H_2COO^-]}{[H_3\overset{+}{N}CH_2COOH]}$$

$$[H_3\overset{+}{N}CH_2COOH] = \frac{[H^+][H_3\overset{+}{N}CH_2COO^-]}{K_1}$$

$$K_2 = \frac{[H^+][H_2NCH_2COO^-]}{[H_3\overset{+}{N}CH_2COO^-]}$$

$$[H_2NCH_2COO^-] = \frac{[H_3\overset{+}{N}CH_2COO^-]K_2}{[H^+]}$$

K_1、K_2为解离常数，当达到等电点时：

$$[\overset{+}{H_3}NCH_2COO^-]=[\overset{+}{H_2}NCH_2COO^-]$$

$$\frac{[H^+][\overset{+}{H_3}NCH_2COO^-]}{K_1}=\frac{[\overset{+}{H_3}NCH_2COO^-]K_2}{[H^+]}$$

则

$$K_1K_2=[H^+]^2$$

方程两边去负对数可得：

$$-\lg[H^+]^2=-\lg K_1-\lg K_2$$

由此推导出等点公式：

$$pH=pI=\frac{pK_1+pK_2}{2}$$

从上述结论可知，等电点时溶液的 pH 值与离子浓度无关，其值取决于两性离子两侧的可解离基团的 pK 值。

除碱性氨基酸的等电点为 pI＝1/2（pK_2＋pK_3）外，其他各类型（脂肪族、芳香族、含硫、醇类、酸性、酰胺类）氨基酸的等电点均为 pI＝1/2（pK_1＋pK_2）。

例如：

谷氨酸：pK_1＝2.19，pK_2＝4.25，pI＝1/2(pK_1＋pK_2)＝3.22

赖氨酸：pK_2＝8.95，pK_3＝10.53，pI＝1/2(pK_2＋pK_3)＝9.74

通过氨基酸的滴定曲线可以确定氨基酸的各个解离基团的 pK 值。图 2-4 为甘氨酸的滴定曲线。甘氨酸有两个可解离基团 —COOH 和 —NH₃⁺，它们的 pK 分别是 2.34 和 9.60。当进行甘氨酸滴定时，以外加的碱量为横坐标，以 pH 值为纵坐标可得 S 形曲线。从曲线可知，在 pH2.34 处有一转折，这时相当于 50％的羧基解离，放出的 H⁺ 被 OH⁻ 中和，溶液中 $[\overset{+}{H_3}NCH_2COO^-]＝[\overset{+}{H_2}NCH_2COO^-]$，此时 pH＝$pK_1$。当继续加入碱，在 pH9.6 处又有一转折，这时相当于 50％的氨基解离，释放出的 H⁺ 被 OH⁻ 中和，溶液中$[\overset{+}{H_3}NCH_2COO^-]＝$

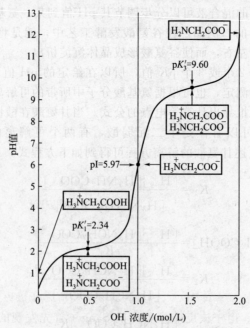

图 2-4 甘氨酸的滴定曲线

$[H_2 \overset{+}{N}CH_2COO^-]$，此时的 pH＝$pK_2$。在滴定曲线中间 pH＝5.97 处有一转折点，此时甘氨酸分子上的净电荷为零，绝大多数的甘氨酸分子以两性离子形式存在，此时的 pH 值就是甘氨酸的 pI 值。根据公式：pI＝1/2（pK_1＋pK_2）＝1/2（2.34＋9.60）＝5.97。

19 种氨基酸的 pK 值和 pI 值如表 2-8 所示。

表 2-8　氨基酸的 **pK** 值和 **pI** 值

氨基酸	pK_1（—COOH）	pK_2（—NH$_3^+$）	pK_3	pI 值
甘氨酸	2.34	9.60		5.97
丙氨酸	2.34	9.69		6.01
缬氨酸	2.32	9.62		5.97
亮氨酸	2.36	9.60		5.98
异亮氨酸	2.36	9.68		6.02
脯氨酸	1.99	10.96		6.48
苯丙氨酸	1.83	9.13		5.48
酪氨酸	2.20	9.11	10.07	5.66
色氨酸	2.38	9.39		5.89
丝氨酸	2.21	9.15		5.68
苏氨酸	2.11	9.62		5.87
半胱氨酸	1.96	8.18	10.28	5.07
天冬酰胺	2.02	8.80		5.41
谷氨酰胺	2.17	9.13		5.65
天冬氨酸	1.88	3.65	9.60	2.77
谷氨酸	2.19	4.25	9.67	3.22
赖氨酸	2.18	8.95	10.53	9.74
精氨酸	2.17	9.04	12.48	10.76
组氨酸	1.82	6.00	9.17	7.59

2.1.3.5　氨基酸的化学性质

氨基酸的化学反应主要是指它的 α-氨基和 α-羧基以及侧链上的功能团所参与的反应。下面着重讨论在蛋白质化学中具有重要意义的氨基酸化学反应。

（1）α-氨基参加的反应

氨基酸的氨基与其他的伯胺具有相近的化学性质，即可以与亚硝酸、酰氯、酸酐、醛类等发生反应，比如与丹磺酰氯（dansyl chloride）反应，反应生成的丹磺酰氯氨基酸具有很强的荧光性，利用这一特性可以用于多肽链的 N 末端氨基酸的鉴定和微量氨基酸的定量测定。

氨基酸的氨基还可以在生物体内经过氨基酸氧化酶的催化，脱去氨基转变成酮酸。α-氨基还可以与烃化剂如苯异硫氰酸酯（phenyl isothiocyanate，PITC）、2,4-二硝基氟苯（2,4-dinitrofluorobenzene，FDNB）等在弱碱条件下发生反应。

在弱碱性条件下，α-氨基与异硫氰酸苯酯（PITC）反应，生成相应的苯氨基硫代甲酰氨基酸（简称 PTC-氨基酸），然后用酸处理，PTC-氨基酸环化形成在酸中稳定的苯乙内酰硫脲氨基酸（简称 PTH-氨基酸）。蛋白质的 N-末端氨基也可以与 α-氨基反应生成 PTC-肽链，由此，瑞典科学家埃德曼创立了连续测定蛋白质或肽链 N-末端氨基酸的残基的方法，称埃德曼降解（Edman degradation）如图 2-5 所示，该方法可以连续分析 N-末端的氨基酸，根据该原理科学家设计了氨基酸自动分析仪，实现了对蛋白质一级结构的测定。

α-氨基与 2,4-二硝基氟苯（FDNB）在弱碱性（pH8～9）、暗处、室温或 40℃ 条件下，发生亲核芳环取代反应而生成黄色的二硝基苯基氨基酸（简称 DNP-氨基酸），多肽或蛋白质的 N-末端氨基酸的 α-氨基也能与 2,4-二硝基氟苯反应，所以该反应同样可以鉴定多肽或蛋白质的 N-末端氨基酸。由于该反应是英国的 Sanger 首先发现的，所以也成为 Sanger 反应，如图 2-6 所示。

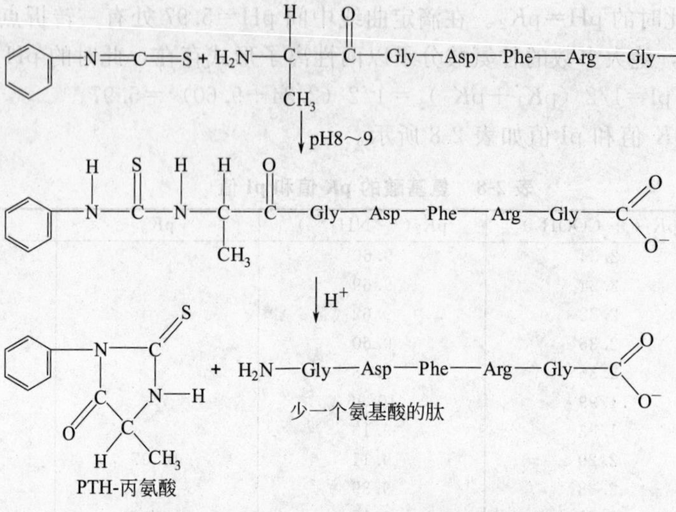

图 2-5 Edman 降解法

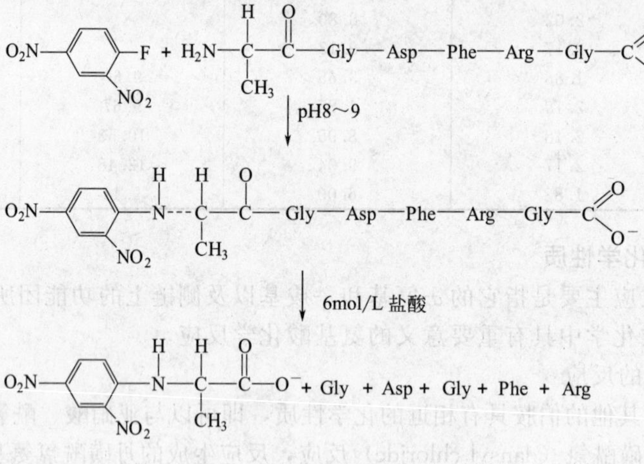

少一个氨基酸的肽

PTH-丙氨酸

图 2-6 桑格反应

（2）α-羧基参加的反应

氨基酸的 α-羧基和其他有机酸的羧基一样，在一定条件下可以与碱、醇、酸等反应，还可以发生脱羧、叠氮等化学反应。

（3）α-氨基与 α-羧基均参加的反应

氨基酸与茚三酮（ninhydrin）在弱酸性溶液中与 α-氨基和 α-羧基均可以发生反应，引起氨基酸脱氨和脱羧，最后茚三酮与产物氨和还原茚三酮发生作用，生成紫色产物，该反应在氨基酸的分析化学中具有特殊的意义。反应过程如图 2-7。

此反应十分灵敏，根据反应生成的蓝紫色作为显色剂，对氨基酸进行定性的分析，还可以使用分光光度法在 570nm 定量测定各种氨基酸的含量，而且也可以测量定量释放的二氧化碳，从而计算出参加反应的氨基酸量。

（4）侧链上的功能团所参加的反应

当氨基酸的侧链具有羟基、酚基、咪唑基、胍基等功能团时，这些官能团可以和多种试剂起反应。比如酪氨酸的酚基与重氮化合物结合生成橘黄色的结合物，这可以用于检验酪氨酸。

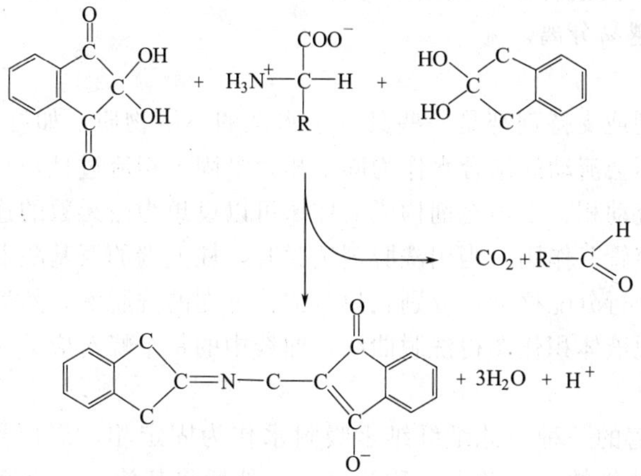

图 2-7 茚三酮反应

2.1.4 氨基酸的分离分析和鉴定

为了测定蛋白质中氨基酸的含量、组成，或从蛋白质水解液中提取氨基酸，都需要对氨基酸混合物进行分析和分离工作。氨基酸的测定方法较多，而目前使用较多的是色谱法。

2.1.4.1 分配色谱的一般原理

1903 年植物学家提出了色谱法（chromatography），他提出的方法实际上是一种吸附色谱，到了 1941 年英国科学家 Mantin 和 Synge 提出分配色谱。

色谱分离系统通常都由两个相组成，一个为固定相或静相（stationary phase），另一个为流动相或动相（mobile phase）。混合物在两相中的分离取决于混合物的组分，在这两相中的分配情况，一般用分配系数（partition coefficient，distribution coefficient）来描述。当一种溶质分布在两种互不相溶的溶剂中，在一定温度下达到平衡后，溶质在两相中的浓度之比是一个常数，称为分配系数（K_d）。用下式表示：

$$K_d = \frac{C_A}{C_B}$$

这里 C_A、C_B 分别代表某一物质在互不相溶的两相中的浓度，即 A 相（动相）和 B 相（静相）中的浓度。

物质分配不仅可以在互不相溶的两种溶剂即液-液相系统中进行，也可在固-液相或气-液相间发生。其系统中的静相可以是固相、液相或固-液混合相（半液体相）；动相可以是液相或气相，它充满于静相的空隙中，并能流过静相。

在实际色谱分离时，某一物质在色谱分离系统中的行为一般并不直接取决于它的分配系数，而是取决于有效分配系数（effective distribution coefficient，K_{eff}）：

$$K_{eff} = \frac{某一物质在 A 相中的总量}{某一物质在 B 相中的总量}$$

在液-液相色谱分离系统中：

$$K_{eff} = \frac{C_A \times V_A}{C_B \times V_B} = K_d \times R_V$$

式中，C_A 和 C_B 的意义同前；V_A 和 V_B 分别为 A 相和 B 相的体积；R_V 为 A、B 两相的体积比。由此可见，K_{eff} 是 R_v 的函数，溶质的有效分配系数可以通过调整两相的体积比而加以改变。

利用色谱分离法分离混合物如氨基酸混合物，先决条件是各种氨基酸成分的分配系数要有差异，差异越大，越易分离。

2.1.4.2 分配柱色谱

色谱柱中的填充剂或支持剂都是一些具有亲水性的不溶物质，如纤维素、淀粉、硅胶等。支持剂表面附着一层不会流动的结合水作为固定相，沿固定相流过且与它又不相溶的溶剂（如苯酚、正丁醇等）是流动相。由填充剂构成的柱床可以设想为由无数的连续的板层组成。每一板层起着微观的"分溶管"作用。当用洗脱剂洗脱时，柱上端的氨基酸混合物在两相之间按不同的分配系数不断地进行分配移动。分别收集色谱柱下端的洗脱液，然后分别用茚三酮显色定量，以氨基酸量对洗脱液体积作图得洗脱曲线，曲线中的每个峰对应某一种氨基酸。

2.1.4.3 纸色谱

纸色谱是分配色谱的一种，滤纸纤维素吸附水作为固定相，展层用的溶剂作为流动相。分离时，将样品点在滤纸的一个角上，称为原点，然后将其放入一个密闭的容器中，用一种溶剂系统进行展层。氨基酸混合物在这两相中不断分配，最后分布在滤纸的不同位置上。展层后烘干滤纸，将其旋转90°再采用另一种溶剂系统进行第二相展层。由于各种氨基酸在两个不同的溶剂系统中具有不同的迁移率，因此会彼此分开，将滤纸烘干后用茚三酮显色时，可以得到清楚的氨基酸单向色谱分离图谱。若氨基酸种类较少并且迁移率彼此相差较大时，在第一相就能分开，进行一相展层即可。

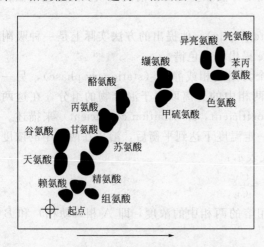

图 2-8 双向色谱分离图

图 2-9 薄板色谱法示意图

2.1.4.4 薄层色谱 （thin-layer chromatography）

薄层色谱（图 2-9）法分辨率高，需样量极少，分离速度快，可使用的支持物种类多，如纤维素粉、硅胶、氧化铝等，因此应用比较广泛。具体步骤为，把支持物涂布在玻璃板上使其成为一个均匀的薄层作为固定相，把要分析的样品滴加在薄层的一端，然后用合适的溶剂作为流动相在密闭的容器中进行展开，使混合样品得到分离、鉴定和定量。

2.1.4.5 离子交换色谱 （ion-exchange chromatography）

离子交换色谱是一种用离子交换树脂作支持剂的色谱分离法。离子交换树脂是只具有酸性或碱性基团的人工合成的聚苯乙烯-苯二乙烯等不溶性的高分子化合物。聚苯乙烯-苯二乙烯是苯乙烯（单体）和苯二乙烯（交联剂）进行聚合和交联反应生成的具有网状结构的高聚物，是离子交换树脂的基质。树脂一般都制成球形颗粒，其带电基团是通过后来的化学反应引入的。

常用的离子交换树脂分阳离子交换树脂和阴离子交换树脂两种。阳离子交换树脂含有的酸性基团，如 —SO_3H（强酸型）或 —COOH（弱酸型），可解离出 H^+，当溶液中含有其他阳离子时，例如酸性环境中的氨基酸阳离子，就可以和 H^+ 发生交换而结合在树脂上。阴离子交换树脂含有的碱性基团，如 —$N(CH_3)_3OH$（强碱型）或 —NH_3OH（弱碱型），可解离出 OH^-。能和溶液中的阴离子，如碱型环境中的氨基酸阴离子发生交换而结合在树脂上。

分离氨基酸混合物经常使用强酸型阳离子交换树脂，这是因为在 pH2～3 时，氨基酸主要以阳离子形式存在，与树脂上钠离子交换而与树脂结合，而氨基酸在树脂上结合的牢固程度，即氨基酸与树脂的亲和力，主要取决于它们之间的静电引力，其次是氨基酸侧链与树脂基质聚苯乙烯之间的疏水作用。在 pH3 左右时，氨基酸与阳离子交换树脂之间的静电引力的大小次序是碱性氨基酸＞中性氨基酸＞酸性氨基酸。因此，氨基酸的洗脱顺序大体上是从酸性氨基酸、中性氨基酸到碱性氨基酸。因为某些氨基酸和树脂之间还存在着疏水作用，所以有时与上面所述有所不同。

要将氨基酸从树脂上洗脱下来就需要降低它们之间的亲和力，有效的方法是逐步提高洗脱剂的 pH 值和盐浓度（离子强度），这样各种氨基酸将以不同的速度被洗脱下来。目前全部自动化的氨基酸分析仪就是利用了色谱分离技术，蛋白质经过酸水解释放出各种氨基酸，水解液随流动相流经色谱柱时，由于不同氨基酸化学性质（极性）的不同，与固定相结合作用的强弱不同，通过特定缓冲溶液冲洗色谱柱，使混合的氨基酸在不同的时间从固定相上洗脱下来，从而使各种氨基酸组分按一定顺序从色谱柱中分离出来，应用紫外检测仪（或荧光检测仪）检测各种氨基酸的吸光度，再与标准氨基酸吸光度比较，计算出含量。

2.1.4.6 气相色谱 （gas chromatography, GC）

当色谱分离系统的流动相为气体，固定相为涂在固体颗粒表固的液体时，此色谱分离技术称为气-液色谱 （gas-liquid chromatography）或简称为气相色谱。它是利用样品中的不同组分在流动的气相和固定在颗粒表面的液相中的分配系数不同而达到分离组分的目的。气相色谱需要用气相色谱仪进行测定，它具有微量、快速的优点。但是气相色谱在分析生物成分方面要求样品能气化和热稳定性高，而氨基酸气化十分困难，常用方法是氨基酸与苯异硫氰酸酯反应，然后经三甲基硅烷基化，便可得到容易气化的氨基酸衍生物。

2.1.4.7 高效液相色谱 （high performance liquid chromatography, HPLC）

高效液相色谱是近二十年来发展起来的一种快速、灵敏、高效的分离技术。该技术具有以下特点：使用的固定相支持剂颗粒很细，因此接触到的表面积很大；溶剂系统采用高压装置，因此洗脱速度增大。因此多种类型的色谱分离都可用 HPLC 来代替，例如分配色谱、离子交换色谱、吸附色谱以及凝胶过滤等。

2.2 肽

蛋白质是由一条或多条具有确定的氨基酸序列的多肽链构成的大分子，而肽是氨基酸按照不同的排列顺序通过肽键连接起来的，肽是介于氨基酸和蛋白质之间的物质。两个或两个以上的氨基酸脱水缩合形成若干个肽键从而组成一个肽，多个肽再组成蛋白质分子，因此，蛋白质有时也被称为"多肽"。

2.2.1 肽和肽键

肽键（peptide bond）是蛋白质分子中氨基酸之间的主要连接方式，它是由一个氨基酸的 α-羧基与另一个氨基酸的 α-氨基缩合脱水而形成的，也称酰胺键，如图 2-10 所示。

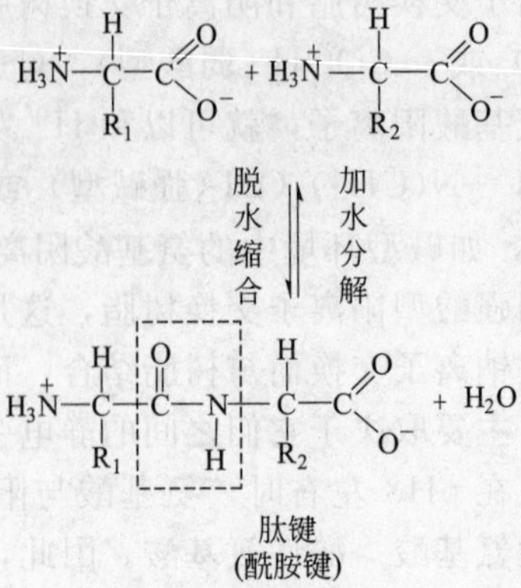

$$H_3\overset{+}{N}-\underset{R_1}{\overset{H}{\underset{|}{\overset{|}{C}}}}-\overset{O}{\overset{||}{C}}\overset{\diagup}{\diagdown}O^- \quad +H_3\overset{+}{N}-\underset{R_2}{\overset{H}{\underset{|}{\overset{|}{C}}}}-\overset{O}{\overset{||}{C}}\overset{\diagup}{\diagdown}O^-$$

脱水缩合 ↓↑ 加水分解

$$H_3\overset{+}{N}-\underset{R_1}{\overset{H}{\underset{|}{\overset{|}{C}}}}-\overset{O}{\overset{||}{C}}-\underset{H}{\overset{|}{\underset{|}{N}}}-\underset{R_2}{\overset{H}{\underset{|}{\overset{|}{C}}}}-\overset{O}{\overset{||}{C}}\overset{\diagup}{\diagdown}O^- \quad + H_2O$$

肽键
(酰胺键)

图 2-10　肽与肽键

氨基酸残基可以通过肽键连接形成线性的多肽链结构。一个多肽链的骨架是由通过肽键连接的重复单位 N—C$_\alpha$—C 而组成，酰胺氢和碳基氧结合在骨架上，不同氨基酸残基的侧链连接在 α-碳上。参与肽键形成的 2 个原子、碳基氧原子、酰胺氢原子以及 2 个相邻的 α-碳原子构成了一个肽单位（peptide unit），即 C$_\alpha$—CO—NH—C$_\alpha$，肽键的部分双键特性妨碍了 C—N 键的旋转，其结果造成肽单位实际上是个平面。但蛋白质中的每一个 N—C$_\alpha$ 键和每个 C$_\alpha$—C 键都可以自由旋转。

尽管绕肽键旋转存在很大的障碍，但肽单位可以选择两种可能构象中的一种：反式（trans）构象或顺式（cis）构象。在反式构型中，两个 α-碳及其取代基团互相远离，而在顺式构型中它们彼此接近，引起 α-碳上的 R 基之间的空间位阻，这里反式构型比顺式稳定，两者相差 8kJ/mol。因此，肽链中肽键都是反式构型。但也有例外，一般出现在脯氨酸参与的肽键，通过 X 射线分析发现，蛋白质中大约有 6% 的脯氨酸残基处于顺式构象。一个蛋白质的构象取决于肽单位绕 N—C$_\alpha$。键和 C$_\alpha$—C 键的旋转情况，旋转本身受到多肽主链和相邻残基的侧链原子之间的空间位阻的限制。

最简单的肽是由一个氨基酸的 α-羧基与一个氨基酸的 α-氨基之间失去一分子水相互连接而成，其中含有一个肽键，两个氨基酸缩合形成的肽也称为二肽（dipeptide）。类似的由三个、四个、五个等氨基酸缩合形成的肽称为三肽（tripeptide）、四肽、五肽。通常把含几个至十几个氨基酸的肽称为寡肽（oligopeptide）。由 12 个以上而不多于 20 个氨基酸形成的肽称为多肽（polypeptide），因此蛋白质的结构就是多肽链结构。多肽中氨基酸的数目差异很大，一般含有 50～2000 个。氨基酸的平均相对分子质量为 110，所以多肽的相对分子质量一般为 5500～220000。每个肽含有自由氨基的末端称为氨基端或 N-末端（amino-terminus），含有自由羧基的一端称为羧基端或 C-末端（carboxyl-terminus or C-terminus）。

2.2.2　天然存在的活性肽

除蛋白质的部分水解得到各种简单肽段外，生物体中还广泛存在着许多长短不同的游离肽，其中有些肽具有特殊的生理功能。已知很多激素、抗生素是属于肽类物质。例如，谷胱甘肽（glutathione，GSH）是一种存在于动、植物和微生物细胞中的重要的三肽，由谷氨酸、半胱氨酸和甘氨酸组成，其结构如下。

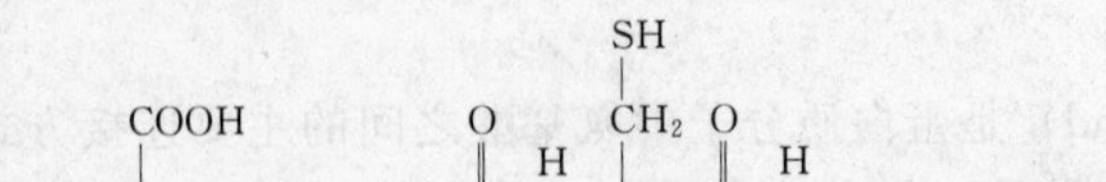

$$H_2N-\underset{|}{\overset{COOH}{CH}}-CH_2-CH_2-\overset{O}{\overset{||}{C}}-\underset{H}{\overset{}{N}}-\underset{|}{\overset{CH_2\text{-}SH}{CH}}-\overset{O}{\overset{||}{C}}-\underset{H}{\overset{}{N}}-CH_2-COOH$$

谷胱甘肽（GSH）分子中有一个特殊的 γ-肽键，是由谷氨酸的 γ-羧基与半胱氨酸的 α-氨基缩合而成的，这与蛋白质分子中的一般肽键不同。由于谷胱甘肽中含有一个活泼的巯基，很容易氧化，因此两分子谷胱甘肽脱氢以二硫键相连形成氧化型谷胱甘肽。

$$2GSH \underset{+2H}{\overset{-2H}{\rightleftharpoons}} GSSG$$

还原型谷胱甘肽是一种抗氧化剂，在红细胞中作为巯基缓冲剂存在，维持血红蛋白和红细胞其他蛋白质的半胱氨酸残基处于还原态。

生物体中还有许多具有重要生理意义的多肽，如牛加压素、牛催产素、舒缓激肽都是具有激素作用的多肽（图 2-11）。还有一些肽链形成环状结构，即没有自由的羧基端或自由的氨基端。环状肽常见于微生物中，如具有抗生素作用的短杆菌肽和短杆菌酪肽 A。又如毒蘑菇中存在的 α-鹅膏覃碱是一个环状八肽，它能抑制真核生物中 RNA 聚合酶的活性，从而抑制 RNA 生物体中部分的活性肽。肌肉中存在的鹅肌肽（anserine）和肌肽（carnosine），都是二肽，前者是 β-丙氨酰-1-甲基组氨酸，后者是 β-丙氨酰组氨酸。它们在骨骼肌中含量很高，但是它们的功能至今尚不清楚，有人认为可能与肌肉收缩有关。

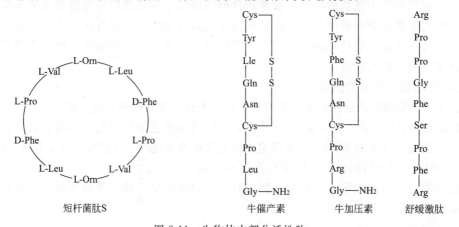

图 2-11 生物体中部分活性肽

2.3 蛋白质的结构

蛋白质是具有三维空间结构的高分子物质，根据蛋白质肽链，蛋白质的分子结构可以分为四个层次来研究，即一级结构、二级结构、三级结构和四级结构。其中，蛋白质的一级结构又称基本结构，它决定蛋白质的空间结构。二级结构、三级结构和四级结构又称为蛋白质的空间结构或三维结构。

2.3.1 蛋白质的一级结构

2.3.1.1 蛋白质的一级结构

蛋白质的一级结构（primary structure）是指蛋白质多肽链中氨基酸的排列顺序以及二硫键的位置。蛋白质一级结构研究的内容包括蛋白质中氨基酸的组成、数量、在肽链中的排列顺序和二硫键的位置以及肽链数目等。在蛋白质分子中肽键称为主键，相对于肽键，其他化学键都称为次级键。肽键是由蛋白质分子中基本的化学键基缩合脱水而成，是维持蛋白质一级结构的主要化学键，次级键主要维持蛋白质的空间结构。图 2-12 为蛋白质链内二硫键和肽链间二硫链示意图。

二硫键在蛋白质分子中起着稳定空间结构的作用，二硫键是由两分子半胱氨酸残基的巯基脱氢而生成的，可存在于肽链内，也可存在于肽链间。如胰岛素是由两条肽链经二硫键连接而成。一般二硫键越多，蛋白质的结构越稳定。

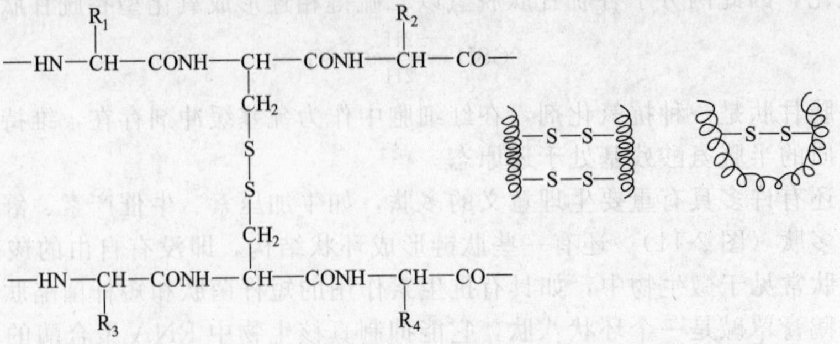

图 2-12　蛋白质链内二硫键和肽链间二硫链示意图

　　一级结构是蛋白质分子结构的基础，它包含了决定蛋白质分子所有结构层次构象的全部信息。不同蛋白质中氨基酸种类、数量和排列顺序的差异是蛋白质生物学功能多样性的基础。蛋白质的氨基酸排列顺序对蛋白质的空间结构以及生物功能起着决定作用，有的蛋白质分子只要改变一个氨基酸就可能改变整个蛋白质分子的空间结构和功能，所以蛋白质的一级结构是决定空间结构的基础。

2.3.1.2　蛋白质一级结构的测定

　　蛋白质一级结构的测定就是测定蛋白质多肽链中氨基酸的排列顺序。蛋白质一级结构的测定要求样品必须是均一的，纯度应在 97％以上，同时知道它的相对分子质量，其误差允许在 10％左右，测定主要是根据 Sanger 实验室发展起来的方法进行，主要包括以下基本步骤。

　　（1）测定蛋白质的相对分子质量和氨基酸组成

　　首先获取一定量纯的蛋白质样品，测定其相对分子质量。将一部分样品完全水解，确定其氨基酸种类、数目和每种氨基酸的含量。

　　（2）末端分析

　　末端分析确定蛋白质的肽链数目及 N-末端和 C-末端氨基酸的种类。

　　测定 N-末端氨基酸的方法有多种，常用的有 Sanger 法和 Edman 法，其中 Edman 法应用广泛，并已根据其原理设计制造出氨基酸自动分析仪。此外，还可以用丹磺酰氯（DNS-CI）法测定 N-末端氨基酸。

　　测定 C-末端氨基酸常用的方法有肼解法和还原法等。肼解法的原理为多肽链和过量无水肼的反应。除 C-末端氨基酸外，其他氨基酸都转变为氨基酸酰肼。向反应体系中加入苯

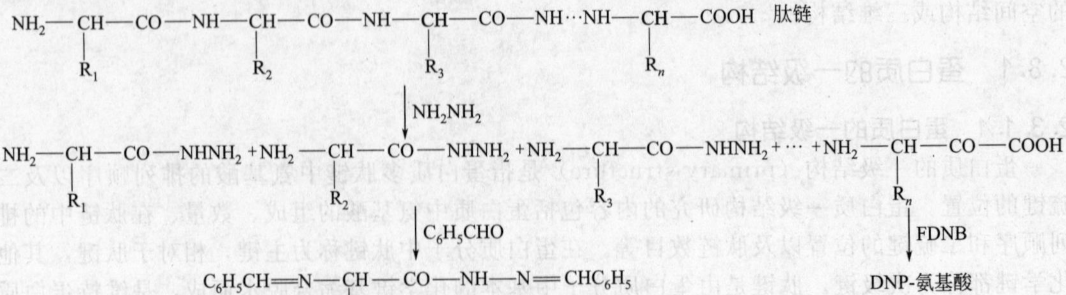

图 2-13　R 用肼解法进行 C-末端氨基酸分析

甲醛，氨基酸酰肼转变为不溶于水的二苯基衍生物，离心分离后自由 C-末端氨基酸分布于水相，向水相中加入 2，4-二硝基氟苯后可与 C-端氨基酸反应，通过色谱分析对其鉴定（图 2-13）。

若采用还原法可用氢硼化锂还原肽链 C-末端氨基酸为 α-氨基醇，肽链完全水解后，此 α-氨基醇可用色谱法鉴定，确定 C-末端氨基酸的种类。

C-末端还可使用酶法测定，如使用羧肽酶 A 和羧肽酶 B 等。但该方法仅对于 C-末端为特定氨基酸时有效，应用受到限制。

（3）拆开二硫键并分离出每条多肽链

对于具有多条肽链的蛋白质分子，必须设法将这些多肽链拆开并分离开来，以便分别测定每条多肽链的氨基酸顺序。拆开链间二硫键最常用的方法有氧化法和还原法。氧化法通常是采用过甲酸将二硫键氧化，还原法一般使用过量的 β-巯基乙醇将二硫键还原。应用还原法时要用碘乙酸保护还原生成的半胱氨酸中的巯基。拆开二硫键以后形成的独立肽链可用色谱、电泳等方法进行分离。破坏二硫键的方法见图 2-14。

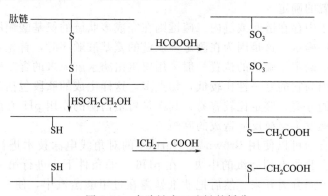

图 2-14　多肽链中二硫键的拆分

（4）分析每条多肽链的 N-末端和 C-末端残基

取每条多肽链的部分样品进行 N-末端和 C-末端氨基酸的鉴定，以便建立两个重要的氨基酸顺序参考点。

（5）用两种不同方法将肽链专一性地水解成两套肽段并进行分离

将每条多肽链用两种不同方法进行部分水解，这是一级结构测定中的关键步骤。

目前用于顺序分析的方法一次能测定的顺序长度有限，测定大分子时须设法将多肽断开形成小的肽段，从而测定每个肽段的氨基酸顺序。水解肽链的方法可采用酶法或化学法，酶法应用较多，一般选择专一性很强的蛋白酶来水解多肽链成小肽段。如胰蛋白酶专一性地水解由多肽链中碱性氨基酸的羧基参与形成的肽键。

除了酶法之外，还可以用化学方法部分水解肽链，例如用溴化氰处理时，只有甲硫氨酸的羧基参与形成的肽键发生断裂。

多肽链经部分水解后产生的长短不一的肽段可以用色谱法或电泳的方法加以分离、提纯，由于不同方法水解肽链的专一性不同，所以用两种方法水解肽链后，可以得到两套不同的肽段，便于拼凑出完整肽链的氨基酸顺序，然后测定各个肽段的氨基酸排列顺序并拼凑出完整肽链。多肽链部分水解后分离得到的各个肽段需进行氨基酸排列顺序的测定，序列测定可用氨基酸序列分析仪。然后用重叠顺序法将两种水解方法得到的两套肽段的氨基酸顺序进行比较分析，根据交叉重叠部分的顺序推导出完整肽链的氨基酸顺序。比如有一蛋白质肽链的一个片段为十一肽，用两种方法水解，水解法 A 得到四个小肽，分别为 A_1：Ala-Phe；A_2：

GIy-Lys-Asn-Tyr；A₃：Arg-Tyr；A₄：His-Val。水解法 B 得到三个小肽，分别为 B₁；Ala-Phe-Gly-Lys；B₂：Asn-Tyr-Arg；B₃：Tyr-His-Val。将两套肽段进行比较分析得出结果如表 2-9。

表 2-9　两套肽段的区别

肽	氨基酸顺序
A₁	Ala-Phe
B₁	Ala-Phe-Gly-Lys
A₂	Gly-Lys-Asn-Tyr
B₂	Asn-Tyr-Arg
A₃	Arg-Tyr
B₃	Tyr-His-Val
A₄	His-Val
十肽顺序	Ala-Phe-Gly-Lys-Asn-Tyr-Arg-Tyr-His-Val

（6）二硫键位置的确定

如果蛋白质分子中存在链间或链内二硫键则在完成多肽链的氨基酸顺序分析以后，需要对二硫键的位置加以确定，这是因为在测定多肽链的氨基酸顺序时，首先要把蛋白质分子中的全部二硫键拆开。确定二硫键的位置一般采用胃蛋白酶水解原来的含二硫键的蛋白质。选用胃蛋白酶水解是因为它的专一性比较低，切点多，这样生成的肽段包括含有二硫桥的肽段都比较小，对后面的分离、鉴定比较容易；其次是胃蛋白酶的作用 pH 值在酸性范围(～2)，这有利于防止二硫键发生交换反应造成的麻烦。

所得的肽段混合物可以使用 Brown 及 Hartlay 的对角线电泳技术进行分离。对角线电泳是把水解后的混合肽段点到滤纸的中央，在 pH6.5 的条件下，进行第一向电泳，肽段将按其大小及电荷的不同分离开来。然后把滤纸暴露在过甲酸蒸汽中，使 —S—S— 断裂。这时每个含二硫键的肽段被氧化成一对含磺基丙氨酸的肽。滤纸旋转 90°，在与第一向完全相同的条件下进行第二向电泳。在这里，大多数肽段的迁移率未变，并将位于滤纸的一条对角线上，而含磺基丙氨酸的成对肽段比原来含二硫键的肽小而负电荷增加，结果它们都偏离了对角线。肽斑可以用茚三酮显色确定。将每对含磺基丙氨酸的肽段（未用茚三酮显色的）分别取下。进行氨基酸顺序分析，然后与多肽链的氨基酸顺序比较，即可推断出二硫键在肽链间或肽链内的位置。

1953 年，桑格等人应用这种方法首次完成了蛋白质-牛胰岛素一级结构的测定。牛胰岛素分子由 51 个氨基酸残基组成，相对分子质量为 5734，由 A、B 两条肽链组成。A 链含 21 个氨基酸残基，B 链含 30 个氨基酸残基。A 链和 B 链通过两个二硫键连接在一起，在 A 链内部还有一个二硫键，图 2-15 为牛胰岛素的氨基酸序列。我国生化工作者根据牛胰岛素的氨基酸序列于 1965 年用人工方法成功地合成了具有生物活性的结晶牛胰岛素，第一次完成了蛋白质的人工合成。

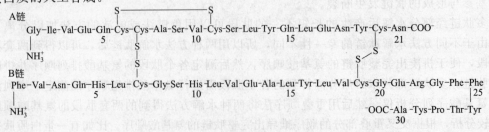

图 2-15　牛胰岛素的氨基酸序列

20 世纪 50 年代末，美国学者斯坦福·穆尔（Stanfrod Moore）等人完成牛胰核糖核酸酶（bovine pancreatic ribonuclease）的全序列分析。该酶由一条含 124 个氨基酸残基的多肽链组成，分子内含有 4 个链内二硫键，相对分子质量为 12600，是水解核糖核酸分子中磷酸二酯键的一种酶。图 2-16 为牛胰核糖核酸酶的氨基酸序列。

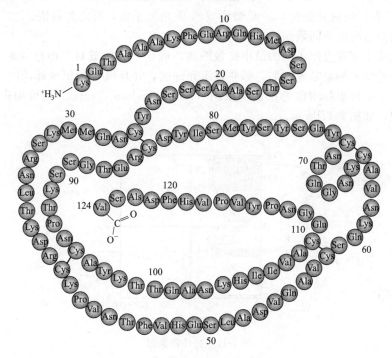

图 2-16　牛胰核糖核酸酶的氨基酸序列

另外，由于蛋白质是基因表达的产物，所以蛋白质一级结构可以由相应 DNA 的序列测定间接推导出来。

2.3.2　蛋白质的空间结构

2.3.2.1　蛋白质的构象

（1）构象和构型

天然蛋白质都有特定的构象，所谓构象（conformation）是指分子中各个原子和基团在三维空间的排列和分布。这些原子的空间排列取决于它们绕键的旋转，因此，构象的改变不涉及共价键的改变。

构型（configuration）是指在立体异构体中取代原子或基团在空间的取向。一个碳原子与四个不同的基团相连时，只可能有两种不同的空间排列，这两种不同的空间排列称为不同的构型。构型的改变涉及共价键的形成和破坏。

（2）多肽主链折叠的空间限制

多肽链的共价主链上所有的 α-碳原子都参与形成单键，因此从理论上讲一个多肽主链能有无限种构象。然而，目前已知一个蛋白质的多肽链在生物体内只有一种或很少几种构象，且相当稳定，这种构象称为天然构象，此时蛋白质具有生物活性。这一事实说明，天然蛋白质主链上的单键并不能自由旋转。

（3）肽键的二面角

环绕 N—C$_\alpha$ 键旋转的角度为 Φ；环绕 C$_\alpha$—C 键旋转的角度为 Ψ。多肽链所有可能构象

都能用 Φ 和 Ψ 这两个构象角来描述，称为二面角。

当 Φ 的旋转键，即 N—C_α 两侧的 C—N 和 C_α—C 呈顺式时，规定 $\Phi=0°$。

当 Ψ 的旋转键，即 C_α—C 两侧的 N—C_α 和 C—N 呈顺式时，规定 $\Psi=0°$。

从 C_α 向 N 看，顺时针旋转 N—C_α 键形成的 Φ 角为正值，反之为负值。

从 C_α 向 C 看，顺时针旋转 C_α—C 键形成的 Ψ 角为正值，反之为负值。

（4）多肽链折叠的空间限制

根据蛋白质中非键合原子间的最小接触距离，确定了哪些成对二面角（Φ、Ψ）所规定的两个相邻肽单位的构象是允许的，哪些是不允许的，并且以 Φ 为横坐标，以 Ψ 为纵坐标，在坐标图上标出，该坐标图称为拉氏构象图（ramachandran diagram），可用来鉴定蛋白质构象是否合理，如图 2-17 所示。

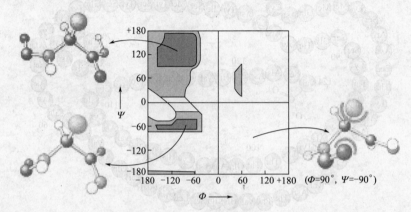

图 2-17　拉氏构象图

① 实线封闭区域

拉氏构象实线封闭区域中一般允许区，非键合原子间的距离大于一般允许距离，此区域内任何二面角确定的构象都是允许的，且构象稳定。

② 虚线封闭区域

拉氏构象虚线封闭区域是最大允许区，非键合原子间的距离介于最小允许距离和一般允许距离之间，立体化学允许，但构象不够稳定。

③ 虚线外区域

拉氏构象虚线外区域是不允许区，该区域内任何二面角确定的肽链构象，都是不允许的，此构象中非键合原子间距离小于最小允许距离，斥力大，构象极不稳定。

甘氨酸的 Φ、Ψ 角允许范围很大。

总之，由于原子基因之间不利的空间相互作用，肽链构象的范围是很有限的，对非 Gly 氨基酸残基一般允许区占全平面的 7.7%，最大允许区占全平面 20.3%。

2.3.2.2　蛋白质的二级结构

蛋白质的二级结构指多肽链中主链盘曲折叠形成的局部空间结构，不涉及侧链部分的构象。二级结构的主要形式有 α-螺旋、β-折叠、β-转角和无规则卷曲。

（1）α-螺旋

α-螺旋是一种最常见的二级结构（图 2-18），是 Pauling 等人对 α-角蛋白进行 X 线衍射分析，推测蛋白质中有重复性结构，并认为这种重复性结构为 α-螺旋。α-螺旋主要具有以下特征。

① 多肽链主链围绕中心轴紧密盘曲形成稳固的右手螺旋。

② α-螺旋每圈包含 3.6 个氨基酸残基，螺距为 0.54nm。

③ 相邻两圈螺旋之间借肽键中 C＝O 中的 O 和第四个肽键的 N—H 形成链内氢键，这是稳定 α-螺旋的主要化学键。

④ 肽链中氨基酸侧链 R 基团分布在螺旋外侧。

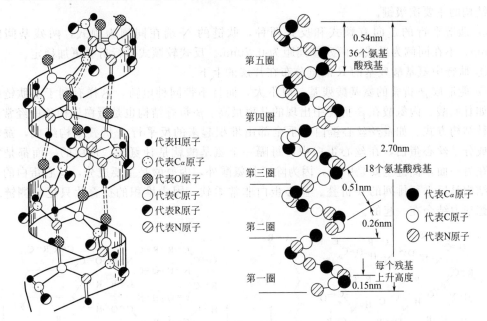

代表H原子
代表Cα原子
代表O原子
代表C原子
代表R原子
代表N原子

0.54nm
第五圈　　36个氨基酸残基
第四圈

2.70nm
第三圈　　18个氨基酸残基
0.51nm
　　　　　　0.26nm
代表Cα原子
代表C原子
代表N原子
第二圈
每个残基上升高度
0.15nm
第一圈

图 2-18　α-螺旋结构示意图

蛋白质多肽链是否能形成 α-螺旋体以及螺旋体的稳定程度如何，与它的氨基酸组成种类和排列顺序有很大关系，氨基酸 R 基的电荷性质，R 基的大小都会影响螺旋的形成。有些氨基酸经常存在于 α-螺旋结构中，例如丙氨酸带有小的、不带电荷的侧链，很适合填充在 α-螺旋构象中，而有些氨基酸则不会出现在 α-螺旋中，如当多肽链中有脯氨酸时，α-螺旋就被中断，这是因为脯氨酸的 α-亚氨基上氢原子参与肽键形成后就再没有多余的氢原子形成氢键。所以脯氨酸不能存在于 α-螺旋结构内部。又如多聚异亮氨酸的 R 侧链体积大，造成空间阻碍，所以不能形成 α-螺旋体。另外，多聚精氨酸由于带正电荷，所以互相排斥，也不能形成 α-螺旋体。同样，谷氨酸和天冬氨酸的侧链有游离的羧基，带负电荷，由于负电荷之间的斥力，使这个区域的 α-螺旋不稳定，而只在酸性溶液中羧基的解离度减小时才能形成稳定的 α-螺旋结构。

由于各种蛋白质的一级结构不同，所以蛋白质分子中 α-螺旋结构的比例也很不相同。

肌红蛋白和血红蛋白分子中有许多肽段为 α-螺旋结构，毛发的角蛋白、肌肉的肌球蛋白及血凝块中的纤维蛋白，这些蛋白质的多肽链几乎全长都卷曲成 α-螺旋，这使其具有一定的机械强度和弹性。带有二硫键的角蛋白，如指甲的角蛋白就很硬且不易弯曲，含较少量二硫键的角蛋白，如羊毛就易伸长和弯曲。烫发实际上是一个生物氧化过程，头发经含有使二硫键还原的试剂处理后，使得原来的二硫键打开，形成还原性的 —SH，然后再使用使半胱氨酸残基氧化的试剂处理，形成错接的新的二硫键，导致头发弯曲成卷。

(2) β-折叠（β-pleated sheet）

多肽链主链以肽键平面为单位，折叠成锯齿状结构，称为 β-折叠（图 2-19）。若干个 β-折叠结构平行排布并以氢键相连，则形成 β-片层。若 β-折叠走向相同，即 N-端、C-端方向一致，称为顺向平行 β-片层；反之，称为反向平行 β-片层。从能量角度看，反向平行 β-片层更为稳定。此结构具有下列特征：

① 肽链的伸展使肽键平面之间一般折叠成锯齿状。

② 两条以上肽链（或同一条多肽链的不同部分）平行排列，相邻肽链上的 C=O 与 N—H 之间的肽键相互交替形成许多氢键，所有的肽键都参与了链间氢键的形成，是维持这种结构的主要次级键。

③ 肽链平行的走向有顺式和反式两种，肽链的 N-端在同侧为顺式，两残基间距为 0.65nm；不在同侧为反式，两残基间距为 0.70nm。反式较顺式平行折叠更加稳定。

④ 肽链中氨基酸残基的 R 侧链分布在片层的上下。

⑤ 能形成 β-折叠的氨基酸残基一般不大，而且不带同种电荷，这样有利于多肽链的伸展，如甘氨酸、丙氨酸在 β-折叠中出现的几率最高。β-折叠结构也是蛋白质构象中经常出现的一种结构方式。如蚕丝丝心蛋白几乎全部由堆积起来的反平行 β-折叠结构组成，蚕丝的主要成分是丝心蛋白，在丝心蛋白中，每隔一个氨基酸就是甘氨酸，片层的一面都是氢原子；在另一面，侧链主要是甲基，因为除了甘氨酸外，丙氨酸是主要成分，丝心蛋白的主要二级结构是反平行排列的 β-折叠。丝心蛋白非常柔软，因为堆积的折叠片只是靠侧链之间的范德华力结合在一起的。

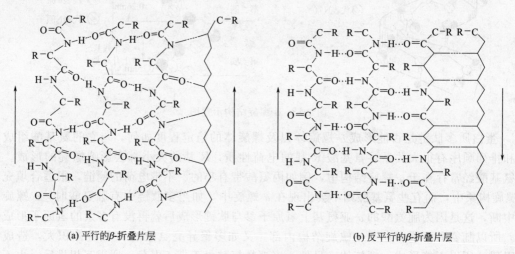

(a) 平行的β-折叠片层　　　　　　　(b) 反平行的β-折叠片层

图 2-19　β-折叠结构

（3）β-转角

β-转角（β-turn）又称为 β-弯曲（β-bend）、β-回折（β-reverse turn）、发夹结构（hairpin structure）或 U 形转折等。蛋白质分子中，多肽链经常会出现 180°的回折（转折），在这种回折处的结构就称为 β-转角结构。一般由四个连续的氨基酸组成。在构成这种结构的四个氨基酸中，第一个氨基酸的羧基的氧和第四个氨基酸的氨基的氢之间形成氢键，从而使结构稳定，见图 2-20。甘氨酸和脯氨酸容易出现在这种结构中。在某些蛋白质中也有三个连续氨基酸形成的 β-转角结构，是由第一个氨基酸的碳基氧和第三个氨基酸的亚氨基氢之间形成氢键。

对 580 多种蛋白质的 X 射线晶体衍射分析发现，有些蛋白质几乎全是由 α-螺旋结构组成的，有些蛋白质几乎全是 β-折叠结构组成的，而有些蛋白质分子中 α-螺旋和 β-折叠结构都存在，在它们之间是 β-转角进行连接的。

（4）无规则卷曲

无规则卷曲又称卷曲（coil），部分肽链的构象没有规律性，肽链中肽键平面排列不规则，属于松散的无规则卷曲（图 2-20）。无规则卷曲也像其他一级结构那样是明确而稳定的

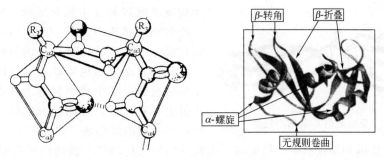

图 2-20 β-转角结构和无规则卷曲

结构，否则蛋白质就不可能形成三维空间上每维都具周期性结构的晶体。无规则卷曲受侧链相互作用的影响很大，经常构成酶活性部位和其他蛋白质特异的功能部位，如许多钙结合蛋白中结合钙离子的 EF-手结构（EF hand structure）的中央环。

2.3.2.3 超二级结构和结构域

（1）超二级结构（super-secondary structure）

超二级结构是指在多肽内顺序上相邻的二级结构常常在空间折叠中靠近，彼此相互作用，形成有规则的二级结构聚集体，充当三级结构的构件，称为超二级结构。目前发现的超二级结构有三种基本形式（图 2-21）：α-螺旋组合（α-α）、β-折叠组合（β-α-β）和 β-α-β-螺旋含折叠组合（β-α-β），其中以 β-α-β 组合最常见。

① α-α 组合。由两股或三股右手 α-螺旋彼此缠绕形成的左手超螺旋，重复距离约为 14nm。由于超螺旋，与独立的 α-螺旋略有偏差。

② β-α-β 组合。β-折叠之间由 α-螺旋或无规则卷曲连接。

③ β-β-β 组合。由一级结构上连续的反平行 β-折叠通过紧凑的 β-转角连接而成。

它们可直接作为三级结构的"建筑块"或结构域的组成单位，是介于二级结构和结构域间的一个构象层次。超二级结构的形成，主要是组成它们的氨基酸残基侧链基团相互作用的结果。

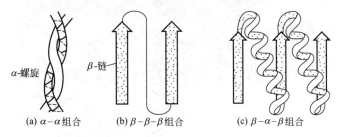

图 2-21 蛋白质中的几种超二级结构

（2）结构域（domain）

1973 年，韦特劳弗尔（Nonnld B. Wetlaufer）根据对蛋白质结构及折叠机制的研究结果提出了结构域的概念。结构域是位于超二级结构和三级结构间的一个层次。在较大的蛋白质分子中，由于多肽链上相邻的超二级结构紧密联系，进一步折叠形成一个或多个相对独立的、致密的三维实体，即结构域。结构域与分子整体以共价键相连，一般难以分离，这是它与蛋白质亚基结构的区别。一般每个结构域由 100～200 个氨基酸残基组成，各有独特的空间构象，并承担不同的生物学功能。

结构域常有相对独立的生理功能的蛋白，如一些要分泌到细胞外的蛋白，其信号肽（负责使蛋白通过细胞膜）就构成一个结构域。此外，还有与残基修饰有关的结构域、与酶原激活有关的结构域等。各结构域之间常只有一段肽链相连，称为铰链区。铰链区柔性较强，使

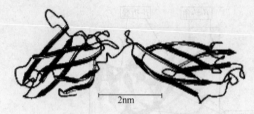

图 2-22　免疫蛋白 G 的两个轻链

结构域之间容易发生相对运动，所以酶的活性中心常位于结构域之间。小蛋白多由一个结构域构成，由多个结构域构成的蛋白一般分子量大，结构复杂。如免疫球蛋白（IgG）由 12 个结构域组成，其中两个轻链上各有 2 个，两个重链上各有 4 个；补体结合部位与抗原结合部位处于不同的结构域（图 2-22）。一般说来，较小蛋白质的短肽链如果仅有 1 个结构域，则此蛋白的结构域和三级结构即为同一结构层次。较大的蛋白质为多结构域，它们可能是相似的，也可能是完全不同的。

2.3.2.4　蛋白质的三级结构

具有二级结构、超二级结构或结构域的一条多肽链，由于其序列上相隔较远的氨基酸残基侧链的相互作用，而进行范围更广泛的盘曲与折叠，形成包括主、侧链在内的空间排列，这种在一条多肽链中所有原子或基团在三维空间的整体排布称为三级结构（tertiary structure）。形成和稳定蛋白质三级结构的化学键主要是次级键，包括氢键、疏水键、盐键（离子键）、范德华力（van der Waals）及二硫键等。这些次级键可存在于一级结构序号相隔很远的氨基酸残基的 R 基团之间，因此蛋白质的三级结构主要是指氨基酸残基的侧链间的结合。只有一条多肽链的蛋白质的最高级空间结构是三级结构，二级结构是具有生物功能的空间结构形式。

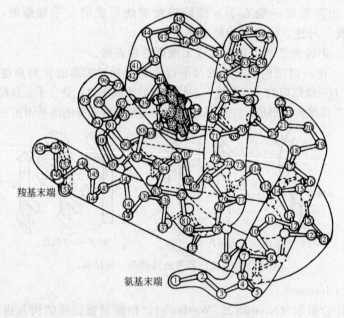

羧基末端

氨基末端

图 2-23　肌红蛋白的三级结构图

具备三级结构的蛋白质从其外形上看，有的细长（长轴比短轴长 10 倍以上），属于纤维状蛋白质（fibroous protein），如丝心蛋白；有的长短轴相差不多，基本上呈球形，属于球状蛋白质（globula protein），如血浆清蛋白、球蛋白、肌红蛋白（图 2-23）。

1958 年，英国著名科学家约翰·肯德鲁（John C Kendrew）等人用 X 射线结构分析法首次阐明了抹香鲸肌红蛋白的三级结构。在该蛋白中，多肽链不是简单地沿着某一个中心轴有规律地重复排列，而是沿多个方向卷曲、折叠，形成一个紧密的近似球形的结构，肌红蛋白是哺乳动物肌肉中运输氧的蛋白质。它由一条多肽链构成，有 153 个氨基酸残基和一个血红素辅基。肽链中约有 75％的氨基酸残基以 α-螺旋结构存在，形成 8 段 α-螺旋体，分别用 A、B、C、D、E、F、G、H 表示，每个螺旋一般由 7～8 个氨基酸残基组成，最长的大约由 23 个氨基酸残基组成，在拐弯处有一段含 1～8 个氨基酸残基的松散肽链，使 α-螺旋体中断。脯氨酸、异亮氨酸及多聚精氨酸等难以形成 α-螺旋体的氨基酸一般都存在于拐弯处。由于侧链的相互作用，肽链盘绕成一个外圆中空的紧密结构，疏水性残基包埋在球状分子的内部，亲水性残基分布在分子的表面，使肌红蛋白具有水溶性。血红素辅基垂直地伸出分子表面，并通过肽链上的第 93 位组氨酸残基和第 64 位组氨酸残基与肌红蛋白分子内部相连。

虽然各种蛋白质都有自己特殊的折叠方式，但根据大量研究的结果发现，蛋白质的三级结构有以下共同特点。

具备三级结构的蛋白质一般都是球蛋白，含有近似球状或椭球状的外形，而且整个分子排列紧密，内部有时只能容纳几个水分子。

大多数疏水性氨基酸侧链都埋藏在分子内部，它们相互作用形成一个致密的疏水核，这对稳定蛋白质的构象有十分重要的作用，而且这些疏水区域常常是蛋白质分子的功能部位或活性中心。

大多数亲水性氨基酸侧链都分布在分子的表面的分子外壳，从而使球蛋白分子可溶于水。

2.3.2.5　蛋白质的四级结构

许多有生物活性的蛋白质由两条或多条肽链构成，每一条肽链都具有各自的三级结构。这些三级结构之间通过其表面的次级键连接而形成的聚合体结构就是蛋白质的四级结构（quaternary structure）。在具有四级结构的蛋白质中，每一个具有独立的三级结构的多肽链称为该蛋白质的亚单位或亚基（subunit），亚基之间连接在一起形成完整的寡聚蛋白质分子。

亚基一般只由一条肽链组成，也有由两条或更多的多肽链组成，亚基本身各具有一、二、三级结构。由 2～10 个亚基组成具有四级结构的蛋白质称为寡聚体（oligomer），更多亚基数目构成的蛋白质则称为多聚体（polymer）。蛋白质分子中亚基结构可以相同，也可不同。一般亚基多无活性，当他们构成具有完整四级结构的蛋白质时，才表现出生物学活性。

亚基之间不含共价键，亚基间次级键的结合比二、三级结构疏松，因此在一定的条件下，四级结构的蛋白质可分离为其组成的亚基，而亚基本身构象仍可不变。

有些蛋白质的四级结构是均一的（homogeneous），即由相同的亚基组成，而有些则是不均一的，即由不同的亚基组成。亚基一般以 α、β、γ 等命名。亚基的数目一般为偶数，个别为奇数。亚基在蛋白质中的排布一般是对称的，对称性是具有四级结构的蛋白质的重要性质之一。在一种蛋白质中，亚基结构可以相同，也可不同。

人们最熟悉的具有四级结构的蛋白质是血红蛋白（hemoglobin），它有 4 条多肽链，即由 4 条肽链组成的具有四级结构的蛋白质分子，血红蛋白的功能是在血液中运输 O_2 和 CO_2，相对分子质量 65000，由 2 条 α 链（含 141 个氨基酸残基）和 2 条 β 链（含 146 个氨基酸残基）组成。分子外形近似球状，每个亚基都和肌红蛋白类似，如图 2-24 所示。

在血红蛋白的四聚体中，每个亚基含有一个血红素辅基。α 链和 β 链在一级构上的差别较大，但它们的三级结构却都与肌红蛋白相似，形成近似于球状的亚基，每条肽链都含有约 70％的 α-螺旋结构部分，并且每个亚基中都含有 8 个肽段的 α-螺旋体，都有长短不一的非螺旋松散链，肽

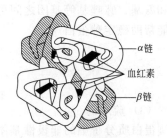

图 2-24　血红蛋白四级机构示意图

链拐弯的角度和方向也与肌红蛋白相似。血红蛋白每个亚基都与一个血红素辅基结合。血红素是一个取代的卟啉，在其中央有一个铁原子，铁原子可以处在亚铁（Fe^{2+}）或高铁（Fe^{3+}）状态中，只有亚铁形式才能结合 O_2。血红蛋白的亚基和肌红蛋白在结构上相似，这与它们在功能上的相似性是一致的。

四级结构对于生物功能是非常重要的。对于具有四级结构的寡聚蛋白质来说，当某些变性因素（如酸、热或高浓度的尿素、胍）作用时，其构象就发生变化。首先是亚基彼此解离，即四级结构遭到破坏，随后分开的各个亚基伸展成松散的肽链。如果条件温和，处理得非常小心时，寡聚蛋白质的几个亚基彼此解离开来，而不会破坏其正常的三级结构，恢复原来的条件，分开的亚基又可以重新结合并恢复活性，但如果处理条件剧烈时，则分开后的亚基完全伸展成松散的多肽链，这种情况下要恢复原来的结构和活性就比只具三级结构的蛋白质要困难得多。

2.3.2.6 维持构象的作用力

蛋白质一级结构的主要化学键是肽键，也有少量的二硫键，这些共价键因键能大，稳定性也较强。而维持蛋白质的构象包括从二级结构到四级结构的所有高级结构，其稳定性主要依赖于大量非共价键，又称次级键（其中包括氢键、离子键、疏水键和范德华力）和离子基团等相互作用。一般来说，次级键的键能较小，因而稳定性较差。但由于次级键的数量众多，因此在维持蛋白质分子的空间构象中起着极为重要的作用。主要的次级键有氢键、离子键、疏水键、范德华力、配位键等。

（1）氢键

氢键（hydrogen bond）是由连接在一个电负性大的原子上的氢原子（X—H）与另一个电负性强的原子 Y（如 O、N、F 等）相互作用形成的一种吸引力。氢键是次级键中键能最弱的，但其数量最多，所以是是保持肽链折叠结构的主要因素，它在维持蛋白质空间构象中起着重要作用。一般多肽链中主链骨架上羰基的氧原子与亚氨基的氢原子所生成的氢键是维持蛋白质二级结构的主要次级键。而侧链间或主链骨架间所生成的氢键则是维持蛋白质三、四级结构所需的。

氢键可以在带电荷的分子间形成，也可以在不带电荷的两个分子间形成。氢键的实质是一个氢原子被两个其他原子"瓜分"。例如：

$$—O—H{\cdots}N— \qquad —H{\cdots}O{=}C$$

氢供体   氢受体

（2）离子键

离子键是蛋白质分子中带正电荷基团和负电荷基团之间静电吸引所形成的化学键，也称为静电键或盐键。蛋白质的多肽链由各种氨基酸组成，有些氨基酸残基带正电，如赖氨酸和缬氨酸，有些氨基酸残基带负电，如谷氨酸和天冬氨酸。另外，游离的 N-末端氨基酸残基的氨基和 C-末端氨基酸残基的羧基也分别带正电荷和负电荷，这些带相反电荷的基团如羧基和氨基、咪唑基等基团之间可以形成离子键。虽然带有相反电荷的侧链间的离子相互作用也能帮助稳定球蛋白。

$$
\begin{array}{c}
\quad\quad O \\
\quad\quad \| \\
—CH_2—C—O^- \qquad H_3\overset{+}{N}—CH_2—
\end{array}
$$

带负电荷的基团   带正电荷的基团

（3）疏水键

蛋白质分子中的非极性基团因避开水相而群集在一起的作用力称为疏水键（hydrophobicbond），也称疏水作用力，这种现象称之为疏水效应。例如缬氨酸、亮氨酸、异亮氨酸、苯丙氨酸、色氨酸等的侧链基团具有疏水性。因为水分子彼此之间的相互作用要比水与其他非极性分子的作用更强烈，非极性侧链避开水聚集被压迫到蛋白质分子内部，从而在分子内部形成疏水区。这种疏水的相互作用是维持蛋白质三、四级结构的主要次级键。

（4）范德华力

范德华力包括吸引力和排斥力两种相互作用，范德华力只有当两个非极性残基之间处于一定距离时才能达到最大。虽然范德华力相对来说比较弱（范德华力比离子键弱），但由于它相互作用的数量大，它们在蛋白质分子中广泛存在，所以在维持蛋白质的二级结构、三级结构和四级结构的构象上起着非常重要的作用。如果外界因素影响或破坏了这些次级键，就会引起蛋白质空间结构的变化。图 2-25 为维持蛋白质构象的作用力。

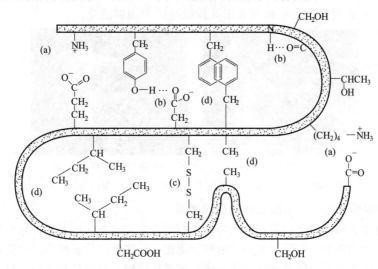

图 2-25　维持蛋白质构象的作用力
（a）离子键；（b）氢键；（c）二硫键；（d）疏水的相互作用

（5）配位键

配位键（dative bond）是两个原子由单方面提供共用电子对所形成的化学键。部分蛋白质含金属离子，如胰岛素（Zn^{2+}）、细胞色素（Fe^{2+}）等。蛋白质与金属离子结合中常含有配位键，并参与维持蛋白质的三、四级结构。

（6）共价交联

除氢键外，共价交联也有助于某些球蛋白的天然构象的稳定，如二硫键（disulfide bond）。二硫键是由两个硫原子间所形成的化学键，它有时存在于由细胞分泌的蛋白质中，当这样的蛋白质离开细胞内环境时，由于二硫键的存在，可使得蛋白质对去折叠以及降解不那么敏感，而维持蛋白质的稳定。

2.4　蛋白质结构与功能的关系

蛋白质的种类很多，不同的蛋白质都有不同的生物学功能，而实现其生物学功能的基础就是蛋白质分子所具有的结构，包括一级结构和空间结构，主要取决于一级结构。因此，从分子水平研究蛋白质结构与功能的关系可以阐明生命现象的本质。

2.4.1　蛋白质一级结构与功能的关系

蛋白质的一级结构与其生物学功能的密切关系可从以下几方面说明。

2.4.1.1 分子病与结构的关系

蛋白质分子一级结构的改变有可能引起其生物功能的显著变化，甚至引起疾病，这种现象称为分子病（molecular disease）。现在几乎所有遗传病都与正常蛋白质分子结构改变有关，甚至有些缺损的蛋白质可能仅仅只有一个氨基酸异常。例如突出的例子是镰刀型贫血病（sickle cell anemia），如图 2-26 所示。这种病是由于病人血红蛋白 β 链第 6 位谷氨酸突变为缬氨酸，这个氨基酸位于分子表面，在缺氧时引起血红蛋白线性凝集，导致红细胞变成镰刀状而极易破碎，发生溶血。血红蛋白分子中共有 574 个残基，其中 2 个残基的变化导致严重后果，证明蛋白质结构与功能有密切关系。用氰酸钾处理突变的血红蛋白（HbS），使其 N-端缬氨酸的 α-氨基酰胺化，可缓解病情。因为这样可去掉一个正电荷，与和二氧化碳结合的血红蛋白相似，不会凝聚。现在研究者正寻找低毒试剂用以治疗。

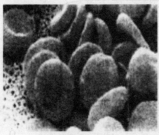 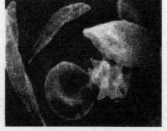

(a) 正常人红细胞　　　　　　　　　　(b) 镰刀型贫血病人红细胞

图 2-26　病人的血红蛋白分子与正常人的血红蛋白分子比较

2.4.1.2 同功能蛋白质中氨基酸顺序的种属差异

不同生物体中的同一种蛋白质在一级结构上有些变化，这就是所谓的种属差异。有些蛋白质存在于不同的生物体中，但具有相同的生物学功能，这些蛋白质被称为同功能蛋白质或同源蛋白质。将不同生物体中的同源蛋白质的一级结构进行比较，发现其在结构上有相似性，例如细胞色素 C 就是一例。对不同种属的细胞色素 C 的研究同样指出具有同种功能的蛋白质在结构上具有相似性。细胞色素 C 广泛存在于需氧生物细胞的线粒体中，它是由一条肽链（104 个氨基酸残基和血红素）组成的单链蛋白质，其主要生理功能是在生物氧化过程中传递电子。图 2-27 为基于细胞色素一级结构构建的进化树。对近百种生物的细胞色素 C 进行研究发现，亲缘关系越近，其结构越相近。细胞色素 C 的氨基酸序列分析资料已经用来核对各个物种之间的分类学关系，据此不仅可以研究从单细胞到多细胞的生物进化过程，还可以粗略估计各种生物的分化时间（表 2-10）。

表 2-10　不同生物与人的细胞色素 C 相差的氨基酸残基数目

生 物 名 称	氨基酸相差数目	生 物 名 称	氨基酸相差数目
黑猩猩	0	响尾蛇	14
恒河猴	1	乌龟	15
兔	9	金枪鱼	21
袋鼠	10	狗鱼	23
牛、羊、猪	10	果蝇	25
狗	11	蚕蛾	31
骡	11	小麦	35
马	12	粗糙链孢霉	43
鸡、火鸡	13	酵母菌	44

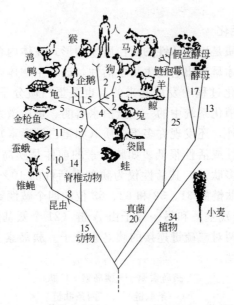

图 2-27　基于细胞色素一级结构构建的进化树

2.4.1.3　一级结构的局部断裂与蛋白质的激活

生物体中的很多酶、激素、凝血因子等蛋白质都具有重要的功能，但它们在体内往往以无活性的前体（precursor）形式储存着。酶的无活性的前体称为酶原，酶原在体内被切去一个或几个氨基酸后才能被激活成有催化活性的酶，例如胰岛素的加工过程。胰岛素含有 51 个氨基酸残基，由 A、B 两条链组成。但胰岛 β 细胞最初合成的是一个比胰岛素分子大一倍多的单链多肽，称为前胰岛素原，它是胰岛素原的前体，而胰岛素原是有活性的胰岛素的前体。前胰岛素原比胰岛素原在 N-末端上多一段肽链，称为信号肽，含有 20 个左右氨基酸残基，其中很多是疏水性氨基酸残基。信号肽的主要作用是引导新生的多肽链进入内质网腔，进入内质网腔后信号肽立即被信号肽酶切去形成胰岛素原。胰岛素原被运输到高尔基体内，并在那里被特异的酶切除一段 C 肽，不同的生物被切除 C 肽的氨基酸数目和顺序不同，之后胰岛素原转变为由两条肽链形成的有活性的胰岛素（图 2-28）。

以上例子说明，每种蛋白质分子都具有特定的结构，并且行使其特定的功能，结构改变时则丧失其功能，说明蛋白质的一级结构与其生物学功能之间有高度的统一适应性。

2.4.2　蛋白质空间结构与功能的关系

蛋白质多种多样的功能与各种蛋白质特定的空间构象密切相关，蛋白质的空间构象是其功能活性的基础，构象发生变化，其功能活性也随之改变。蛋白质变性时，由于其空间构象被破坏，故引起功能活性丧失，变性蛋白质在复性后，构

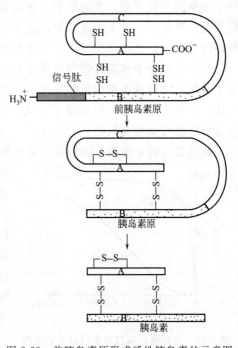

图 2-28　前胰岛素原形成活性胰岛素的示意图

39

象复原，活性即能恢复。

2.4.2.1 蛋白质前体的活化

生物体中有许多蛋白质是以无活性的蛋白质原的形式在体内合成、分泌的。这些肽链只有以特定的方式断裂后，才呈现出它的生物学活性。这是生物体内一种自我保护及调控的重要方式，是在长期生物进化过程中发展起来的，也是蛋白质分子结构与功能高度统一的表现。这类蛋白质主要包括消化系统中的一些蛋白水解酶、蛋白激素和参与血液凝固作用的一些蛋白质分子等。除酶原外，还发现许多蛋白质（如蛋白类激素）在体内往往以前体形式贮存，这些蛋白质前体无活性或活性很低。如胰岛素的前体是胰岛素原，猪胰岛素原是由84个氨基酸残基组成的一条多肽链，其活性仅为胰岛素活性的10%。在体内胰岛素原经两种专一性水解酶的作用，将肽链的31、32和62、63位的四个碱性氨基酸残基切掉，结果生成一分子C肽（29个氨基酸残基）和另一分子由A链（21个氨基酸残基）同B链（30个氨基酸残基）两条多肽链经两对二硫键连接的胰岛素分子。胰岛素分子具有特定的空间结构，从而表现其完整的生物活性。

$$胰岛素原 \longrightarrow 胰岛素 + C肽$$
$$（一条肽链）\qquad（两条肽链）$$

2.4.2.2 蛋白质的别构现象

在生物体内，一些蛋白质由于受某些因素的影响，其一级结构不变，但空间结构发生了变化导致其功能活性的变化，这种现象称为蛋白质的别构效应（allosteric effect）。蛋白质（或酶）的别构效应在生物体内普遍存在，这对物质代谢的调节和某些生理功能的变化都是十分重要的。

近代研究表明，相对分子质量较大的（>55000）的蛋白质多为具有四级结构的多聚体。具有四级结构的酶或蛋白质常处于某些代谢通路的关键部位，所以具有调节整个反应过程的作用，它们常是通过多聚体的变构作用而实现的。组成蛋白质的各个亚基共同控制着蛋白质分子完整的生物活性，并对信息（别构效应物）做出反应，信息与一个亚基的结合可传递到整个蛋白质分子，这个传递是通过亚基构象的改变而实现的。血红蛋白是最早发现具有别构作用的蛋白质，血红蛋白（由4个亚基装配而成）在表现其输氧功能时有明显的别构效应。

当1个氧分子和血红蛋白分子中其中1个亚基的血红素铁结合后，会引起该亚基的构象发生变化，同时该亚基构象的变化引起另外3个亚基相继发生变化，维持亚基间的化学键被破坏，结果整个分子的构象发生变化，使其他亚基血红素铁原子的位置都变得适宜与氧结合，所以血红蛋白与氧结合的速度大大加快。

血红蛋白的α链和β链与肌红蛋白的构象十分相似，使它们都具有基本的氧合功能。但由于血红蛋白是一个四聚体，其分子结构要比肌红蛋白复杂得多，因此除了运输氧以外，还有肌红蛋白所没有的功能，如运输质子和二氧化碳。血红蛋白与氧的结合还表现出协同性，这一点可以从血红蛋白的氧合曲线看出。在溶液中，血红蛋白分子上已结合氧的位置数与可能结合氧的位置数之比称为饱和度。以饱和度为纵坐标，氧分压为横坐标作图可得到氧合曲线（图2-29）。

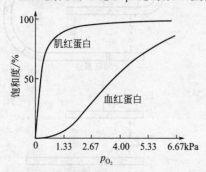

图 2-29　血红蛋白和肌红蛋白的氧合曲线

血红蛋白的氧合曲线为S形，而肌红蛋白的氧合曲线则为双曲线，见图 2-29 中 S 形曲线说明血红蛋白与氧的结合具有协同性，而肌红蛋白则没有。如果将血红蛋白中的 α-亚基和 β-亚基分离，得到单独的 α-亚基和 β-亚基，则它们的氧合曲线也和肌红蛋白的一样，都是双曲线，没有别构性质。可见，血红蛋白的别构性质来自它的亚基之间的相互作用。这些都说明蛋白质的空间结构与其功能具有相互适应性和高度的统一性，结构是功能的基础。

2.5　蛋白质的理化性质

2.5.1　蛋白质的两性和等电点

蛋白质是由氨基酸组成，其分子中除两端的游离氨基和羧基外，侧链中尚有一些解离基团，如酚羟基、咪唑基、胍基等，这些基团可以进行酸性或碱性电离，使蛋白质分子呈现两性电离的性质，可以与酸或碱相互作用。

蛋白质在溶液中的带电状况，既取决于其分子组成中碱性和酸性氨基酸残基的含量，又受所处溶液的 pH 值影响。当溶液在某一特定的 pH 值条件下，蛋白质分子所带的正电荷数与负电荷数相等，即净电荷为零，蛋白质分子在电场中不移动，此时溶液的 pH 值称为蛋白质的等电点（isoelectric point，pI）。蛋白质达等电点时，蛋白质分子表面净电荷为零，在范德华力和重力的相互作用下易相互结合凝聚而发生絮凝沉降分离。利用此性质，可以分离、提纯处于等电点的蛋白质颗粒，在电场中并不移动。

各种蛋白质分子由于所含的碱性氨基酸和酸性氨基酸残基的数目不同，因而有各自的等电点。凡蛋白质中碱性氨基酸残基含量较多的蛋白质，等电点就偏碱性，如组蛋白、精蛋白等。反之，蛋白质中酸性氨基酸残基含量较多的蛋白质，等电点就偏酸性。人体体液中许多蛋白质的等电点在 5.0 左右，所以在体液中以负离子形式存在。

带电质点在电场中向带相反电荷的电极移动，这种现象称为电泳（electrophoresis）。由于蛋白质在溶液中解离成带电的颗粒，因此可以在电场中移动，移动的方向和速度取决于所带净电荷的正负性和所带电荷的多少，以及分子颗粒的大小和形状。由于各种蛋白质的等电点不同，所以在同一 pH 值溶液中带电荷不同，在电场中移动的方向和速度也各不相同、根据此原理可利用电泳的方法分离混合的蛋白质。

2.5.2　蛋白质的胶体性质

蛋白质是生物大分子，相对分子质量介于 1 万～100 万之间，在水溶液中的直径已达到胶粒 1～100nm，故其分子是一种分子胶体，具有胶体溶液的特征，如布朗运动、丁达尔现象、电泳、不能透过半透膜等。人们常利用其胶体性质分离粗蛋白，利用半透膜分离小分子物，利用电泳分离分子量相近的蛋白质。电泳现象和不能通过半透膜的性质是分离纯化蛋白质的重要理论依据。

与小分子物质比较，蛋白质分子扩散速度慢，不易透过半透膜，黏度大，在分离提纯蛋白质的过程中，可利用蛋白质的这一性质，将混有小分子杂质的蛋白质溶液放于半透膜制成的囊内，置于流动水或适宜的缓冲溶液中，小分子杂质易从囊中透出，保留了比较纯化的囊内蛋白质，这种方法称为透析。利用半透膜如玻璃纸、火胶棉、羊皮纸等制成商品半透膜袋卷，在实验时取一段半透膜袋制成半透膜囊可分离纯化蛋白质。

球状蛋白质的表面有许多亲水基团，具有强烈地吸引水分子的作用，使蛋白质分子表面常为多层水分子所包围，称水化膜，从而阻止蛋白质颗粒的相互聚集。此外，蛋白质分子在非等电点状态时带有同性电荷，即在酸性溶液中带有正电荷，在碱性溶液中带有负电荷，由于同性电荷互相排斥，所以蛋白质颗粒互相排斥不容易聚集沉淀。

蛋白质分子表面水化膜和带相同的电荷是维持蛋白质胶体溶液稳定的两个主要条件。破坏这两个条件之一蛋白质易失去稳定性而发生相互聚集、沉降。

2.5.3　蛋白质的沉淀反应

蛋白质分子凝聚从溶液中析出的现象称为蛋白质沉淀。蛋白质所形成的亲水胶体颗粒具有两种稳定因素，即颗粒表面的水化层和电荷，若无外加条件，不致互相凝集。然而除掉这两个稳定因素（如调节溶液 pH 值至等电点和加入脱水剂），蛋白质便容易凝集析出。如将蛋白质溶液 pH 值调节到等电点，蛋白质分子呈等电状态，虽然分子间同性电荷相互排斥作用消失了，但是还有水化膜起保护作用，一般不至于发生凝聚作用，如果这时再加入某种脱水剂，除去蛋白质分子表面的水化膜，则蛋白质分子就会互相凝聚而析出沉淀；反之，若先使蛋白质脱水，然后再调节 pH 值到等电点，也同样可使蛋白质凝集沉淀析出。

2.5.3.1　盐析

向某些蛋白质溶液中加入某些无机盐溶液（如硫酸铵、硫酸钠、氯化钠等），可以降低蛋白质的溶解度，使蛋白质凝聚而从溶液中析出，这种现象称为盐析（salting out）。盐析现象是由于加入无机盐后，盐类离子与水的亲和性大，使水的活度降低，原来溶液中的大部分甚至全部自由水转变成为盐离子的水化水，破坏蛋白质颗粒表面的水化膜，使蛋白质分子表面的疏水基团暴露，由于分子间的疏水相互作用引起蛋白质聚集沉淀。盐析时所需的盐浓度称为盐析浓度，用饱和度（％）表示。由于不同蛋白质的分子大小及带电状况不相同，所需盐析浓度也不同，因此可以通过调节盐浓度使混合液中几种不同蛋白质分别沉淀析出，从而达到分离的目的，这种方法称为分段盐析。硫酸铵在水中的溶解度很高，而溶解度的温度系数又较低，因此是最常用来盐析的中性盐。

另外，当在蛋白质溶液中加入的中性盐浓度较低时，中性盐可以增加蛋白质的溶解度，这种现象称为盐溶（salting in）。这是由于蛋白质颗粒上吸附某种无机盐离子后，使蛋白质颗粒带同种电荷而相互排斥，并且与水分子的作用加强，从而使溶解度增加。中性盐并不破坏蛋白质的分子结构和性质，因此，盐析后的蛋白质若除去或降低盐的浓度就会重新溶解。

2.5.3.2　等电点沉淀

蛋白质是带有正电荷和负电荷基团的两性电解质，当蛋白质溶液处于等电点时，其净电荷为零，由于相邻蛋白质分子之间没有斥力而趋于聚集沉淀。此时，在其他条件相同时，其溶解度达到最低。不同的蛋白质具有不同的等电点，利用该原理可以分离蛋白质混合物。

2.5.3.3　有机溶剂沉淀

有些与水互溶的有机溶剂如甲醇、乙醇、丙酮等可使蛋白质产生沉淀。这是由于有机溶剂改变了介质的介电常数。水是高介电常数物质（20℃，80），有机溶剂是低介电常数物质（如：甲醇20℃，33），有机溶剂的加入使水溶液的介电常数降低。介电常数的降低增加两个相反电荷之间的吸引力，这样，蛋白质分子表面的可解离基团的离子化程度减弱，水化程度降低，因此促进了蛋白质分子的聚集和沉淀。此外，与盐析类似，这些有机溶剂与水的亲和力大，能夺取蛋白质表面的水化膜，从而使蛋白质的溶解度降低并产生沉淀。

用以上方法分离制备得到的蛋白质一般仍保持蛋白质的天然结构，将其重新溶解于水仍然能成为稳定的胶体溶液。但是，在较高温度下会破坏蛋白质的天然构象。

2.5.3.4　重金属盐

当蛋白质溶液的 pH 值大于其等电点时，蛋白质带负电荷，蛋白质可以与重金属离子如汞、铅、铜、银等结合成盐沉淀。通常情况下，重金属沉淀的蛋白质常是变性的，但若在低温条件下，并控制重金属离子浓度，也可用于分离制备不变性的蛋白质。临床上利用蛋白质能与重金属盐结合的这种性质，抢救误服重金属盐中毒的病人，给病人口服大量牛奶或鸡蛋清，然后用催吐剂将结合的重金属盐呕吐出来解毒。

2.5.3.5　生物碱试剂

生物碱（alkalon）是植物中具有显著生理作用的一类含氮的碱性物质，能够沉淀生物碱的试剂称为生物碱试剂，如单宁酸、钨酸、苦味酸（三氯乙酸）等。生物碱试剂一般都为酸性物质，而蛋白质在酸性溶液中带正电荷，因此能和生物碱试剂的酸根离子结合形成溶解度较小的盐类而析出。临床血液化学分析时常利用此原理除去血液中的蛋白质。此类沉淀反应也可用于检验尿中的蛋白质。

2.5.4　蛋白质的变性

蛋白质的高分子特性形成了复杂而特定的空间构象，从而表现出蛋白质特异的生物学功能。但是当受某些物理或化学因素的影响时，分子的空间构象被破坏，从而导致其理化性质发生改变并失去原有的生物学活性的现象称为蛋白质的变性作用（denaturation）。蛋白质变性的学说最早由我国生化学家吴宪提出，他认为天然蛋白质分子受环境因素的影响，从有规则的紧密结构变为无规则的松散状态，即变性作用。由于研究技术特别是 X-衍射技术的应用，使对蛋白质变性的研究从变性现象的观察、分子形状的改变，深入到分子构象变化的分析。现代分析研究的结果表明，由于蛋白质分子空间构象的形成与稳定的基本因素是各种次级键，蛋白质变性作用的本质是破坏了形成与稳定蛋白质分子空间构象的次级键，从而导致蛋白质分子空间构象的改变或破坏，而不涉及一级结构的改变或肽键的断裂。生物活性的丧失是变性的主要表现，这说明了变性蛋白质与天然分子的根本区别。

2.5.4.1　变性的因素

引起蛋白质变性的因素很多，主要可以分为物理因素和化学因素两种。

（1）物理因素

物理因素可以是加热、加压、脱水、剧烈的搅拌、振荡、紫外线照射、X 射线、超声波的作用等。

（2）化学因素

化学因素有强酸、强碱、尿素、去污剂、重金属盐（如 Hg^{2+}、Ag^+、Pb^{2+} 等）、三氯乙酸、浓乙醇、十二烷基磺酸钠（SDS）等。不同蛋白质对各因素的敏感程度不同。

2.5.4.2　变性作用的特征

（1）生物活性的丧失

这是蛋白质变性的主要特征。蛋白质生物活性是指蛋白质具有的酶催化、激素、毒素、抗原与抗体、血红蛋载氧能力等生物学功能，这些生物学功能由各种蛋白质的特定的空间构象所表现，一旦外界因素使其空间构象遭受破坏，其表现生物学功能的能力也随之丧失。有时蛋白质的空间结构仅发生轻微变化即可起生物活性的丧失。因此，在提取、制备具有生物活性的蛋白质类化合物时，如何防止变性的发生则是关键性的问题。

（2）某些理化性质的改变

蛋白质变性后理化性质发生改变，如一些天然蛋白可以结晶，而变性后失去结晶的能力；蛋白质变性后，溶解度降低，易发生沉淀，但在偏酸或偏碱时，蛋白质虽变性却可保持溶解状态；变性还可引起球状蛋白不对称性增加、黏度增加、扩散系数降低等。

（3）生物化学性质的改变

蛋白质变性后，分子结构松散，不能形成结晶，易被蛋白酶水解。蛋白质的变性作用主要是由于蛋白质分子内部的结构被破坏。天然蛋白质的空间结构是通过氢键等次级键维持的，而变性后次级键被破坏，蛋白质分子就从原来有序卷曲的紧密结构变为无序松散的伸展结构（但一级结构并未改变），因此，原来处于分子内部的疏水基团大量暴露在分子表面。而亲水某团在表面的分布则相对减少，致使蛋白质颗粒不能与水相溶而失去水化膜，极易引起分子间相互碰撞而聚集沉淀。

2.5.4.3 蛋白质变性的分类

变性并非是不可逆的变化，当变性程度较轻时，如去除变性因素，有的蛋白质仍能恢复或部分恢复其原来的构象及功能，变性的可逆变化称为复性。此时若除去变性因素，在适当条件下变性蛋白可恢复其天然构象和生物活性，这种现象称为蛋白质的复性（renaturation）。例如胃蛋白酶被加热至80~90℃时失去溶解性，也无消化蛋白质的能力，之后将温度降低到37℃，其溶解性和消化蛋白质的能力即得到恢复。

当蛋白质变性时被破坏严重，不能恢复，称为不可逆变性。在临床医学上，变性因素常被应用于消毒及灭菌。反之，注意防止蛋白质变性就能有效地保存蛋白质制剂。

2.5.4.4 蛋白质变性的意义

蛋白质的变性作用不仅对研究蛋白质的结构与功能方面有重要的理论价值，而且对医药生产和应用也有重要的指导作用。实践中对蛋白质的变性作用有不同的要求，有时必须尽力避免，而有时则必须充分利用。如乙醇、紫外线消毒，高温、高压灭菌等使细菌蛋白变性而失去活性，中草药有效成分的提取或其注射液的制备也常用变性的方法（加热、浓乙醇等）除去杂蛋白。在制备有生物活性的酶、蛋白质、激素或其他生物制品（疫苗、抗毒素等）时，要求所需成分不变性，而不需要的杂蛋白应使其变性或沉淀除去。此时，应选用适当的方法，严格控制操作条件，尽量减少所需蛋白质变性；有时还可加些保护剂、抑制剂等以增强蛋白质的抗变性能力。

2.5.5 蛋白质的显色反应

蛋白质是由氨基酸通过肽键构成的化合物。因此，蛋白质的颜色反应实际上是其氨基酸的一些基团（如苯环、酚）以及肽键等与某些试剂所产生的化学反应，并非是蛋白质的特异反应。所以，在利用这些反应来鉴定蛋白质时，必须结合蛋白质的其他特性加以分析，切勿以任何单一的反应来确认蛋白质的存在。蛋白质的颜色反应很多，用这些反应可作为蛋白质或氨基酸定性、定量分析的基础下面介绍几种重要的颜色反应。

2.5.5.1 双缩脲反应

双缩脲是由两分子尿素缩合而成的化合物，将尿素加热到190℃，两分子尿素合成1分子双缩脲并放出1分子氨。

$$
\begin{array}{c}
\text{NH}_2 \\
| \\
\text{C}=\text{O} \\
| \\
\text{NH}_2 \\
| \\
\text{NH}_2 \\
| \\
\text{C}=\text{O} \\
| \\
\text{NH}_2 \\
\text{尿素}
\end{array}
\xrightarrow{\ 180^\circ\text{C}\ }
\begin{array}{c}
\text{NH}_2 \\
| \\
\text{C}=\text{O} \\
| \\
\text{NH} \\
| \\
\text{C}=\text{O} \\
| \\
\text{NH}_2 \\
\text{双缩脲}
\end{array}
$$

双缩脲在碱性溶液中能与硫酸铜反应产生红紫色配合物,此反应称双缩脲反应(biuretreaction)。蛋白质分子中的肽键结构与双缩脲相似,也能发生双缩脲反应,水解后的氨基酸无此反应,故可用于蛋白质的定性和定量,蛋白质中的肽键越多,反应颜色越深,蛋白质水解越完全,则颜色越浅。

2.5.5.2 蛋白质黄色反应

由于硝酸能将蛋白质分子中的苯环硝化,产生黄色硝基苯衍生物,所以含有芳香族氨基酸特别是酪氨酸、色氨酸的蛋白质遇硝酸后,先产生白色沉淀,加热后白色沉淀变成黄色,再加碱,则颜色加深呈橙黄色。该反应是含苯丙氨酸、酪氨酸、色氨酸的蛋白质特有的反应。

2.5.5.3 米隆反应

米隆试剂为硝酸汞、亚硝酸汞、硝酸和亚硝酸的混合物。将此试剂加入含有酚基的蛋白质溶液后产生白色沉淀,加热后沉淀变成红色。故酪氨酸及含有酪氨酸的蛋白质都有此反应。

2.5.5.4 茚三酮反应

蛋白质与茚三酮共热,产生蓝紫色的还原茚三酮、茚三酮和氨的缩合物。此反应为蛋白质及 α-氨基酸所共有,凡具有氨基、能放出氨的化合物几乎都有此反应。

2.5.5.5 乙醛酸反应

在含有色氨酸的蛋白质溶液加入乙醛酸混匀后,后沿管壁慢慢注入浓硫酸,在两液接触面处呈现紫红色环。凡含有吲哚基的化合物都能发生这一反应,色氨酸及含有色氨酸的蛋白质有此反应,而血清球蛋白含色氨酸残基,故临床生化检验可用乙醛酸反应来定性测定球蛋白量。

2.5.5.6 坂口反应

坂口反应广泛用于精氨酸的分析与测定以及含有精氨酸的蛋白质的鉴定。精氨酸分子中含有胍基,能与 α-萘酚在碱性次溴酸钠(或次溴酸钾)中发生反应,得到红色产物。

2.6 蛋白质的分离纯化

蛋白质的分离与纯化是研究蛋白质化学组成、结构及生物学功能等的基础。蛋白质在自然界存在于复杂的混合体系中的,大多数蛋白质在组织细胞中都和核酸等生物分子结合在一起,而且许多重要的蛋白质在组织细胞内的量又极低,不同类型的细胞都含有成千上万种不同的蛋白质,许多蛋白质在结构、性质上有许多相似之处,因此要把所需蛋白质从复杂的体系中提取分离,又要防止其空间构象的改变和生物活性的损失,显然蛋白质的分离纯化是一项复杂的工作。目前,蛋白质分离与纯化的发展趋向是精细而多样化技术的综合运用,但基本原理均是以蛋白质的性质为依据。实际工作中应按不同的要求和可能的条件选用不同的方法,但还没有一套现成的方法能把任何一种蛋白质从复杂的混合物中提取出来。要分离纯化某一种蛋白质,首先应选择一种含蛋白质较丰富的材料,其次,应避免蛋白质变性,以制备各有活性的蛋白质,同时也应避免过酸、过碱的条件以及剧烈的搅拌和振荡。另外,还要除去变性的蛋白质和其他杂蛋白。

2.6.1 分离纯化蛋白质的一般程序

选择合理的分离、纯化方法对蛋白质的分离效率有决定性的作用，分离纯化蛋白质的一般程序分为以下几个步骤。

2.6.1.1 材料的选择、预处理及细胞破碎

蛋白质的分离纯化首先要选择适当的材料，选择的原则是材料应含较高的所需蛋白质，且来源方便。当然，由于目的不同，有时只能用特定的原料。

其次，要把蛋白质从组织或细胞中释放出来，且要保持蛋白质的天然状态和活性。多数蛋白质存在于细胞内，并结合在一定的细胞器上，故需先破碎细胞，然后以适当的溶媒提取。应根据动物、植物或微生物原料不同，选用不同的细胞破碎方法。

常用的破碎组织细胞的方法主要有机械、物理、酶和化学等方法。

（1）机械破碎法

机械法是用组织分散器、匀浆器、细菌磨等进行破碎，这种方法是利用机械力的剪切作用使细胞破碎。

（2）物理法

物理法是应用超声波、渗透压等物理原理进行。

超声波法是使用超声波振荡器使细胞膜上所受张力不均而使细胞破碎，超声的空化作用易使酶等失活，超声破碎时需加保护剂；渗透压法是在低渗条件下使细胞溶胀而破碎；反复冻融法是使生物组织经冻结后，细胞内液结冰膨胀而使细胞胀破。这种方法简单方便，但要注意那些对温度变化敏感的蛋白质不宜采用此法。

（3）酶法

酶法如用溶菌酶、纤维素酶对细胞壁等进行破坏。

（4）化学法

化学法如碱性条件下处理对碱稳定的蛋白质或酶。

2.6.1.2 蛋白质的抽提

蛋白质的提取应按其性质选用适当的溶媒和提取次数以提高收率。此外，还应注意细胞内外蛋白酶对有效成分的水解破坏作用。抽提蛋白质分离纯化的大部分操作是在溶液中进行的，抽提所用缓冲溶液的 pH 值、离子强度、组成成分等条件的选择应根据欲制备的蛋白质的性质而定，如膜蛋白的抽提，抽提缓冲溶液体系的选择要审慎考虑，避免随意性；在抽提过程中，应注意保持适宜温度和避免剧烈搅拌等，以防止蛋白质变性。因此，蛋白质提取的条件是很重要的，总的要求是既要尽量提取所需蛋白质，又要防止蛋白酶的水解和其他因素对蛋白质特定构象的破坏作用。

2.6.1.3 蛋白质粗制品的获得

粗分离的主要目的就是除去糖、脂类、核酸及大部分杂蛋白，并将蛋白质浓缩，比较方便和有效的方法是根据蛋白质溶解度的差异进行分离。影响蛋白质溶解度的主要因素有溶液的 pH 值、离子强度、溶剂的介电常数和温度等。常用的方法有下列几种。

（1）等电点沉淀法

不同蛋白质的等电点不同，可用等电点沉淀法使它们相互分离。

（2）盐析法

中性盐对蛋白质胶体的稳定性有显著的影响，不同蛋白质盐析所需要的盐饱和度不同，所以可通过调节盐浓度使目的蛋白质沉淀析出。盐析沉淀的蛋白质一般保持着天然构象而不

变性。有时不同的盐浓度可有效地使蛋白质分级沉淀。

被盐析沉淀下来的蛋白质仍保持其天然性质，并能再度溶解不变性。

（3）有机溶剂沉淀法

中性有机溶剂如乙醇、丙酮，它们的介电常数比水低，如 20℃时，水为 79、乙醇为 26、丙酮为 21。因此，在一定量的有机溶剂中，蛋白质分子间极性基团的静电引力增加，而水化作用降低，促使蛋白质聚集沉淀。此法沉淀蛋白质的选择性较高，且不需脱盐，但由于有机溶剂会使蛋白质变性，使用该法时，要注意在低温下操作，且选择合适的有机溶剂浓度。

2.6.1.4　样品的进一步分离纯化

经过预处理和粗分离得到的蛋白质制剂一般含有其他蛋白质杂质仅可供工业应用。如需高纯度样品，须进一步分离提纯才能得到有一定纯度的样品。常用的纯化方法有：凝胶过滤色谱、离子交换纤维素色谱、亲和色谱等。有时还需要这几种方法联合使用才能得到较高纯度的蛋白质样品。透析、凝胶过滤、离子交换色谱法、SDSPAGE（聚丙烯酰胺凝胶电泳）、等电聚焦电泳、双向电泳、亲和色谱法、高速离心等。

（1）凝胶过滤色谱

凝胶过滤色谱（gel-filtration chromatography）又称为分子排阻色谱或分子筛色谱，这是一种简便而有效的生化分离方法之一，其原理是利用蛋白质分子量的差异，将凝胶装入一个柱子中，制成凝胶柱，通过具有分子筛性质的凝胶柱而被分离。常用的凝胶有葡聚糖凝胶、聚丙烯酰胺凝胶和琼脂等，这种凝胶颗粒具有网状结构，不同类型凝胶的网孔大小不同。当把蛋白质混合样品加到凝胶柱中时，比凝胶网孔小的蛋白可进入网孔内。大于网孔的分子则不能进入而被排阻在凝胶颗粒之外。当用洗脱液洗脱时，被排阻的相对分子质量大的蛋白质直接通过凝胶之间的缝隙先被洗脱下来，而比网孔小的蛋白质可不断地进入网孔内。这样的小分子不但流经的路程长，而且受到来自凝胶内部的阻力也很大，所以蛋白质分子越小，从柱子上洗脱厂来所需时间越长。由于不同蛋白质的分子大小不同，进入网孔的程度不同，因此流出的速度不同，洗脱所用体积及时间也就不同，从而达到分离的目的。

（2）离子交换纤维素色谱

该法是利用蛋白质的酸碱性质作为分离的基础。离子交换纤维素（cellulose ionexchanger）是人工合成的纤维素衍生物，它具有松散的亲水性网状结构，有较大的表面积，使蛋白质大分子可以自由通过，因此常用于蛋白质的分离。

羧甲基纤维素（CM-纤维素）。CM-纤维素在纤维素颗粒上带有羧甲基基团。在中性 pH 值条件下，羧甲基上的质子可解离下来（图 2-30），而溶液中带正电荷的蛋白质分子可与纤维素颗粒上带负电荷的羧甲基结合。由于可交换的基团带正电，因此 CM-纤维素是一种阳离子交换剂。蛋白质与离子交换纤维素之间结合能力的大小取决于彼此带相反电荷基团之间的静电吸引力。

二乙氨基乙基纤维素（DEAE-纤维素）。在中性 pH 值条件下，它含有带正电荷的基团，可与溶液中的带负电荷的蛋白质结合，可交换的基团带负电荷，因此是一种阴离子交换剂。当某一蛋白质混合溶液通过装有 DEAE-纤维素的色谱柱时，带正电荷的蛋白质不能结合而随着洗脱液的流动先被洗脱下来，带负电荷的蛋白质将被结合到柱上。蛋白质与离子交换纤维素之间的结合力大小取决于彼此带相反电荷基团间的静电吸引力。选用一定 pH 值和离子强度的缓冲溶液进行洗脱，改变蛋白质分子所带的静电荷，不同的蛋白质分子依次从色谱柱流出，达到使其相互分离的目的，见图 2-30。

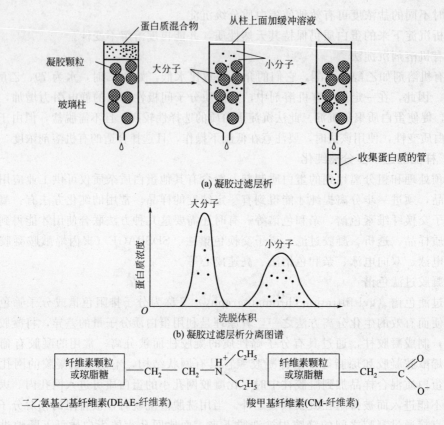

(a) 凝胶过滤层析

(b) 凝胶过滤层析分离图谱

(c) DEAE-纤维素和CM-纤维素的结构

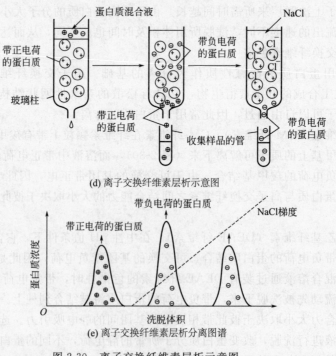

(d) 离子交换纤维素层析示意图

(e) 离子交换纤维素层析分离图谱

图 2-30　离子交换纤维素层析示意图

（3）亲和色谱

亲和色谱（amnity chromatography）分离技术的原理是许多蛋白质可以与特定的化学基团专一性结合。将具有特殊结构的亲和分子制成固相吸附剂放置在色谱柱中，当要被分离的蛋白混合液通过色谱柱时，与吸附剂具有亲和能力的蛋白质就会被吸附而滞留在色谱柱中。那些没有亲和力的蛋白质由于不被吸附而直接流出，从而与被分离的蛋白质分开，然后选用适当的洗脱液，改变结合条件将被结合的蛋白质洗脱下来，这种分离纯化蛋白的方法称为亲和色谱。是一种利用共价连接有特异配体的色谱分离介质分离蛋白质混合物中能特异结合配体的目的蛋白或其他分子的色谱技术。亲和色谱是一种极有效的分离纯化蛋白质的方法。以伴刀豆球蛋白 A（concanavalin A）的分离纯化为例，由于该蛋白对葡萄糖有专一性亲和吸附，因此通过适当的化学反应可把葡萄糖共价地连接到如琼脂糖凝胶一类的载体表面上。为了防止载体表面的空间位阻影响待分离的蛋白质大分子与其配基的结合，往往在配基和载体之间插入一段所谓的连接管（或称为间隔臂，spacerarm），使配体与载体之间保持足够的距离，如下所示。

$$\otimes \cdots\cdots\cdots\cdots\cdots G$$
载体　　　　　　　配基
连接臂

将这种多糖颗粒装入一定规格的玻璃管中就制成了一根亲和色谱柱。当含有伴刀豆球蛋白的提取液加到色谱柱的上部，并沿柱向下流过时，待纯化的蛋白质与其特异性配基结合而吸附到柱上，其他蛋白质因不能与葡萄糖配基结合将通过柱子而流出［图 2-31(a)］。之后采用一定的洗脱条件，如浓的葡萄糖溶液，即可把该蛋白质洗脱下来，达到与其他蛋白质分离的目的［图 2-31(b)］。

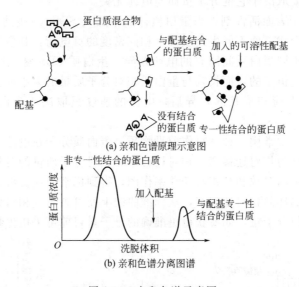

(a) 亲和色谱原理示意图

(b) 亲和色谱分离图谱

图 2-31　亲和色谱示意图

2.6.1.5　结晶

分离提纯的蛋白质常要制成晶体，结晶也是进一步纯化的步骤。结晶的最佳条件是使溶液略处于过饱和状态，可通过控制温度、加盐盐析、加有机溶剂或调节 pH 值等方法来实现，注意结晶不仅需要达到过饱和状态，还应注意结晶过程需要一定的时间，如果晶核较少，对晶体生长有利，晶体颗粒更理想（大）。

2.6.2 蛋白质相对分子质量的测定

蛋白质相对分子质量测定的方法很多，目前常用的以下几种方法。

2.6.2.1 凝胶过滤法

凝胶过滤法比较简单，不需要复杂的仪器就能相当精确的测出蛋白质的相对分子质量。根据凝胶过滤原理，蛋白质通过凝胶柱的速度取决于斯托克斯半径，斯托克斯半径是指如果某种蛋白质与一理想的非水化球具有相同的过柱速度，即相同的洗脱体积，则认为这种蛋白质具有与此球相同的半径，即斯托克斯半径。因此利用凝胶过滤法测蛋白质相对分子质量时，其分子形状需要接近球体，否则不能得到比较准确的分子量。测量中，用洗脱液洗脱时，相对分子质量大的蛋白质先被洗脱下来，相对分子质量越小的越晚被洗脱下来，在某个范围内，相对分子质量的对数和洗脱体积之间呈线性关系。

$$\lg M_r = a - b V_e$$

公式中，V_e 为洗脱体积，M_r 为相对分子质量，在特定条件下 a 和 b 为常数。测量时，只要测得几种已知相对分子质量的蛋白质为标准进行色谱分析，以每种蛋白质的洗脱体积对它们的相对分子质量的对数作图，绘制出标准洗脱曲线。根据洗脱体积，从标准洗脱曲线上即可求出此蛋白质的相对分子质量。

2.6.2.2 SDS-聚丙烯酰胺凝胶电泳法测定相对分子质量

SDS-聚丙烯酰胺凝胶电泳（SDS-PAGE）原理是粒子在电场中的电泳速度各异。蛋白质在普通聚丙烯酰胺凝胶中的电泳速度取决于蛋白质分子的大小、所带电荷的量以及分子形状，当在样品及电泳缓冲溶液中加入了十二烷基硫酸钠（sodium dodecyl sulfate，SDS），则蛋白质的电泳速度主要取决于它的分子量而与电荷无关。

SDS 是一种阴离子表面活性剂，当蛋白质样品中加入 SDS（一般加入量为 0.1%）后，它与蛋白质结合成复合物，使不同蛋白质带上相同密度的负电荷，其数量远超过蛋白质原有的电荷量，从而消除不同蛋白质间原有的电荷差异。蛋白质-SDS 复合物的形状近似于长的椭圆棒，它们的短轴是恒定的，而长轴与蛋白质相对分子质量的大小成正比。这样，在消除了蛋白质之间原有的电荷和形状的差异后，电泳的速度只取决于蛋白质相对分子质量的大小。

进行凝胶电泳时，常常用一种染料作前沿物质，蛋白质分子在电泳中的移动距离和前沿物质移动的距离之比称为相对迁移率，相对迁移率和相对分子质量的对数成直线关系。以标准蛋白质相对分子质量的对数和其相对迁移率作图，得到标准曲线。将未知蛋白质在同样条件下电泳，根据测得的样品相对迁移率，从标准曲线上便可查出其相对分子质量，上述方法只能测得蛋白质的近似分子量，如要获得更准确的分子量目前可采用生物质谱法或根据蛋白

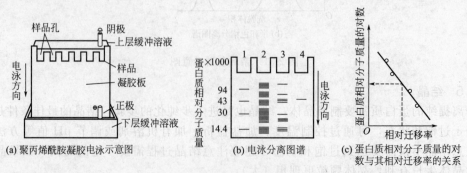

(a) 聚丙烯酰胺凝胶电泳示意图　　(b) 电泳分离图谱　　(c) 蛋白质相对分子质量的对数与其相对迁移率的关系

图 2-32　聚丙烯酰胺凝胶电泳法测定蛋白质相对分子质量

质的氨基酸组成或一级结构计算。见图 2-32。

2.6.2.3 沉降法

沉降法又称超速离心法。把蛋白质样品溶液放在离心机的特制离心池中，在离心作用下，蛋白质分子在沿旋转中心向外周方向移动，蛋白质分子趋于下沉，沉降速度与蛋白质分子的大小、密度和分子形状有关。也与溶剂的密度和黏度有关。蛋白质颗粒在离心场中的沉降速度用单位时间内颗粒下沉的距离来表示。

在离心场中，当蛋白质分子所受到的净离心力（离心力减去浮力）与溶剂的摩擦力平衡时，单位离心场强度的沉降速度称为沉降系数（sedimentation coefficient）。每一种蛋白质的沉降系数与其分子密度或分子量成正比。不同沉降系数的蛋白质，可利用超高速离心法，在密度梯度中分离，因此可利用蛋白质沉降系数的不同，通过超高速离心法来分离、纯化蛋白质和测定蛋白质的分子量。例如，在血清的制备过程中可利用离心方法来缩短分离时间。

2.6.2.4 生物质谱分析法

生物质谱分析法是通过测定相对分子质量和相对应离子电荷实现对样品中分子的分析。通过质谱分析可获得分析样品的分子量、分子式、分子中同位素构成和分子结构等多方面的信息。质谱分析只能用于分析小分子和中型分子，而用于生物大分子却难度很大。这是因为生物大分子比较脆弱，应用此法在拆分和电离的过程中，生物大分子的结构和组成很容易被破坏。美国科学家 John B. Finn 采用对生物大分子施加电场的方法以及日本科学家田中耕一采用激光轰击生物大分子的方法，均成功地使生物大分子相互完整地分离，同时也被电离。这两位科学家分别以"发明了对生物大分子进行确认和结构分析的方法"和"发明了对生物大分子的质谱分析法"而荣获 2002 年诺贝尔化学奖。

第3章 核酸

导读

核酸（nucleic acid）是含有磷酸基团的重要生物大分子，因最初从细胞核分离获得，又具有酸性，故称为核酸。一切生物都含有核酸，为生命大分子的最基本物质之一。

核酸在细胞内通常以与蛋白质结合成核蛋白的形式存在。天然的核酸分为两大类，即核糖核酸（RNA）和脱氧核糖核酸（DNA）。DNA主要分布在细胞核中，RNA可存在于细胞质和细胞核中。DNA是生物遗传变异的物质基础。RNA在细胞中的含量比DNA高。原核细胞和真核细胞都含有三种主要的RNA：信使RNA（mRNA）、核蛋白体（rRNA）和转运RNA（tRNA）。

DNA的一级结构是指DNA分子中核苷酸的排列序列。DNA对遗传信息的储存正是由核苷酸排列方式变化而实现的。DNA的二级结构是反向平行的互补双链。两条DNA链依靠彼此碱基之间形成的氢键而结合在一起。根据碱基结构特征，只能形成嘌呤与嘧啶的配对，即A与T（U）相配对形成2个氢键；G与C相配对形成3个氢键。DNA三级结构是指DNA链进一步扭曲盘旋形成超螺旋结构，并在蛋白质的参与下构成核小体。DNA的基本功能是作为生物遗传信息复制和转录的模板。

RNA包括mRNA、tRNA、rRNA、hnRNA、scRNA和snRNA。mRNA是合成蛋白质的模板。成熟的mRNA含有5′-末端的帽子结构和3′-末端的poly A尾巴。tRNA在蛋白质生物合成中作为各种氨基酸的转运载体。mRNA和tRNA通过密码子-反密码子的碱基互补关系相互识别。rRNA与核糖体蛋白构成核糖体，核糖体是蛋白质生物合成的场所。核糖体为mRNA、tRNA和肽链合成所需要的多种蛋白因子提供结合位点和相互所需要的空间环境。

细胞内的snmRNA表现出了种类、结构和功能的多样性，是基因表达调控中必不可少的因子。

核酸具有多种重要的理化性质。核酸的紫外吸收特性被广泛用来对核酸、核苷酸、核苷和碱基进行定性定量分析。核酸的沉降特性被用于超速离心法纯化核酸。

DNA的变性和复性是核酸最重要的理化性质之一。DNA变性的本质是双链的解链。随着DNA的变性，双键从开始解链到完全解链，紫外吸收值也随之增加。DNA分子的50%双链结构被打开时的温度称为DNA的解链温度（T_m）。热变性的DNA在适当条件下，两条互补链可重新配对而复性。在分子杂交过程中，只要核酸单链之间存在着碱基配对关系，就可以形成DNA-DNA，RNA-RNA，以及RNA-DNA的杂化双键。分子杂交是核酸研究中一项非常重要的技术。

核酸酶是可以降解核酸的酶，根据作用底物的不同可以分为脱氧核糖核酸酶和核糖核酸酶两类；根据作用位置不同可分为核酸内切酶和核酸外切酶。具有序列特异性的核酸酶称为限制性核酸内切酶。

核酸在实践应用方面有极其重要的作用，现已发现近 2000 种遗传性疾病都和 DNA 结构有关。20 世纪 70 年代以来兴起的遗传工程，使人们可用人工方法改组 DNA，从而有可能创造出新型的生物品种。如应用遗传工程方法已能使大肠杆菌产生胰岛素、干扰素等珍贵的生化药物。

核酸具有非常重要的生物学意义，不仅与正常生命活动，如生长繁殖、遗传变异、细胞分化等有着密切关系，而且与生命的异常活动，如肿瘤发生、辐射损伤、遗传病、代谢病、病毒感染等也息息相关。因此核酸研究是现代生物化学、分子生物学与医药学发展的重要领域。

3.1　核酸通论

3.1.1　核酸的发现和研究简史

1869 年瑞士外科医生 Friedrich Miescher 首次从脓细胞核中分离出一种可溶于碱、不溶于酸的含磷丰富的有机化合物，该物质有很强的酸性，因存在于细胞核中而将称为核素（nuclein），这种核素由碱性部分和酸性部分组成，碱性部分为蛋白质，酸性部分被称为核酸。

1889 年 R. Altman 从动植物细胞中分离出不含蛋白质的核素，因其具有酸性故称为核酸（nucleic acid）。

1928 年，格里菲思的肺炎双球菌转化试验和 1944 年 Avery 等人通过肺炎球菌的转化试验证明了生物的遗传物质是 DNA，而且证明了通过 DNA 可以把一个细菌的性状转移给另一个细菌。在证明了核酸是遗传信息的携带者之后，人们对遗传物质的研究进入了一个新阶段。

1944 年，奥斯瓦尔德·埃弗里（O. T. Avery）等为了寻找导致细菌转化的原因，发现将从 S 型肺炎球菌中提取的 DNA 与 R 型肺炎球菌混合后，能使某些 R 型菌转化为 S 型菌，且转化率与 DNA 纯度呈正比相关，但如果将 DNA 预先用酶降解，转化就不发生。实验结果表明 S 型菌的 DNA 将其遗传特性传给了 R 型菌，证明了 DNA 就是遗传物质。此后人们便把对遗传物质的注意力从蛋白质移到了核酸上。1952 年赫希尔（A. D. Hershey）和蔡斯（M. Chase），用同位素标记法进行实验。他们的实验进一步证明了 DNA 就是遗传物质基础。

1953 年，美国生物学家沃森（J. Watson）和英国生物物理学家克里克（F. Crick），在英国女生物学家富兰克林（R. Franklin）和英国生物物理学家威尔金斯（M. Wilkins）对 DNA 晶体所作的 X 光衍射分析的基础上，根据 DNA 分子碱基配对原则，构建出了 DNA 分子的双螺旋结构模型。双螺旋结构显示出 DNA 分子在细胞分裂时能够被精确复制，解释了其在遗传和进化中的作用。同时，沃森和克里克还预言了遗传信息的复制、传递和表达传递过程是从 DNA→RNA→蛋白质，被称为"中心法则"。不久，这一设想被其他科学家的发现所证实。

DNA 及其双螺旋结构的发现，揭示了基因复制和遗传信息传递的奥秘，并由此引发了一场蔚为壮观的生命科学和生物技术革命。

20 世纪 70 年代以后，由于核酸内切酶的发现和 DNA 体外重组技术的兴起，核酸序列分析方法的突破，使人工合成核酸得以实现，极大地推动了核酸的研究工作。由核酸研究而产生的分子生物学及基因工程技术已渗透到医药学、农业、化工等领域的各个学科，人类对生命本质的认识进入了一个崭新的天地。

3.1.2 核酸的种类和分布

核酸（nucleic acid）是生物大分子，是以核苷酸为基本结构单元，按照一定的顺序，以 3′, 5′-磷酸二酯键连接，并通过折叠、卷曲形成具有特定生物学功能的线形或环形多聚核苷酸链。通过水解方法可以了解其化学组成，核酸经水解后得到的化学成分有戊糖、碱基和磷酸 3 种化合物。

根据核酸分子中所含戊糖的不同将核酸分为两类。含脱氧核糖的核酸称为脱氧核糖核酸（deoxyribonucleic acid，DNA），含核糖的核酸称为核糖核酸（ribonucleic acid，RNA）。两类核酸中的戊糖只有一个原子之差，但它们的结构与功能有本质的差别。

3.1.2.1 脱氧核糖核酸

（1）DNA 的分布

核酸广泛分布于各类生物细胞中，一般占细胞干重的 5%～15%。在真核细胞中 95%～98% 的 DNA 分布于细胞核中，DNA 以与组蛋白结合成染色体的形式存在，每个染色体含有一个高度压缩的 DNA 分子。线粒体、叶绿体中也有少量 DNA 存在。在原核细胞中，DNA 存在于细胞质中的核质区，通常只含有一个高度压缩的单纯 DNA 分子，也称为染色体。大肠杆菌的染色体是一个环状 DNA 分子。对于病毒来说，要么只含 DNA，要么只含 RNA。还没有发现既含 DNA 又含 RNA 的病毒。

（2）DNA 功能

对于绝大多数生物而言，DNA 作为遗传信息的载体存在。生物体中的各种蛋白质，以及每种细胞的组成都是细胞中核酸序列编码的信息产物。每种蛋白质的氨基酸顺序和 RNA 的核苷酸顺序都是由细胞中的 DNA 的核苷酸顺序决定的。一般把包含有合成一个功能性生物分子所需信息的 DNA 片段作为一个基因（gene），一个细胞包含有成千上万个基因。DNA 的最主要功能是作为生物信息的载体。

3.1.2.2 核糖核酸

RNA 主要存在于细胞质中，约占总量的 90%，少量存在于细胞核中，约占 10%。核糖核酸（RNA）按其功能的不同分为三大类：核糖体 RNA（ribosomal RNAs，rRNAs），约占 RNA 总量的 80%，它们与蛋白质结合构成核糖体的骨架；信使 RNA（mRNAs），约占 tRNA 总量的 5%，mRNA 是以 DNA 为模板合成的；转移 RNA（transfer RNA，tRNA）约占 RNA 总量的 15%，tRNA 由 70～90 个核苷酸组成，是最小的 RNA 分子。

rRNAs 是核糖体的骨架，而核糖体是蛋白质合成的主要场所，所以 rRNAs 的功能是作为核糖体的重要组成成分参与蛋白质的生物合成。rRNAs 是细胞中含量最多但种类较少的 RNA，其占 RNA 总量的 80% 以上。rRNAs 的分子量很大，代谢上不活跃。原核生物中主要有 5S rRNAs，16S rRNAs 和 23S rRNAs 三种，真核生物中主要有 5S rRNAs，5.8S rRNAs，18S rRNAs 和 28S rRNAs 四种。

tRNA 是一类极为重要的 RNA。tRNA 的主要功能是在蛋白质生物合成过程中把 mR-

NA 的信息准确地翻译成蛋白质多肽链中氨基酸的连接顺序，即具有运送氨基酸的作用，一般以其运送的氨基酸来对其命名。细胞内 tRNA 的种类很多，原因是每一种氨基酸都需要有其相应的一种或几种 tRNA。

mRNA 是蛋白质生物合成的模板。由于生物信息主要存在于细胞核内，mRNA 可以携带一个或几个基因信息到达核糖体，该处是蛋白质生物合成的场所。因此 mRNA 被称为信使 RNA。由于每一种多肽有一种相应的 mRNAs，所以细胞内各类 mRNAs 分子种类极多，差别极大，而且已知的各种 mRNAs 的含量都很低。

3.1.2.3 其他核糖核酸

20 世纪 80 年代以后由于新技术不断产生，人们发现了 RNA 的许多新功能以及新的 RNA 基因。在细胞的不同部位还存在着许多其他种类的小分 RNA，细胞质中还含有很多种类的微型 RNA（miRNA）、核不均一 RNA（hnRNA）、核内小 RNA（snRNA）、核仁小 RNA（miRNA）、反义 RNA（asRNA）等。

3.1.3 核酸的生物学功能

核酸是遗传的物质基础，其主要生物学功能是传递和表达遗传信息。DNA 是大多数生物体的遗传物质。DNA 通过复制，将亲代所携带的遗传信息传递给子代，从而维持遗传性状的稳定。在某些生物（如病毒）中，RNA 也可以作为遗传信息的携带者，并将其传递给子代。

DNA 携带的遗传信息以基因或特定顺序的核苷酸片段为单位转录到 RNA 分子中，并通过 RNA 将核苷酸顺序翻译为蛋白质中的氨基酸顺序，从而产生特定的蛋白质并表现其生物学功能。

核酸不仅是基本的遗传物质，而且在蛋白质的生物合成上也占重要位置。RNA 主要参与遗传信息的表达，其中主要涉及 3 种 RNA：rRNA 是蛋白质合成的主要场所；tRNA 起携带氨基酸的作用，mRNA 在蛋白质合成过程中起模板作用。

另外，snmRNA 在真核生物细胞内不均一，RNA（heterogeneous nuclear RNA，hnRNA）和 RNA 的转运后加工、转运，以及基因表达过程的调控等方面具有非常重要的生理作用。

snRNA 是细胞核内核蛋白颗粒（small nuclear ribonucleoprotein panicle，snRNP）的组成成分，参与 mRNA 前体的剪接以及成熟的 mRNA 由核内向胞浆中转运的过程。snoRNA 是一类新的核酸调控分子，参与 rRNA 前体的加工以及核糖体亚基的装配。scRNA 的种类很多，其中 7SL RNA 与蛋白质一起组成信号识别颗粒（signal recognition particle，SRP），SRP 参与分泌性蛋白质的合成。反义 RNA（anti-sense RNA）可以与特异的 mRNA 序列互补配对，阻断 mRNA 翻译，能调节基因表达。还有一些小 RNA 分子具有催化特定 RNA 降解的活性，在 RNA 合成后的剪接修饰中具有重要作用。

siRNA 是生物宿主对于外源侵入基因表达的双链 RNA 进行切割所产生的具有特定长度（21~23bp）和特定序列的小片段 RNA。这些 siRNA 可以与外源基因表达的 mRNA 相结合，并诱发这些 mRNA 的降解。利用这一机制发展起来的 RNA 干涉（RNA interfercnce，RNAi）技术是研究基因功能的有力工具。安德鲁法厄（Andrew Z. Fire）和克雷格梅洛（Mello）由于发现了 siRNA 现象并发展了 RNAi 技术，荣获了 2006 年诺贝尔生理与医学奖。

3.2 核酸的结构

3.2.1 元素组成

核酸的元素组成为：C、H、O、N 和 P。其中磷元素在核酸分子中含量恒定，约为 9%，可以通过测定生物样品中核酸的磷元素含量，进一步推算出生物样品中核酸的含量。

3.2.2 核苷酸

核苷酸（nucleotide）是核酸的基本结构单元，核酸在酸、碱、酶作用下水解可得到核苷酸，核苷酸可被进一步水解产生核苷（nucleoside）和磷酸（phosphate），核苷再进一步水解得到戊糖（pentose）和含氮碱基（base）。碱基又可分为嘌呤碱（purine）和嘧啶碱（pyrimidine）两大类（图 3-1）。

$$核酸 \atop （RNA 或 DNA） \longrightarrow 核苷酸 \begin{cases} \longrightarrow 磷酸 \\ \longrightarrow 核苷 \begin{cases} \longrightarrow 戊糖（核糖或脱氧核糖） \\ \longrightarrow 含氮碱基（嘌呤碱基和嘧啶碱基） \end{cases} \end{cases}$$

图 3-1　核酸水解及其水解产物

3.2.2.1 戊糖

核酸中的戊糖有两种（图 3-2），一种是在 DNA 中的戊糖，β-D-2-脱氧核糖。是另一种戊糖为 RNA 的降解产物，β-D-核糖。

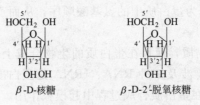

β-D-核糖　　　　　β-D-2'-脱氧核糖

图 3-2　核糖结构示意图

3.2.2.2 碱基

核苷酸中的碱基均为含氮杂环化合物，主要有两类：嘌呤碱和嘧啶碱。

嘌呤碱类主要包括 2 种嘌呤：腺嘌呤（adenine，A）和鸟嘌呤（guanine，G），DNA 和 RNA 中均含有这两种碱基。

嘧啶碱主要指胞嘧啶（cytosine，C），胸腺嘧啶（thymine，T）和尿嘧啶（uracil，U），胞嘧啶存在于 DNA 和 RNA 中，胸腺嘧啶只存在于 DNA 中，尿嘧啶只存在于 RNA 中。碱基的结构如图 3-3 所示。

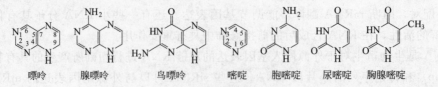

嘌呤　　腺嘌呤　　鸟嘌呤　　嘧啶　　胞嘧啶　　尿嘧啶　　胸腺嘧啶

图 3-3　碱基结构示意图

上述五种碱基广泛存在于两类核酸中，称为基本碱基，尿嘧啶（U）发生甲基化生成胸腺嘧啶（A），其中尿嘧啶（U）是 RNA 的基本碱基，胸腺嘧啶（A）则是 DNA 的基本碱基。

除以上 5 种基本碱基之外，在某些核酸特别是 tRNA 中还含有其他种类的碱基，因为它们在核酸中的含量很低，一般是通过甲基化、羟基化及硫化基本碱基内的某些基团所产生的，在分子中出现频率低，含量稀少，且分布也不均一，故被称为稀有碱基。

嘌呤类稀有碱基主要有甲基腺嘌呤、甲基鸟嘌呤、黄嘌呤和次黄嘌呤等。嘧啶类稀有碱基主要有 5-甲基胞嘧啶、二氢尿嘧啶等。常见稀有碱基结构式如图 3-4 所示。

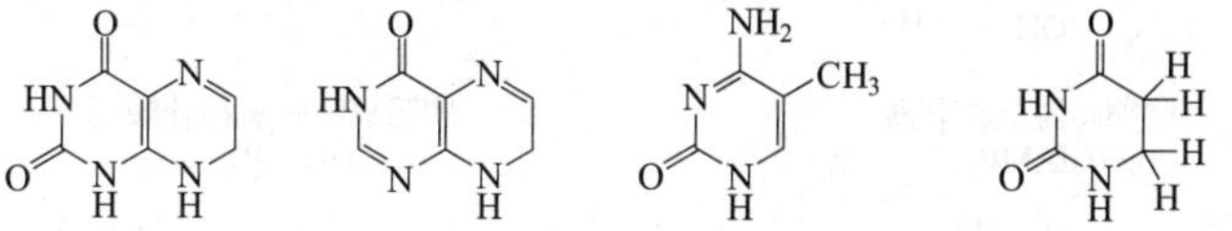

黄嘌呤（X）　　次黄嘌呤（I）　　5-甲基胞嘧啶（m⁵C）　　5,6-二氢尿嘧啶（hU）

图 3-4　稀有碱基结构示意图

3.2.2.3　核苷 (nucleoside)

核苷是由戊糖上的羟基与碱基上的氢（嘌呤或嘧啶）通过脱水缩合后形成的化合物。嘌呤环上的 N_9 与核糖 C_1' 上的羟基脱水构成 $1'$，9-糖苷键，形成的化合物成为嘌呤核苷。嘧啶碱 N_1 上的氢与核糖 C_1' 上的羟基脱水构成 $1'$，1-糖苷键，形成的化合物称为嘧啶核苷。部分核苷结构如图 3-5 所示。

核酸中的主要核苷有八种。根据戊糖的不同，核苷可分为核糖核苷和脱氧核糖核苷两类。又由于碱基不同，可分为嘌呤核苷、嘧啶核苷、嘌呤脱氧核苷、嘧啶脱氧核苷四类。如表 3-1 所示。

表 3-1　核酸中的主要核苷

碱 基 类 型	DNA	RNA
腺嘌呤(A)	腺嘌呤脱氧核苷(脱氧腺苷)	腺嘌呤核苷(腺苷)
鸟嘌呤(G)	鸟嘌呤脱氧核苷(脱氧鸟苷)	鸟嘌呤核苷(鸟苷)
胞嘧啶(C)	胞嘧啶脱氧核苷(脱氧胞苷)	胞嘧啶核苷(胞苷)
胸腺嘧啶(T)	胸腺嘧啶脱氧核苷(脱氧胸苷)	
尿嘧啶(U)		尿嘧啶核苷(尿苷)

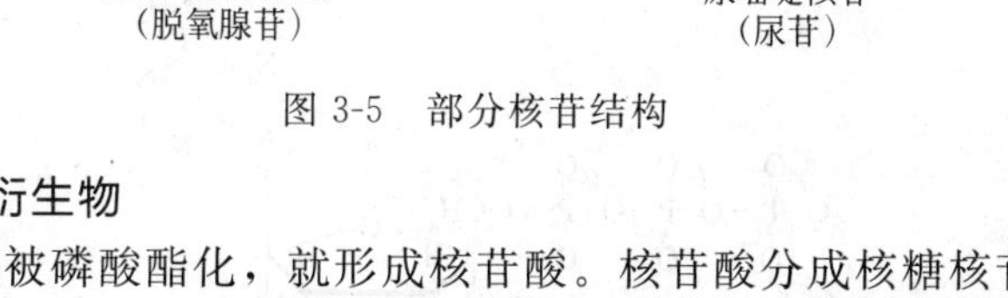

腺嘌呤脱氧核苷　　　　　尿嘧啶核苷
（脱氧腺苷）　　　　　　　（尿苷）

图 3-5　部分核苷结构

3.2.2.4　核苷酸及其衍生物

核苷中的戊糖羟基被磷酸酯化，就形成核苷酸。核苷酸分成核糖核苷酸与脱氧核糖核苷酸两大类。根据多核苷酸分子中戊糖的不同，多核苷酸可分为核糖多核苷酸（RNA）和脱氧核糖多核苷酸（DAN）两类。理论上它可形成 3 种核苷酸：$2'$-核苷酸、$3'$-核苷酸和 $5'$-核苷酸。脱氧核糖核苷的戊糖只有两个游离羟基（$3'$、$5'$），理论上只能形成两种脱氧核苷酸：$3'$-脱氧核苷酸和 $5'$-脱氧核苷酸。DNA 分子中是含有 A、G、C、T 四种碱基的脱氧核苷酸，RNA 分子中则是含 A、G、C、U 四种碱基的核苷酸。部分核苷酸结构如图 3-6 所示。

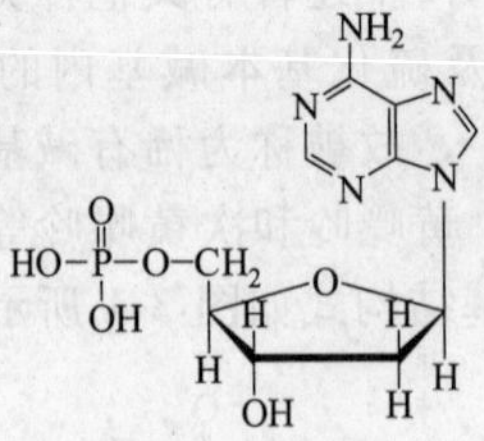

腺嘌呤脱氧核苷酸
（dAMP）

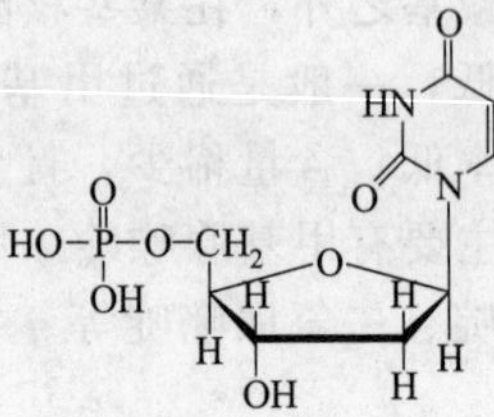

胸腺嘧啶脱氧核苷酸
（dTMP）

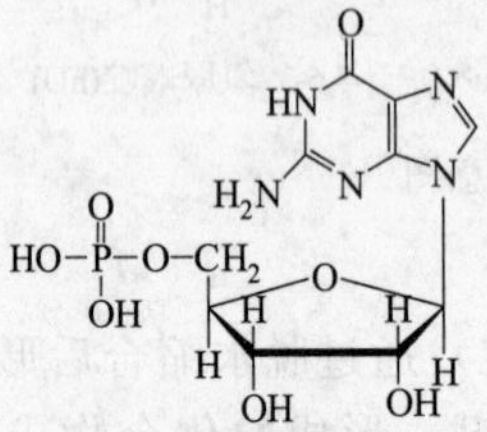

鸟嘌呤核苷酸
（GMP）

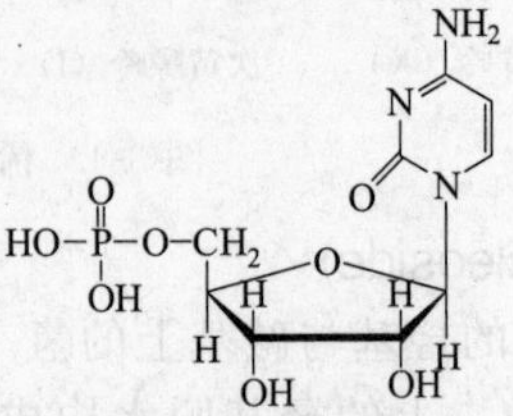

胞嘧啶核苷酸
（CMP）

图 3-6　部分核苷酸结构

RNA 和 DNA 的基本结构单位如表 3-2 所示。

表 3-2　RNA 和 DNA 的基本结构单位

RNA 的基本结构单位	DNA 的基本结构单位
腺嘌呤核苷酸 （adenosine monophosphate，AMP）	腺嘌呤脱氧核苷酸 （deoxyadenosine monophosphate，dAMP）
鸟嘌呤核苷酸 （guanosine monophosphate，GMP）	鸟嘌呤脱氧核苷酸 （deoxyguanosine monophosphate，dGMP）
胞嘧啶核苷酸 （cytidine monophosphate，CMP）	胞嘧啶脱氧核苷酸 （deoxycytidine monophosphate，dCMP）
尿嘧啶核苷酸 （uridine monophosphate，UMP）	胸腺嘧啶脱氧核苷酸 （deoxythymidine monophosphate，dTMP）

在生物体内，核苷酸除了构成核酸外，还会以其他衍生物的形式参与各种物质代谢的调节和多种蛋白质功能的调节。例如，除一磷酸核苷酸（NMP）外，还有二磷酸核苷酸（NDP）、三磷酸核苷酸（NTP）。ATP（图 3-7）作为能量通用载体在生物体的能量转换中起核心作用，UTP、GTP 和 CTP 则在专门的生化反应中起传递能量的作用。另外，各种三磷酸核苷酸及脱氧三磷酸核苷酸是合成 RNA 与 DNA 的活性前体。

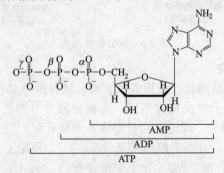

图 3-7　ATP、ADP 和 AMP 的结构

3′，5′-环腺苷酸（3′，5′-cyclic adenylic acid）或称环腺-磷（cAMP）。3′，5′-环鸟苷酸（3′，5′-cyclic guanylic acid）或称环鸟-磷（cGMP）。cAMP、cGMP 的结构式如图 3-8 所示。环化核苷酸参与调节细胞生理生化过程，控制生物的生长、分化和细胞对激素的效应。cAMP 和 cGMP 分别具有放大激素作用信号和缩小激素作用信号的功能，因此称为激素的第二信使。cAMP 还参与大肠杆菌中 DNA 转录的调控。

cAMP
cGMP

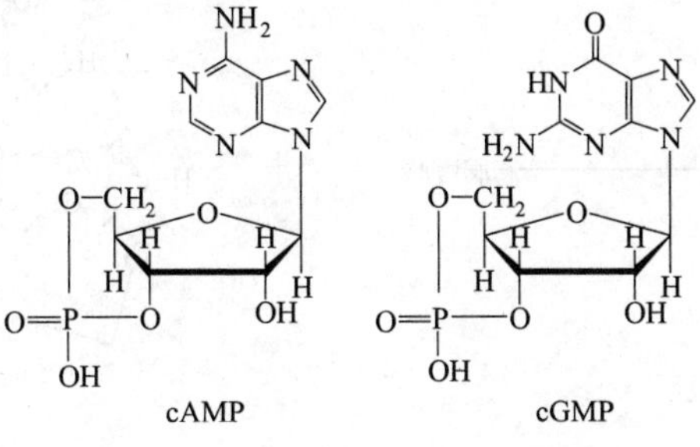

图 3-8　cAMP、cGMP 的结构式

此外，有些核苷酸是多种辅酶的组成成分，或直接作为辅酶。如烟酰胺腺嘌呤二核苷酸和烟酰胺腺嘌呤二核苷酸磷酸都是二核苷酸（两个单核苷酸组成），同时也分别是辅酶 I（CoI，NAD）和辅酶 II（CoII，NADP）。

3.2.3　核酸的分子结构

核酸是由很多的核苷酸分子连接形成的聚合物。核酸的一级结构是指核酸中核苷酸的排列顺序。核苷酸间的差异主要是出于碱基的不同而引起的，因此碱基的排列顺序就代表核苷酸的排列顺序。

DNA 的一级结构即 4 种脱氧核糖核苷酸（dAMP、dGMP、dCMP 和 dTMP）或 4 种碱基（A、G、C 和 T）的排列顺序；通过 3′，5′-磷酸二酯链连接起来的直线形或环形多聚体。由于脱氧核糖中 2′-C 上不含羟基，1′-C 又与碱基相连接，所以只能形成 3′，5′-磷酸二酯键，所以 DNA 没有侧链。

在直链脱氧核苷酸链一端的戊糖上有一个 C_3' 游离的羟基，称为 3′-羟基末端（3′-末端或 3′端），而另一端 5′-脱氧核苷酸上磷酸是连接在戊糖 C_5' 上，称为 5′-磷酸末端（5′-末端或 5′端）。

在脱氧核苷酸链中，磷酸戊糖部分在脱氧核苷酸链中变成了主链，碱基作为相对独立的侧链，排列在主链之侧。因此脱氧多核苷酸链中碱基的种类及排列顺序具有重要的生物学意义。

为了表示脱氧多核苷酸分子中主链和侧链的结构，在书写脱氧多核苷酸链时要标明两端和其中的碱基顺序，一般将 5′-端写在左边，3′-端写在右边。因此可将脱氧多核苷酸分子中主链和侧链写成条式，仅表明碱基的排列顺序，如图 3-9 所示。

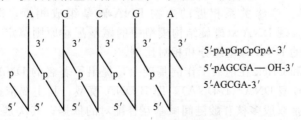

A
G
C
G
A
3′
3′
3′
3′
3′
p
p
p
p
p
5′
5′
5′
5′
5′
5′-pApGpCpGpA-3′
5′-pAGCGA—OH-3′
5′-AGCGA-3′

图 3-9　脱氧多核苷酸链的表示方法

核酸分子中核酸排列顺序的书写方法，习惯上将 $5'$-末端作为多核苷酸链的"头"写在左端，将 $3'$-末端作为"层"写在右端。DNA 的碱基配对氢键如图 3-10 所示。图中的垂线表示戊糖的碳链，垂线间含 P 的斜线代表 $3'$，$5'$-磷酸二酯键。因各种核酸的主链都由相同的戊糖、磷酸构成，只是碱基顺序不同，故简写式中的 A、G、C、T 既可代表碱基，也可以代表核酸中的核苷酸。

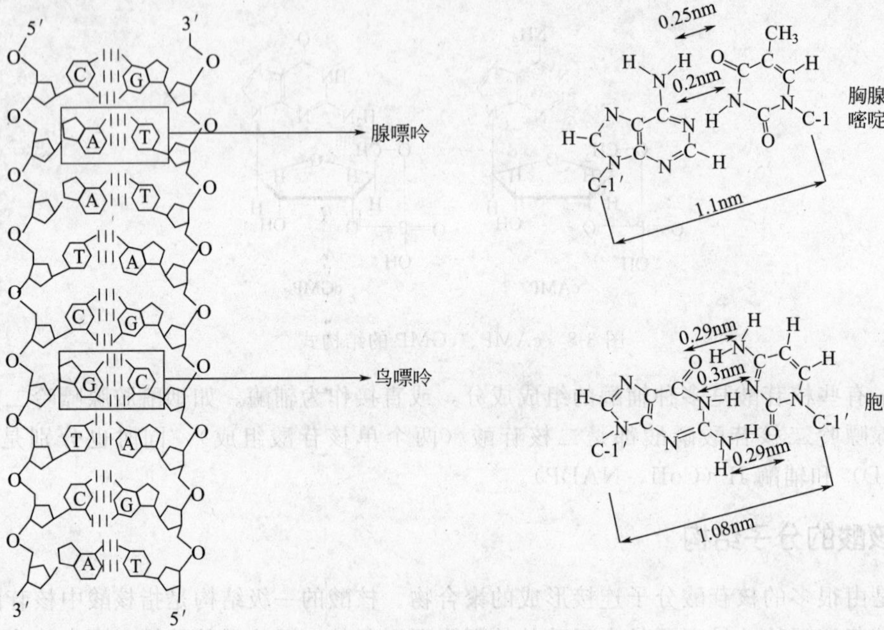

图 3-10　DNA 的碱基配对氢键

同 DNA 的一级结构一样，RNA 的一级结构是指 RNA 分子中核苷酸按特定序列通过 $3'$，$5'$-磷酸二酯键连接的线性结构。RNA 的一级结构即 4 种核糖核苷酸（AMP、GMP、CMP 和 UMP）或 4 种碱基（A、G、C 和 U）的排列顺序。它与 DNA 的差别在于：RNA 的戊糖是核糖而不是脱氧核糖；RNA 的嘧啶是胞嘧啶和尿嘧啶，而没有胸腺嘧啶，所以构成 RNA 的四种基本核糖核苷酸主要是 AMP、GMP、CMP 和 UMP。

3.2.3.1　DNA 的二级结构

20 世纪 50 年代初，美国生物化学家埃尔文·查戈夫（Erwin Chargaff）利用色谱和紫外吸收光谱等技术研究了多种生物 DNA 的化学成分，提出了有关 DNA 中四种碱基的 Chargaff 规则：①同一种生物的不同组织或器官的 DNA 的碱基组成相同；②同一种生物 DNA 碱基组成不随生物体的年龄、营养状态或者环境变化而改变；③无论种属来源如何，几乎所有 DNA 中的 A 与 T 的物质的量相等，即 [A]＝[T]，G 与 C 的物质的量相等，即 [G]＝[C]，总嘌呤的物质的量与总嘧啶的物质的量相同，即 [A]＋[G] ＝ [C]＋[T]；④不同种生物来源的 DNA 碱基组成不同，表现在（[A]＋[T]）/（[G]＋[C]）比值的不同，该比值称为不对称比率。亲缘关系相近的生物 DNA 碱基组成相近，即不对称比率相近。Chargaff 规则为后来发现 DNA 双螺旋结构模型中的碱基配对原则奠定了基础。表 3-3 列举了几种不同生物来源的 DNA 碱基组分和相对比例。

1953 年 Watson 和 Crick 在前人工作的基础上，提出了著名的 DNA 双螺旋二级结构模型，这种 DNA 称为 B 型 DNA（B-DNA），即 B-DNA 模型。其主要依据：首先是 Chargaff 的碱基组成规律，这是双股多核苷酸链间碱基互补配对的依据；其次是 Wilkins 等对纤维状 DNA 进行的 X 射线衍射分析，衍射图谱上有两个周期性结构，一个周期为 0.34nm；另一个周期为 3.4nm。这一发现不仅揭示了生物遗传性状得以世代相传的分子机制,解释了当时已知 DNA 的理化性质,而且还将 DNA 的功能与结构联系起来,奠定了现代生命科学的基础。

(1) B-DNAN 结构

B-DNA 的结构有如下特点。

① DNA 分子是由两条互相平行、但走向相反(一条链为 3′-5′,另一条链为 5′-3′)的脱氧多核苷酸链组成的,两条链以右手螺旋方式围绕同一个假想的中心轴盘旋成双螺旋结构。链之间的螺旋形成一条大沟和一条小沟。多核苷酸链的方向取决于核苷酸间的磷酸二酯键的走向(图 3-11)。

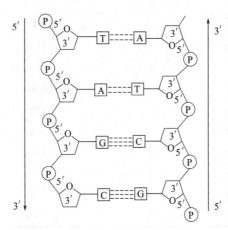

图 3-11　DNA 分子中多核苷酸链的方向

② 脱氧核糖和磷酸构成双螺旋的骨架主链,位于螺旋的外侧,碱基分布于双螺旋的内侧。碱基平面与戊糖环平面互相垂直,各碱基对的平面彼此平行,互相重叠,呈板状堆积。

③ 双螺旋的平均直径为 2nm,两个相邻的碱基对之间相距的高度,即碱基堆积距离为 0.34nm,两个核苷酸之间的夹角为 36°。每一圈的高度(称为螺距)为 3.4nm。

④ 两条脱氧多核苷酸链之间同一水平上的碱基通过氢键相连形成碱基对,并且碱基配对按互补规律进行,即 A 与 T 通过形成两个氢键配对([A]=[T]),G 与 C 通过形成 3 个氢键配对([G]=[C])。在碱基对中的两个碱基称为互补碱基,由于 DNA 双链同一水平上的碱基对都是互补的,所以两条链也是互补的,称为互补链,只要知道一条链的碱基排列顺序,就能确定另一条链的碱基排列顺序。DNA 的复制、转录、反转录以及蛋白质的生物合成都是通过碱基互补原则实现的。

DNA 双螺旋结构十分稳定,分子中碱基的堆积可以使碱基之间缔合,这种力称为碱基堆积力,是由疏水作用形成的,它是维持 DNA 双螺旋结构空间稳定的主要作用力。通过加热等方式可以破坏 DNA 双螺旋结构,将双链解链成为单链。该模型揭示了 DNA 作为遗传物质的稳定性特征,最有价值的是确认了碱基配对原则,这是 DNA 复制、转录和反转录的分子基础,也是遗传信息传递和表达的分子基础。该模型的提出是 20 世纪生命科学的重大突破之一,它奠定了生物化学和分子生物学乃至整个生命科学飞速发展的基石。

(2) DNA 双螺旋结构的多样性

除了 B-DNA 以外,天然状态下还存在有 Z-DNA,A-DNA。

1979 年美国麻省理工学院 A. Rich 等从 d(GCGCGC)这样一个脱氧六核苷酸 X 线衍射结果发现,该片段以左手螺旋存在于晶体中,并提出了左手螺旋的 Z-DNA 模型。B-DNA 模型是平滑旋转的梯形螺旋结构,而新发现的左手螺旋 DNA 虽也是双股螺旋,但旋转方向与它相反，即磷酸基在多核苷酸骨架上的分布呈 Z 字形，因此称为 Z-DNA。Z-DNA 直径约 1.8nm，螺距 4.5nm，每一圈螺旋含 12 个碱基对，整个分子比较细长而伸展。Z-DNA 的碱基对偏离中心轴并靠近螺旋外侧，螺旋的表面只有小沟没有大沟。

DNA 结构与 B-DNA 和 Z-DNA 差别较大（表 3-3）。A-DNA 也是由两条反向多核苷酸链组成的双螺旋，也有右手螺旋，但是螺体较宽而短，碱基对与中心轴之间的倾角也不同，呈 19°。

表 3-3 A-DNA，B-DNA 和 Z-DNA 的结构比较

结　　构	螺旋类型		
	A-DNA	B-DNA	Z-DNA
外形	粗短	适中	细长
每对碱基之间的距离	0.23nm	0.34nm	0.38nm
螺旋直径	2.55nm	2.37nm	1.84nm
螺旋方向	右手	右手	左手
糖苷键构型	反式	反式	C.T 反式 G 顺式
每匝螺旋碱基对数目	11	10.4	12
螺距	2.46nm	3.32nm	4.56nm
碱基对与中心轴之间的倾角	19°	1°	9°
大沟	狭，很深	宽，深	平坦
小沟	很宽，浅	狭，很深	很狭，深

3.2.3.2　DNA 的三级结构

DNA 分子是十分巨大的信息高分子，而且进化程度越高的生物体，其 DNA 的分子构成越大，结构越复杂，因此 DNA 的长度就要求其必须形成紧密的折叠旋转的形式才能够存在于小小的细胞核内。DNA 就应该在二级结构双螺旋的基础上，在 DNA 的空间结构中，双螺旋结构还可进一步扭曲或再一次螺旋成线状、麻花状、环状，再形成 DNA 超螺旋的高级结构——三级结构。

DNA 三级结构包括开链环状、闭链环状和超螺旋结构，其中超螺旋是 DNA 三级结构中的一种常见形式。许多病毒 DNA、细菌质粒 DNA 和真核生物的线粒体 DNA 以及叶绿体 DNA，多是由双螺旋结构的首尾两端接成环状（开环型）。双螺旋可进一步发生扭曲形成超螺旋结构（双股闭链环状）。如图 3-12 所示。

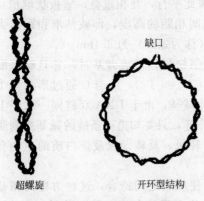
缺口

超螺旋　　　开环型结构

图 3-12　环状 DNA 的超螺旋

3.2.3.3　染色质与染色体

DNA、染色体、染色质是遗传物质的不同表现形式。DNA 是染色体的主要化学成分，也是遗传信息的载体，约占染色体全部成分的 27%，另外组蛋白和非组蛋白占 66%，RNA 占 6%。

真核生物的 DNA 以非常有序的形式存在于细胞核内，在细胞周期的大部分时间里以松散的染色质（chromatin）形式出现，在细胞分裂期形成高度致密的染色体（chromosome）。在电子显微镜下观察到的染色质具有串珠样的结构，核小体（nucleosome）是染色质或染色体的最基本的结构和功能亚单位，结构如图 3-13 所示。每个核小体由直径为 11nm 的组蛋白

(histone，H) 核心和盘绕在核心上的 DNA 构成，核心是由组蛋白 H_2A、H_2B、H_3 和 H_4 各 2 分子组成的八聚体。140～145bp 长的 DNA 以左手螺旋盘绕在组蛋白的核心。

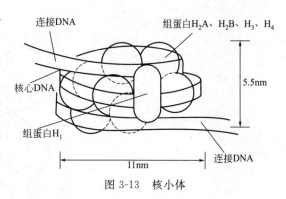

图 3-13　核小体

这种串珠样结构再进一步盘旋卷曲，形成超螺线管结构，即染色质纤维，染色质纤维进一步折叠最后形成染色单体。可见，染色单体是由一条连续的 DNA 分子的长短，经过逐层盘旋卷曲而形成的。

细胞核内染色体超螺旋结构的重要意义在于，它使 DNA 的体积变得很小，人类细胞核中有 23 对染色体，共有 46 条染色体。对 DNA 的二级结构、三级结构进行处理，能将总长度为 1.7m 的 DNA 压缩成 $200\mu m$ 左右，几乎缩短至 1/6500～1/8000。图 3-14 为染色体压缩的比例和方法。

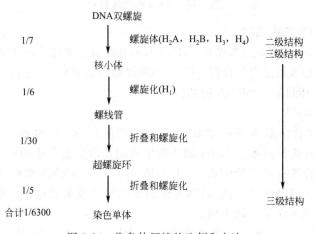

图 3-14　染色体压缩的比例和方法

3.2.4　RNA 的高级结构

RNA 主要分布在细胞质内。根据 RNA 在基因表达（蛋白质合成）中所发挥的功能不同，可将 RNA 分为 3 类，即核蛋白体 RNA（ribosomal RNA，rRNA）、转运 RNA（transfer RNA，tRNA）和信使 RNA（messenger RNA，mRNA）。它们的碱基组成、分子大小、生物学功能及存在的形式等都有所不同。

3.2.4.1　一级结构

RNA 是由四种核苷酸，通过 $3'$-$5'$磷酸二酯键连接成的多核苷酸链。RNA 分子中各核苷之间的连接方式（$3'$-$5'$磷酸二酯键）和排列顺序叫做 RNA 的一级结构。

3.2.4.2　二级结构

与 DNA 不同，RNA 多以单链形式存在，碱基组成也不具有等摩尔分配规律。单链 RNA 分子局部回折，某些区域在 A 和 U，G 和 C 间相互配对，形成短的双螺旋区，没有参与配对的区段形成突环，形成局部双螺旋。在 RNA 局部双螺旋中除了 A 与 U 配对、G 与 C 配对外，还存在非标准配对，如 G 与 U 配对。RNA 分子中的双螺旋与 A 型 DNA 双螺旋相似，而非互补区则膨胀形成凸出（bulge）或者环（loop），这种短的双螺旋区域和环称为发夹结构（hairpin）。发夹结构是 RNA 中最普通的二级结构形式（图 3-15）。

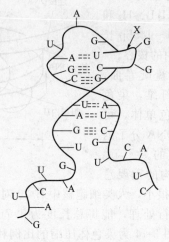

图 3-15　RNA 的二级结构

3.2.4.3　三级结构与四级结构

二级结构进一步折叠形成三级结构，RNA 只有在具有三级结构时才能成为有活性的分子。RNA 也能与蛋白质形成核蛋白复合物，RNA 的四级结构是 RNA 与蛋白质的相互作用。

3.2.4.4　rRNA、tRNA、mRNA 的结构

（1）核蛋白体 RNA

rRNA 是细胞中含量最多的一类 RNA，约占细胞总 RNA 的 80%，分子量都比较大，它们与蛋白质结合成核蛋白体。rRNA 的生物学功能是以核蛋白体的形式参与蛋白质生物合成，是蛋白质合成的场所或"装配机"。无论是 tRNA 或 mRNA 都必须与核蛋白体中相应的 rRNA 结合，各种氨基酸才能按 mRNA 密码子顺序合成多肽链。它的含量与细胞周期有关，不同的细胞 rRNA 含量高低不同。

rRNA 有复杂的空间结构。原核生物主要的 rRNA 有三种，即 5S rRNA、16S rRNA 和 23S rRNA。如大肠杆菌的这三种 rRNA 分别由 120 个、1542 个和 2904 个核苷酸组成。真核生物则有 4 种，即 5S rRNA、5.8S rRNA、18S rRNA 和 28S rRNA。5S rRNA 的二级结构如图 3-16 所示。目前虽已测出不少 rRNA 分子的一级结构，但对其二级结构与功能的研究还需进一步深入。

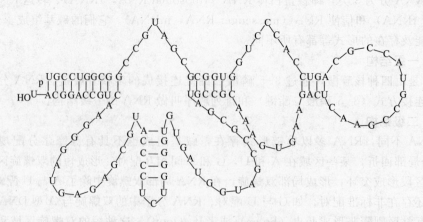

图 3-16　5S rRNA 的二级结构

（2）信使 RNA

mRNA 为传递 DNA 的遗传信息并指导蛋白质合成的一类 RNA，mRNA 决定所合成的肽链中氨基酸的排列顺序，是蛋白质合成的直接模板。mRNA 很不稳定，形成后很快会被降解，半衰期短。mRNA 的主要特点有：含量最少，占整个细胞里所有 RNA 的 2%～5%。但它的种类最多，约 10^5 种，其一级结构（核苷酸的数量和顺序）差异很大，核苷酸数量的变动范围在 500～6000 之间；大多数真核细胞的 mRNA 的 5′端有"帽子结构"，又称 7-甲基鸟苷三磷酸（m7GpppN），可能与蛋白质生物合成的起始有关；绝大多数 3′末端有多聚腺苷酸"尾巴结构"，即一段长度为 30～200 个的多聚腺苷酸（多聚 A 或 poly A），其功能尚不清楚，可能与 mRNA 从细胞核转移至细胞质有关，也可能与 mRNA 的稳定性有关。

① 原核生物 mRNA 的结构特点

原核生物的 mRNA 结构简单（图 3-17），往往含有几个功能上相关的蛋白质的编码序列，可翻译出几种蛋白质，为多顺反子。在原核生物 mRNA 中编码序列之间有间隔序列，可能与核糖体的识别和结合有关。在 5′端与 3′端有与翻译起始和终止有关的非编码序列。原核生物 mRNA 中没有修饰碱基，5′端没有帽子结构，3′端没有多聚腺苷酸的尾巴（polyadenylate tail，poly A 尾巴）。原核生物的 mRNA 的半衰期比真核生物的要短得多。现在一般认为：转录 1 min 后 mRNA 降解就开始。

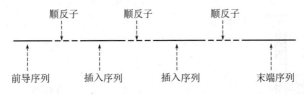

图 3-17　原核细胞 mRNA 的结构特点

② 真核生物 mRNA 的结构特点

真核生物的 mRNA 为单顺反子结构（图 3-18），即一个 mRNA 分子只包含一条多肽链的信息。在真核生物成熟的 mRNA 中，5′端有 GpppN 的帽子结构，帽子结构可保护 mRNA 不被核酸外切酶水解，并且能与帽结合蛋白结合识别核糖体，并与之结合，与翻译起始有关。3′端有 poly A 尾巴，其长度为 20～250 个腺苷酸。其功能可能与 mRNA 的稳定性有关。少数成熟的 mRNA 没有 poly A 尾巴，如组蛋白 mRNA，它们的半定期通常较短。

图 3-18　真核细胞 mRNA 的结构特点

（3）转运 RNA

tRNA 的含量占细胞内总 RNA 的 10%～15%，分散于胞液中，它们或以游离状态，或与氨基酸结合而存在。tRNA 分子量较小，由 70～120nt 组成，其结构特点是含有较多的稀有碱基。tRNA 种类非常多，每种 tRNA 都可以携带与其相对应的氨基酸。RNA 的主要生理功能是在蛋白质合成中选择性转运氨基酸到核蛋白体上，参与蛋白质的合成。

① tRNA 是分子量较小的核糖核酸，各种 tRNA 的一级结构互不相同，tRNA 皆由 70～90 个核苷酸组成，有较多的稀有碱基核苷酸，3′末端为 —CCA—OH，沉降系数都在 4S 左右。

② 二级结构具有一定共性，典型的二级结构是类似三叶草形状（clover leaf）的二级结

构。双链互补区构成三叶草的叶柄，突环（loop）好像三片小叶，大致分为氨基酸臂、二氢尿嘧啶环、反密码环、额外环和 TΨC 环等 5 个部分（图 3-19）。

氨基酸臂：由 7 对碱基组成，富含鸟嘌呤，末端为 —CCA。

二氢尿嘧啶环：由 8～12 个核苷酸组成，含有二氢尿嘧啶。

反密码环：由 7 个核苷酸组成。环的中间是反密码子（anticodon），由 3 个碱基组成，次黄嘌呤核苷酸常出现于反密码子中。

额外环：由 3～18 个核苷酸组成。不同的 tRNA，此环大小不一，是 tRNA 分类的指标。

TΨC 环：由 7 个核苷酸组成，环中含有 T-Ψ-C 碱基序列。

③ 20 世纪 70 年代初，科学家用 X 射线衍射技术分析发现，tRNA 的三级结构为倒 L 形（图 3-20）。tRNA 三级结构的特点是氨基酸臂与 TΨC 臂构成 L 的一横，CCA—OH 的 3′末端就在这一横的端点上，是结合氨基酸的部位。而二氢尿嘧啶臂与反密码臂及反密码环共同构成 L 的一竖，反密码环在一竖的端点上，能与 mRNA 上对应的密码子识别，二氢尿嘧啶环与 TΨC 环在 L 的拐角上。形成三级结构的很多氢键与 tRNA 中不变的核苷酸密切有关，这就使得各种 tRNA 三级结构都呈倒 L 形。在 tRNA 中碱基堆积力是稳定 tRNA 构型的主要因素。

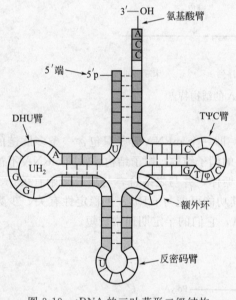

图 3-19　tRNA 的三叶草形二级结构

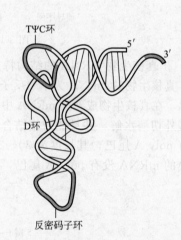

图 3-20　tRNA 的倒 L 形三级结构模型

3.3　核酸的物理化学性质

3.3.1　核酸的一般物理性质

3.3.1.1　核酸的分子大小

核酸是大分子化合物。采用电子显微镜照相机放射自显影等技术，已能测定许多完整 DNA 的分子量。DNA 的相对分子质量特别巨大，一般在 $10^6 \sim 10^{10}$。1bp 相当的核苷酸，其平均相对分子质量为 660，长度为 1μm 的 DNA 双螺旋相当于 2940bp，其相对分子质量为 1.94×10^6。不同生物、不同种类 DNA 的相对分子质量差异很大，如大肠杆菌染色体

DNA 的相对分子质量约为 2×10^9，而果蝇巨染色体 DNA 的相对分子质量为 8×10^{10}，为大肠杆菌 DNA 的 40 倍。

由于 DNA 具有双螺旋结构，使其分子具有一定的刚性。但由于 DNA 分子极为细长，其长度与直径之比可达 10^7，因此又具有柔性，使天然 DNA 可形成高度压缩的盘曲结构。RNA 的相对分子质量比 DNA 小得多，相对分子质量为 $2.3\times10^4\sim110\times10^4$。

3.3.1.2 溶解性

DNA 和 RNA 的组成成分核苷酸、核苷、碱基的纯品都是呈白色粉末或结晶状，而大分子 DNA 则是白色纤维状固体，RNA 是白色粉末状固体。RNA 和 DNA 都是极性化合物，都微溶于水而不溶于乙醇、氯仿、乙醚、戊醇、三氯醋酸等有机溶剂，因此常用乙醇来沉淀 DNA，它们的钠盐在水中的溶解度较大，如 RNA 的钠盐在水中的溶解度可达 4%。

在生物体细胞内，大多数核酸（DNA 和 RNA）都是与蛋白质结合成核蛋白的形式存在，即 DNA 蛋白（DNP）和 RNA 蛋白（RNP）。两种核酸蛋白在水中的溶解度受盐浓度的影响不相同。DNA 蛋白难溶于 0.14 mol/L 的 NaCl 溶液，可溶于 $1\sim2$ mol/L 的 NaCl 溶液，RNA 蛋白则相反，可据此分离两者。因此，在核酸分离提取时，常用 0.14 mol/L 的 NaCl 溶液条件来分别提取 DNA 蛋白和 RNA 蛋白，然后用蛋白质变性剂（如十二烷基硫酸钠）去除蛋白，即得到纯的 DNA 或 RNA，此法称为"0.14 摩尔法"。

3.3.1.3 黏性

核酸是分子量很大的高分子化合物，高分子溶液比普通溶液黏度要大得多，高分子形状的不对称性愈大，其黏度也就愈大，不规则线团分子比球形分子的黏度大，线形分子的黏度更大。由于天然 DNA 具有双螺旋结构，相对分子质量大，分子极为细长，长度可达几个厘米，因此即使是极稀的溶液也有极大的强度。RNA 的黏度要小得多。当核酸溶液因受热或在其他作用下发生变性或降解时，分子长度与直径比例减小，即分子不对称性降低，黏度下降。因此可用溶液黏度的测定作为 DNA 变性的指标。

3.3.2 核酸的酸碱性质

DNA 和 RNA 分子在其多核苷酸链上既有酸性的磷酸基，又有碱基上的碱性基团，因此核酸和蛋白质一样，也是两性电解质，在溶液中可发生两性电离。当 pH 值大于 4 时，磷酸残基上 H^+ 全部解离，呈多阴离子状态，因此，核酸相当于多元酸，具有较强的酸性。在一定的 pH 值条件下，可以发生解离从而带有一定的电荷，因此都有一定的等电点，能进行电泳，在中性或偏碱性溶液中，核酸常带有负电荷，在外加电场力的作用下，向阳极泳动。利用核酸这一性质，常可将分子中大小不同的核酸分离。

核酸中的酸性基团可与 K^+、Na^+、Ca^{2+}、Mg^{2+} 等金属离子结合成盐。当向核酸溶液中加入适当盐溶液后，其金属离子即可将负离子中和，在有乙醇或异丙醇存在时，即可从溶液中沉淀析出。常用的盐溶液有氯化钠、醋酸钠或醋酸钾。DNA 双螺旋两条链间碱基的解离状态与溶液 pH 值有关，溶液的 pH 值将直接影响碱基对之间氢键的稳定性，在 pH4.0～11.0 时，DNA 最为稳定，在此范围之外易变性。

3.3.3 核酸的紫外吸收

碱基、核苷、核苷酸、核酸都在 240～290nm 范围内有特征吸收，由于各组分结构上的差异，其紫外吸收也有区别。核酸分子中的嘌呤碱和嘧啶碱具有共轭双键，可强烈吸收 260～390nm 的紫外光，最大吸收峰波长大约在 260nm 处，而蛋白质的最大吸收峰波长大约在 280nm 处。DNA 的紫外吸收光谱如图 3-21 所示。因此常以此波长作为区别蛋白质和对核酸及其组分定性和定量测定的依据，进行核酸纯度鉴定，也可作为核酸变性和复性的指标。

核酸制品纯度不一，相对分子质量大小不同，很难用核酸的质量来表示它的摩尔吸光系数，但核酸分子中磷原子的含量相等，故可以通过测量磷的含量来计算核酸的吸光度。以每升核酸溶液中 1g 磷原子为标准来计算核酸的吸光系数，称为核酸的摩尔磷吸光系数 ε_r，即：

$$\varepsilon_r = \frac{A}{cL}$$

式中，A 为 260nm 处核酸的紫外吸光度；c 为每升核酸溶液中磷的物质的量；L 为比色皿的内径。

由于碱基的紫外吸收受溶液 pH 值的影响，因此，在测定核酸和核苷酸时应注意在一定 pH 值下进行。核酸的摩尔磷吸光系数可用于判断 DNA 制剂是否变性或降解。当核酸发生变性时，氢键遭到破坏，碱基暴露，在 250nm 处紫外吸收增强，即显著升高，该现象称为增色效应；当变性的核酸又复性后，其紫外吸收值降低，称为减色效应。如图 3-22 所示。

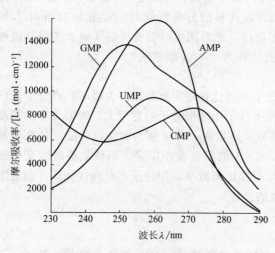

图 3-21　DNA 的紫外吸收光谱

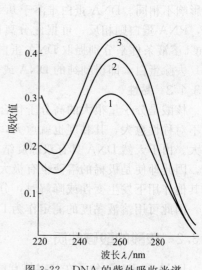

图 3-22　DNA 的紫外吸收光谱
1—天然 DNA；2—变性 DNA；3—总吸收值

3.3.4　核酸的变性、复性和分子杂交

3.3.4.1　核酸的变性

核酸和蛋白质一样，分子具有一定的空间构象，维持空间构象的主要作用力是氢键、碱基堆积力等，因而在加热、酸、碱、乙醇、丙酮、尿素或酰胺等理化因素的作用下，核酸分子中双螺旋区的氢键断裂，双螺旋结构破坏，使双链解开形成单链线团结构，这种现象称为核酸的变性。变性的实质是维持二级结构的作用力受到破坏，即双螺旋破坏。但一级结构未变，即变性不引起共价键的断裂。

引起变性的因素很多，如高温、强酸、强碱、有机溶剂（如乙醇、丙酮），一般变性剂如脲、盐酸胍和各种射线等。核酸变性后，引起一系列物理和化学性质的改变，如增色效应、旋光性下降、黏度降低、生物学功能丧失或改变等现象。

高温引起的变性称为热变性，DNA 的变性过程是突变性的，即变性过程不随温度的升高而缓慢发生，而是在很窄的温度区间内完成（图 3-23），而且在不同的温度范围内可能呈现不同的构象。如将 DNA 的稀盐溶液加热到 80～100℃ 时，几分钟后两条链间氢键断裂，双螺旋解体，两条链彼此分开，形成两条无规则线团。热变性后的核酸理化性质发生一系列的变化：在 260nm 处紫外吸收值升高，即增色效应；溶液的黏度降低；生物活性丧失。DNA 热变性的特点主要是加热引起双螺旋结构解体，所以又称 DNA 的解链或融解作用。通常将使 DNA 变性达到 50％时的温度称为该 DNA 的解链温度或融解温度，用 T_m 表示。DNA 的解链过程发生于一个很窄的温度区内，通常核酸分子的 T_m 值大小与其 G＋C 含量有关，含量越多，核酸分子的 T_m 值也就越高。

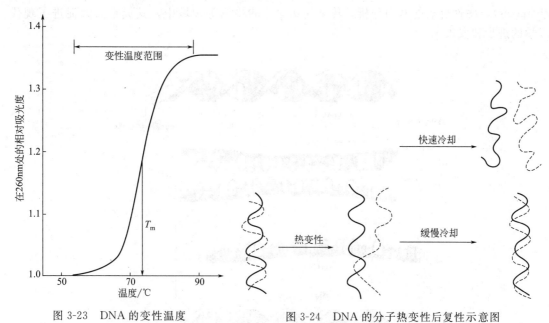

图 3-23　DNA 的变性温度　　　　图 3-24　DNA 的分子热变性后复性示意图

3.3.4.2　校改的复性

DNA 的变性是可逆的，热变性 DNA 一般经缓慢冷却后即可复性，此过程称之为退火，分开的链又可恢复为双螺旋结构（图 3-24），这一过程叫复性 DNA。DNA 复性后，一系列理化性质也随之恢复。热变性的 DNA 经缓慢冷却即可复性，这一过程也称为退火。最适宜的复性温度比 T_m 值约低 25℃，这个温度又叫退火温度。复性后的 DNA 分子可基本恢复一系列理化性质以及生物学活性。

一般而言，DNA 片段越大，复性越慢；DNA 浓度越大，复性越快。增加盐的浓度也可以加快重新结合的速度。用 c_0 表示变性 DNA 复性时的初始浓度，以核苷酸的物质的量浓度表示（mol/L）。Cot 值是浓度时间常数，$Cot_{1/2}$ 表示复性一半的 Cot 值，我们可以用 $Cot_{1/2}$ 来衡量复性反应的速度。

3.3.4.3　核酸的杂交

核酸的变性-复性常用来进行 DNA 杂交。不同来源的核酸分子热变性后，形成的 DNA 片段在复性时，只要这些核酸分子的核苷酸序列含有可以形成碱基互补配对的片段，彼此之间就可形成局部双链，重新形成双螺旋结构，碱基不互补的区域则形成突环。核酸分子杂交示意图如图 3-25 所示。把不同来源的具有同源性（碱基互补性）的核酸分子变性后，合并在一起进行复性，只要它们存在大致相同的碱基互补配对序列，就可形成杂化双链，在复性过程中形成杂化双链的过程称为分子杂交（hybridization），简称杂交。

该技术是核酸研究中一项最基本的实验技术，杂交双链可以在 DNA 与 DNA 链之间形成，也可在 RNA 与 DNA 链之间形成。杂交的本质就是使双螺旋解开成为单链，再在一定条件下使互补核酸链实现复性（加热或碱处理）。因此，变性技术也是核酸杂交的一个环节。

若杂交的目的是识别靶DNA中的特异核苷酸序列，如设法使一个核酸序列带上^{32}P，那么它与靶序列互补形成的杂交双链就会带有放射性。以适当的方法接受来自杂交链的放射信号，就可对靶序列DNA的存在及其分子大小、加以鉴别。在现代分子生物学实验中探针的制备和使用是与分子杂交相辅相成的技术手段。核酸分子杂交作为一项基本技术，已应用于核酸结构与功能研究的各个方面。在医学上，目前已用于多种遗传性疾病的基因诊断（gene diagnosis），恶性肿瘤的基因分析，传染病病原体的检测等领域中，其成果大大促进了现代医学的进步和发展。

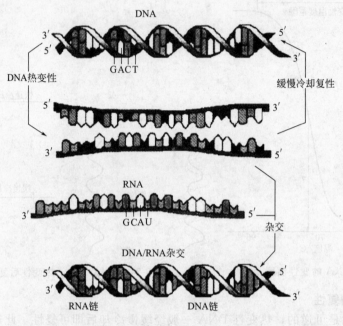

图 3-25　核酸分子杂交示意图

3.4　核酸的研究方法

3.4.1　核酸的分离、纯化和定量

从动植物组织和微生物中提取核酸的一项原则是首先要破碎细胞，提取核蛋白，然后把核酸和蛋白质分离，再沉淀核酸进行纯化，如图 3-26 所示。

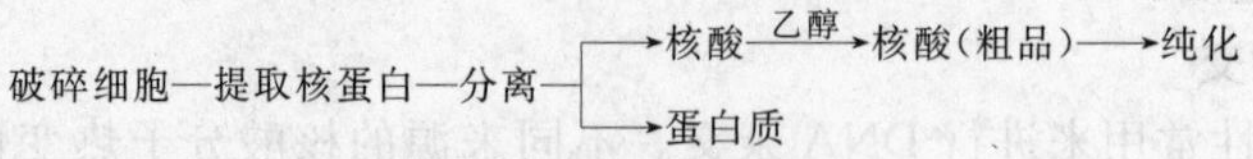

破碎细胞—提取核蛋白—分离$\left\{\begin{array}{l}\text{核酸} \xrightarrow{\text{乙醇}} \text{核酸（粗品）} \longrightarrow \text{纯化}\\ \text{蛋白质}\end{array}\right.$

图 3-26　核酸提取纯化过程

由于核酸是具有活性的生物大分子，具有复杂的空间三维结构，所以为了获得天然状态的核酸，在提取、分离和纯化过程中要注意避免强酸、强碱对核酸的降解，避免高温、机械剪切力对核酸空间结构的破坏，操作时在溶液中加入核酸酶抑制剂，整个操作过程要在低温（0℃左右）条件下进行，同时还要注意避免剧烈的搅拌。

3.4.1.1　DNA 的分离

获得实验材料后，如果是细菌和细胞，一般采用碱裂解法或超声波破碎法；对于植物或者动物的组织则采用液氮快速研磨或低温匀浆法，使得细胞内的 DNA 分子释放出来。对于真核细胞而言，DNA 大多数以核蛋白形式存在，可以利用 DNP 溶于水和高盐溶液，但不溶于生理盐溶液的性质进行分离。

在 1～2mol/L 氯化钠溶液中 DNA 蛋白溶解度很高，而在 0.14mol/L 氯化钠溶液中，DNA 蛋白几乎不溶解；利用这一性质，用 1mol/LNaCl 溶液提取，然后用水稀释到 0.14mol/L 氯化钠，使 DNP 纤维沉淀出来。提取到核蛋白后，还要除去其分子中的蛋白质成分，才能得到游离的核酸。去除核蛋白中的蛋白质成分常用的方法有变性法和酶解法。变性法常用苯酚、十二烷基磺酸钠等作为蛋白质的变性剂，蛋白质发生变性后，经沉淀与核酸分离出来。用乙醚和乙醇洗沉淀，得到纯 DNA。在提取过程中，为了防止核酸酶对核酸的降解，常加入核酸酶的抑制剂。提取 DNA 时，加入乙二胺四乙酸（EDTA）、柠檬酸、氟化物等来抑制脱氧核糖核酸酶的活性。

3.4.1.2　RNA 的分离

RNA 比 DNA 更不稳定，且 RNase 无处不在，所以分离、提纯 RNA 比 DNA 要求更苛刻、实验条件要求更严格，实验中要严格按无菌操作规程进行。

制备 RNA 时还应注意以下三点。

（1）用于制备 RNA 的玻璃器皿都要经过高温焙烤，塑料用具经过高压灭菌，或者用 0.1％焦碳酸二乙酯（DEPC）处理器皿，抑制 RNase 的活性。

（2）提纯过程中加入强变性剂（胍盐）使 RNase 失活。

（3）反应体系内加入 RNase 的抑制剂。

目前，常用制备 RNA 的方法有两个：①酸性胍盐/苯酚/氯仿抽提；②胍盐/氯化铯将细胞抽提物进行密度梯度离心。

3.4.1.3　核酸含量的测定方法

核酸含量测定前需要预处理，除去酸溶性含磷化合物及脂溶性含磷化合物。

（1）紫外分光光度法

核酸、核苷酸及其衍生物都具有共轭双键系统，能吸收紫外光，RNA 和 DNA 的紫外吸收峰在 260nm 波长处。一般在 260nm 波长下，1mg 含 $1\mu g$ RNA 溶液的吸光度为 0.022～0.024，1mg 含 $1\mu g$ DNA 溶液的吸光度约为 0.020，故测定未知浓度 RNA 或 DNA 溶液在 260nm 波长处的吸光度即可计算出其中核酸的含量。此法操作简便，迅速。

（2）定磷法

核酸分子中磷的含量比较接近和恒定，DNA 的平均含磷量为 9.9％，RNA 的平均含磷量为 9.4％。故可通过测定核酸样品的含磷量计算出核酸的含量。

用强酸将核酸样品分子中的有机磷转变为无机磷酸，无机磷酸与钼酸反应生成磷钼酸，磷钼酸在还原剂加抗坏血酸、氯化亚锡等的作用下，还原成钼蓝。反应式如下。

$$(NH_4)_2MoO_4 + H_2SO_4 \longrightarrow H_2MoO_4 + (NH_4)_2SO_4$$
$$\text{钼酸铵} \qquad\qquad \text{钼酸}$$
$$12H_2MoO_4 + H_3PO_4 \longrightarrow H_3PO_4 \cdot 12MoO_3 + 12H_2O$$
$$\text{磷钼酸}$$
$$H_3PO_4 \cdot 12MoO_3 \longrightarrow (MoO_2 \cdot 4MoO_3)_3 \cdot H_3PO_4 \cdot 4H_2O$$
$$\text{钼蓝}$$

钼蓝于 660nm 处有最大吸收值，在一定浓度范围内，钼蓝溶液的颜色深浅和无机磷酸的含量成正比，可用比色法测定。该法测得的磷含量为总磷量，需要减去无机磷的含量才是核酸磷的真实含量。

（3）定糖法

① 核糖的测定

核酸中的戊糖可在浓盐酸或浓硫酸作用下脱水生成醛类化合物，醛类化合物可与某些生色剂缩合成有色化合物，可用比色法或分光光度法测定其溶液中的吸光度，如图 3-27 所示。在一定浓度范围内，溶液的吸光度与核酸的含量成正比。

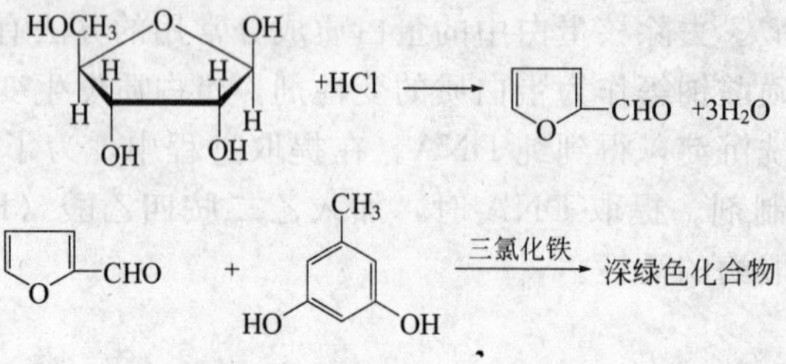

图 3-27　核糖测定原理图

② 脱氧核糖的测定

DNA 中的脱氧核糖可在浓硫酸作用下脱水生成 ω-羟基-γ-酮戊醛，生成蓝色化合物，在 595nm 处有最大吸光度。用比色法测定，光吸收值与 DNA 浓度成正比。

3.4.2　核酸的超速离心

溶液中的核酸在引力场中可以下沉，这有可能应用超速离心于测定核酸的沉降常数和相对分子质量。应用超速离心技术测定核酸的沉降常数和相对分子质量，基本原理与测定蛋白质的相对分子质量相同。常用沉淀速度法测定生物大分子的相对分子质量，测定 DNA 的相对分子质量时，由于它具有较大的黏度，所以应采用极稀的溶液，否则不可能得到可靠的结果。这种方法适用于分离大小相似但密度不同的物质，如核酸的分离。氯化铯梯度是常用于平衡离心的介质，因为它在水介质中具有极高的溶解度，可以制备黏度很高的溶液（8.0mol/L），分辨率很高，但离心时间较长。超速离心主要有测定核酸密度、测定 DNA 中 G-C 的含量、研究溶液中核酸构象、用于核酸的制备（纯化 DNA 时常用的方法）等作用。

3.4.3　核酸的凝胶电泳

凝胶电泳是当前核酸研究中最常用的方法，它有简单、快速、灵敏、成本低等优点。常用的凝胶电泳有琼脂糖凝胶电泳和聚丙烯酰胺凝胶电泳。可以在水平或垂直的电泳槽进行，凝胶电泳兼有分子筛和电泳双重效果，所以分离效率很高。

3.4.3.1　琼脂糖凝胶电泳

琼脂糖主要是从海洋植物琼脂中提取出来的，为一种聚合线性分子，一般含有多糖、蛋白质和盐等杂质，杂质的含量可以影响 DNA 的电泳迁移率。琼脂糖可制成本同孔径的凝胶，分离 DNA 的范围广，为 200bp～50kb。通常 DNA 分子带负电荷，在电场中受到电荷效应、分子筛效应向正极移动的过程中，因 DNA 分子的大小及构象差别而呈现迁移位置上的差异。对于线性 DNA 分子，其电场中的迁移率与其相对分子质量的对数值成反比，电泳时加溴化乙锭，其与 DNA 结合形成一种荧光配合物，在 254～365nm 紫外光照射下产生橘红色的荧光，可用于检测 DNA（此法可观察到凝胶中 2ng 的 DNA）。如有必要可从凝胶中回收 DPA 片段，用于分子克隆或探针标记等操作。利用琼脂糖凝胶电泳可以分析 DNA，测定 DNA 片段的相对分子质量，并回收 DNA（回收率 50% 以上）。

3.4.3.2　聚丙烯酰胺凝胶电泳（PAGE）

以聚丙烯酰胺做支持物，单体丙烯酰胺加入交联剂后，就成聚丙烯酰胺，由于凝胶的孔径比琼脂糖的小，所以可以分析小于 1000bp 的 DNA 片段和 RNA 的电泳。聚丙烯酰胺中一般不含 RNase，所以可用于 RNA 的分析。

聚丙烯酰胺凝胶（PAG）制备及电泳比琼脂糖凝胶更复杂，但具有分辨率很强，相差 1bp 的 DNA 分子都可分开；样品槽装载 DNA 量大而不会明显影响分辨率；回收 DNA 纯度提高，可适于最高要求的实验；无色透明，紫外线吸收低，抗腐蚀性强，机械强度高，韧性好。

3.4.4 核酸的核苷酸序列测定

DNA 的碱基序列蕴藏着全部遗传信息，测定和分析 DNA 的碱基序列对于了解遗传的本质即了解每个基因的编码方式无疑是十分重要的。因此 DNA 序列分析是分子生物学中一项既重要又基本的课题。

从 20 世纪 70 年代开始，核酸的核苷酸序列测定方法已经过近 40 年的发展。测序的方法种类繁多，但是研究其所依据的基本原理，不外乎 DNA 酶法测定和化学降解法两大类。

3.4.4.1 DNA 酶法测定

DNA 酶法测定即 Sanger 双脱氧链终止法，该方法是从加减法序列测定技术发展而来的。加减法首次引入了使用特异引物在 DNA 聚合酶作用下进行延伸反应、碱基特异性的链终止，以及采用聚丙烯酰胺凝胶区分长度差一个核苷酸的单链 DNA 等 3 种方法。直到 1977 年，Sanger 引入双脱氧核苷三磷酸（ddHNTP）作为链终止剂，酶法 DNA 序列测定技术才得到广泛应用。

具体过程为，双脱氧核苷酸分子的脱氧核糖的 3′ 位置的羟基缺失，当它与其他核苷酸混合在同一个扩增反应体系中时，在 DNA 多聚酶的作用下，虽然它也能够像正常核苷酸一样参与 DNA 合成，以其 5′ 位置的磷酸基，与上位脱氧核苷酸的 3′ 位置的羟基结合，但是，由于它自身 3′ 位置羟基的缺失，至使下位核苷酸的 5′ 磷酸基无法与之结合（图 3-28）。基于双脱氧核苷酸的这种特性，Sanger 于 1977 年建立了以双脱氧链终止法为基础来测定 DNA 序列的方法。该方法以待测单链或双链 DNA 为模板，使用能与 DNA 模板结合的一段寡核苷酸为引物，在 DNA 多聚酶的催化作用下合成新的 DNA 链。正常情况下的 DNA 多聚酶催化反应在其反应体系中只含有四种脱氧核苷酸（dATP、dCTP、dGTP 和 dTTP），合成与模板 DNA 互补的新链。当这个反应体系中加入了一种放射性同位素 32P 或 35S 标记的双脱氧核苷酸（*-ddATP 或 *-ddCTP 或 *-ddGTP 或 *-ddTTP）后，在 DNA 合成过程中，标记的 *-ddNTP（例如 *-ddATP）将与相应的 dNTP（例如 dATP）竞争掺入到新合成的 DNA 互补链中。如果是 dNTP 掺入其中，DNA 互补链则将继续延伸下去；如果是 *-ddNTP 掺入其中，DNA 互补链的合成则到此终止。而双脱氧核苷酸的掺入是随机的，故各个新生 DNA 片段的长度互不相同。不同长度 DNA 片段在凝胶中的移动速率不同，而聚丙烯酰胺凝胶分辨率极高，通过聚丙烯酰胺凝胶电泳能分辨出小至一个碱基长度差的 DNA 片段，从而将混合产物中不同长度 DNA 片段分离开，再通过放射自显影曝光，根据片段尾部的双脱氧核苷酸读出该 DNA 的碱基排列顺序。作为标记用的放射性同位素主要有 [α-32P] dNTP，[α-33P] dNTP 或 [α-35S] NTP。

3.4.4.2 DNA 化学降解法

化学降解法（图 3-29）是由 Maxam 和 Gilbert 于 1977 年发明，这一方法的基本原理是特异的化学试剂作用于 DNA 分子中不同碱基，然后用哌啶切断反应碱基的多核苷酸链。用四组不同的特异反应，就可以使末端标记 DNA 分子切成不同长度的片段，其末端都是该特异的碱基，经变性胶电泳和放射自显影得到测序图谱。

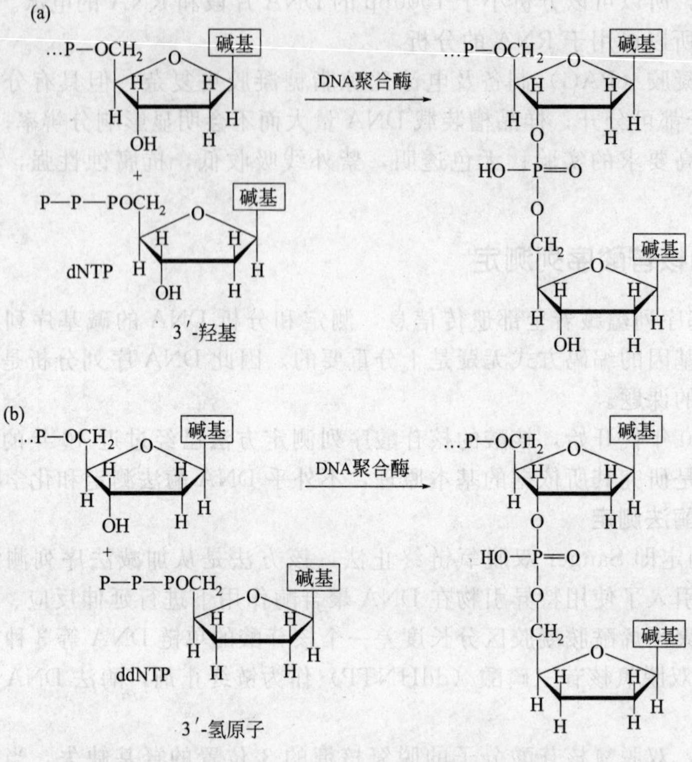

(a)

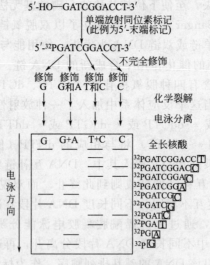

DNA聚合酶

3′-羟基

dNTP

(b)

DNA聚合酶

ddNTP

3′-氢原子

图 3-28　双脱氧核苷三磷酸（ddNTP）分子的结构及 DNA 链合成终止反应

(a) 正常的 DNA 合成反应；(b) ddNTP 掺入到 DNA 合成反应后导致反应终止

5′-HO—GATCGGACCT-3′

单端放射同位素标记
(此例为5′-末端标记)

5′-³²PGATCGGACCT-3′

不完全修饰

修饰　修饰　修饰　修饰
G　G和A　T和C　C

化学裂解

电泳分离

G	G+A	T+C	C	全长核酸

电泳方向

³²PGATCGGACC**T**
³²PGATCGGAC**C**
³²PGATCGGA**C**
³²PGATCGG**A**
³²PGATCG**G**
³²PGATC**G**
³²PGAT**C**
³²PGA**T**
³²PG**A**
³²p**G**

图 3-29　DNA 的化学降解法

3.4.5　DNA 的化学合成

随着 DNA 合成技术的发展，特别是自动化合成技术的引入，人们能简便、快速、高效地合成其感兴趣的 DNA 片段。目前，DNA 合成技术已成为分子生物学研究必不可少的手段。

3.4.5.1 全基因合成

一般分子较小而又不易得到的基因可以采用该方式。可将所需合成的双链 DNA 分成若干短的寡聚核苷酸单链片段（尤其是合成基因在 100 个核苷酸以上时），每个片段长度控制在 40～60 个碱基，并使每对相邻互补的片段之间有几个碱基交叉重叠。在体外将除基因两个末端外的所有片段磷酸化。混合退火后加入 DNA 连接酶，即可得到较大的基因片段。采用分步连接、亚克隆的方法逐步合成。为便于亚克隆中回收基因片段，应在片段两侧设计合适的酶切位点，由于每个亚克隆的基因片段可以分别鉴定，从而可减少顺序错误的可能性。目前获取目的基因的方法主要有三种：反向转录法、从细胞基因组直接分离法和人工化学合成法，这些方法都有一个前提，就是已有文献报道所研究的目的基因的蛋白序列或者基因的序列。

3.4.5.2 酶促合成

酶促合成又称基因的半合成。较大的基因全部化学合成时成本昂贵，费时较长，使用半合成的方法可以降低成本，从而利于普及使用。首先合成末端之间有 10～14 个互补碱基的寡核苷酸片段，退火后以重叠区作为引物，在 4 种 dNTP 存在的条件下，通过 DNA 聚合酶 I 或逆转录酶的作用，获得两条完整的互补双链。在合成基因的结构中，应包括有克隆和表达所需要的全部信号及 DNA 序列，基因中的阅读框也应该同表达体系相适应。此外，由于密码子的使用在不同种类的生物体中具有明显的选择性，在基因合成和克隆时必须考虑这个问题，选择合适的密码子，以获得高效表达。

阅读材料

1953 年 4 月 25 日，克里克和沃森在英国杂志《自然》上公开了他们的 DNA 模型。经过在剑桥大学的深入学习后，两人将 DNA 的结构描述为双螺旋，在双螺旋的两部分之间，由四种化学物质组成的碱基对扁平环连接着。他们谦逊地暗示说，遗传物质可能就是通过它来复制的。这一设想的意义是令人震惊的：DNA 恰恰就是传承生命的遗传模板。1953 年沃森和克里克提出著名的 DNA 双螺旋结构模型，他们构造出一个右手性的双螺旋结构。当碱基排列呈现这种结构时分子能量处于最低状态。沃森后来撰写的《双螺旋：发现 DNA 结构的故事》（科学出版社 1984 年出版过中文译本）中，有多张 DNA 结构图，全部是右手性的。这种双螺旋展示的是 DNA 分子的二级结构。那么在 DNA 的二级结构中是否只有右手性呢？回答是否定的。虽然多数 DNA 分子是右手性的，如 A-DNA、B-DNA（活性最高的构象）和 C-DNA 都是右手性的，但 1979 年 Rich 提出一种局部上具有左手性的 Z-DNA 结构。左手螺旋并非只是双螺旋的补充，它在自然界是存在的，左手螺旋大概与病变有一定关系，而且左手螺旋与右手螺旋是会发生互变的。21 世纪是信息时代或者生命信息的时代，仅北京就有多处立起了 DNA 双螺旋的建筑雕塑，其中北京大学后湖北大生命科学院的一个研究所门前立有一个巨大的双螺旋模型。人们容易把它想象为 DNA 模型，其实是不对的，因为雕塑是左旋的，整体具有左手性。就算 Z-DNA 可以有左手性，也只能是局部的。因此，雕塑造形整体为一左手性的双螺旋是不恰当的，至少用它暗示 DNA 的一般结构是错误的。

意大利热那亚大学的纳米材料系负责人恩佐-迪-法布里奇奥和他的研究团队成功拍摄到了之前只能通过 X 射线结晶衍射技术间接观察到的双螺旋结构照片。该研究发表于最新一期《Nano Letters》上。

　　DNA 的脆弱性意味着电子能量能够摧毁这种单链，因此这种螺旋结构只能够通过 DNA "绳索"进行观察，这些细小的遗传物质绳索是由几条缠绕的绳索组成的。电子束能够辨认出这种 DNA 绳索。

　　研究人员称，借助改善后的样本处理方法和更好的图像分辨率，我们能够直接观察到 DNA 的单一碱基。能够直接拍摄 DNA 的能力意味着不能通过衍射技术观察到的详细信息将很快能够有助于科学研究。遗传学家也将能够使用这项技术来观察 DNA 与其他物质之间的交互作用。

第**4**章 酶学

🔖 导读

　　酶（enzyme）是生物催化剂，是由生物活细胞产生的有催化能力的蛋白质或核酸，只要不是处于变性状态，无论是在细胞内还是在细胞外都可发挥催化作用。我们的脏衣服因为加酶洗涤剂而变得干净亮丽；我们的饮食因为酶的存在而带来我们的快乐（比如啤酒、豆芽、发酵食品）；甚至我们的身体由于不正常饮食导致消化不良，因发热头痛而备受煎熬时，都是身体内的酶负荷过重造成的。可以说，酶与人类关系的重要性怎么强调都不过分。近几十年来，随着酶工程技术的不断创新与突破，酶在工业、农业、医药卫生、能源开发及环境工程等方面的应用越来越广泛。所以，你需要去了解、理解、掌握、应用酶。

　　本章重点介绍了酶的化学结构与其催化活性之间的关系、酶的作用机制和酶促反应动力学以及酶原激活、多酶体系、调节酶等酶活性的调节方式、酶量的多少及酶活性高低。

4.1 酶学通论

4.1.1 酶的化学本质及其组成

4.1.1.1 酶的化学本质

　　人们对酶的认识起源于生产实践，几千年以前我国劳动人民就开始制作发酵饮料及食品。夏禹时代，酿酒已经出现，周代已能制作饴糖和酱，春秋战国时期已知道用曲治疗消化不良，不过当时先辈们还不知道发酵现象中酶的作用。1857 年，路易斯·巴斯德（Louis Pasteur）等人提出酒精发酵是酵母细胞活动的结果。1878 年，威廉·屈内（Wilhelm F. Kühne）提出了"酶"（enzyme）这一名称。1897 年，爱德华·布赫纳（Eduard B uch-ner）成功地用不含细胞的酵母汁实现了发酵，即从酵母中分离出第一种酶的粗制品（酵母汁），并推测酶的化学本质是蛋白质。1926 年，詹姆斯·萨姆纳（James B. Sumner）第一次从刀豆中纯化出结晶脲酶，通过实验证明脲酶具有蛋白质性质，于是明确提出酶的化学本质是蛋白质，这是人类对酶的化学本质认识的第一次飞跃。20 世纪 30 年代，约翰·诺思罗普（John H. Northrop）分离出结晶的胃蛋白酶（pepsin）、胰蛋白酶（trypsin）及胰凝乳蛋白酶（chymotrypsin），同时证实了这些酶也是蛋白质，从而肯定了 J. B. Sumner 的结论。在此后的几十年中，人们发现了几千种酶，并确认了这些酶都是蛋白质，主要依据如下：①酶是高分子胶体物质，一般不能通过半透膜；②酶是两性电解质，溶于水，在等电点易沉淀，酶活力-pH 值曲线和两性离子的解离曲线相似，酶在电场中能像其他蛋白质一样泳动；③导致蛋白质变性的因素，如紫外线、热、表面活性剂、重金属、蛋白质沉淀剂等，都能使酶失效；④酶能被蛋白酶水解而丧失活性。此外，最直接的证据是对所有已经高度纯化和结晶的酶进行一级结构分析，结果都表明酶是蛋白质。

近年来，通过大量的研究发现，除了蛋白质外，一些 RNA 分子也具有催化作用，称为核酶（ribozyme），也称核酸类酶、酶 RNA、类酶 RNA。核酶一词用于描述具有催化活性的 RNA，即化学本质是核糖核酸（RNA），却具有酶的催化功能。核酶的作用底物可以是不同的分子，有些作用底物就是同一 RNA 分子中的某些部位。核酶的功能很多，有的能够切割 RNA，有的能够切割 DNA，有些还具有 RNA 连接酶、磷酸酶等活性，大多数核酶通过催化磷酸酯和磷酸二酯键水解反应参与 RNA 自身剪切、加工过程。与蛋白酶相比，核酶的催化效率较低，是一种较为原始的催化酶。核酶的发现丰富了酶学内涵，对于所有酶都是蛋白质的传统观念提出了挑战。

虽然如此，现在已知的酶基本上都是蛋白质性质的，或以蛋白质为主导核心成分。可以给酶下这样的定义：酶是生物体内一类具有催化活性和特殊空间构象的生物大分子，包括蛋白质和核酸等。

4.1.1.2 酶的化学组成

酶与一般蛋白质的差别是：酶是具有特殊催化功能的蛋白质。同样，酶和其他蛋白质一样，主要由氨基酸组成，具有一级、二级、三级和四级结构。根据酶的化学组成成分可分为单纯酶和结合酶两类。有些酶的组成成分中只有蛋白质，其活性取决于它的蛋白质结构，这类酶属于单纯酶；另一些酶的活性成分除了含有蛋白质外，还有一些小分子即辅助因子，两者结合起来才具有活性，这类酶属于结合酶。结合酶的蛋白质部分称为酶蛋白，非蛋白质部分称为辅助因子。

酶蛋白与辅助因子各自单独存在时均无催化活性，只有这两部分结合起来组成复合物才能显示催化活性，此复合物称为全酶。在催化反应中，酶蛋白与辅助因子所起的作用不同，酶反应的专一性及高效性取决于酶蛋白，而辅助因子在酶促反应中通常担负电子、原子或某些化学基团的传递作用，决定反应的性质。

有些酶的辅助因子是金属离子，如 Mg^{2+}、Zn^{2+} 等。金属离子在酶分子中可作为酶活性部位的组成成分，或者帮助形成酶活性中心，或是在酶与底物分子间起桥梁作用。

有些酶的辅助因子是有机小分子。根据有机化合物与酶蛋白结合的牢固程度，可把有机辅助因子分为辅基和辅酶。它们的区别在于：辅酶是指与酶结合疏松，可以用透析法分离的辅助因子，如酵母提取物有催化葡萄糖发酵的能力，透析除去辅助因子辅酶 I 后，酵母提取物就失去了催化能力。辅基是指与酶蛋白结合比较紧密，不易用透析法分离的辅助因子，辅基往往以共价键与酶蛋白部分结合，如细胞色素氧化酶中的铁卟啉。辅基与辅酶的区别只在于它们与酶蛋白结合的牢固程度不同，并无严格的界限。许多辅酶或辅基是维生素的衍生物，并属于核苷酸类物质。

生物体内酶的种类很多，而辅酶或辅基的种类较少，通常同一种辅酶（辅基）往往能与多种不同的酶蛋白结合，组成催化功能不同的多种全酶，如辅酶 I（NAD^+）可作为许多脱氢酶的辅酶，但每一种酶蛋白对辅酶（辅基）的要求有一定的选择性，只能与特定的辅酶（辅基）结合成一种全酶。

4.1.2 酶的作用特点

酶作为生物细胞产生的具有催化能力的蛋白质或核酸，具有一般催化剂的特点：①参与化学反应，但本身几乎不被消耗，不是反应物或产物；②只能催化热力学上允许进行的化学反应；③能加快化学反应速率，缩短达到平衡的时间，但不改变反应的平衡点；④通过降低反应活化能，使化学反应速率加快；⑤都会出现中毒现象，即反应原料中含有的微量杂质使催化剂的活性、选择性明显下降或丧失的现象。

酶作为大分子的生物催化剂，和一般催化剂比较，又有其特殊性。酶一方面具有生物大分子的特征和特性，另一方面又表现出催化反应的特异性。主要体现在以下几个方面。

4.1.2.1 酶具有极高的催化效率

酶作为生物催化剂，高效性是其明显的催化特征。一般而言，对于同一反应，酶促反应的速率比非酶催化反应高 $10^8 \sim 10^{20}$ 倍，如在相同的条件下，Fe^{3+}、血红素和过氧化氢酶分别催化过氧化氢的分解反应，它们的催化速率分别为 6×10^{-4} mol/s、6×10^{-1} mol/s 和 6×10^6 mol/s，由反应速率可知，过氧化氢酶的催化效率分别比 Fe^{3+} 和血红素高出 10 个和 7 个数量级。又如刀豆脲酶催化尿素水解，20℃时酶催化反应的速率是 3×10^4 mol/s，尿素非催化水解的速率为 3×10^{-10} mol/s，因此，脲酶的催化效率比非催化反应高出 14 个数量级。

4.1.2.2 酶催化具有高度专一性

酶作为生物催化剂，对所催化的反应或反应物具有严格的选择性，表现在它对底物的选择性和催化反应的特异性两方面，即只能作用于某一种或一类化合物，使其发生一定的反应。如氢离子能催化淀粉、脂肪和蛋白质的水解。而蛋白酶只能催化蛋白质肽键的水解。生物体内的化学反应种类繁多，除了个别反应能自发进行外，绝大多数反应都由专一的酶催化。一种酶能从成千上万种反应物中找出自己作用的底物，并催化底物按照一定的方式进行反应，这就是酶的专一性。

4.1.2.3 酶易变性失活

酶是生物大分子，容易受到一些因素的影响而丧失其生物活性，凡能使生物大分子变性的因素如强酸、强碱、有机溶剂、重金属盐、高温、紫外线、剧烈振荡等都能使酶失去催化活性。因此，酶促反应要求常温、常压、接近中性的酸碱环境等比较温和的反应条件。例如，对于以纤维素为原材料，用于造纸、纤维乙醇等工业的预处理而言，若采用强酸水解或蒸汽爆破等方式使纤维素微晶束分子链断裂，小分子物质溶出，则反应条件很难控制，若采用纤维素酶进行处理，则可以在温度 55℃、pH 值 5.6 左右的温和条件下进行纤维素的酶促降解。

4.1.2.4 有些酶的催化活性依赖于辅助因子

机体内代谢中有一些酶如转氨酶、氧化还原酶、羧化酶等分子中除有酶蛋白部分外，还含有非蛋白小分子物质（辅助因子）辅助蛋白部分完成催化功能，这样的酶属于结合酶。若将辅助因子除去，酶将失去活性。如乙醇脱氢酶需要 Zn^{2+} 作辅助因子，两者单独存在时，均无催化作用。

4.1.2.5 酶的催化活性可调节

酶在生物体内的催化活性具有可调节性。有机体内的新陈代谢活动都是井然有序地进行的，一旦这种有序性受到破坏，就会造成代谢紊乱，导致疾病甚至死亡的发生，因此生物体需要通过多种机制和形式，根据实际需要对酶活性进行调节和控制，以保证代谢活动不断地有条不紊地进行。如别构调节酶受别构剂的调节，有的酶可受共价修饰的调节，酶原的激活调节、激素和神经体液等通过第二信使对酶活力进行调节，以及诱导剂或阻抑剂对细胞内酶含量（改变酶合成与分解速率）的调节等，这些调控保证酶在体内新陈代谢中发挥其恰如其分的催化作用，使生命活动中的种种化学反应都能够协调一致地进行。

4.1.3 酶的专一性

酶催化的反应称为酶促反应，酶促反应的反应物称为底物。酶的结构，特别是活性中心的构象和性质，决定了酶的专一性程度。酶催化的专一性分为结构专一性和立体异构专一性，其中结构专一性又分为绝对专一性（absolute specificity）和相对专一性（relative specificity）。具有立体异构专一性的酶对底物分子立体构型有严格要求，如 L-乳酸脱氢酶只催化 L-乳酸脱氢，对 D-乳酸无作用。

4.1.3.1 结构专一性

（1）绝对专一性

少数酶对底物的要求特别严格，甚至只能催化一种底物进行反应，称为酶的绝对专一性。如氨基酸：tRNA 连接酶，只催化一种氨基酸与其受体 tRNA 的连接反应。如脲酶只能水解尿素使其分解为二氧化碳和氨，而对尿素的衍生物不起作用。

（2）相对专一性

大多数酶对底物的要求不是很严格，作用对象不止一种底物，即一种酶能催化一类化合物或一类化学键进行反应，称为相对专一性，如醇脱氢酶可催化许多醇类的氧化反应。相对专一性又分为键专一性和族（基团）专一性。

键专一性：酶只对催化反应的键的类型有要求，对键两端的基团并无严格要求。如大多数肽酶能水解任意氨基酸形成的肽键，不管肽键两端的氨基酸组成如何。酯酶既能催化甘油三酯水解，又能水解其他酯键，对底物中键连接的基团（R、R'）没有特别要求，只是对于不同的酯类，水解速率有所不同而已。

族（基团）专一性：具有相对专一性的酶作用于底物时，对键两端的基团要求程度不同，对其中一个基团要求严格，对另一个则要求不严格。相对于键专一性，族专一性的酶对底物有更高的要求，例如 α-D-葡萄糖苷酶不但要求有 α-糖苷键，而且要求 α-糖苷键的一端必须有葡萄糖残基，即 α-葡萄糖苷，但对键的另一端 R 基团则要求不严，因此它可催化 α-D-葡萄糖苷衍生物中 α-糖苷键的水解。

4.1.3.2 立体异构专一性

当底物具有立体异构体时，酶只对底物的立体异构体中的一种构型起作用，而对另一种构型则无作用，因此对底物的构型有严格的要求。酶的这种立体异构专一性，又分为旋光异构专一性和几何异构专一性。

（1）旋光异构专一性

底物大多数具有旋光异构体，只作用于其中一种的酶具有旋光异构专一性。如乳酸脱氢酶只能催化 L-乳酸脱氢，不能催化 D-乳酸的脱氢反应。L-氨基酸氧化酶只能催化 L-氨基酸氧化，而对 D-氨基酸无作用。

（2）几何异构专一性

酶进行催化作用时，对含有双键或环状结构的具有几何异构的底物分子有选择性。如：琥珀酸脱氢酶只能催化琥珀酸脱氢生成延胡索酸（即反丁烯二酸），而不能生成顺丁烯二酸。

4.1.4 酶的分类与命名

酶的种类繁多，催化的反应各式各样，且每年都会有不少新酶发现，为了避免混乱，便于管理和比较，1967 年，国际酶学委员会（international enzyme commission，IEC）规定了一套系统命名法对酶进行命名和分类。

4.1.4.1 酶的分类

国际酶学委员会规定，按酶催化反应的性质，将酶分成 6 大类，并以 4 个阿拉伯数字代表一种酶。

（1）氧化还原酶（oxidoreductase）类

催化底物进行氧化还原反应的酶类，如乳酸脱氢酶、琥珀酸脱氢酶、细胞色素氧化酶、过氧化氢酶等。

（2）转移酶（transferase）类

催化底物之间进行某些基团的转移或交换的酶类，如转甲基酶、转氨酶、己糖激酶、磷酸化酶等。

（3）水解酶（hydrolase）类

催化底物发生水解反应的酶类，如淀粉酶、蛋白酶、脂肪酶、磷酸酶等。

（4）裂解酶（lyase）类

催化一个底物裂解为两个化合物的酶类，如柠檬酸合酶、醛缩酶、碳酸酐酶等。

（5）异构酶（isomerase）类

催化各种同分异构体相互转化的酶类，如磷酸丙糖异构酶、磷酸甘油酸变位酶等。

（6）合成酶（连接酶，ligase）类

催化两分子底物合成为一分子化合物，同时还必须偶联有 ATP 的磷酸键断裂的酶类。例如，谷氨酰胺合成酶、氨基酸-tRNA 连接酶、丙酮酸羧化酶等。

每一大类酶又可根据不同的原则分为几个亚类，每一个亚类再分为几个亚亚类，再把属于这一亚亚类的酶按照顺序排好，这样就把已知的酶分门别类地排成一个表，称为酶表。每一种酶在这个表中的位置可用一个统一的编号来表示，这种编号包括四个数字，第一个数字表示此酶所属的大类，第二个数字表示此大类中的某一亚类，第三个数字表示亚类中的某一亚亚类，第四个数字表示此酶在此亚亚类中的顺序号，用 EC 代表国际酶学委员会规定的命名。

例如乳酸脱氢酶（EC 1.1.1.27）催化下列反应：

$$\begin{array}{c} CH_3 \\ | \\ CHOH + NAD^+ \end{array} \rightleftharpoons \begin{array}{c} CH_3 \\ | \\ C=O + NADH + H^+ \\ | \\ COO^- \end{array}$$

其中，乳酸脱氢酶 EC 1.1.1.27 中的数字分别表示的含义是：从左向右数，第一个 1 表示第一大类，即氧化还原酶；第二个 1 表示第一大类的第一亚类，被氧化的基团为一个 —CHOH；第三个 1 表示第一亚亚类，即氢受体为 NAD$^+$，最后一个数字 27 表示乳酸脱氢酶在此亚亚类中的顺序号。根据酶表，所有发现的新酶都可按照这种系统得到适当的编号。

4.1.4.2 酶的命名

酶的命名有两种方法：习惯命名法和系统命名法。

（1）习惯命名法

习惯命名法是把底物的名字、底物发生的反应类型以及该酶的生物来源等加在"酶"字的前面组合而成酶的惯用名的方法。根据底物名字命名的酶，如淀粉酶、脂肪酶、蛋白酶等。根据催化反应类型命名的酶，如氧化酶、脱氢酶、加氧酶、转氨酶等。对于催化水解作用的酶，一般在酶的名字中省去反应类型，如水解淀粉的酶称为淀粉酶。

惯用名比较简短，使用方便，一般叙述可采用惯用名，但它有不足之处：一是"一酶多名"，如分解淀粉的酶，按习惯命名法则可有淀粉酶、水解酶等名；二是"一名数酶"，如脱氢酶，可以有乳酸脱氢酶、琥珀酸脱氢酶等很多种。为此，国际酶学委员会于 1961 年提出了一个新的系统命名法。

（2）系统命名法

系统命名法（systematic nomenclature）要求能确切地表明酶的底物及酶催化的反应性质，即酶的系统名包括酶作用的底物名称和该酶的分类名称。若底物是两个或多个则通常把它们分开，作为供体的底物，名字排在前面，而受体的底物名字在后。如乳酸脱氢酶的系统名称 L-乳酸：NAD$^+$氧化还原酶。按照严格的规则对酶进行系统命名后，获得的新名过于冗长而使用不便，一般只在需要鉴别一种酶或在一篇论文中初始出现该酶的名字时，才予以引用，大多数情况下，使用的都是简便明了的惯用名。

4.1.5 酶的活力测定与分离纯化

4.1.5.1 酶活力的测定

酶活力（enzyme activity）也称酶活性，是指酶催化一定化学反应的能力，也就是酶催化反应的速率。酶的存在很难用质量、体积、浓度等来表示，常用酶活力表示。酶活力是研究酶特性、进行酶制剂生产应用以及酶保存等重要而必不可少的指标。酶催化反应的速率越大，则表明酶活力越高；反之活力则越低。测定酶活力实际就是测定酶促反应的速率。酶促反应速率通过测定单位时间内或单位体积中底物的减少量或产物的生成量来表示，往往需测定反应的初速率。

（1）酶的活力单位

酶活力的大小用酶的活力单位来表示，酶的活力单位有国际单位和习惯单位两种。

国际单位（international unit，IU）。

1961年，国际酶学委员会规定：在特定条件下，1min内转化1μmol底物（或底物中1μmol的有关基团）生成产物所需的酶量为1个活力单位（IU），即1IU=1μmol/min。特定温度条件指25℃，其他条件（如底物浓度、pH值等）取酶促反应的最适条件。

为了和国际单位制SI一致，1972年，国际酶学委员会推荐了一个新的酶活力单位Katal（也称催量，简称Kat）。规定这种标准单位的目的是为了便于相互比较，但在实际应用中这种标准单位常有不便之处，因而除了科研与交流之外，一般不予利用。1个Kat单位是指在最适条件下，1s内使1mol底物转化为产物所需的酶量，即1Kat=1mol/s。

Kat和IU的换算关系为：

$$1Kat=6×10^7 IU$$

以上的酶单位定义中，如果底物有一个以上可被作用的化学键，则一个酶单位表示1min使1μmol相关基团转化的酶量。如果是两个相同的分子参加反应，则1min催化2μmol底物转化的酶量称为一个酶单位。在"IU"和"Kat"酶活力单位的定义和应用中，酶催化底物的相对分子质量必须是已知的，否则将无法计算。

在实际使用中，为使结果测定和应用都比较方便、直观而规定的酶活力单位即习惯单位，不同酶有各自的规定如下。

① α淀粉酶活力单位：1h分解1g可溶性淀粉的酶量为一个酶单位（QB 546—1980），也有规定1h分解1mL 2%可溶性淀粉溶液为无色糊精的酶量为一个酶单位，显然后者比前者单位小。

② 糖化酶活力单位：在规定条件下，每小时转化可溶性淀粉产生1mg还原糖（以葡萄糖计）所需的酶量为一个酶单位。

③ 蛋白酶活力单位：规定条件下，1min分解底物酪蛋白产生1μg酪氨酸所需的酶量。

④ DNA限制性内切酶活力单位：推荐反应条件下，1h内可完全消化1μg纯化的DNA所需的酶量。

（2）酶的比活力（specific activity）

酶的比活力是指每单位（一般是mg）蛋白质中的酶活力单位数，即酶单位/（mg蛋白）。实际应用中也用每单位制剂中含有的酶活力数表示，即酶单位/（mL液体制剂）、酶单位/（g固体制剂）。酶作为生物大分子物质，在其分离提纯的制备过程中，单位质量的酶活力会发生变化，以比活力来衡量，随着酶逐步被纯化，其比活力也在逐渐增加。对同一种酶来讲，比活力越高则表示酶的纯度越高（含杂质越少），所以比活力是评价酶纯度高低的一个指标。

（3）酶的转化数 K_{cat}

当酶被底物充分饱和时，每分子酶或每个酶活性中心在单位时间内催化转换的底物分子数称为酶的转化数。相当于酶促反应的催化常数（K_{cat}），即酶-底物复合物形成后，酶将底物转化为产物的效率。

（4）酶活力的测定

酶活力测定就是测定在单位时间内产物〔P〕的生成（增加）量或底物〔S〕的消耗（减少）量，即测定时确定三种量：①加入一定量的酶；②一定的时间间隔；③物质的增减量。当酶与底物混合开始反应后，于不同时间由反应混合物中取出一定量的样品，停止酶的作用，分析样品中产物的量，由产物的生成量对时间作图，可得反应曲线，如图 4-1 所示。由此即可计算反应速率或酶活力。图中反应曲线上每一点所对应的切线斜率即为不同时间的反应速率，但一般采用测定酶促反应初速率的方法来测定酶活力，因为此时干扰因素较少。没有底物浓度减少、产物生成促进逆反应、酶本身失活等因素的影响，速率基本保持恒定。在一段的酶促反应体系中，底物往往是过量的，测定初速率时，底物减少量占总量的极少部分，不易准确检测。而产物则是从无到有，只要测定方法灵敏，就可准确测定，因此一般以测定产物的增量来表示酶促反应速率较为合适。

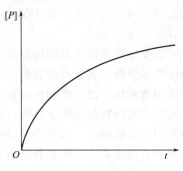

图 4-1　酶的反应曲线

测定产物增加量的方法很多，常用的方法有化学滴定、比色法、比旋光度测定、紫外吸收测定、电化学法、气体测定等。测酶活力所用的反应条件应该是最适条件，所谓最适条件包括最适温度、最适 pH 值、足够大的底物浓度、适宜的离子强度、适当稀释的酶液及严格的反应时间，不可有抑制剂，不可缺辅助因子。

4.1.5.2　酶的分离纯化

对酶进行分离纯化有两个方面的应用：一是为了研究酶的理化性质（包括结构与功能，生物学作用等），对酶进行鉴定，必须用纯酶；二是作为生化试剂及药用的酶，常常也要求较高的纯度。酶的分离纯化包含两个基本环节：一是将酶从原料中抽提出来制成原酶溶液；二是选择性地将酶从溶液中分离出来或者选择性地将杂质从酶溶液中去除。

（1）酶分离纯化的基本原则

进行酶的分离纯化时，避免酶变性而失去活性是确定选择方法的基本出发点。凡是用以预防蛋白质变性的措施通常也适用于酶的分离纯化工作。如防止强酸、强碱、高温和剧烈搅拌等；低温操作；所用的提取的化学试剂要不使酶变性；操作中加入缓冲溶液等。酶是生物活性物质，在提纯时必须考虑尽量减少酶活力的损失，因此，几乎全部操作需在低温下进行。为防止重金属使酶失活，有时需在抽提溶剂中加入少量的 EDTA 螯合剂；为防止酶蛋白中的巯基被氧化失活，需在抽提溶剂中加入少量的巯基乙醇。在整个分离提纯过程中不能过度搅拌，以免产生大量泡沫，使酶变性。

在酶的分离纯化过程中，可以通过监测酶的总活力和比活力来跟踪酶的动向。在分离提纯过程中，必须经常测定酶的比活力，以指导提纯工作的正确进行，提高酶的回收率；同时也可对设计的方法是否高效合理进行评价，有利于方法的改进完善。

（2）酶分离纯化的基本步骤

生物体内的酶根据其在体内作用的部位，可分为胞外酶及胞内酶两类。胞外酶易于分离，如收集动物胰液即可分离出其中的各种蛋白酶及酯酶等。胞内酶存在于细胞内，必须破碎细胞才能进行分离。分离纯化步骤如下。

① 选材：应选择酶含量高、易于分离的动、植物组织或微生物材料作为原料。

② 破碎细胞：动物细胞较易破碎，通过一般的研磨、匀浆器、组织捣碎机等就可以达到目的；细菌细胞具有较厚的细胞壁，较难破碎，需用超声波、压榨机、溶菌酶、溶壁酶、某些化学试剂（如甲苯、曲拉通、吐温）或反复冻融等方法来实现；植物细胞因为壁较厚，也较难破碎，可用果胶酶等来实现。

③ 抽提：在低温下，用水或低盐缓冲溶从已破碎的细胞中将酶溶出。这样所得的粗提品中往往含有很多杂蛋白及核酸、多糖等成分。

④ 分离及提纯：根据绝大部分酶是蛋白质这一特性，可用一系列提纯蛋白质的方法，如盐析、调节 pH 值、等电点沉淀、有机溶剂（乙醇、丙酮、异丙醇等）分级分离沉淀等经典方法提纯。

若要得到纯度更高的酶制品，还需进一步纯化，常用的方法有磷酸钙凝胶吸附、离子交换纤维素分离、葡聚糖凝胶色谱、亲和色谱等。特别要提及的是，亲和色谱在酶的分离提纯中应用越来越广泛。亲和色谱包括了一整套复杂的底物及其配体与生物大分子之间相互作用时所形成的独特的生物学特性，在亲和结合过程中涉及疏水力、静电力、范德华力及空间阻力等因素的影响。亲和色谱可以理解为配基以共价键的形式与水不溶性固体载体共价结合，形成具有高度专一性的亲和吸附剂，以该介质为填料填充亲和色谱柱，从复杂的混合物中有针对性分离某一种成分。对于酶的分离而言，根据酶与底物、辅助因子、某些抑制剂等专一性的可逆结合，将酶的底物、辅助因子、抑制剂等作为配基做成亲和柱，可以有效地将具有相应的生物亲和特性的酶从蛋白质混合体系中提取出来，大大提高纯化效率，如目前用亲和层析法纯化胰蛋白酶等。

⑤ 保存：最后酶制品需浓缩、结晶，以便于保存。酶制品一般应在 −20℃ 以下低温保存，酶很易失活，绝不能用高温烘干。常用的方法有：①保存浓缩的酶液，用硫酸铵沉淀或硫酸铵反透析法使酶浓缩，使用前再透析除去硫酸铵；②冰冻干燥，对于已除去盐分的酶液可以先在低温下冻结，在减压下使水升华，制成酶的干粉，保存于冰箱中；③浓缩液加入等体积甘油，可于 −20℃ 长期保存。

（3）分离纯化的评价

评价分离纯化操作的两个重要指标是比活力及回收率，分离纯化中，一个好的步骤应该是有高的回收率和比活力，而且重现性好。回收率是指每一步纯化操作后，回收的总酶活力与纯化前总酶活力的比值。计算公式如下。

$$回收率 = \frac{某纯化操作后的总酶活力}{某纯化操作前的总酶活力}$$

其中   总活力 = 比活力 × 总体积（总质量）

4.2 酶促反应动力学

酶促反应动力学是研究酸促反应速率及影响酶促反应速率的因素。酶促反应系统中，许多因素如酶浓度、底物浓度、pH 值、温度、激活剂和抑制剂等都能影响酶促反应的速率。在研究某一因素对酶促反应速率的影响时，要使酶催化系统的其他因素不变，并保持严格的反应初速率条件。如研究酶促反应速率与酶浓度呈正比关系的条件，在此条件下酶催化系统所用的底物量要足以饱和所有的酶，而生成的产物不能影响酶催化效率，反应系统的其他条件如 pH 值等未发生明显改变。动力学研究可为酶作用机制提供有价值的信息，也有助于确定酶作用的最适条件。如应用抑制剂探讨酶活性中心功能基团的组成，对酶的结构与功能方面的研究，以及临床应用方面的研究都有很重要的价值。为了最大限度地发挥酶反应的高效性，寻找最有利的酶促反应条件，探究酶在代谢中的作用和某些药物的作用机理等，都需要掌握酶促反应速率的规律。

4.2.1 酶浓度对酶作用的影响

在研究酶浓度对酶促反应速率的影响时，要使酶催化系统的其他各因素保持不变，没有酶的抑制剂或其他不利因素存在，且催化反应的底物浓度足够过量，当满足这些条件时，酶促反应速率和酶的浓度成正比关系，见图 4-2。

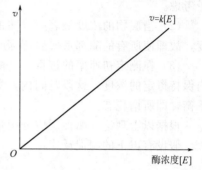

图 4-2　酶促反应速率与酶浓度的关系

$$v = k[E]$$

式中，v 为反应速率；k 为反应速率常数；$[E]$ 代表酶浓度。

在一定条件下，酶的数量越多，则生成的中间配合物越多，反应速率也就越快，即酶浓度与酶促反应速率成正比。但当酶的浓度增加到一定程度，反应体系中底物不足，酶分子过量，以致底物已不足以使都饱和，继续增加酶的浓度，反应速率也不再成正比。

4.2.2 底物浓度对酶作用的影响

4.2.2.1 矩形双曲线

在 20 世纪初，人们就已观察到了酶被底物所饱和的现象，而这种现象在非酶促反应中是不存在的。后来发现底物浓度的改变，对酶促反应速率的影响比较复杂。在酶促反应体系中的其他条件相同，特别是酶浓度不变的条件下，底物浓度与反应速率间的相互关系用矩形双曲线表示，见图 4-3。

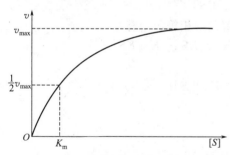

图 4-3　底物浓度对酶促反应速率的影响

当底物浓度很低时，增加底物浓度，反应速率随之迅速增加，反应速率与底物浓度成正比，表现为一级反应。当底物浓度较高时，增加底物浓度，反应速率也随之增加，但增加的程度不如底物浓度低时那样明显，反应速率与底物浓度不再成正比，表现为混合级反应。当底物增加至一定浓度时，反应速率趋于恒定，继续增加底物浓度，反应速率也不再增加，表现为零级反应。反应速率与底物浓度之间的这种关系，反映了酶促反应中有酶-底物复合物的存在。若以产物生成的速率表示反应速率，显然产物生成的速率与酶-底物复合物浓度成正比。底物浓度很低时，酶的活性中心没有全部与底物结合，此时增加底物的浓度，酶-底物复合物的形成与产物的生成都成正比增加。当底物浓度增至一定时，全部酶都已变成酶-底物复合物，此时再增加底物浓度也不会增加酶-底物复合物浓度，反应速率趋于恒定。

4.2.2.2 米氏方程

体内大多数酶均表现上述底物浓度与反应速率的关系。1913 年，莱昂诺尔·米凯利斯（Leonor Michaelis）和门滕·幕德（Maud L. Menten）两人在前人工作的基础上提出酶与底物首先形成中间复合物的学说，并推导出了能够表示整个反应中底物浓度和反应速率关系的公式——米氏方程（Michaelis-Menten Equation）。1925 年，乔治·布里格斯（George E. Briggis）和约翰·霍尔丹（John B. S. Haldane）又对其基本原理加以补充和发展，提出"稳态平衡假说"。

他们的理论首先有如下假定。

（1）测定的速率为反应的初速率，即底物消耗小于 5％时的速率，所以在测定反应速率所需要的时间内，产物的生成量是很少的，由产物和酶逆向生成酶-底物复合物的可能性不予考虑。

（2）当底物的浓度显著超过酶的浓度时，酶-底物复合物的形成不会明显影响底物的浓度，故即使所有的酶都形成酶-底物复合物，底物浓度的降低仍可略去不计。

（3）在测定初速率的过程中，酶-底物复合物浓度在一开始增加后，可在相当一段时间内保持恒定的浓度，这段时间内，酶-底物复合物的生成速率和其分解速率相等，达到动态平衡，即所谓稳态。

根据以上理论，酶促反应分两步进行。

假设有以下的酶促反应：

$$E+S \underset{K_{-1}}{\overset{K_1}{\rightleftharpoons}} ES \overset{K_2}{\longrightarrow} E+P$$

式中，K_1、K_{-1}，K_2 为各反应的速率常数。E、S、P 分别表示酶、底物和产物，ES 为酶-底物复合物，以 $[E]$、$[S]$、$[ES]$ 分别表示酶、底物、中间产物的浓度，则反应系统中游离酶的浓度为 $[E]-[ES]$。假设此酶促反应不可逆，反应产物不和酶结合；反应 E+S↔ES 迅速达到平衡态，也就是酶-底物复合物的浓度不变；建立平衡态所消耗的底物的量很小，可以忽略。这样有以下关系。

酶与底物结合生成酶-底物复合物的速率为

$$v_1 = K_1([E]-[ES])[S]$$

酶-底物复合物分解的速率为

$$v_2 = K_{-1}[ES] + K_2[ES]$$

达到稳态时，酶-底物复合物的生成速率和其分解速率相等、则有

$$v_1 = K_1([E]-[ES])[S] = v_2 = K_{-1}[ES] + K_2[ES]$$

经过整理得

$$\frac{K_{-1}+K_2}{K_1} = \frac{[E][S]-[ES][S]}{[ES]}$$

令

$$\frac{K_{-1}+K_2}{K_1} = K_m$$

对上面的公式进行变形，可有

$$K_m[ES] + [ES][S] = [E][S]$$

$$[ES] = \frac{[E][S]}{K_m + [S]} \tag{4-1}$$

由于酶促反应速率由酶-底物复合物浓度 $[ES]$ 决定，故

$$v = K_2[ES] \tag{4-2}$$

将式（4-2）代入式（4-1）可得

$$\frac{v}{K_2} = \frac{[E][S]}{K_m + [S]} \tag{4-3}$$

当所有的酶都以酶-底物复合物的形式存在时，即有 $[E]=[ES]$，此时的 v 为最大反应

速率 v_{max}，所以

$$v_{max}=K_2[ES] \tag{4-4}$$

将式（4-4）代入式（4-3）可得

$$v=\frac{v_{max}[S]}{K_m+[S]} \tag{4-5}$$

式（4-5）即为著名的米氏方程。式中 v 为反应速率，v_{max} 为所有酶被底物饱和时的最大反应速率，K_m 为米氏常数，该方程有条件性地说明了底物浓度对酶促反应速率的影响。当底物浓度很低，即 $[S]\ll K_m$ 时，式（4-5）分母上的 $[S]$ 可以忽略不计，于是有

$$v=\frac{v_{max}[S]}{K_m}$$

对一个酶来说，v_{max} 和 K_m 均为常数，于是反应速率与底物浓度成正比关系。若底物浓度很高，即 $[S]\gg K_m$ 时，式（4-5）分母中 K_m 可以忽略不计，于是有

$$v=v_{max}$$

此时再增加底物浓度，反应速率也不会增加。若 $[S]=K_m$，则方程式改为

$$v=\frac{v_{max}[S]}{2[S]}=\frac{1}{2}v_{max} \tag{4-6}$$

在米氏方程的推导过程中有以下几点需要注意：$[S]$ 是指反应体系中总的酶浓度，反应中酶-底物复合物的浓度 $[ES]$ 是极不好测量的，所以式子必须写成 $[E]$ 表示的形式，因为试验中所用的酶量是已知的；v 是反应初速率，是试验中测得的产物生成的初速率，一般是酶促反应在开始的几秒钟到几分钟之内的速率，在这段时间内底物消耗较少，真实浓度几乎和底物最初的浓度相同。

$K_2[E]$（即 v_{max}）是酶促反应在给定的酶量下的最大速率（即所有的酶都在酶-底物复合物的状态下）。

4.2.2.3 米氏常数的意义和测定

（1）米氏常数的概念

当酶促反应处于 $v=\frac{1}{2}v_{max}$ 时，

即

$$K_m=[S]$$

$$\frac{1}{2}v_{max}=\frac{v_{max}[S]}{K_m+[S]}$$

由此可知，米氏常数 K_m 就是酶促反应速率为最大反应速率一半时的底物浓度，其单位与底物浓度一样，是 mmol/L。K_m 值的范围一般在 $0.01\sim100$mmol/L 之间。

（2）米氏常数的意义

不同的酶其 K_m 不同，同种酶对不同底物的 K_m 也不相同。K_m 在很多方面都有着广泛应用。

米氏常数是酶的特征常数之一，每一种酶都有它的 K_m 值，K_m 值只与酶的结构和所催化的底物有关，与酶浓度无关，可用来鉴别酶。

判断酶与底物亲和力的大小。K_m 值小，表示用很小的底物浓度即可达到最大反应速率的一半，说明酶与底物亲和力大。为方便起见，可用 $1/K_m$ 近似表示酶与底物的亲和力，$1/K_m$ 越大，酶与底物的亲和力越大，酶促反应越易进行。

判断哪些底物是酶的天然底物或最适底物。如果一种酶同时作用几种底物，那么酶催化每一种底物都有一个特定的 K_m 值，K_m 值小的酶对底物亲和力大，此底物一般即为该酶的最适底物。

判断正、逆两向反应的催化效率。如果一个反应的正、逆方向由同一种酶催化，则 K_m

值较小的方向，其反应催化效率较高。

可通过 K_m 求出要达到规定反应速率的底物浓度，或根据已知底物浓度求出反应能达到的速率。

例如，已知 K_m 值，求使反应速率达到 $95\% v_{max}$ 时的底物浓度。

根据米氏方程则有

$$95\% v_{max} = \frac{v_{max}[S]}{K_m + [S]}$$

移项解出 $[S]$，则 $\qquad\qquad [S] = 19K_m$

v_{max} 是酶完全被底物饱和时的反应速率，与酶浓度成正比。如果酶的总浓度已知，便可由 v_{max} 计算酶的催化常数 K_{cat}，也称为转换数。

例如，$1 \times 10^6 \, mol/L$ 的碳酸酐酶溶液在 1s 内催化生成 $0.6 \, mol/L \, H_2CO_3$，则每秒 1 个酶分子可催化生成 6×10^5 个 H_2CO_3 分子。

$$K_{cat} = \frac{v_{max}}{[E]} = \frac{0.6 \, mol/(L \cdot s)}{1 \times 10^6 \, mol/L} = 6 \times 10^5 \, s^{-1}$$

不同的酶促反应，K_m 可相差很大。一些酶的米氏常数见表 4-1。

表 4-1 一些酶的米氏常数

酶 名 称	底　　　物	$K_m/(mol/L)$
过氧化氢酶(肝)	H_2O_2	2.5×10^{-2}
麦芽糖酶	麦芽酶	2.1×10^{-1}
谷氨酸脱氢酶	L-谷氨酸	7.0×10^{-7}
己糖激酶	D-葡萄糖	0.5×10^{-4}
	D-果糖	1.5×10^{-3}
乳酸脱氢酶	丙酮酸	3.5×10^{-5}
脲酶	尿素	2.5×10^{-2}
蔗糖酶	蔗糖	2.8×10^{-2}
α-淀粉酶	淀粉	6.0×10^{-4}
β-半乳糖苷酶	D-乳糖	4.0×10^{-3}

（3）K_m 的测定

从酶的 v-$[S]$ 图（图 4-3）上可以得到 v_{max} 再从 $\frac{1}{2} v_{max}$ 处读出 $[S]$，即为 K_m。但实际

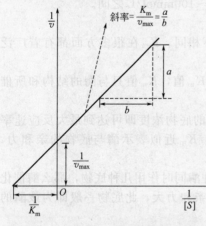

图 4-4　酶动力学的双倒数曲线图

上只能无限接近 v_{max}，却无法真正达到 v_{max}。为得到准确的 K_m，可以把米氏方程加以变形，使它相当于线性方程，通过作图得到准确的 K_m。为此人们将米氏方程式进行种种变换，应用最多的是将曲线转变为直线的双倒数作图法（Lineweaver-Burk plot）。米氏方程的双倒数形式为：

$$\frac{1}{v} = \frac{K_m}{v_{max}} \times \frac{1}{[S]} + \frac{1}{v_{max}}$$

实验时在不同的底物浓度下测定初速率，以 $1/v$ 对 $1/[S]$ 作图，直线外推与横轴相交，即可得有关 K_m 和 v_{max} 的酶动力学的双倒数曲线图，如图 4-4 所示。横轴截距为 $1/K_m$，纵轴截距为 $1/v_{max}$，其斜率

为 K_m/v_{max}。此法称为 Lineweaver-Burk 作图法，应用最广，但实验点常集中在左端，影响结果的准确性。

4.2.3　pH 值的影响

溶液的 pH 值对酶活性影响很大，大部分酶只能在一定的 pH 值范围内表现其催化活性。在一定的 pH 值时酶的催化活性最大，此 pH 值称为酶作用的最适 pH 值。偏离酶最适 pH 值越远，酶的活性则会越小，过酸或过碱的环境均可使酶完全失去活性。

各种酶的最适 pH 值不同，人体内大多数酶的最适 pH 值在 7.35～7.45 之间，pH 值活性曲线近似于钟形，如图 4-5 所示。但并非所有的酶都是如此，胃蛋白酶最适 pH 值为 1.5～2.5，其活性曲线只有钟形的一半；胆碱酯酶在 pH 值大于 7 时有最大活性。同一种酶的最适 pH 值可能因为底物的种类及浓度不同，或所用的缓冲溶液不同而稍有改变，所以最适 pH 值也不是酶的特征常数。动物体内大多数酶的最适 pH 值在 6.8～8.0 之间；植物及微生物体内多数酶的最适 pH 值在 4.5～6.0 之间。但也有例外，如精氨酸酶最适 pH 值为 9.7。

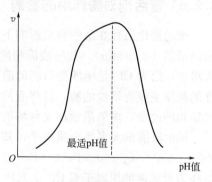

图 4-5　pH 值对酶反应速度的影响

pH 值之所以影响酶促反应速率，其原因在于以下几个方面。

（1）环境过酸或过碱能影响酶蛋白构象，使酶本身变性失活。

（2）影响酶分子侧链上极性基团的解离，导致带电状态的改变，从而使酶活性中心的结构发生变化。

（3）影响底物的解离，当酶催化底物反应时，只有底物分子上某些基团处于一定解离状态，才适合与酶结合而发生反应，pH 值的改变不利于这些基因的解离，则不适于与酶结合而产生反应。因此，pH 值的改变会影响酶与底物的相互结合和中间产物的生成，从而影响酶促反应速率。

应该指出，在酶促反应进行的过程中，因为溶液的 pH 值随反应的进程及体系中成分的改变会发生波动，因此在酶的提纯或应用中，当需要测定酶活力时，必须注意反应系统内 pH 值的恒定，在实际操作中常采用缓冲溶液体系维持系统内 pH 值的恒定（pH 值的变化不超过 ±0.1）。

4.2.4　温度的影响

温度对酶促反应速率的影响如图 4-6 所示。酶对温度的变化极敏感。自低温开始，酶活性随温度的增加也逐步增加，当达到一定温度时，酶的活性达到最大，进一步升高温度，超过一定温度范围后，酶的活性反而下降。当温度升至 50～60℃ 时，酶的活性可迅速下降，甚至丧失活性，此时即使再降温也不能恢复。在某一温度时，酶促反应速率达到最大，此时所对应的温度称为酶作用的最适温度。人体内酶的最适温度多在 37℃ 左右。温度对酶促反应有双重的影响，表现如下。

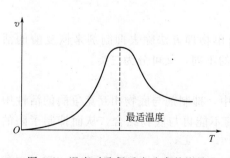

图 4-6　温度对酶促反应速率的影响

（1）酶促反应与一般化学反应一样，升高温度能加速化学反应的进行，所以在低温时，升高温度，酶促反应速率加快。

（2）绝大多数酶是蛋白质，升高温度能加速酶的变性而使酶失活，所以超过最适温度，进一步升温会使酶促反应速率下降。

最适温度不是酶的特征常数，它与酶作用时间长短等因素有关。酶作用时间较短时最适温度较高；酶作用时间较长时最适温度较低。

4.2.5 激活剂对酶作用的影响

酶的催化活性在某些物质影响下可以提高或降低。凡是能使酶活性增高的物质，称为酶的激活剂（activator）。如唾液淀粉酶的活力不高时，加入一定量的 NaCl，则酶的活力会大大增加，因为 Cl^- 是唾液淀粉酶的激活剂。酶的激活不同于酶原的激活，酶原激活是指无活性的酶原变成有活性的酶，且伴有抑制肽的水解。酶的激活是酶的活性由低变高，不伴有一级结构的改变，酶的激活剂又称酶的激动剂。

酶的激活剂大多是金属离子，其中以正离子较多，有 K^+、Na^+、Mg^{2+}、Mn^{2+}、Ca^{2+}、Zn^{2+}、Cu^{2+}（Cu^+）、Fe^{2+}（Fe^{3+}）等，如 Mg^{2+} 是 DNase、RNase、脱羧酶等的激活剂；常作为激活剂的阴离子有 Cl^-、HPO_4^{2-}、Br^-、I^- 等。金属离子作为激活剂的作用：一是作为酶的辅助因子，参与酶的组成，易在分离提纯过程中被丢失，因此必须注意及时补充；二是当酶与底物结合时能起桥梁作用。还有一些小分子有机化合物，如半胱氨酸、还原型谷胱甘肽、维生素 C 也可以作为酶的激活剂，原因主要是使含巯基的酶中被氧化的二硫键还原成巯基，从而恢复酶的活力，提高酶活性，或者作为金属螯合剂，以除去酶中重金属杂质，从而解除重金属对酶的抑制作用。

4.2.6 抑制剂对酶作用的影响

与激活剂相对应，凡是能降低或抑制酶活性的物质称为抑制剂（inhibitor）。激活剂和抑制剂的作用都不是绝对的，同一种物质对不同的酶可能作用不同，如氰化物是细胞色素氧化酶的抑制剂，却是木瓜蛋白酶的激活剂。酶的抑制和变性不同，前者使酶活性下降，但酶蛋白并未失活，而后者则指酶蛋白的失活。

抑制剂类型很多，有重金属类（如 Ag^+、Hg^{2+}、Cu^{2+} 等）、非金属类（一氧化碳、硫化氢、氰化物、砷化物、氯化物、生物碱、有机磷农药及麻醉剂等）和生物大分子抑制剂（来自动植物组织，如动物胰脏、肺，某些植物的种子，加大麦、燕麦、大豆、蚕豆、绿豆等，还有肠道内的寄生虫如蛔虫等均能产生抑制胃蛋白酶、胰蛋白酶的活性的物质，从而使人和动物体消化蛋白质的能力降低）。根据抑制剂与酶的作用方式及抑制是否可逆，将抑制作用分为不可逆性抑制和可逆性抑制两大类型。

4.2.6.1 可逆性抑制 (reversible inhibition)

抑制剂与酶非共价结合，可以用透析、超滤等简单物理方法除去抑制剂来恢复酶的活性，因此是可逆的。根据抑制剂在酶分子上结合位置的不同，又可分为三类。

（1）竞争性抑制（competitive inhibition）

抑制剂 I 与底物 S 的化学结构相似，在酶促反应中，抑制剂与底物相互竞争酶的活性中心，当抑制剂与酶形成酶-抑制剂复合物（EI）后，酶不能再与底物结合，从而抑制了酶的活性，这种抑制称为竞争性抑制。

最典型的例子是丙二酸、草酰乙酸、苹果酸对琥珀酸脱氢酶的抑制。因为丙二酸是二羧酸化合物，与琥珀酸脱氢酶的正常底物琥珀酸结构相似，是琥珀酸脱氢酶的竞争性抑制剂。

竞争性抑制反应表示如下：

$$E + S \underset{K_{-1}}{\overset{K_1}{\rightleftharpoons}} ES \xrightarrow{K_2} E + P$$

$$+ I$$

$$\bigg\downarrow K_i$$

$$EI$$

抑制剂与酶形成的可逆酶-抑制剂复合物不能分解成产物 P，酶促反应速率下降，但抑制剂并没有破坏酶分子的特定构象，也没有使酶分子的活性中心解体。由于竞争性抑制剂与酶的结合是可逆的，因而可通过加入大量底物，提高底物竞争力的办法，消除竞争性抑制剂的抑制作用，从而使酶促反应速率接近或达到最大。按推导米氏方程的方法可以导出竞争性抑制剂作用的速率方程：

$$v = \frac{v_{\max}[S]}{K_m\left(1 + \dfrac{[I]}{K_i}\right) + [S]} \tag{4-7}$$

$$K_i = \frac{[E][I]}{[EI]}$$

设 $K_m' = K_m\left(1 + \dfrac{[I]}{K_i}\right)$，则 $v = \dfrac{v_{\max}[S]}{K_m' + [S]}$，式中 K_m' 为表观 K_m。

由上面的推导可看出：①竞争性抑制作用的反应是可逆的；②竞争性抑制的强度与抑制剂和底物的浓度有关，当 $[S] > [I]$ 时，底物可以把抑制剂从酶的活性中心置换出来，从而使酶抑制作用被解除，表现为抑制作用弱。由 v 对 $[S]$ 作图可得图 4-7，该图表明，加入竞争性抑制剂后，$v_{\max}$ 没有发生变化，但达到 $v_{\max}$ 时所需底物的浓度明显增大，即米氏常数变大（$K_m' > K_m$）。将方程式（4-7）做双倒数处理得下式：

$$\frac{1}{v} = \frac{K_m}{v_{\max}}\left(1 + \frac{[I]}{K_i}\right) \times \frac{1}{[S]} + \frac{1}{v_{\max}} \tag{4-8}$$

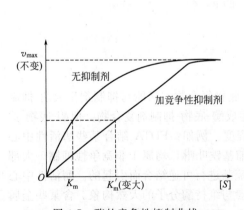

图 4-7 酶的竞争性抑制曲线

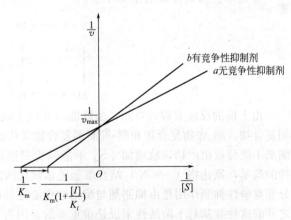

图 4-8 竞争性抑制作用的 Lineweaver-Burk 图

由式（4-8），可用 $\dfrac{1}{v}$ 对 $\dfrac{1}{[S]}$ 作图得 Lineweaver-Burk 图，见图 4-8 的曲线 b。结合方程和米氏曲线图可知，有竞争性抑制剂存在时，K_m 值增大 $1 + \dfrac{[I]}{K_i}$，而且，K_m 值随着 $[I]$ 的增大而增大；当 $[E]$ 固定，$[E]$ 使酶完全饱和时，则仍可以得到 $v = v_{\max}$，即最大反应速

率不变。在相应的米氏曲线图上可以看到：有抑制剂存在时的曲线 b 比没有抑制剂存在时的曲线 a 向右下方移动，当 $[S]$ 无限增大时，曲线 a 可以和曲线 b 重合。也就是竞争性抑制剂改变 K_m 而不改变 v_{max}，所以当底物浓度很高时，竞争性抑制作用可以被解除。

酶的竞争性抑制作用已得到广泛应用，如有些药物属于酶的竞争性抑制剂，磺胺药物（对氨基苯磺酰胺）及磺胺增效剂是典型的例子。对磺胺敏感的细菌生长繁殖时不能直接利用叶酸，而是在菌体内二氢叶酸合成酶的催化下，由对氨基苯甲酸、2-氨基-4-羟基-6-甲基蝶呤及谷氨酸合成二氢叶酸（FH_2），其中，对氨基苯甲酸是叶酸的一部分。FH_2 再进一步还原成四氢叶酸（FH_4），FH_4 与 FH_2 是细菌合成核苷酸不可缺少的辅酶，如果缺少 FH_4，细菌的生长繁殖便会受到影响。而磺胺结构与对氨基苯甲酸结构相似，所以是细菌中二氢叶酸合成酶的竞争性抑制剂，有磺胺药物存在时，磺胺结构与对氨基苯甲酸竞争性地结合二氢叶酸合成酶的活性中心，从而抑制 FH_2 的合成；而磺胺增效剂（TMP）是二氢叶酸还原酶的竞争性抑制剂，反应体系中 TMP 存在时，会竞争性地结合二氢叶酸还原酶的活性中心，从而抑制 FH_4 的合成。所以磺胺药物及 TMP 使细菌体内 FH_4 的合成受到双重抑制，从而抑制细菌体内核酸及蛋白质合成，有效达到抑菌作用。

$$H_2N—\bigcirc—COO^- \qquad H_2N—\bigcirc—SO_2NH_2$$

对氨基苯甲酸　　　　　　　对氨基苯磺酰胺

人体能从食物中摄取叶酸并直接利用食物中的叶酸，故不受影响。还有许多抗代谢物和抗癌药物，也是利用竞争性抑制的原理。

（2）非竞争性抑制（noncompetitive inhibition）

抑制剂与底物结构并不相似，也不与底物抢占酶的活性中心，而是通过与酶分子活性中心以外的必需基团结合来抑制酶的活性，即底物和抑制剂可同时结合在酶的不同部位上，这种抑制称为非竞争性抑制。如金属离子螯合剂通过从金属酶上除去金属来抑制酶的活性。非竞争性抑制与底物并无竞争关系。

非竞争性抑制反应表示如下：

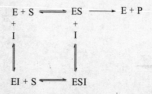

由上面的反应方程式可知：酶既能与底物生成酶-底物复合物，又能与抑制剂生成酶-抑制剂复合物。酶-底物复合物和酶-抑制剂复合物又均能生成酶-底物-抑制剂复合物。但酶-底物-抑制剂不能释放出产物，故增加 $[S]$ 不能减少抑制的程度。例如：EDTA 结合某些酶活性中心外的巯基，氰化物（—CN）结合细胞色素氧化酶的辅基铁卟啉，均属于非竞争性抑制。大部分非竞争性抑制作用是由抑制剂与酶活性中心之外的巯基进行可逆结合而引起的。酶活性中心之外的这种巯基对于菌活性来说是很重要的，因为它参与维持酶分子的天然构象。含某些金属离子的化合物与酶反应时（如 Ag^+ 与酶中巯基的反应），存在如下的平衡。

$$E—SH + Ag^+ \Longleftrightarrow E—S—Ag + H^+$$

按推导米氏方程的方法可以导出非竞争性抑制剂作用的速率方程为

$$v = \dfrac{\left\{\dfrac{v_{max}}{1+\dfrac{[I]}{K_i}}\right\}[S]}{K_m + [S]}$$

（4-9）

设 $v'_{\max} = v_{\max}/(1 + \dfrac{[I]}{K_i})$，则 $v = \dfrac{v'_{\max}[S]}{K_{\mathrm{m}}+[S]}$，式中，$v'_{\max}$ 称为表观 $v_{\max}$。

由 v 对 $[S]$ 作图，可得酶的非竞争性抑制曲线（图 4-9）。

图 4-9 的曲线表明，加入非竞争性抑制剂后，K_{m} 没有发生变化，即达到最大反应速率一半时的底物浓度没改变，但 $v_{\max}$ 减小了，即 $v'_{\max} < v_{\max}$。因为加入非竞争性抑制剂后，它与酶分子生成了不受 $[S]$ 影响的酶-抑制剂复合物和酶-底物-抑制剂复合物，降低了正常中间产物酶底物复合物的浓度。故当有非竞争性抑制剂时，$v_{\max}$ 降低，而 K_{m} 不变。K_{m} 是特征常数，不受 $[ES]$ 变化的影响，因为 $v = K_2[ES]$，K_{m} 是 $v_{\max}$ 的极限位，故 $v_{\max}$ 与 $[ES]$ 有关。

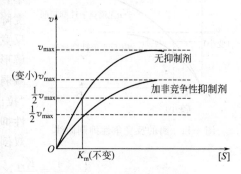

图 4-9 酶的非竞争性抑制曲线

将公式（4-9）做双倒数处理得下式。

$$\frac{1}{v} = \frac{K_{\mathrm{m}}}{v_{\max}}\left(1 + \frac{[I]}{K_i}\right)\frac{1}{[S]} + \frac{1}{v_{\max}}\left(1 + \frac{[I]}{K_i}\right)$$

用 $1/v$ 对 $1/[S]$ 作图，得相应的 Lineweaver-Burk 图，见图 4-10 直线 c。

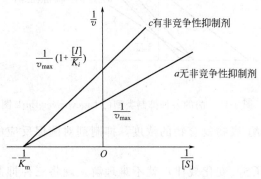

图 4-10 酶的非竞争性抑制作用 Lineweaver-Burk 图

在相应的米氏曲线上可以看到：有非竞争性抑制剂存在时的曲线 c 比没有非竞争性抑制剂存在时的曲线 a 向左上方移动，在纵轴上的截距变大，即 $v_{\max}$ 降低；有非竞争性抑制剂和没有非竞争性抑制剂的曲线在横轴上交于一点，所以 K_{m} 不变。即使 $[S]$ 无限增大，曲线 a 和曲线 c 不可能进行有意义的重合。也就是非竞争性抑制剂改变 $v_{\max}$ 而不改变 K_{m}。所以不能通过底物浓度的改变来解除非竞争性抑制作用。

（3）反竞争性抑制

酶只有在与底物结合后，才能与抑制剂结合，即 ES＋I→ESI，那么 ESI 不能转变成产物 P。如叠氮化合物离子对氧化态细胞色素氧化酶的抑制作用就属这类抑制。反竞争性抑制（uncompetitive inhibition）作用可用下述反应式表示：

$$\text{E} + \text{S} \underset{K_{-1}}{\overset{K_1}{\rightleftharpoons}} \text{ES} \xrightarrow{K_2} \text{E} + \text{P}$$
$$+$$
$$\text{I}$$
$$\Updownarrow$$
$$\text{ESI}$$

当反应体系中存在此抑制剂时，反应向有利于向形成酶-底物复合物的方向进行，进而促使酶-底物复合物的产生加快，由于这种情况与竞争性抑制作用恰恰相反，所以称为反竞争性抑制作用。按推导米氏方程的方法可以导出反竞争性抑制剂作用的速率方程为

$$v = \frac{v_{\max}[S]}{K_{\mathrm{m}} + \left(1 + \dfrac{[I]}{K_i}\right)[S]} \tag{4-10}$$

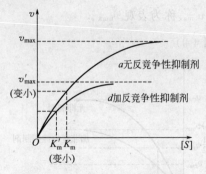

图 4-11 酶的反竞争性抑制曲线

由 v 对 $[S]$ 作图得酶的反竞争性抑制曲线，如图 4-11 所示。该图表明，加入反竞争性抑制剂后，K_m 减小，$K'_m<K_m$，即达到最大反应速率一半时的底物浓度降低，但 v_{max} 也减小了，即 $v'_{max}<v_{max}$。因为加入反竞争性抑制剂后，如果酶-底物-抑制剂复合物不能分解形成其产物，那么 v 将由于 $(1+[I]/K_i)$ 的作用而减弱。在反应进程中，抑制剂不断地将酶-底物复合物"拉出"，从而增加了 K_1，使 K_m 减小。故当有反竞争性抑制剂时 v_{max} 降低，K_m 降低。再将公式（4-10）做双倒数处理得下式：

$$\frac{1}{v}=\frac{K_m}{v_{max}}\times\frac{1}{[S]}+\frac{1}{v_{max}}\left(1+\frac{[I]}{K_i}\right)$$

用 $1/v$ 对 $1/[S]$ 作图，得相应的 Lineweaver-Burk 图，见图 4-12 中直线 d。

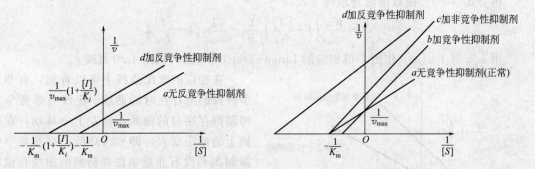

图 4-12 酶的反竞争性抑制作用 Lineweaver-Burk 图　图 4-13 酶的各种抑制类型的 Lineweaver-Burk 图

由于酶促反应速率的大小取决于中间产物酶-底物复合物的浓度，抑制剂对酶促反应的影响最终都表现在 $[ES]$ 变小这一点上。

上述各类型，不管如何复杂，只要抓住 $[ES]$ 变化规律，就不难理解。现将三种抑制类型及其特征归纳于表 4-2 及图 4-13 中。

表 4-2　酶的抑制类型及动力学特征比较

类　型	公　式	v_{max}	K_m
无抑制	$v=\dfrac{v_{max}[S]}{K_m+[S]}$	v_{max}	K_m
竞争性抑制	$v=\dfrac{v_{max}[S]}{K_m\left(1+\dfrac{[I]}{K_i}\right)+[S]}$	不变	增大
非竞争性抑制	$v=\dfrac{\left(\dfrac{v_{max}}{1+\dfrac{[I]}{K_i}}\right)[S]}{K_m+[S]}$	减小	不变
反竞争性抑制	$v=\dfrac{v_{max}[S]}{K_m+\left(1+\dfrac{[I]}{K_i}\right)[S]}$	减小	减小

4.2.6.2　不可逆性抑制 (irreversible inhibition)

不可逆性抑制剂通常以比较牢固的共价键与酶蛋白中的基团结合使酶失活，不能用透析、超滤等物理方法除去抑制剂来恢复酶活性。如二异丙基氟磷酸能够与胰凝乳蛋白酶活性中心的丝氨酸残基发生反应，形成稳固的共价键，从而抑制酶的活性，一些有机磷杀虫剂的机理都属于此类抑制。有机汞、有机砷化合物、碘乙酸、碘乙酰胺等对含巯基的酶也是不可逆的抑制剂，常用碘乙酸等作鉴定酶是否存在巯基的特殊试剂。

按照不可逆抑制作用的选择性不同。又可分为专一性不可逆抑制与非专一性不可逆抑制两类。

（1）非专一性不可逆抑制

抑制剂可与酶分子中的一类或几类基团反应，抑制酶的活性或使酶失活。一些重金属离子（铅、铜、汞）、有机砷化物及对氯汞苯甲酸等，能与酶分子的巯基进行不可逆结合，许多以巯基为必需基团的酶，因此会被抑制，可用二巯基丙醇（BAL）解毒，除去抑制作用。

（2）专一性不可逆抑制

抑制剂仅仅和酶活性部位的有关基团反应、从而抑制酶的活性。有机磷杀虫剂（敌百虫、敌敌畏等）能特异性地与酶活性中心上的羟基结合，使酶的活性受到抑制，而且有机磷杀虫剂的结构与底物越接近，其抑制作用越快。如胆碱酯酶是催化乙酰胆碱水解的羟基酶，有机磷农药中毒时，造成乙酰胆碱在体内堆积，后者引起胆碱神经兴奋性增强，表现出一系列中毒症状。

临床上用解磷定来治疗有机磷中毒，解磷定能夺取已经和胆碱酯酶结合的磷酰基，解除有机磷对酶的抑制作用，使酶复活。

专一性不可逆抑制与非专一性不可逆抑制的区别并不是绝对的，因作用条件及对象等不同，某些非专一性不可逆抑制有时也会发生转化，产生专一性不可逆抑制作用。但是，比较起来，非专一性不可逆抑制用途更广，可以用它来很好地了解酶有哪些必需基团。

4.2.7 酶的别构效应

4.2.7.1 别构酶及其活性调节

别构酶也称变构酶（allosteric enzyme），具有类似血红蛋白那样的别构现象，在专一性的别构效应物的诱导下，结构发生变化。使催化活性改变，是一类重要的调节酶，对代谢反应起调节作用。别构酶概念由贾克柏（F. Jacob）和莫诺（J. L. Monod）等人于 1963 年首次提出，用于解释结构与底物不相似的化合物为什么可作为酶的竞争性抑制剂。

别构酶多为含有 2 个或 2 个以上亚基的寡聚酶（oligomeric enzyme），分子中除活性中心（active center）外还有别构中心（allosteric center），又称调节中心。两个中心可在同一亚基的不同部位上，也可在不同的亚基上。有活性中心的亚基称为催化亚基，主要通过活性中心与底物结合；有别构中心的亚基称为调节亚基，主要通过调节部位结合调节物（也称效应物）。

调节物一般是小分子有机化合物。有的酶的调节物分子就是底物，这种酶分子上有两个以上的底物结合中心，调节作用取决于酶上有多少个底物结合中心被占据。现将底物对酶所引起的活性调节称为同促效应（homotropic effect）；有的别构酶调节物分子不是底物，是底物以外的物质，它们对酶活性所引起的调节称为异促效应（heterotropic effect）。有很多的调节酶，既可以受底物调节，又可以受底物以外的其他代谢物调节，兼具有同促效应和异促效应。在细胞内，别构酶的底物通常是它的别构激活剂，代谢途径的终产物常常是它的别构抑制剂。使酶活力增加的效应物称为正调节物，反之称为负调节物。

4.2.7.2 别构酶种类

对别构酶的动力学研究发现，大部分别构酶的酶促反应速率与底物浓度的关系不符合米氏方程。与米氏酶不同,大多数别构酶的 v-$[S]$ 曲线呈 S 形。根据酶结合效应物之后,对酶促反应速率的影响,别构酶又分为正协同效应别构酶和负协同效应别构酶。非别构酶和两种别构酶的动力学曲线见图 4-14。

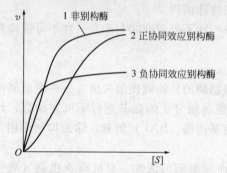

图 4-14   别构酶与非调节酶动力学曲线的比较

图 4-14 中的曲线 1 是典型的非别构酶所具有的动力学曲线,为双曲线,符合米氏方程。曲线 2 两端平坦,中段陡直,表明酶与底物分子(或效应物)结合后,酶分子构象发生改变,新的构象大大提高了酶对后续底物分子(或效应物)的亲和性,有利于后续分子与酶的结合,在对应的曲线陡段较窄的底物浓度范围内,底物浓度稍有增加,酶促反应速率就有明显的提高,这种别构酶称为正协同效应别构酶,这种现象有利于对反应速率的调节,在未达到最大反应速率时,底物浓度的略微增加,将使反应速率有极大提高。所以,正协同效应使酶对底物浓度的变化极为敏感,这就是别构酶能够灵敏地调节酶促反应速率的原因所在。

图 4-14 的曲线 3 是另一类具有负协同效应的别构酶的动力学曲线。其动力学曲线类似双曲线,但意义不同,表现为双曲线。曲线 3 比较低平,可知在底物浓度较低时,反应速率变化很快,可以很快达到一个较大的反应速率。但继续增加底物浓度,酶促反应的速率变化非常缓慢。所以负协同效应使酶对底物浓度变化极不敏感。这种效应对于保证体内一些重要反应的稳定连续进行是很有意义的。

综上所述,别构酶有多种生理意义,主要如下。

① 在别构酶 S 形曲线的中段,底物浓度稍有降低,酶的活性明显下降,多酶体系催化的代谢途径可因此而被关闭;反之,底物浓度稍有升高,则酶活性迅速上升,代谢途径又被打开,因此可以快速调节细胞内底物浓度和代谢速率。这对于维持细胞内的代谢恒定起重要作用。

② 别构抑制剂常是代谢途径的终产物或中间代谢物,而别构酶常处于代谢途径的开端或者是分支点上,可以通过反馈抑制(feedback inhibition)的方式极早地调节整个代谢途径的速率,减少不必要的底物消耗。

例如,葡萄糖的氧化分解可为动物机体提供生命活动所需的 ATP,但是当 ATP 生成过多时,ATP 可以作为别构抑制剂。通过降低葡萄糖分解代谢中的调节酶(己糖激酶、磷酸果核激酶等)的活性,以限制葡萄糖的分解。

4.2.7.3   别构酶判断

有一些没有别构效应的酶也可产生类似的曲线,所以作图法不能完全作为判断别构酶的依据。可用饱和比值 R_s 值(saturation ratio)($[S]_{90\%}/[S]_{10\%}$)来定量地区分两种酶:R_s 是酶促反应体系中,反应速率达到最大反应速率的 90% 时所对应的底物浓度与达到最大反应速率 10% 时所对应的底物浓度的比值。R_s 等于 81 为米氏酶,R_s 大于 81 则有正协同效应,为正协同效应别构酶,反之为负协同效应别构酶。更常用的是 Hill 系数法,以 $\lg[v/(v_{max}-v)]$ 对 $\lg[S]$ 作图,曲线的最大斜率 h 称为 Hill 系数,米氏酶的 Hill 系数等于 1,正协同效应别构酶的 Hill 系数大于 1,负协同效应别构酶的 Hill 系数小于 1。

4.2.7.4   别构酶的动力学模型

别构酶的 S 形动力学曲线比较复杂。至今已有多种假说,其中比较重要的假说有两种:齐变模型和序变模型。

（1）齐变模型

齐变模型又称协同模型，它认为酶分子中所有原子的构象相同，无杂合状态，在低活性的紧张态（T 态）和高活性的松弛态（R 态）之间存在平衡。当有调节物存在时，两种状态间的转变对每个原子来说都是同时发生的，调节物使状态间的平衡发生移动，从而改变酶的活性。

齐变模型能比较好地解释正协同效应，但此模型不适于负协同效应的别构酶。

（2）序变模型

序变模型（KNF 模型）认为酶分子的各个亚基可以杂合存在，别构是由于底物或调节物的诱导，而不是因为平衡的移动。如第一个亚基结合底物后，第一个亚基构象发生变化，并促进第二个亚基发生与底物结合的构象变化，如此顺序传递，直至酶分子的全部亚基构象发生利于结合底物的变化。酶分子结合调节物后，或引起亚基发生有利于结合底物的构象变化，产生正协同效应，导致下一个亚基的亲和力更大；或引起亚基发生不利于结合底物的构象变化，使下一个亚基的亲和力下降，产生负协同效应。

相比之下，序变模型能更好地解释正、负协同效应别构酶，但两种模型都不能圆满地解释别构酶表现出的复杂调节作用和动力学现象，别构酶的调节机理还有待于科学家的进一步深入研究。

4.3 酶的作用机制及其活性调节

4.3.1 酶的催化作用

酶作为生物催化剂，具有典型的高效性与高度专一性，这些特性与酶蛋白本身的结构密切相关。在酶分子中，各个部分（如亚基）分工协作，各司其职，使得整个催化反应过程有条不紊地进行。

4.3.1.1 酶的活性中心

酶是大分子蛋白质，而反应物大多是小分子物质，因此酶与底物的结合不是整个酶分子，催化反应的也不是整个酶分子，而是只局限在酶分子的一定区域，一般把这一区域称为酶的活性中心或活性部位。酶的活性中心是由酶分子中必需集团所组成的特定空间结构，是直接和底物结合并参与催化反应的氨基酸残基的侧链基团。对于单纯酶来说，它是一些氨基酸残基的侧链基团（R 侧基）组成的，有时也包括某些氨基酸残基主链骨架上的基团。对于结合酶来说，除了上述氨基酸残基的侧链基团外，辅酶或辅基上的某一部分结构往往也是活性中心的组成部分。构成酶活性中心的这些基团，在一级结构上可能相距很远，甚至可能不在一条侧链上，但在蛋白质空间结构上彼此靠近，形成具有一定空间结构的区域，这个区域在所有已知结构的酶中都是位于酶分子的表面，呈裂缝状。

酶的活性中心有两个功能部位：第一个是结合部位，由一些参与底物结合的有一定特性的基团组成，决定酶与什么样的底物结合，是决定酶专一性的部位；第二个是催化部位，由一些参与催化反应的基团组成，底物的键在此处被打断或形成新的键，从而发生一定的化学变化，决定酶的催化能力，是酶催化性质和类型的决定部位。结合部位的氨基酸残基数目因酶种类的不同而异，可能是一个，也可能是多个；催化部位一般由 2～3 个氨基酸残基组成，但也有些基团同时具有这两种作用。

一个酶的催化位点可以不止一个，而在结合部位又可以分为各种亚位点，分别与底物的不同部位结合。例如 α-胰凝乳蛋白酶可以水解肽链中具有大的疏水基团的氨基酸（例如酪

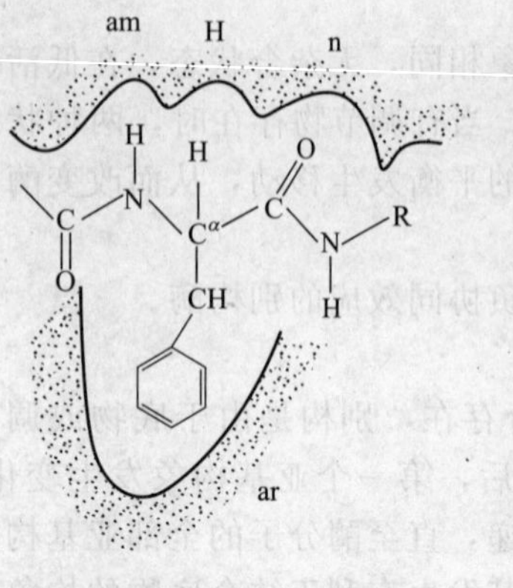

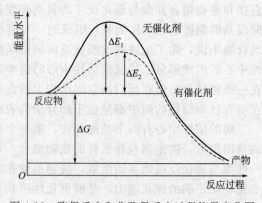

图 4-15　α-胰凝乳蛋白酶的活性中心
am—酰胺基位点；H，L—构型识别位点；
n—催化位点；ar—疏水位点

氨酸、色氨酸、苯丙氨酸和甲硫氨酸等）的羧基所形成的肽键。此酶的活性中心具有一个酰胺基位点 am；一个仅仅能够容纳 L-构型的氨基酸的立体专一性的识别位点 H，催化位点 n 和疏水位点 ar。α-胰凝乳蛋白酶的结构模式见图 4-15。

许多研究表明，酶分子中虽有很多基团，但并不是所有基团都与酶的活性有关。其中有些基团若经化学修饰，如氧化、还原、酰化、烷化、羟基化等使其发生改变，则酶的活性丧失，这些基团称为酶的必需基团。常见的酶分子的必需基团有丝氨酸的羟基、组氨酸的咪唑基、半胱氨酸的巯基、酸性氨基酸的侧链羧基等。常常利用化学修饰来研究酶的活性中心的基团。

活性中心的基团均属于必需基团，但必需基团还包括那些在活性部位以外的，对维持酶的空间构象必需的基团。因为酶分子的一定的空间构象对于活性中心的形成是必要的，当外界理化因素破坏了酶的结构时，首先就可能影响酶活性中心的特定结构，其中也包含由必需基团形成的次级键，结果必然影响酶活力。

4.3.1.2　过渡态与活化能

在一个反应体系中，任何反应物分子都有进行化学反应的可能，但并非全部反应物分子都进行反应，因为在反应体系中各个反应物分子所含的能量高低不同，只有那些含能达到或超过某一限度（称为"能阈"）的活化分子才能在碰撞中发生化学反应。显然，活化分子越多，反应速率越快。

过渡态理论（transition state theory，TST）是 1935 年由亨利·艾林（Henry D. Eyring）和迈克尔·波拉尼（Michael Polanyi）提出的，是以量子力学对反应过程小的能量变化的研究为依据，认为从反应物到产物之间形成了势能较高的活化配合物，活化配合物所处的状态称为过渡态。过渡态是反应物分子处于被激活的活化配合物状态，是反应途径中分子具有最高能量的形式，是分子的不稳定态，不同于活性中间体，是一个短暂的分子瞬间，在这一瞬间，过渡态分子的某些化学键发生断裂和形成。达到能产生产物或再返回生成反应物的程度。

活化分子处于活化态，活化态与常态的能量差，也就是分子由常态转变为活化态所需的能量，称为活化能（activation energy）。活化能指在一定温度下，1mol 底物全部进入活化态（过渡态）所需要的自由能，单位是 J/mol。使常态分子变为活化分子的途径有两个。

① 对反应体系加热或用光照射，使反应分子活化。

② 使用适当的催化剂，降低反应的能阈，使反应沿着一个活化能阈较低的途径进行，如图 4-16 所示。

酶和一般催化剂的作用一样，能降低反应分子所需的活化能，从而增加活化分子数，加快反应速率。酶降低反应活化能的机理是通过改变反应途径，使反应沿一个低活化能的途径进行。

图 4-16　酶促反应和非酶促反应过程能量变化图

4.3.1.3 抗体酶

1946 年，莱纳斯·鲍林（Linus Pauling）用过渡态理论阐明了酶催化的实质，后经过威廉·詹克斯（William P. Jencks）等人的探索发现，过渡态分子难以捕获，而过渡态类似物是能够模拟一个酶促反应过渡态结构的稳定物质。只要寻找到反应中决定性步骤的相应酶紧密结合的酶竞争性抑制剂，就等于发现了过渡态类似物；还有一种思路，就是这种类似物也能根据化学反应机制推测设计出来。然后，以过渡态类似物为半抗原，利用哺乳动物的免疫系统，诱导与其互补构象的抗体产生，这种抗体即具有催化活性。接着，乔治斯·克勒（Georges J. F. Köhler）和塞萨尔·米尔斯坦（César Milstein）于 1975 年发明了具有历史意义的单克隆抗体技术（monoclonal anti-body technique），使抗体酶的生产成为可能。

1984 年，理查德·勒纳（Richard A. Lerner）进一步推测：以过渡态类似物作为半抗原，其诱发出的抗体即与该类似物有着互补的构象，这种抗体与底物结合后，即可诱导底物进入过渡态构象，从而引起催化作用。根据这个猜想 Lerner 和彼得·舒尔茨（Peter G. Schultz）分别领导各自的研究小组独立地证明：针对羧酸酯水解的过渡态类似物产生的抗体，能催化相应的羧酸酯和碳酸酯的水解反应。1986 年美国《Science》杂志同时发表了他们的发现，并将这类具有催化能力的免疫球蛋白称为抗体酶（anti-body enzyme）或催化抗体（catalytic anti-body）。

抗体酶是具有催化活性的免疫球蛋白，它兼具抗体的高度选择性和酶的高效催化性。催化抗体制备技术的开发预示着可以人为生产适应各种用途的，特别是自然界不存在的高效催化剂，对生物学、化学和医学等多种学科有重要的理论意义和实用价值。

4.3.2　酶的作用机制

4.3.2.1　中间产物学说

酶如何能通过改变反应途径使反应的活化能降低，目前比较满意的解释是中间产物学说：发生酶促反应时，首先酶与底物通过形成一个不稳定的中间产物使反应沿一个低活化能的途径进行。假设一反应：

$$S \longrightarrow P$$

酶在催化此反应时，不是直接生成产物，而是首先与底物结合成一个不稳定的中间产物：酶-底物复合物。酶-底物复合物再分解成产物和原来的酶。可用下式表示：

$$E+S \underset{K_{-1}}{\overset{K_1}{\rightleftharpoons}} ES \overset{K_2}{\longrightarrow} E+P$$

在这个反应顺序中，底物与酶结合形成中间产物酶-底物复合物，由于底物与酶的结合导致分子中某些化学键发生变化，呈不稳定状态，也即活化态，使反应活化能降低，然后酶-底物复合物转变成酶-产物复合物，继而酶-产物复合物裂解而生成产物。这一过程所需的活化能较 S→P 所需的活化能低，所以反应速率加快。

中间产物学说能够解释酶如何降低反应所需要的活化能，但中间产物学说是否正确则取决于中间产物是否确实存在。由于中间配合物很不稳定，易迅速分解成产物，并释放出酶，因此不易把它从反应体系中分离出来，但可以通过不少间接证据表明中间产物确实存在。如过氧化氢酶催化过氧化氢的还原分解反应：

$$H_2O_2 + AH_2 \xrightarrow{\text{过氧化氢酶}} A + 2H_2O$$

式中，AH_2 表示氢供体，如焦性没食子酸（邻苯三酚）、抗坏血酸或其他可氧化的染料等。此过氧化氢酶含铁卟啉辅基，酶溶液呈褐色，具有特征性的吸收光谱，在 645nm、583nm、548nm、498nm 处有 4 条特征的吸收带。当向酶溶液中加入过氧化氢作为反应底物后，酶溶液由褐变红，光谱吸收特征发生改变，只在 561nm 和 530.5nm 处显示两条新吸收带。发生这种现象的唯一解释就是有新的物质生成，即酶与底物之间发生了某种作用，可以说明两者形成了新的物质。即有下式存在：

$$过氧化氢酶 + H_2O_2 \rightleftharpoons [过氧化氢酶 \cdot H_2O_2]$$

此时，若再加入氢供体（如焦性没食子酸）则吸收光谱又发生了改变：两条新谱带消失，酶液又变为褐色，原来的 4 条吸收谱带又重新出现，说明中间配合物已分解成产物和游离的酶，即发生了下述反应：

$$过氧化氢酶 \cdot H_2O_2 + AH_2 \longrightarrow 过氧化氢酶 + A + 2H_2O$$

除间接证据之外，还有一些直接证据证明中间产物的存在，如电子显微镜可直接观察到核酸和它的聚合酶形成的中间产物；通过胰凝乳蛋白酶水解对硝基苯乙酸酯，也可以得到中间产物（在 pH3 时）——乙酰凝乳蛋白酶。

4.3.2.2 锁钥学说和三色附着学说

酶只能催化一定结构或一些结构近似的化合物发生反应，为了阐明酶促反应高度的专一性，于是某些学者认为酶和底物结合时，底物的结构和酶的结构必须非常吻合，于是赫尔曼·费歇尔（Hermann E. Fischer）于 1894 年提出了"锁钥学说"（lock and key theory），认为酶和底物的结合状如钥匙与锁的关系。底物分子或底物分子的一部分像钥匙那样，专一地楔入到酶的活性中心部位，即底物分子进行化学反应的部位与酶分子活性中心具有紧密互补的关系。

这个学说再结合"酶与底物的三点附着"学说就可以较好地解释酶的立体结构专一性。"三点附着"学说指出，立体对应的一对底物虽然基团相同，但空间排列不同，这就可能出现这些基团与酶分子活性中心的结合基团能否互补匹配的问题，只有三点都互补匹配时，酶才作用于这个底物，如果因排列不同不能三点匹配，则酶不能作用于该底物，这可能是酶只对 L-构型（或 D-构型）底物作用的立体构型专一性的机理。甘油激酶对甘油的作用，即可用此学说来分析：甘油的三个基团以一定的顺序附着到甘油激酶分子表面的特定结合部位上，由于酶的专一性，这三个部位中只有一个是催化部位，能催化底物磷酸化反应，这就解释了为什么甘油在甘油激酶的催化下只有一个 —CH$_2$OH 能被磷酸化的现象。同样，糖代谢中的顺乌头酸酶作用于柠檬酸时，底物中的两个 —CH$_2$COOH 对于酶来说也是不同的，也可以用上述学说来解释。以上的学说都属于"刚性模板学说"，有一些问题是这些学说不能解释的：如果酶的活性中心是"锁钥学说"中的锁，那么，这种结构不可能既适合于可逆反应的底物，又适合于可逆反应的产物，即很难解释酶活性部位的结构与底物和产物的结构都非常吻合的原因，同时也不能解释专一性中的所有现象，因此，"锁钥学说"把酶的结构看成固定不变是不符合实际的。

4.3.2.3 诱导契合学说

究竟酶在化学反应时如何和底物形成中间产物？又通过什么方式完成其催化作用呢？1958 年，丹尼尔·科什兰（Daniel E. Koshland）提出了"诱导契合学说"（induced fit theory）。该学说认为：酶分子活性中心的结构原来并非和底物的结构互相吻合，但酶的活性中心是柔性的而非刚性的，当底物与酶相遇时，可诱导酶活性中心的构象发生相应的变化，使活性部位上有关的各个基团形成或暴露出来，并达到正确的排列和定向，因而使酶和底物契合而结合成中间配合物，并引起底物发生反应，如图 4-17 所示。反

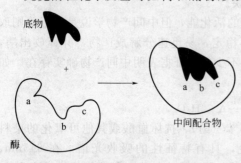

图 4-17 酶与底物诱导契合示意图

应结束当产物从酶上脱落下来后，酶的活性中心又恢复原来的构象。近年来用 X 射线晶体衍射法分析羧肽酶的实验结果支持了这一假说，证明了酶与底物结合时，确有显著的构象变化。"诱导契合学说"较好地解释了酶作用的专一性，而高效性作为酶催化作用的另一大特点，有关其原理的研究也正在逐步深入。

4.3.3　酶催化效率的影响因素

关于酶为什么比一般的催化剂有更高的催化效率，目前人们的看法主要归纳如下。

4.3.3.1　邻近效应和定向效应

邻近是指底物和酶活性部位的邻近，以及酶活性部位上底物分子之间的邻近。由于化学反应速率与反应物浓度成正比，若在反应系统的某一局部区域底物浓度增高，则反应速率也随之增高。提高酶促反应速率的最主要方法是使底物分子进入酶的活性中心区域，也即大大提高活性中心区域的底物有效浓度。酶能使底物进入其活性中心并相互靠近，这就是底物的邻近效应，邻近效应使酶活性中心处的底物浓度远远高于溶液中的底物浓度，曾测到过某底物在溶液中的浓度为 $0.001 mol/L$，而在酶活性中心的浓度竟高达 $100 mol/L$，比溶液中的浓度高十万倍，如此大大提高了活性部位上底物的有效浓度。

互相靠近的底物分子之间以及底物分子与酶活性部位的基团之间还要有严格的定向（正确的立体化学排列）。酶能使进入活性中心的底物分子的反应基团与酶的催化基团取得正确定向，这就是底物的定向效应。

邻近效应增加了底物的有效浓度，定向效应使分子间的反应变为近似于分子内的反应，从而增加了底物分子的有效碰撞，降低活化能阈，增加了中间产物酶-底物复合物进入过渡态的概率。

4.3.3.2　底物分子的敏感键产生张力或变形

根据"诱导契合学说"，底物结合可以诱导酶活性中心构象的变化，而变化的酶分子又使底物分子的敏感键产生张力甚至变形。即酶的活性中心的某些基团或离子可以使底物分子内敏感键中的某些基团的电子云密度增高或降低，产生电子张力，使敏感键的一端更加敏感，更易于发生反应。也就是说，酶构象变化的同时底物分子也发生变形，酶的构象改变与底物的变形使两者更易契合。变形底物分子内部产生张力，受牵拉的化学键易断裂，使底物分子呈不稳定态，故降低了活化能阈。上述的张力和变形促进中间产物酶-底物复合物进入过渡态，加快反应速率，这实际上是酶与底物诱导契合的动态过程。

4.3.3.3　酸碱催化

在反应中通过瞬时地向反应物提供质子或从反应物接受质子以稳定过渡态，从而加快反应速率的过程，称为酸碱催化。此处的酸碱是广义上的酸碱，凡是能够释放质子的都是酸，凡是能接受质子的都是碱。酶活性部位上的某些基团可以作为良好的质子供体或受体对底物进行酸碱催化，如羧基、氨基、巯基、咪唑基、羟基等，见表 4-3。组氨酸的咪唑基，其解离常数为 6.0，在中性条件下有一半以酸的形式存在，另一半以碱的形式存在，即咪唑基既可以作为质子供体，又可以作为质子受体在酶促反应中发挥作用，因此，咪唑基是活泼、有效的催化功能基团。许多酶活性部位中都有组氨酸残基。

表 4-3　酶分子中广义酸碱的功能基团

氨基酸残基	广义的酸基团	广义的碱基团
Glu	—COOH	—COO$^-$
Lys	—$\overset{+}{N}H_3$	—$\overset{..}{N}H_2$

氨基酸残基	广义的酸基团	广义的碱基团
Tyr	⟨苯环⟩—OH	⟨苯环⟩—O⁻
Cys	—SH	—S⁻
His	⟨咪唑环 带正电⟩	⟨咪唑环⟩

4.3.3.4 共价催化

共价催化是底物与酶形成一个反应活性很高的不稳定的共价中间物的过程。这个中间物很容易变成过渡态，从而降低化学反应的活化能。共价催化作用可分为亲核催化和亲电子催化两类，酶促反应中最一般的形式是亲核催化。

（1）亲核催化作用

亲核催化作用是指酶的亲核基团对底物中亲电子的碳原子进行攻击，形成共价中间物。具有一个非共用电子对的基团或原子，攻击缺少电子带真正电荷的原子，并利用非共用电子对形成共价键催化反应。亲核基团中含有多电子的原子，可以提供电子，是十分有效的催化剂。很多酶的活性中心一般含有咪唑基、巯基、羟基等基团，它们都有未共用电子对，可作为电子的供体，和底物中的某些基团以共价键结合。

亲核催化作用的反应步骤分两步：第一步，亲核基团（酶）攻击含有酰基的分子。形成了带有亲核基团的酰基衍生物，这种酶的酰基衍生物作为一个共价中间物再起作用；第二步，酰基从亲核的酶上再转移到最终的酰基受体上，这种受体分子可能是醇或水。第一步反应有酶参加，因此必然比没有酶时底物与酰基受体反应要快。而且酶是易变的亲核基团，因此形成的酰化酶与最终的酰基受体的反应也快，因此两步反应总速率比无酶时快得多。

（2）亲电子催化作用

亲电子基团指化合物中能接受电子对的原子，它是电子对的受体。酶活性中心上的亲电子基团如 —NH_3^+、Fe^{2+} 等，攻击底物分子上富含电子的原子，从底物分子的亲核原子上夺取一对电子形成共价键，从而产生不稳定的共价过渡态中间化合物。酶分子上的亲电基团通常是辅助因子中的金属离子（如 Fe^{2+}、Mg^{2+}、Mn^{2+}）、磷酸吡哆醛等，底物中的亲电基团包括磷酰基、酰基和糖基等，这种催化方式在酶促反应中不是很常见。

4.3.3.5 酶活性中心的微环境效应

已知某些化学反应在低介电常数介质中的反应速率比在水中的反应速率要快得多，因为极性的水对电荷往往有屏蔽作用。某些酶的活性中心穴内相对来说是非极性的，因此酶的催化基团被低介电环境所包围，甚至还可能排除高极性的水分子。这样，底物分子的敏感键和酶的催化基团之间就会有很大的亲和力，有助于加速反应进行。

以上这些都是酶具有高催化效率的因素，但不同的酶还有其自身的不同特点，可分别受上述几种方式的一种或几种共同作用，加速反应的进行。

4.3.4 酶的活性调节

生物体为保证代谢活动有条不紊的进行，需通过多种机制和形式对酶的活性进行调节，如通过酶分子构象的改变或共价修饰等来改变酶活性，包括酶原激活、同工酶调节、别构调节、聚合与解聚等，也可通过对酶合成及酶量的控制进行调节。这里主要介绍通过酶分子构象改变等方面进行的酶活性的调节。

4.3.4.1 酶原及其激活

有些酶如消化系统中的各种蛋白酶首先以无活性的前体形式合成和分泌，然后输送到特定的部位，当体内需要时，经特异性蛋白水解酶的作用转变为有活性的酶而发挥作用。这些不具催化活性的酶的前体称为酶原，如胃蛋白酶原、胰蛋白酶原和胰凝乳蛋白酶原等。

合成后的酶原在指定部位由蛋白水解酶进行有限水解而活化，某种物质作用于酶原使之转变成有活性的酶的过程称为酶原的激活。像无活性的酶原转变为有活性的酶的蛋白水解酶称为活化素。酶原激活的实质是切断酶原分子中特异肽键或去除部分肽段后有利于酶活性中心的形成，使酶的空间构象发生改变，酶的活性中心暴露或形成。酶原激活被认为是一种不可逆的共价修饰调节。

活化素对于酶原的激活作用具有一定的特异性。例如胰腺细胞合成的胰凝乳蛋白酶是一种脊椎动物的消化酶，属于肽链内切酶。主要切断多肽链中的芳香族氨基酸残基的羧基侧。该酶在胰脏中以酶前体物质胰凝乳蛋白酶原的形态进行生物合成，随胰液分泌出去，在小肠中受到胰蛋白酶的分解，转变成活性的胰凝乳蛋白酶。胰凝乳蛋白酶原为 245 个氨基酸残基组成的单一肽链，分子内部有 5 对二硫键，该酶原的激活过程见图 4-18：首先由胰蛋白酶水解 15 位精氨酸和 16 位异亮氨酸残基间的肽键，激活成有完全催化活性的胰凝乳蛋白酶，但此时酶分子尚未稳定，经胰凝乳蛋白酶自身催化，去除 Ser14-Arg15 和 Thr147-Asn148 这两个二肽，成为有催化活性并具稳定结构的 α-胰凝乳蛋白酶。

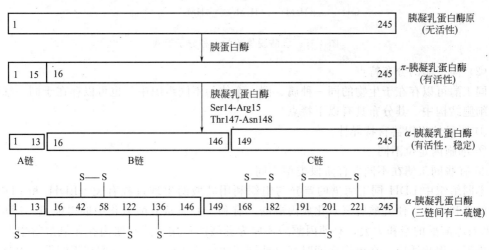

图 4-18　胰凝乳蛋白酶原的激活

在正常情况下，血浆中大多数凝血因子是以无活性的酶原形式存在，只有当组织或血管内膜受损后，无活性的酶原才转变为有活性的酶，从而触发一系列的级联式酶促反应，最终导致可溶性的纤维蛋白原转变为稳定的纤维蛋白多聚体，网罗血小板等形成血凝块。酶原激活具有重要的生理意义：消化管内蛋白酶以酶原形式分泌，不仅保护消化器官本身不受酶的水解破坏，而且保证酶在其特定的部位与环境发挥其催化作用，酶原还可以视为酶的储存形式。如胃主细胞分泌的胃蛋白酶原和胰腺细胞分泌的胰凝乳蛋白酶原、胰蛋白酶原、弹性蛋白酶原等分别在胃和小肠激活成相应的活性酶，促进食物蛋白质的消化就是明显的例证。特定肽键的断裂所导致的酶原激活在生物体内广泛存在，是生物体的一种重要的调控酶活性的方式，如果酶原的激活过程发生异常，将导致一系列疾病的发生。出血性胰腺炎的发生就是由于蛋白酶原在未进小肠时就被激活，激活的蛋白酶水解自身的胰腺细胞，导致胰腺出血、肿胀。

4.3.4.2 同工酶

同工酶（isozyme）是指分子组成及理化性质不同但具有相同催化功能的一组酶。同工酶是一个复杂的生物现象，可以把同工酶理解为一个包括有多种能催化相同生化反应的酶族，在这一族中虽然都催化相同的生化反应，但各个同工酶在理化性质上有差异。至今在同工酶的分类、概念上需要进一步研究，但在临床应用上，对疾病的诊断和鉴别诊断都是很有帮助的。

（1）同工酶的结构

同工酶在理化性质上的差异从根本上说和酶蛋白结构有关。同工酶一般由多亚基构成，亚基的不同组合方式构成不同形式。例如：乳酸脱氢酶是（LDH）由 H（心肌型）亚基和 M（骨骼肌型）亚基构成的四聚体，组成了五种分子形式（$LDH_1 \sim LDH_5$），见图 4-19。M、H 亚基的氨基酸组成不同，这是由基因所决定的。五种 LDH 中的 M、H 亚基比例各异，决定了它们理化性质的差别，通常用电泳法可把五种 LDH 分开，LDH_1 向正极泳动，速率最快，而 LDH_5 泳动最慢，其他几种分子介于两者之间，依次为 LDH_2、LDH_3 和 LDH_4。

H H	H H	H H	H M	M M
H H	H M	M M	M M	M M
LDH_1	LDH_2	LDH_3	LDH_4	LDH_5
(H_4)	(H_3M)	(H_2M_2)	(HM_3)	(M_4)

图 4-19　乳酸脱氢酶的五种分子形式

（2）同工酶的分布特点

同工酶可以存在于生物的同一种属、同一个体的不同组织中，也可以存在于同一细胞不同亚细胞结构中。其分布具有以下特点。

① 明显的组织器官特异性。

② 细胞内定位不同。

③ 有些同工酶在不同发育阶段类型不同。

不同组织中 LDH 同工酶谱的差异与组织利用乳酸的生理过程有关。LDH_1 和 LDH_2 对乳酸的亲和力大，使乳酸脱氢氧化成丙酮酸，有利于心肌从乳酸氧化中取得能量。LDH_5 和 LDH_4 对丙酮酸的亲和力大，有使丙酮酸还原为乳酸的作用，这与肌肉在无氧酵解中取得能量的生理过程相适应。在组织病变时将这些同工酶释放入血，由于它们在组织器官中分布的差异性，因此血清同工酶谱就有了变化，故临床常用血清同工酶谱来分析诊断疾病。

（3）同工酶的应用

① 根据同工酶的变化来推测受损的组织或器官

因同工酶的分布具有器官特异性、组织特异性和细胞特异性，可以较为准确地反映病变器官、组织和细胞的种类及其功能损伤的程度。

如心肌有损伤时虽然可有总 LDH 活性上升，但诊断意义不大；如果 LDH_1 活性上升，且 $LDH_1 > LDH_2$，则说明有心肌疾病；如果在此基础上还出现 $LDH_5 > LDH_4$，则说明在心肌损伤的同时伴有肝的损伤，例如右心衰引起肝淤血的状况。

② 可判断某些疾病的程度

线粒体中有些酶的性质和结构与其在胞质中的同工酶有明显差异，具有临床意义，用得较多的是线粒体天冬氨酸转氨酶（$m\text{-}AST$）。此酶较难进入血清，但当肝病变严重、细胞坏死时，可进入血液中使其升高，对判断疾病的程度和预后都有帮助。

同工酶是研究代谢调节、个体发育、细胞分化、分子遗传等的有力而有效的工具，也是研究蛋白质结构和功能的良好的材料；在农业上可以作为遗传标志，用于优势杂交组合的预测等。

4.3.4.3 共价修饰酶

共价修饰是体内调节酶活性的一种重要方式。有些酶分子上的某些氨基酸残基基团，在另一组酶的催化下共价地结合某些小分子基团，发生可逆的共价修饰，从而引起酶活性的改变，这种调节称为共价修饰调节（covalent modification regulation），这类酶称为共价修饰酶。共价结合的小分子基团可被其他酶水解去除，被修饰的酶的活性在这种修饰、去修饰的作用下，发生激活态与失活态的可逆转变。其中典型的例子如糖原磷酸化酶和糖原合成酶的活性调节方式。

酶的共价修饰包括磷酸化/去磷酸化、乙酰化/去乙酰化、甲基化/去甲基化、腺苷化/去腺苷化以及巯基与二硫键之间的互变等，其中磷酸化/去磷酸化最为重要和常见。磷酸化/去磷酸化是由蛋白激酶和磷蛋白磷酸酶这一组酶共同催化的，且磷酸小分子基团常共价结合在酶分子的丝氨酸、苏氨酸、酪氨酸等氨基酸的侧链羟基上（图 4-20）。共价修饰调节酶具有以下特点。

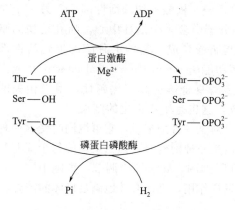

图 4-20　磷酸化与去磷酸化修饰机制

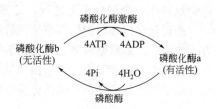

图 4-21　磷酸化酶的磷酸化共价修饰

这类酶一般具有无活性（或低活性）与有活性（或高活性）的两种形式，它们之间的互变反应中，正、逆两个方向由不同的酶所催化，催化互变反应的酶受激素等因素的调节。如磷酸化酶有无活性形式（磷酸化酶 b）和高活性形式（磷酸化酶 a），在磷酸化酶激酶作用下，由 ATP 提供磷酸基，将磷酸化酶 b 每个亚基的丝氨酸残基的羟基磷酸化，从而使无活性的磷酸化酶 b 变成高活性磷酸化酶 a；在磷酸酶的催化下，高活性磷酸化酶 a 的每个亚基的磷酸基被水解除去，从而使高活性磷酸化酶 a 变成无活性的磷酸化酶 b，如图 4-21 所示。

此种酶促反应常表现出级联放大效应。如果某一激素或其他修饰因子使第一个酶发生酶促共价修饰后，被修饰的酶又可催化另一种酶分子发生共价修饰，每修饰一次，就可将调节因子的信号放大一次，从而呈现级联放大效应（cascade effect），因此，这种调节方式具有极高的效率，如肾上腺素对肌糖原分解的调节就是典型的例子。

4.3.4.4 多酶复合体

多酶复合体（multienzyme complex）是多种生物催化剂的集合体，即它由几种不同的酶相互嵌合形成一个结构和功能上保持统一的整体，并具有连续催化反应能力的，在生理功能上密切相关的一组酶集合体。多酶体系中，各种酶互相配合，第一个酶作用的产物是第二个酶作用的底物，依此类推，直到多酶体系中的每一个酶都参与了反应。若把多酶复合体解体，则各酶的催化活性消失；同时在这一体系中，中间产物始终不能离开复合体，参与组成多酶复合体的酶有多有少，如催化丙酮酸氧化脱羧反应的丙酮酸脱氢酶的多酶复合体由三种酶组成，而在线粒体中催化脂肪酸 β-氧化的多酶复合体由四种酶组成。多酶复合体一般可分为三类：①可溶性的多酶复合体；②结构化的多酶复合体；③在细胞内有定位关系的多酶复合物。其中以②和③占主导地位。如②中以脂肪酸合成酶复合体为例，该复合体含有 7 个不同的酶（其中每种酶分子又有许多亚基以准共价键连接而成）。它们围绕着酰基载体蛋白（ACP）排列成紧密的复合体，共同作用于小分子的前体（如乙酰-辅酶 A 或丙二酰-辅酶 A），催化合成如软脂酸类的脂肪酸。属于③的典型体系是呼吸链中的酶，许多酶一起定位于细胞内的线粒体内膜上。多酶复合体存在的生物学意义，是在多酶体系不断的反应中缩短酶间距离，使反应以最高效率进行。更为完善的是，这类体系大多具备通过其体系内的别构酶来实现其自我调节作用的能力。

4.3.4.5　多功能酶

近年来发现有些酶分子存在多种催化活性，例如大肠杆菌 DNA 聚合酶 I 是一条相对分子质量为 10^{12} 的多肽链，具有催化 DNA 链的合成、$3' \rightarrow 5'$ 核酸外切酶和 $5' \rightarrow 3'$ 核酸外切酶的活性。用蛋白水解酶轻度水解得两个肽段，一个含 $5' \rightarrow 3'$ 核酸外切酶活性部位，另一个含另两种酶的活性部位，表明大肠杆菌 DNA 聚合酶 I 分子中含多个活性中心。哺乳动物的脂肪酸合成酶由两条多肽链组成，每一条多肽链均含脂肪酸合成所需的七种酶的催化活性部位。这种酶分子中存在多种催化活性部位的酶称为多功能酶（multifunctional enzyme）或串联酶（tandem enzyme）。多功能酶在分子结构上比多酶复合体更具有优越性，因为相关的化学反应在一个酶分子上进行，比多酶复合体更有效，这也是生物进化的结果。

酶促化学修饰与别构调节是两种主要的调节方式，对某一种酶来说，它可以同时受这两种方式的调节。如糖原磷酸化酶受化学修饰调节的同时也是一种别构酶，其二聚体的每个亚基都有催化部位和调节部位。它可由 AMP 激活，并受 ATP 抑制，属于别构调节。细胞中同一种酶受双重调节的意义在于能动员反应体系中所有的酶发挥作用，迅速有效地满足机体的需要。

📑 阅读材料

1. 酶与人类的健康关系密切

酶的催化作用是机体实现物质代谢以维持生命活动的必要条件。酶的质或量的异常引起酶活性的改变是某些疾病的病因。如先天性酪氨酸酶缺乏使黑色素不能形成，引起白化病；苯丙氨酸羟化酶缺乏使苯丙氨酸和苯丙酮酸在体内堆积，导致精神幼稚化；有些疾病的发生是由于酶的活性受到抑制，例如，一氧化碳中毒是由于抑制了呼吸链中的细胞色素氧化酶的活性；重金属盐中毒是由于抑制了巯基酶的活性。

血清（或血浆）、尿液等体液中酶活力测定是疾病诊断常用的方法。某些组织器官受损伤时，细胞内的一些酶可大量释放入血液中，例如急性胰腺炎时血清淀粉酶活性升高，急性肝炎或心肌炎时血清转氨酶活性升高等。由于许多酶在肝内合成，肝功能严重障碍时，可使血清中酶含量下降，例如患肝病时血液中凝血酶原、凝血因子Ⅶ等含量下降。血清同工酶的测定对于疾病的器官定位很有意义。

酶制剂应用于疾病的治疗已有多年的历史。胃蛋白酶、胰蛋白酶、淀粉酶用于消化不良的治疗；尿激酶、链激酶、蚓激酶用于血管栓塞的治疗。酶的抑制作用原理是许多药物设计的前提，如磺胺类药物是细菌二氢叶酸合成酶的竞争性抑制剂，氯霉素通过抑制细菌转肽酶的活性而发挥抑菌作用等。我国研究人员利用我国特有的蛇种-尖吻蝮蛇体内的毒液研制出新一代临床止血药，采用全球领先的蛇毒单体提纯技术，使单一组分纯度达到99%，是我国上市产品中唯一完成全部氨基酸测序的单一组分的蛇毒血凝酶类药物。

2．酶在科学研究中有广泛应用

（1）工具酶

人们利用酶具有高度特异性的特点，将酶作为工具，在分子水平上对某些生物大分子进行定向的切割与连接，如基因工程中应用的各种限制性核酸内切酶、连接酶等。

（2）固定化酶

固定化酶（immobilized enzyme）是用物理或化学方法将酶固定在固相载体上，或将酶包裹在微胶囊或凝胶中，使酶在催化反应中以固相状态作用于底物，并保持酶的高度专一性和催化的高效率。

（3）模拟酶

模拟酶又称人工合成酶，根据酶中起主导作用的因素，利用有机化学、生物化学等方法设计和合成一些较天然酶简单的非蛋白质分子或蛋白质分子，以这些分子来模拟天然酶对其作用底物的结合和催化过程。也就是说，模拟酶是在分子水平上模拟酶活性部位的形状、大小及其微环境等结构特征，以及酶的作用机理和立体化学结构等特征。

3．酶研究的发展趋势——工业酶

应用工业酶往往能给最终产品制造商带来很多好处，包括降低能耗、减少成本，减少辅助药剂用量、产生更少废物等，正是由于具有这些优势，工业酶已获得广泛应用。美国工业酶市场在全球居领先地位，但仍处于发展阶段，美国工业酶市场涵盖了七大应用领域，分别是洗衣粉、纸浆和造纸、纺织、制革、污水处理、医药及生物乙醇，从产品生命周期的角度分析，这七大领域的工业酶在美国处于不同的发展阶段。生物乙醇、医药、纸浆和造纸及污水处理的工业酶市场目前仍处于发展期，洗衣粉工业酶市场进入成熟期，制革和纺织工业酶市场则步入了衰退期。预计到2013年，美国工业酶的规模将达到7.5亿美元，技术的更新将引领工业酶市场发展。节能降耗是推动工业酶市场发展的首要因素。生物乙醇产业的发展促进了工业酶研发的巨额投入。除生物乙醇产业之外，医药产业的蓬勃发展也增加了工业酶的需求量。近年来，工业酶作为生物催化剂，在生产医药中间体、治疗囊肿性纤维化、胰脂肪酶缺乏症和溶血栓中得到了广泛的应用，然而，工业酶市场的发展也面临不少的挑战，特别是产品生命周期已处于成熟和衰退阶段的工业酶市场（如洗衣粉、纺织和制革）面临销售下滑的局面。另一个限制市场壮大的重要因素来自酶对人体的影响，因为工业酶具有生物活性，过量接触有可能导致人体出现不适反应。

我国科技部公布了"863"计划的生物和医药技术领域2008年度专题课题，新一代工业生物技术已被列入其中，工业酶技术获得重点支持。在生物催化与转化领域，新型工业酶重点开发用于医药中间体、精细化工产品生产，建立具有自主知识产权、成本低、可工业化生产专用化学品的生物催化及转化技术体系，并发展中试规模工艺技术研究或生产型试验，以实现生产工艺的节能、降耗、减排；建立新一代工业生物技术研发平台，研制一批具有重大市场前景的生物产品。对于非粮燃料乙醇等新型生物能源，高效、转移的酶催化技术是其实现产业化的关键环节。

目前，我国生物技术还面临着生物材料、化学品原料利用率不高、缺乏适合国情的重大核心生物技术等挑战。开发新一代工业生物技术，要充分发挥生物催化和生物转化的高效性和高选择性。

第5章 维生素与辅酶

导读

维生素是维持机体正常活动必不可少的一类微量小分子有机化合物。尽管生物体对维生素的需求量不多，但长期缺乏维生素会影响新陈代谢和机体的正常生长、发育甚至生育。某些维生素是构成辅酶的主要成分，并参与新陈代谢过程。维生素按其溶解性不同，可分为脂溶性维生素和水溶性维生素两大类，其中脂溶性维生素在体内可直接参与代谢的调节作用，而水溶性生物素是通过转变成辅酶对代谢起调节作用。

辅酶是一类具有特殊化学结构和功能的化合物，与酶蛋白结合在一起并协同实施催化作用，参与的酶促反应主要为氧化-还原反应或基团转移反应。大多数辅酶的前体主要是水溶性 D 族维生素。许多维生素的生理功能与辅酶的作用密切相关。

5.1 脂溶性维生素

维生素 A、维生素 D、维生素 E、维生素 K 均不溶于水，而溶于有机溶剂，称为脂溶性维生素。在生物体和食物中，它们常和脂类共同存在。因此，其消化和吸收都与脂类有十分密切的关系。维生素是维持人体正常生命活动所必需的营养，是人体内不能合成或合成量甚少、必须由食物供给的一类低分子有机物。

脂溶性维生素大多具有共同的特点：均为非极性疏水的异戊二烯衍生物；不溶于水，溶于脂类及脂肪溶剂；在食物中与脂类共存，并随脂类一同吸收；吸收的脂溶性维生素在血液与脂蛋白及某些特殊结合蛋白特异结合而被运输。

5.1.1 维生素 A

5.1.1.1 维生素 A 简介

1912—1914 年，美国科学家埃尔默·麦考伦（Elmer V. McCollum）和玛格丽特·戴维斯（Marguerite Davis）发现动物脂肪或鱼肝油的醚提取物可以促进老鼠的生长，认为这是一种脂溶性维生素。维生素 A 是所有具有视黄醇生物活性的 β-紫罗宁衍生物的统称。它是一个具有脂环的不饱和一元醇类，有维生素 A_1 和维生素 A_2 两种。维生素 A_1、A_2 都是以四个异戊二烯单位构成的环状不饱和一元醇，彼此的差异仅在环中第 3 位上多一个双键，维生素 A 脂链上有四个双键，所以有顺式和反式异构体。食品中存在的视黄醇多为全反式构象，生物效价最高，如图 5-1 所示。维生素 A_1 存在于哺乳动物及咸水鱼的肝脏中，即一般所说的视黄醇；维生素 A_2 为 3-脱氢视黄醇，存在于淡水鱼的肝脏中。两者的生理功能相同，但生物素 A_2 的生理活性只有维生素 A_1 的一半。维生素的结构如图 5-1 所示。

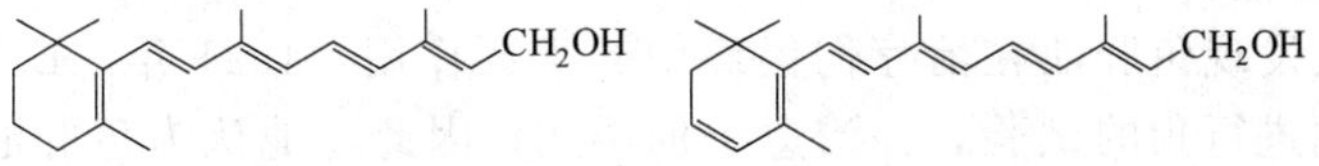

(a) 维生素A_1(视黄醇)   (b) 维生素A_2(3-脱氢视黄醇)

图 5-1 维生素 A_1 和维生素 A_2

在黄绿色植物中存在着胡萝卜素，其结构与维生素 A_1 相似，但不具有生物活性，它在人和动物的肠壁和肝脏中能转变成具有生物活性的维生素 A，因此称胡萝卜素为维生素 A 原。其中 β-胡萝卜素（图 5-2）是 1 个具有 11 个双键的对称分子，含有两个维生素 A_1 的结构部分，理论上可以生成两分子的视黄醇（维生素 A_1）。但实际上维生素 A 原的吸收率、转化率和利用率都很低。

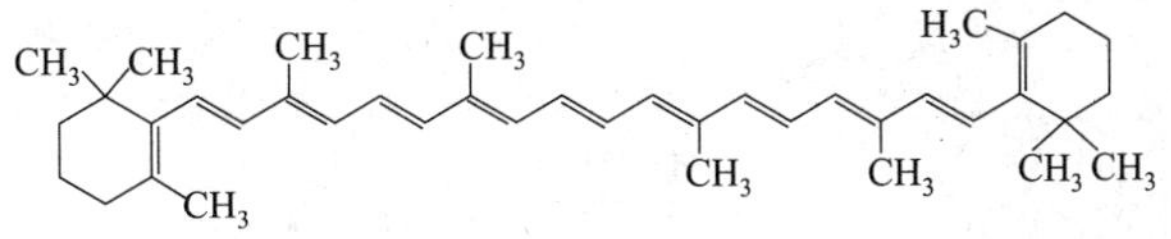

图 5-2 β-胡萝卜素

5.1.1.2 维生素 A 有重要的生理作用

（1）维持正常的视觉

维生素 A 是构成视觉细胞内感光物质的成分。眼球视网膜上有两类感光细胞：一种是圆锥细胞，对强光及颜色敏感；另一种是杆细胞，对弱光敏感，对颜色不敏感，与暗视觉有关。杆细胞内的感光物质是视紫红质，它对弱光敏感，与暗视觉有关。视紫红质是由维生素 A 转变而来的 11-顺型视黄醛与视蛋白结合后构成的。当视紫红质感光后，其 11-顺型视黄醛迅速光异构为全反型视黄醛，与视蛋白分离，同时产生神经冲动，传至大脑引发暗视觉。眼睛对弱光的敏感度取决于视紫红质的浓度。当维生素 A 缺乏时，11-顺型视黄醛得不到足够的补充，视紫红质合成减少，对弱光的敏感度降低，在暗处不能辨别物体，严重时可引发夜盲症。

（2）维持上皮组织的完整和个体正常的生长发育

维生素 A 可促进上皮组织中糖蛋白的合成，核蛋白与细胞的结构和分泌功能有关。维生素 A 缺乏时，糖蛋白合成障碍，引起皮肤及各器官如呼吸道、消化道、腺体等上皮组织干燥、增生和角化，表现出皮肤粗糙、毛囊角质化等症状，骨的生长发育也随之受到影响。由于上皮组织不健全，抵抗力降低而易于感染，如眼部角膜和结膜表皮细胞蜕变，泪腺萎缩，泪液分泌减少，将发生红眼病和角膜软化症，故维生素 A 又称抗干眼病维生素。

除上述生理作用外，维生素 A 对生殖也有影响。怀孕动物使用大剂量维生素 A，胎儿可发生多种畸形，故临床使用较大剂量维生素 A 时，应在医生的指导下进行。同时，维生素 A 也有防癌作用。

维生素 A 广泛存在于高等动物及海产鱼类体中，以肝脏、眼球、乳制品及蛋黄中含量最多。胡萝卜素广泛存在于绿叶蔬菜、胡萝卜、玉米、番茄等植物性食物中。维生素 A 为黄色油状液体，黏性较大。侧链双键易氧化。正常成人每天维生素 A 的最低需要量约为 3500 国际单位（$0.3\mu g$ 维生素 A 或 $0.332\mu g$ 乙酰维生素 A 相当于 1 个国际单位），儿童为 2000～2500 国际单位。

5.1.2 维生素 D

5.1.2.1 维生素 D 简介

1824 年，有人发现鱼肝油在治疗佝偻病中起重要作用，1921 年，E. McCollum 用除去维生素 A 的鱼肝油进行狗的试验，并治愈了佝偻病，因此，他认为鱼肝油中治愈佝偻病的物质不是维生素 A，他称之为维生素 D，因为它是第四个被命名的维生素。1930 年，阿道夫·温道斯首先确定了维生素 D 的化学结构，1932 年经过紫外线照射麦角固醇而得到的维生素 D_2 的化学特性被阐明。

维生素 D 是类固醇衍生物，具有抗佝偻病的作用，故又称抗佝偻病维生素。维生素 D 种类很多，但都含有环戊烷多氢菲的结构，其区别仅在侧链上。维生素 D 包括维生素 D_2（麦角钙化醇）、维生素 D_3（胆钙化醇）、维生素 D_4、维生素 D_5，其中维生素 D_2、维生素 D_3 活性最高；以上几种维生素均由相应的维生素 D 原经紫外线照射转变而来。维生素 D 的母体结构及几种维生素 D 的结构见图 5-3。

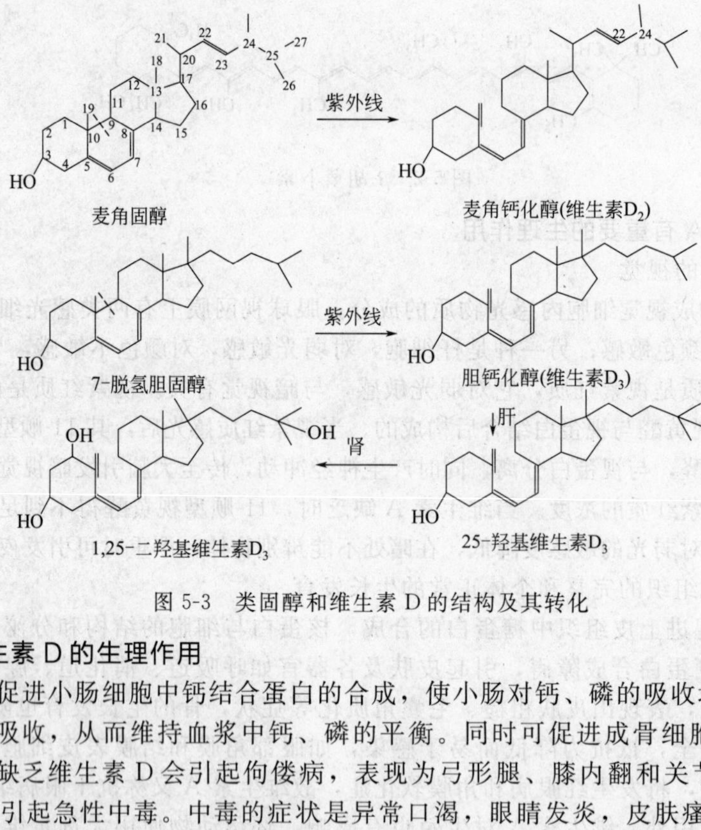

图 5-3 类固醇和维生素 D 的结构及其转化

5.1.2.2 维生素 D 的生理作用

维生素能促进小肠细胞中钙结合蛋白的合成，使小肠对钙、磷的吸收增加，促进肾小管对钙、磷的重吸收，从而维持血浆中钙、磷的平衡。同时可促进成骨细胞的形成和骨的钙化。儿童时期缺乏维生素 D 会引起佝偻病，表现为弓形腿、膝内翻和关节肿大等。过量摄入维生素 D 会引起急性中毒。中毒的症状是异常口渴，眼睛发炎，皮肤瘙痒，厌食，嗜睡，呕吐，腹泻，尿频以及钙在血管壁、肝脏、肺部、肾脏、胃中的异常沉淀，关节疼痛和弥漫性骨质脱矿化。

服用过量的维生素 D 可引起高钙血症、高钙尿症、高血压等。维生素 D 为无色结晶体，酸性条件下易被破坏。1 国际单位维生素 D 相当于 $0.025\mu g$ 纯维生素 D。维生素 D 在食物中与维生素 A 共存，肉、牛奶中含量较少，而鱼、蛋黄、奶油中含量相当丰富，尤其是海产鱼肝油中特别丰富。维生素 D 既来源于膳食又可以通过皮肤合成，因而难以估计膳食维生素 D 的摄入量。在钙和磷充足的条件下，儿童、青少年、孕妇、乳母及老人的推荐接入量为 $10\mu g/d$，16 岁以上的成人为 $5\mu g/d$，维生素 D 的可耐受最高摄入量为 $20\mu g/d$。

5.1.3　维生素 E

5.1.3.1　维生素 E 的简介

1922 年，美国科学家赫伯特·埃文斯发现，雄性白鼠生育能力下降和雌性白鼠易于流产皆与缺乏一种脂溶性物质有关，1936 年，该种物质从麦芽中被分离了出来，并确定了其分子结构，命名为生育酚（tocopherol），即维生素 E，结构式如图 5-4 所示。1938 年，瑞士化学家艾哈德·弗恩霍茨合成了这种物质。

天然的维生素 E 有多种，其中有 4 种（α-生育酚、β-生育酚、γ-生育酚、δ-生育酚）较为重要。维生素 E 均为橙黄色或淡黄色油状物质，不溶于水，不易被酸、碱破坏，但很易氧化，具有抗氧化剂的作用。不同的维生素 E，其结构的差异仅在侧链上。

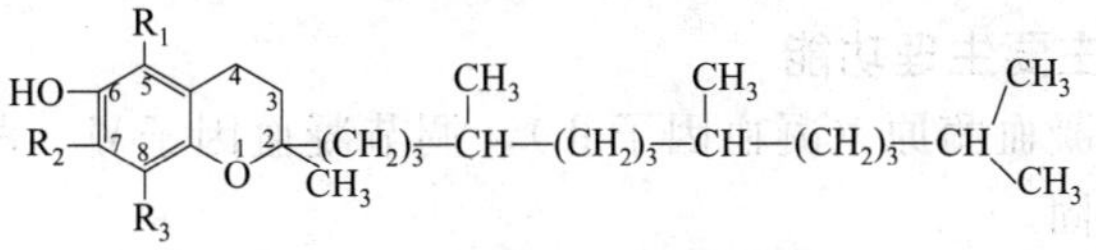

图 5-4　生育酚结构通式

5.1.3.2　维生素 E 的生理作用

（1）维生素 E 具有抗氧化作用。体内物质代谢过程中，常常产生超氧阴离子、羟自由基等活性氧，这些活性氧具有强氧化性，能使生物膜上大多数不饱和脂肪酸发生过氧化反应，产生脂质过氧化物，造成生物膜损伤。维生素 E 能阻断膜脂质的过氧化反应，捕捉自由基，从而保护生物膜的结构与功能。它能对抗生物膜磷脂中不饱和脂肪酸的过氧化反应，因而避免脂质中过氧化物的产生，保护生物膜的结构和功能。

（2）维生素 E 与动物生殖功能有关，动物缺乏维生素 E 时，其生殖器官受损而不育。临床常用维生素 E 治疗先兆性流产和习惯性流产。

（3）维生素 E 能促进血红素合成。维生素 E 在自然界分布广泛，多存在于植物组织中，植物种子的胚芽，尤其是麦胚油、玉米油、花生油和芝麻油中含量丰富。营养学家认为，膳食中维生素 E 的最好来源是植物油，以豆油中的含量最高（94mg/100g 豆油），其次是玉米油（83mg/100g 玉米油）。

5.1.4　维生素 K

5.1.4.1　维生素 K 的简介

1929 年，丹麦科学家亨利克·达姆在研究胆固醇对鸡生长的影响时，意外地发现用不含胆固醇的饲料喂养的小鸡皮肤内部的肌肉和其他器官有出血现象，而且这些小鸡血液凝固的时间要比普通的长，达姆博士和他的助手们在饲料中添加一些谷类和绿色植物的叶子，小鸡体内出血的现象消失了，这就意味着这些谷类和绿色植物的叶子中存在一种能止血的物质。随后，爱德华·多伊西再加以研究，发现其结构及化学特性。1935 年，达姆博士把这种新的凝血物质命名为维生素 K。由于它具有凝血功能，故又被称为凝血维生素或抗出血维生素。

维生素 K 是一切具有叶绿生物活性的 2-甲基-1，4-萘醌衍生物的统称。维生素 K 是凝血酶原形成所必需的因子，故又称凝血维生素。天然的维生素 K 有两种：维生素 K_1 和维生素 K_2。维生素 K_1 广泛存在于绿色蔬菜和植物油中；维生素 K_2 由人体肠道细菌代谢产生，它们均为脂溶性维生素。临床上所用的维生素 K_1、维生素 K_2 均为人工合成，较稳定，为水活性维生素，共活性高于维生素 K_1、维生素 K_2（图 5-5），可供口服或注射。

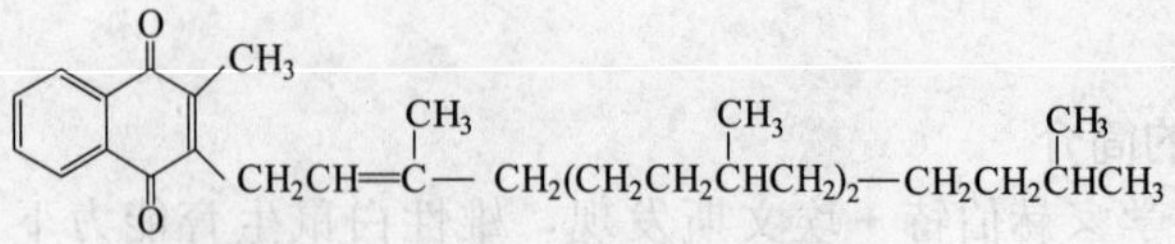

图 5-5　维生素 K_1 和维生素 K_2 的结构

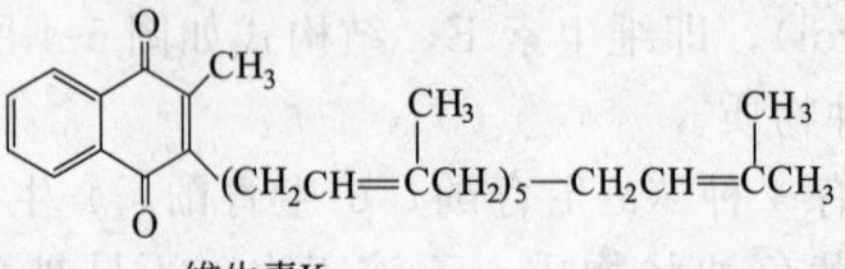

5.1.4.2　维生素 K 的主要生理功能

（1）促进肝脏合成凝血酶原（凝血因子 Ⅱ），调节凝血因子 Ⅶ、凝血因子 Ⅸ、凝血因子 Ⅹ 的合成，促进血液凝固。

（2）维生素 K 还可能作为电子传递系的一部分，参与氧化磷酸化过程。

（3）维生素 K 参与骨盐代谢，骨化组织中也存在维生素 K 依赖的蛋白质，被称为骨钙蛋白，其分子中含有 3 个 γ-羧基谷氨酸残基，可与钙离子结合而参与调节钙盐沉积。

维生素 K 在蛋黄、苜蓿、绿叶蔬菜如菠菜、动物肝脏、鱼肉等中含量丰富，人体肠道中的大肠杆菌也可以合成维生素 K，故人体一般不会缺乏维生素 K。

5.2　水溶性维生素

B 族维生素、维生素 C 和硫辛酸溶于水而不溶于有机溶剂，称为水溶性维生素。属于 B 族维生素的主要有维生素 B_2、维生素 PP、维生素 B_6、泛酸、生物素、叶酸和维生素 B_{12} 等。水溶性维生素特别是 B 族维生素在生物体内通过构成辅酶而发挥对物质代谢的影响。这类辅酶在肝脏内含量最丰富。与脂溶性维生素不同，进入人体的多余的水溶性维生素及其代谢产物均自尿中排出，体内不能多贮存。当机体饱和后，食入的水溶性维生素越多，尿中的排出量越大。

5.2.1　维生素 B_1 与 TPP

维生素 B_1 又称硫胺素（thiamine）、抗神经炎素、抗脚气病素，是最早被发现的一种维生素。维生素 B_1 为白色结晶，在有氧化剂存在时易被氧化产生脱氢硫胺素，后者在有紫外线照射时呈蓝色荧光。可利用这一性质进行定性和定量分析。一般使用的维生素 B_1（图 5-6）都是化学合成的硫胺素盐酸盐。

维生素 B_1 广泛分布于种子的外皮、胚芽中。米糠、酵母、瘦肉中含量也多。成人的建议每日摄取量为 $1.0 \sim 1.5 \mathrm{mg}$。妊娠、哺乳期每天摄取 $1.5 \sim 1.6 \mathrm{mg}$。

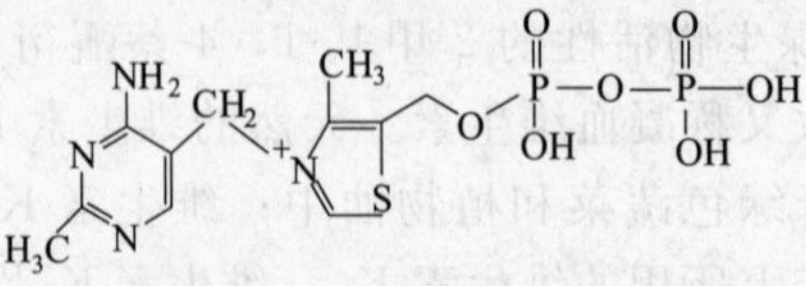

图 5-6　维生素 B_1 的结构

112

维生素 B_1 的生理作用如下。

（1）参与 α-酮酸氧化脱羧反应。TPP 是 α-酮酸氧化脱羧酶的辅酶，参与糖代谢。当维生素 B_1 缺乏时，糖代谢中间产物 α-酮酸氧化供能障碍，血中丙酮酸、乳酸堆积，影响组织细胞的功能。特别是神经组织主要靠糖氧化供能。此时能量供应不足、神经髓鞘中的鞘磷脂合成受阻，导致出现慢性末梢神经炎及其他神经病变。同时，糖代谢受阻，能量供应不足，影响神经和心肌的代谢和机能，出现心跳加快、下肢沉重、手足麻木、并有类似蚂蚁在上面爬行的感觉。临床上称为"脚气病"。所以维生素 B_1，又称为抗脚气病维生素。

（2）TPP 能抑制胆碱酯酶的活性，减少乙酰胆碱的水解，使神经传导所需的乙酰胆碱不被破坏，保持神经的正常传导功能，维持正常的消化腺分泌和胃肠道蠕动，从而促进消化。若维生素 B_1 缺乏，消化液分泌会减少，胃肠蠕动减慢，可产生食欲不振、消化不良等症状。

5.2.2 维生素 B_2 与黄素辅酶

维生素 B_2 又称为核黄素（riboflavin），它是核糖醇与 6,7-二甲基异咯嗪的缩合物。维生素 B_2 是橙黄色晶体，280℃ 即熔化并分解。在平常的湿度下，它是稳定的，而且不受空气中氧的影响。它微溶于水，溶液呈现出强的黄绿色荧光。它不溶于有机溶剂，极易溶于碱性溶液，在强酸溶液中稳定。在碱性条件下或者暴露于可见光或紫外线中时不稳定、易分解。核黄素广泛分布于所有的叶类蔬菜、温血动物和鱼的肉中。

在体内，维生素 B_2 和磷酸结合形成磷酸核黄素，又称为黄素单核苷酸（flavin mononucleotide，FMN）。FMN 和一分子 AMP 缩合，形成黄素腺嘌呤二核苷酸（flavin adenine dinucleotide，FAD）。FMN 和 FAD 为黄酯（黄素蛋白）的辅酶，参与氧化还原反应，与糖、脂和氨基酸的代谢密切相关。

（1）FMN 和 FAD 分别是各种黄素酶的辅基。其分子中异咯嗪环的 N^1、N^5 能接受氢和脱去氢，因此，在生物氧化反应中，FMN 和 FAD 起递氢体的作用，见图 5-7。

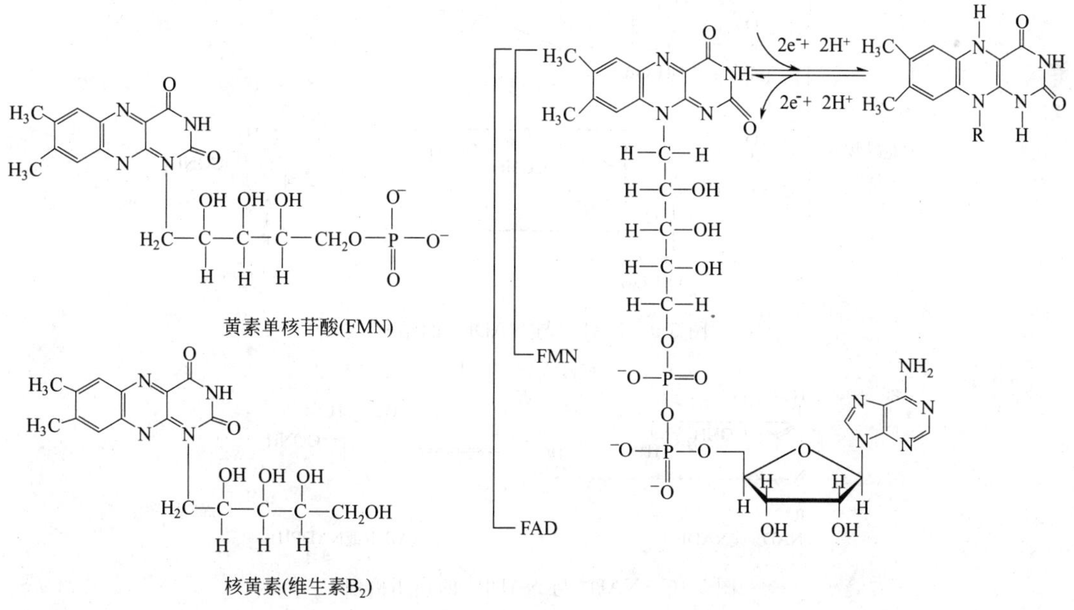

图 5-7 维生素 B_2、FMN 和 FAD 的结构及 FMN（或 FAD）的作用机理

（2）维生素广泛参与体内多种氧化还原反应，能促进糖、脂肪和蛋白质的代谢，它对

维持皮肤、黏膜和视觉的正常机能均有一定作用。

（3）缺乏维生素时，人的主要症状为组织呼吸减弱、代谢强度降低、口腔结膜炎、视觉模糊、脂溢性皮炎等；鸡的典型症状为爪部弯曲、瘫痪等。

5.2.3 维生素 PP 与辅酶 I、辅酶 II

维生素 PP 是吡啶的衍生物，又称抗癞皮病维生素，包括烟酸（nicotinc acid 或 niacin，又称尼克酸）和烟酰胺（nicotinamide，又称尼克酰胺）两种，又称抗癞皮病维生素，二者均属于吡啶衍生物。结构如图 5-8。维生素 PP 是维生素中最稳定的一种，为白色针状结晶，化学性质稳定，不易被酸、碱、光、热、氧所破坏。烟酸和烟酰胺与碱均可成盐。维生素 PP 广泛存在于动、植物中，在酵母、肉类、色、谷类、豆类及花生中含量较丰富。肝能利用色氨酸合成少量维生素 PP，但转化率较低，不能满足人体需要。

在体内维生素 PP 可转变为尼克酰胺腺嘌呤二核苷酸（NAD^+，辅酶 I）和尼克酰胺腺嘌呤二核苷磷酸（$NADP^+$，辅酶 II）而发挥作用（图 5-9）。

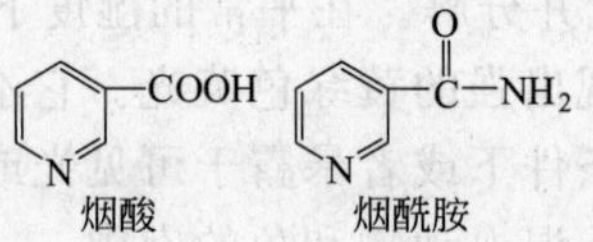

图 5-8 烟酸、烟酰胺的分子结构

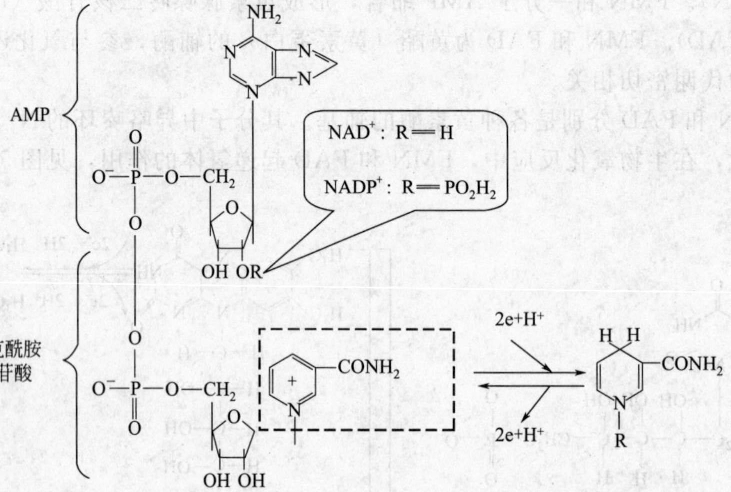

图 5-9 NAD^+ 与 $NADP^+$ 的结构

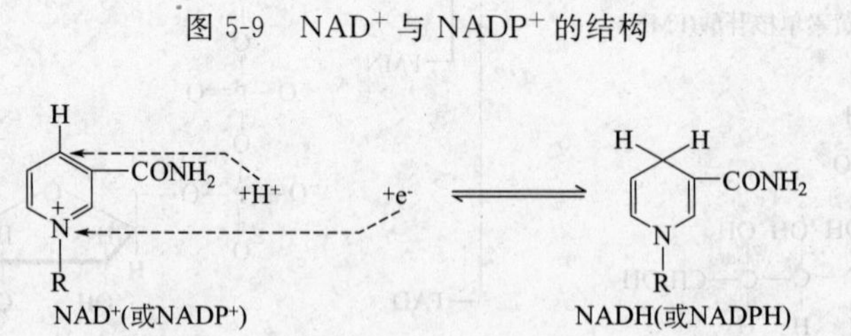

图 5-10 NAD^+ 与 $NADP^+$ 的作用机理

维生素 PP 的生理作用如下。

① 递氢和递电子作用。NAD^+ 和 $NADP^+$ 是多种脱氢酶的辅酶，分子中的烟酰胺部分具有可逆的加氢、加电子和脱氢、脱电子的特性，如图 5-10 所示，与其他酶一起几乎参与

生物细胞氧化还原过程。

② 维生素 PP 能抑制脂肪动员，使肝中极低密度脂蛋白合成减少，从而起到降低胆固醇的作用。

③ 维生素 PP 缺乏时可引起癞皮病，其典型症状为皮肤暴露部位的对称性皮炎、腹泻和痴呆。然而服用过量维生素 PP 时可引起血管扩张、面颊潮红、痤疮及胃肠不适等症状，长期大量服用对肝有损害。

5.2.4 维生素 B_6 与磷酸吡哆醛、磷酸吡哆胺

维生素 B_6 有三种结构，即吡哆醇（pyridoxol）、吡哆醛（pyridoxal）和吡哆胺（pyridoxamine），皆属于 2-甲基吡哆衍生物。其结构如图 5-11 所示。

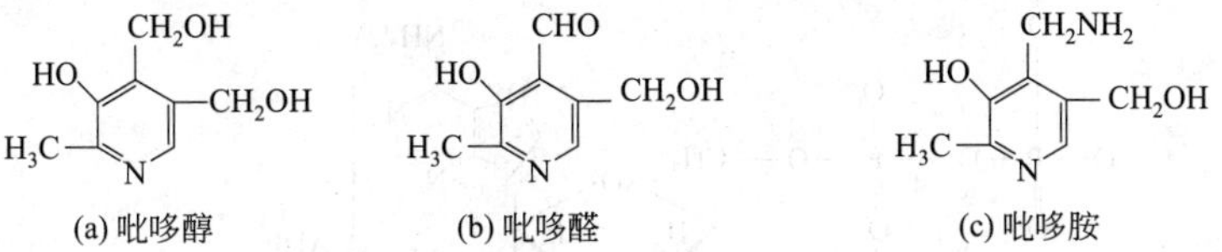

图 5-11 吡哆醇、吡哆醛和吡哆胺的结构

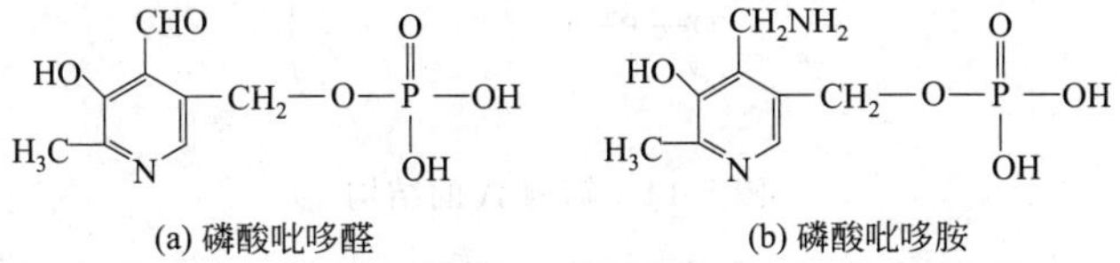

图 5-12 磷酸吡哆醛（a）和磷酸吡哆胺（b）的结构

维生素 B_6 为无色晶体，易溶于水及乙醇，在酸液中稳定，在碱液中易被破坏，吡哆醇耐热，吡哆醛和吡哆胺不耐高温。在体内，维生素 B_6 常以磷酸酯的形式存在，构成磷酸吡哆醛、磷酸吡哆胺和磷酸吡哆醇（图 5-12）；磷酸吡哆醛和磷酸吡哆胺是多种酶，如氨基酸转氨酶和氨基酸脱羧酶的辅酶，参与氨基酸的代谢。

维生素 B_6 在动、植物中分布很广，蛋黄、肉、色、肝、肾、乳、麦胚芽、米糠、大豆、酵母、绿叶蔬菜中含量丰富。

维生素 B_6 的生理作用如下。

① 磷酸吡哆醛与磷酸吡哆胺是氨基酸转氨酶的辅酶。在酶促反应中，两者通过相互转化，在氨基酸转氨基过程中发挥转氨基作用。

② 磷酸吡哆醛也是氨基酸脱羧酶的辅酶，能促进谷氨酸脱羧生成 γ-氨基丁酸，后者是一种抑制性神经递质，临床上可用维生素 B_6 治疗小儿惊厥及妊娠呕吐。

③ 磷酸吡哆醛还是 δ-氨基-γ-酮戊酸（ALA）合酶的辅酶。ALA 合酶是血红素合成的关键酶，故维生素 B_6 缺乏有可能引起小红细胞低色素性贫血及血清铁含量增高。

5.2.5 泛酸与辅酶 A

泛酸又名遍多酸，是由 2，4-二羟基-3，3-二甲基丁酸与 β-丙氨酸缩合而成的有机酸。泛酸在中性环境中对热稳定，对氧化剂和还原剂也不易分解，易被酸、碱破坏。泛酸因其来源广泛而得名，可由肠道细菌在体内合成，故很少缺乏，如图 5-13 所示。泛酸在体内转变成辅酶 A（coenzyme A，HSCoA 或 CoA）。辅酶 A 的结构如图 5-14 所示。

泛酸的生理作用如下。

① 泛酸是构成辅酶 A（CoA 或 HSCoA）及酰基载体蛋白（ACP）的成分，泛酸吸收后

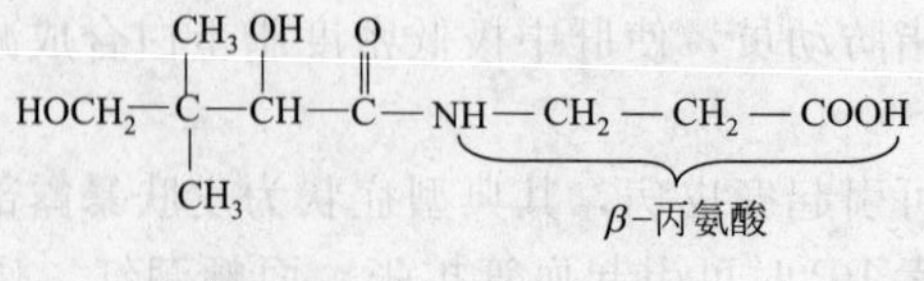

图 5-13 泛酸的结构式

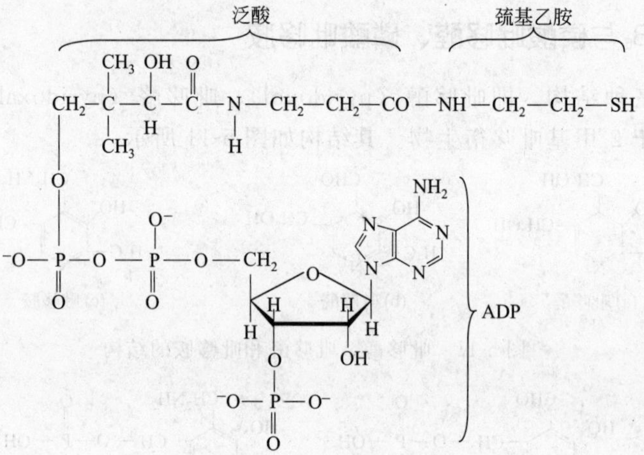

图 5-14 辅酶 A 的结构

经磷酸化并获得巯基乙胺而成为 4-磷酸泛酰巯基乙胺，后者是 CoA 和 ACP 的组成成分。HSCoA 与 ACP 是构成酰基转移酶的辅酶，在代谢中起着酰基载体的作用。

② 泛酸广泛参与体内糖、脂肪、蛋白质代谢及生物转化作用。CoA 携带酰基的部位在巯基（—SH）上，故常以 HSCoA 表示。巯基为 HSCoA 的活性基团。泛酸的缺乏症少见。

5.2.6 生物素

生物素（biotin），也称为维生素 B_7，由一个噻吩环和一分子尿素结合而成，侧链上有一分子戊酸（图 5-15）。生物素为无色长针状结晶，极微溶于水和乙醇，不溶于其他常见的有机溶剂。在中等强度的酸及中性溶液中可稳定数日，在碱性溶液中稳定性较差。在普通温度下相当稳定，但高温和氧化剂可使其丧失活性。生物素在动植物体内广泛存在。且肠道细菌可以合成，一般情况下不会缺乏。

生物素来源广泛，如在肝、肾、蛋黄、酵母、蔬菜和谷类中都含有，人体肠道细菌也能合成生物素，因此，人类一般不会患生物素缺乏症。但是，由于生鸡蛋清中有一种抗生物素的碱性蛋白，能与生物素结合成一种无活性而又不易被吸收的抗生物素蛋白。因此，大量食入生鸡蛋清，可能引起生物素缺乏病。但鸡蛋清经加热处理，这种抗生物素蛋白被破坏，便不能与生物素结合。

生物素的生理作用如下。

① 生物素是体内多种羧化酶的辅基。在羧化反应中，生物素与 CO_2 结合，起 CO_2 载体作用。生物素与糖、脂肪、蛋白质和核酸的代谢有密切关系。

② 生物素来源广泛，可由肠道细菌在体内合成，很少缺乏。因新鲜鸡蛋清中有一种抗生物素蛋白，能与生物素结合使其失去活性并阻碍其吸收，故吃生鸡蛋会造成生物素的缺乏。而长期使用抗生素可抑制肠道细菌生长，可造成生物素的缺乏。

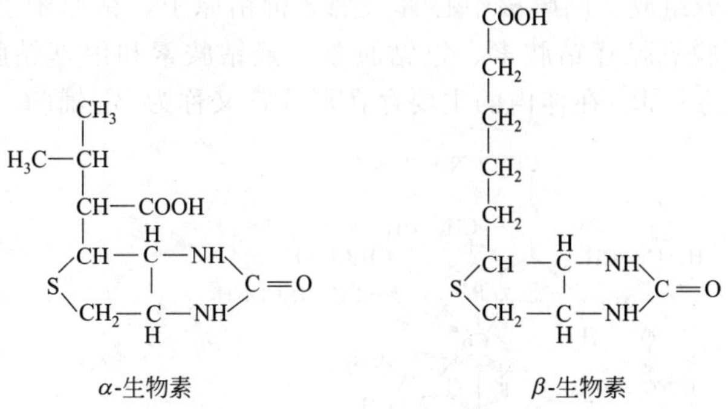

α-生物素　　　　β-生物素

图 5-15　生物素的结构

5.2.7　叶酸与四氢叶酸

叶酸（folic acid，FA）也称维生素 B_{11}，由 2-氨基-4-羟基-6-甲基蝶呤、对氨基苯甲酸和谷氨酸三部分组成（图 5-16）。叶酸是米切尔（H. K. Mitchell）从菠菜叶中提取的，故而命名为叶酸。叶酸在体内的活性形式为四氢叶酸（FH_4）。叶酸纯品为黄色结晶，微溶于水，不溶于有机溶剂，易分解。

叶酸是一种在自然界中广泛存在的维生素，叶酸最丰富的食物来源是动物肝脏、肾脏，其次是绿叶蔬菜、酵母等。

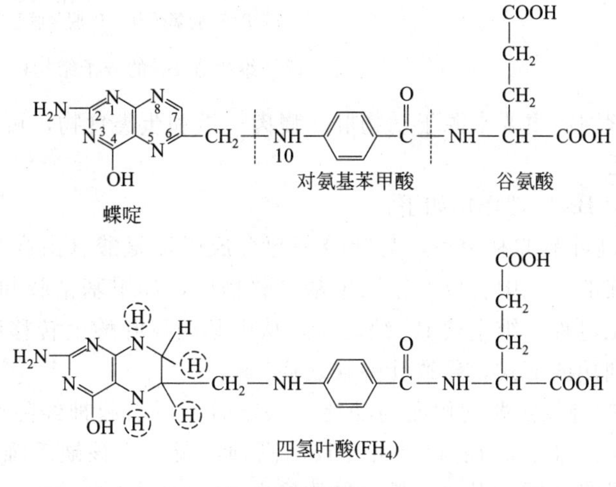

图 5-16　叶酸和四氢叶酸的结构

叶酸的生理作用如下。

四氢叶酸是体内一碳单位转移酶的辅酶，其分子中的 N^5、N^{10} 是结合一碳单位的部位。一碳单位是生物体内合成嘌呤核苷酸和嘧啶核苷酸的原料之一，故叶酸在核酸的生物合成中起重要作用。叶酸缺乏时，骨髓幼红细胞 DNA 合成减少，细胞分裂速度减慢，细胞体积增大，细胞核内染色质疏松，产生所谓的幼红细胞，造成巨幼红细胞性贫血。

叶酸在食物中含量丰富，肠道细菌又能合成叶酸，故一般人类不易发生叶酸缺乏病。但是，怀孕时由于对叶酸的需求量增加，应适量补充叶酸。

5.2.8　维生素 B_{12} 与辅酶 B_{12}

维生素 B_{12}（图 5-17）分子中含有金属元素钴，又称钴胺素。维生素 B_{12} 由一个咕啉核和一个拟核苷酸两部分组成。咕啉核中心有一个 3 价钴原子，钴原子上可连接不同的基团。主要存在形式有 5'-脱氧腺苷钴胺素、氰钴胺素、羟钴胺素和甲基钴胺素等。其中的 5'-脱氧腺苷钴胺素是维生素 B_{12} 在体内的主要存在形式，又称为 B_{12} 辅酶。

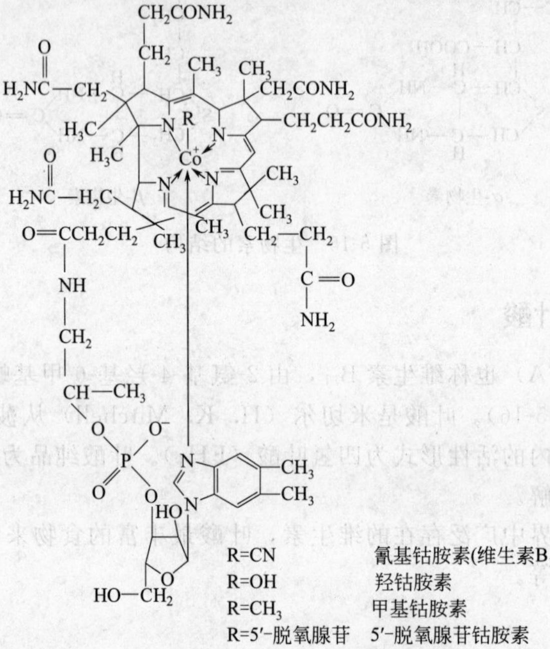

R=CN   氰基钴胺素(维生素B_{12})
R=OH   羟钴胺素
R=CH_3 甲基钴胺素
R=5'-脱氧腺苷   5'-脱氧腺苷钴胺素

图 5-17   维生素 B_{12} 的分子结构

维生素 B_{12} 主要来源于动物肝、瘦肉、饭和蛋类食物，可以由肠道细菌在体内合成，一般不会缺乏。

维生素 B_{12} 生理作用如下。

① 提高叶酸的利用率，与叶酸一起合成甲硫氨酸（由高半胱氨酸合成）和胆碱，产生嘌呤和嘧啶的过程中合成氰钴胺甲基先驱物质，如甲基钴胺和辅酶 B_{12}，参与许多重要化合物的甲基化过程。维生素 B_{12} 缺乏时，从甲基四氢叶酸上转移甲基基团的活动减少，使叶酸变成不能利用的形式，导致叶酸缺乏症。

② 维护神经髓鞘的代谢与功能。缺乏时，可引起神经障碍、脊髓变性，并可引起严重的精神症状。维生素 B_{12} 缺乏可导致周围神经炎。小孩缺乏维生素 B_{12} 的早期表现是情绪异常、表情呆滞、反应迟钝，最后导致贫血。

③ 促进红细胞的发育和成熟。将甲基丙二酰辅酶 A 转化成琥珀酰辅酶 A，参与三羧酸循环，其中琥珀酰辅酶 A 与血红素的合成有关。

④ 维生素 B_{12} 还参与脱氧核酸（DNA）的合成，脂肪、碳水化合物及蛋白质的代谢，增加核酸与蛋白质的合成。

5.2.9 硫辛酸

硫辛酸（lipoic acid）是含硫的八碳脂肪酸，是少数不属于维生素的辅酶。在第 6、8 位上有巯基，可脱氢氧化成二硫键，称为 6,8-二硫辛酸。硫辛酸以氧化型和还原型存在，可以传递氢、酰基，其氧化型和还原型之间可互相转化。硫辛酸作为氢载体与酰基载体示意过程如图 5-18 所示。

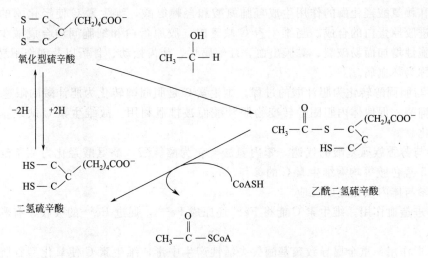

图 5-18 硫辛酸的氢载体作用与酰基载体作用

硫辛酸能消除加速老化与致病的自由基，存在于线粒体中。硫辛酸在体内经肠道吸收后进入细胞。硫辛酸兼具脂溶性与水溶性的特性，可以在全身通行无阻，到达任何一个细胞部位，所以是唯一兼具脂溶性与水溶性的全能抗氧化剂。肝脏、酵母中含量多。

5.2.10 维生素 C

维生素 C 能防治坏血病，故又称为抗坏血酸。维生素 C 是一个具有六个碳原子的酸性多羟基化合物，它是一种己糖酸内酯，其分子中 2 位和 3 位碳原子的两个烯醇式羟基极易解离，释放出 H^+，而被氧化成为脱氢抗坏血酸。氧化型抗坏血酸和还原型抗坏血酸可以互相转变（图 5-19），在生物组织中自成一氧化还原体系。

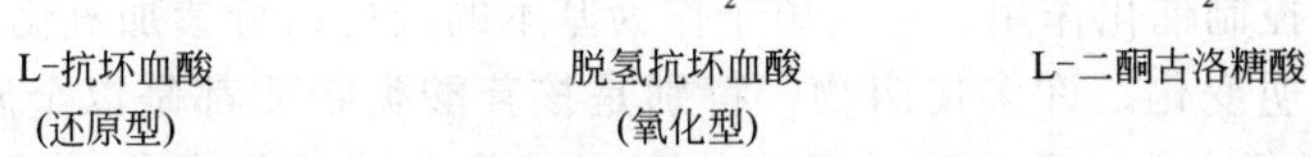

图 5-19 抗坏血酸结构域氧化还原态相互转换

维生素 C 为无色晶体或粉末，其水溶液极不稳定，在酸性中稳定，尤其是在中性、碱性或金属离子存在时易分解，加热或加氧化剂时易被破坏。

维生素 C 在自然界广泛分布，其中草莓、山楂和橘类中含量最多。富含维生素 C 的食物还有菜花、青辣椒、葡萄汁、西红柿等。每人每天维生素 C 的最佳用量应为 $200 \sim 300mg$，最低不少于 $60mg$，半杯新鲜橙汁便可满足这个最低量。

维生素 C 的生理作用如下。

（1）羟化作用

① 促进胶原蛋白的合成。组成细胞间质的主要成分是胶原蛋白。蛋白质合成后经脯氨

酸羟化酶和赖氨酸羟化酶的作用生成羟脯氨酸和羟赖氨酸，维生素 C 使羟化酶的参与羟化反应，促进胶原蛋白的合成。当维生素 C 缺乏时，胶原蛋白和细胞间质合成减少，会导致毛细血管脆性增加而易破裂、黏膜出血、牙龈腐烂、牙齿松动、骨折以及创伤不易愈合等症状，临床称为坏血病。

② 参与胆固醇转化为胆汁酸的过程。维生素 C 是胆固醇转化为胆汁酸的限速酶——7α-羟化酶的辅酶，促使体内胆固醇转变为胆汁酸而被排泄利用。故维生素 C 缺乏，会影响胆固醇的转化。

③ 参与芳香族氨基酸的代谢。苯丙氨酸羟化为酪氨酸，酪氨酸羟化为儿茶酚胺，色氨酸转变为 5-羟色胺等均需维生素 C 的参与。

（2）参与体内氧化还原反应

① 促进造血作用。维生素 C 能将 Fe^{3+} 还原成 Fe^{2+}，促进 Fe^{2+} 的吸收，有利于血红蛋白的形成。

② 解毒作用：重金属导致巯基酶失去活性产生中毒，维生素 C 使氧化型谷胱甘肽转化为还原型而解毒。维生素 C 缺乏时造成坏血病。

③ 维生素 C 可促进叶酸转变为有活性的四氢叶酸。

④ 提高人体的免疫力。白细胞含有丰富的维生素 C，当机体感染时白细胞内的维生素 C 急剧减少。维生素 C 可增强中性粒细胞的趋化性和变形能力，提高杀菌能力。

5.3 金属离子及其酶类

5.3.1 概述

动物和人为了生长和发育在饮食中除了要摄取维生素外，还需要一些无机形式的化学元素。这些元素可分为两类：常量元素和微量元素。常量元素包括钙、镁、钠、钾、磷、硫和氯，在体内含量一般大于 0.01%，每天需 100mg 以上，这些常量元素具有一种以上的功能，例如，钙是骨矿物质或者羟基磷灰石的结构成分，而游离钙在细胞液中作为重要的调节剂。微量元素是酶作用所必需的，类似于维生素的需要量，每天仅需要毫克或微克量。已知 15 种微量元素在动物营养中是必需的。大多数必需微量元素是作为酶的辅助因子起作用的。

金属离子参与多种生物化学过程，约有三分之一的酶在催化过程的一个或几个阶段中需要金属离子。金属离子使底物直接结合到活性部位，或者间接地使酶的结构保持在适合于结合的特殊构象下来控制催化作用。金属离子作为基本的结构组分参加氧化和水解反应，有时以氧化状态进行可逆变化。许多代谢物，特别是核苷酸类物质都是以金属复合物的形式存在，例如 Mg-ATP 复合物，而且酶促反应的真正底物是这些复合物，而不是核苷酸本身。因此，金属离子能够通过改变尚未结合成复合物的底物的化学性质来发挥它们的催化效力。

5.3.2 金属酶类与金属激活酶类

根据金属离子与酶蛋白结合程度，可将含金属离子的酶分为两类：金属酶（metalloenzyme）和金属激酶（metal-actived enzymes）。在金属酶中，酶蛋白与金属离子结合紧密，如 Fe^{2+}/Fe^{3+}、Cu^+/Cu^{2+}、Zn^{2+}、Mn^{2+}、Co^{2+} 等。金属酶中的金属离子作为酶的辅助因子，在酶促反应中传递电子、原子或功能团。

金属激酶是一种磷酸化酶类，在 ATP 存在下催化葡萄糖，甘油等磷酸化。其中的金属离子与酶的结合一般较松散。在溶液中，酶与这类离子结合而被激活，如 Na^+、K^+、

Mg^{2+}、Ca^{2+} 等。金属离子对酶有一定的选择性，某种金属离子只对某一种或几种酶有激活作用。

5.3.3 含铁酶类

铁是关系到生物功能最熟悉的微量元素，是氧载体蛋白（血红蛋白与肌红蛋白）以及电子载体（线粒体蛋白、细胞色素、血红素基团）的成分，几种重要的酶都含有血红素辅基。铁硫酶是另一类重要的含铁酶类，这类酶在动、植物和细菌细胞中起电子转移反应的功能。

5.3.4 含铜酶类

许多含铜酶属于羟化酶和氧化酶类，这意味着它们是与分子氧一起参与催化过程。铜在细胞色素氧化酶的催化活性中起重要作用，该酶的辅基中含有铁和铜。动物缺乏铜就发育成缺少交联的不完全的胶原蛋白分子，所以身体需要适当的铜。

5.3.5 含锌酶类

锌是近 300 多种不同酶的必需成分，是目前唯一的在六大酶类中都发现存在的金属，作为辅助因子锌是最通用的金属。由于锌完全以 Zn^{2+} 存在，因此和铜、铁不同，没有氧化还原能力。锌通常的配位数是 4，该金属最容易形成四面体的构型。锌常存在于酶的活性部位，在酶和底物间起桥梁作用。

5.3.6 其他金属酶类

锰在精氨酸酶中起稳定和催化两种作用，也可以作为某些磷酸转移酶的辅助因子。钼和钒在某些黄素脱氢酶的活性部位起作用。微量的钴对维生素 B_{12} 的生物合成是必要的。铬是葡萄糖耐糖因子复合物的关键成分。锡对骨骼系统的发育影响可能是钙化过程中所需要的。

第 6 章 生物能学和生物氧化

导读

生物细胞不断地做功，因此需要能量用于维持高度组织化的结构、细胞组分的合成、运动以及许多其他过程。生物能学研究生物系统的能量关系和能量的定量转化。生物能的转化遵循热力学定律。

新陈代谢是生物体生命活动过程中化学变化的总称，简称代谢。指各种物质在细胞内发生的一切化学反应和能量变化，也可泛指生物在其生命活动过程中与外界环境所进行的物质交换和能量交换。物质代谢可分为合成代谢与分解代谢。合成代谢指生物体将从周围环境中摄取的营养物质，经过一系列生化反应，合成自身结构物质的过程。分解代谢指生物体内物质经过一系列生化反应，分解为不能再利用的物质排出体外的过程。能量代谢有吸能和放能两个方面。生物体的一切生命活动都需要能量，正是这种能量和物质的流动与转换，驱动着自然界生命的繁衍生息。

有机分子在细胞内氧化分解成 CO_2 和 H_2O，并释放能量的过程可笼统地称为生物氧化。机体内进行的脱氢，加氧等氧化反应也总称为生物氧化。生物氧化实质上是氧化磷酸化，是 NADH、$FADH_2$ 上的电子通过一系列的电子传递体传递给 O_2，伴随有 NADH、$FADH_2$ 的再氧化，将释放的能量使 ADP 磷酸化形成 ATP 的过程。按照生理意义不同可分为两大类，一类主要是将代谢物或药物和毒物等通过氧化反应进行生物转化，这类反应不伴有 ATP 的生成；另一类是糖、脂肪和蛋白质等营养物质通过氧化反应进行分解，生成 H_2O 和 CO_2，同时伴有 ATP 生物能的生成，这类反应进行过程中细胞要摄取 O_2，释放 CO_2，故又形象地称之为细胞呼吸。

6.1 新陈代谢及其研究方法

6.1.1 新陈代谢

广义的新陈代谢指的是生物体与周围环境间不断进行物质交换和能量交换以实现自我更新的过程。包括消化吸收、中间代谢以及代谢物排泄三个过程。狭义的新陈代谢仅仅指的是中间代谢，它是指物质在细胞内所进行合成与分解的过程。

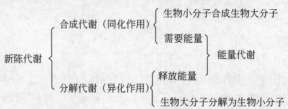

代谢中的化学反应，几乎都是在酶的催化下进行的，即为酶促反应。而且许多酶连续地、按顺序地起作用，形成多酶系统，使第一个酶促反应的产物变成第二个酶促反应的底物，以此类推。习惯上，把这种连续的变化叫做代谢途径，把途径中的物质叫做代谢中间物或代谢物。途径中的每一步骤都是不大的化学变化，如去掉、转移或添加一个特殊的原子、分子或功能基。通过有次序地、一步一步地变化，使生物分子转化成某种物质或代谢的终产物。

生物体是通过物质的氧化获得能量的，但物质氧化时所产生的能量一般不能直接被利用。机体利用能量的方式是将生物氧化系统释放的能量，以高能键的形式先贮存在生物体内的 ATP 中，当需要时再释放出来供各种生理活动和生化反应需用。所以在物质代谢的同时也有能量代谢。

生物氧化过程，即是由各种有机物（食物来源）在酶的作用下，氧化生成 CO_2 和 H_2O，并释放出能量的过程。

由于酶的催化作用，生物氧化得以在比较温和的条件下及有水的环境中进行，并且能量主要是以自由能形式逐步释放直接供给需要能量的过程。

通过食物氧化得到的能量主要用于合成 ATP。然后在适当的催化剂存在时，ATP 将经历三步水解，其提供的能量可用来引起其他化学反应。各种生物活动，如核酸、蛋白质的生物的合成、糖、脂肪、药物等物质的代谢，以及细胞内外物质的转运等等，都有 ATP 参与。ATP 被称为生物体内的能量使者。

生物体新陈代谢的特点包括：由酶催化，反应条件温和；反应有严格的顺序性，彼此协调；对周围环境有高度的适应性和灵敏的自动调节性。

6.1.2　新陈代谢的研究方法

代谢研究可以在两种状况下进行，一种是以生物体作为整体进行活体研究，称之为"in vivo"，另一种是进行无细胞体系研究，模拟某种细胞环境测定某种酶对底物的催化作用，这种离体研究称之为"in vitro"。

物质代谢的研究进展主要得益于现代物质分离制备和分析技术的进展，特别是同位素示踪技术、核磁波谱技术等，这些技术的发展使物质代谢的研究产生了质的飞跃。

6.1.2.1　突变体在代谢研究中的价值

遗传突变体在新陈代谢研究中有巨大的应用价值。遗传突变虽然是发生在核酸上的变异，但最终结果可能导致某个酶的活性降低或丧失，进而导致某一中间产物的积累，这对大型生物来说就可能导致某种疾病的发生甚至死亡。通过对积累的中间产物分析和突变体的遗传分析，就能发现某个代谢途径的中间环节。这种突变体对于微生物代谢研究更有价值，微生物突变体很容易通过特异的培养基来保持，研究材料能够得到保证。

6.1.2.2　同位素示踪技术

同位素有两种类型：一类为稳定性同位素，如 ^{15}N 是 ^{14}N 的稳定性同位素，稳定性同位素不产生质量衰变；另一类为放射性同位素，它是不稳定的同位素，产生放射性粒子或射线，质量发生衰变，有一定的半衰期，如 ^{32}P、^3H 等。

用同位素示踪技术进行物质代谢研究给物质动态代谢研究提供了极大的便利。一方面化合物被同位素标记后，其性质不发生改变，对物质代谢本身不产生影响；另一方面无论是稳定性同位素还是放射性同位素都能够被有效地检测出来。

放射性同位素可以采用盖革计数器（Geiger counting）、液体闪烁计数器（liquid scintillation counting）以及放射性自显影（autoradiography）等方法来跟踪和测定。盖革计数器、液体闪烁计数器等能对放射性物质进行定量分析。放射性物质产生的射线或粒子能对仪器内的闪烁体物质作用，使之产生闪光或荧光，产生光的强度与射线或粒子的强度成比例。当光信号被转换成电子信号时，放射性物质的量就能被确定。放射性自显影技术是利用放射性物质能使感光底片上的感光物质曝光，类似普通摄影中照相底片产生影像一样。当生物体被含放射性物质饲喂后，放射性物质在生物体中的流向可以通过放射性自显影技术进行观察，也可以根据曝光强度对放射性物质的量进行估算。

6.1.2.3　酶抑制剂的应用

生物体通过对细胞中酶的数量和活性的调节控制可以实现对细胞中代谢反应的速率和类型的控制。例如，在糖酵解代谢途径的研究过程中使用了醛缩酶的抑制剂碘乙酸，导致果糖1，6-二磷酸的积累，比较使用和不使用碘乙酸情况下代谢中间物，就知道在糖酵解中果糖-1，6-二磷酸在醛缩酶催化下转变成甘油醛-3-磷酸和磷酸二羟丙酮。

6.1.2.4　核磁共振技术

原子核的外部是电子云，核外电子也不停地转动，产生一种环电流，由此而产生一个次级磁场，它对外加磁场具有电子屏蔽效应。不同化学环境的原子核，核外电子云分布不同，受到屏蔽作用的强度也不相同。核外电子云密度大的，屏蔽作用也就越大，反之亦然。总之，原子核所受到的磁场作用是由外加磁场和次级磁场共同作用的结果。

在相同的外加磁场中照射一定频率的电磁波，受到不同屏蔽作用的原子核吸收电磁波的能量必然不同，这种现象称为化学位移。化学位移反映了原子核的特定化学环境。不同原子核的化学位移的绝对值很小，难以测定。通常通过比对标准样品来测定化学位移的相对值，并以此来判断分子的结构信息。例如以 ^1H 谱来判断分子"外围"结构信息，以 ^{13}C 谱反映有机物"骨架"的结构信息。

由于核磁共振分析不会对样品产生破坏，因此可以在活体中进行，能真实地反映有机体内化学反应的变化情况，在生物化学研究特别是代谢研究中具有独特的优势。

6.2　高能磷酸化合物

6.2.1　高能键及高能化合物

水解时释放自由能大于 $20.93kJ/mol$ 的化学键称之为高能键，通常用符号"～"表示。在生物化学中所谓的"高能键"指随着水解反应或基团转移反应可放出大量自由能的键，而在物理化学中的高能键指的是当该键断裂时，需要大量的能量，二者含义有着根本的区别。根据生物体内高能化合物键的特性可以把它们分成以下几种类型。

6.2.1.1　磷氧键型化合物

含有这种键型的化合物很多，又可分为以下几种类型。

（1）酰基磷酸化合物

|1.3-二磷酸甘油酸|乙酰磷酸|

（2）焦磷酸化合物

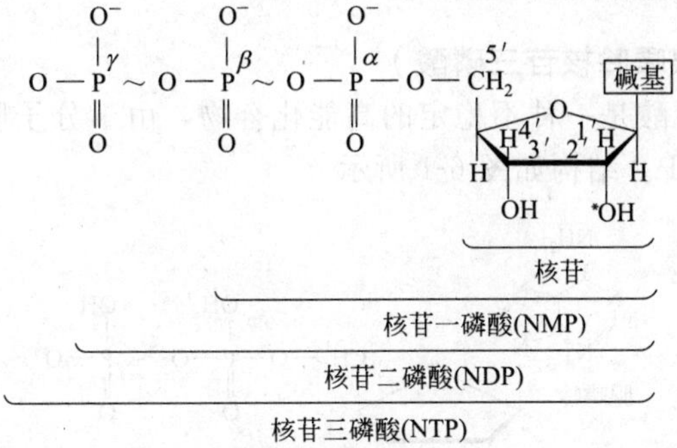

核苷

核苷一磷酸(NMP)

核苷二磷酸(NDP)

核苷三磷酸(NTP)

（3）烯醇式磷酸化合物

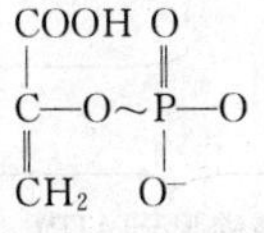

磷酸烯醇式丙酮酸

6.2.1.2 氮磷键型化合物

属于此类的化合物有磷酸肌酸和磷酸精氨酸。

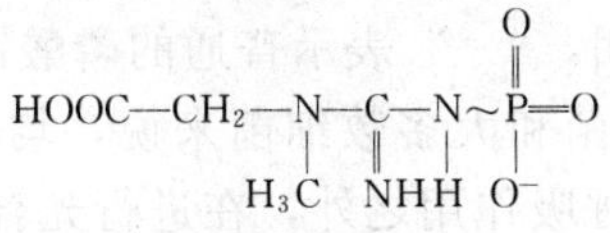

磷酸肌酸

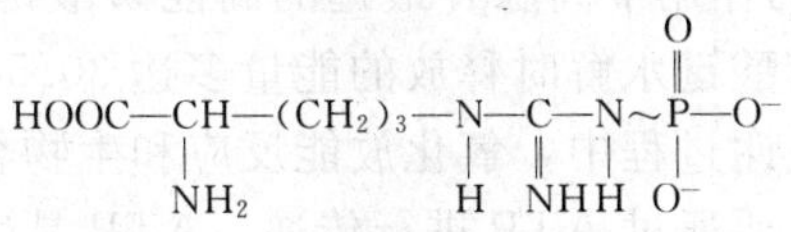

磷酸精氨酸

6.2.1.3 硫酯键型化合物

3′-磷酸腺苷-5′-磷酰硫酸属于此类化合物。

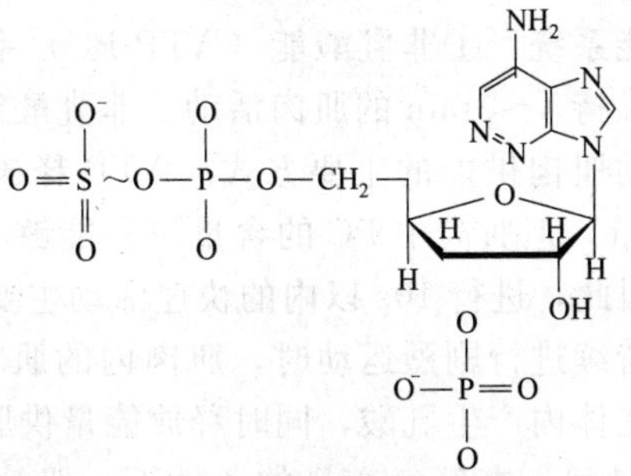

3′-磷酸腺苷-5′-磷酰硫酸(活性硫酸基)

6.2.1.4 甲硫键型化合物

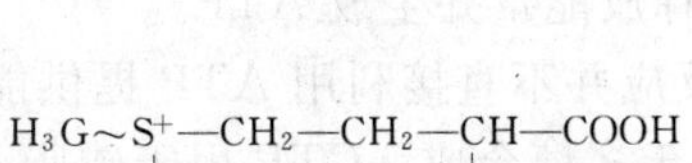

S-腺苷甲硫氨酸（活性甲硫氨酸）

上面介绍的高能化合物中含磷酸基团的占绝大多数，但并不是所有含磷酸基团的化合物都是高能磷酸化合物。

6.2.2 ATP 和其他高能磷酸化合物

6.2.2.1 ATP（腺嘌呤核苷三磷酸）

腺嘌呤核苷三磷酸是一种不稳定的高能化合物，由 1 分子腺嘌呤、1 分子核糖和 3 分子磷酸组成，简称 ATP。结构如图 6-1 所示。

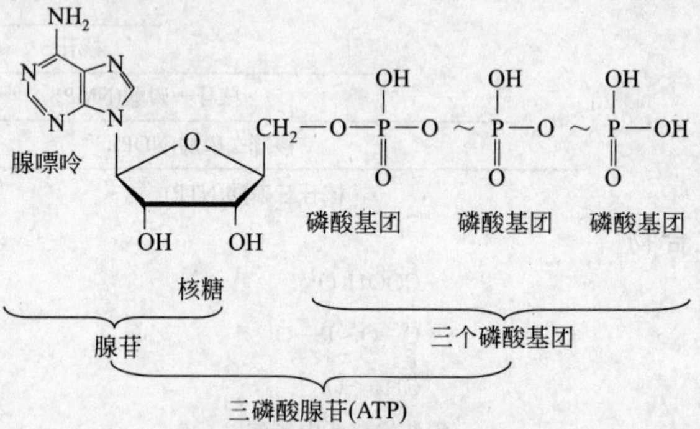

图 6-1　ATP 的结构

ATP 的元素组成为：C、H、O、N、P，分子简式 A—P～P～P，式中 A 表示腺苷，T 表示数量为三个，P 代表磷酸基团，"—"表示普通的磷酸键，"～"表示高能磷酸键。合成 ATP 的能量，对于动物、人、真菌和大多数细菌来说，均来自于细胞进行呼吸作用释放的能量；对于绿色植物来说，除了呼吸作用之外，在进行光合作用时，ADP 合成 ATP 并且还利用了光能。ATP 在水解酶的作用下离腺苷最远的高能磷酸键断裂，水解成 ADP＋Pi（游离磷酸基团）＋能量。高能磷酸键水解时释放的能量多达 30.54kJ/mol。

多数情况下，在生物体代谢过程中，氧化放能反应和生物合成等需能反应之间不直接偶联，彼此间的能量供求关系主要通过 ATP 进行传递。ATP 是生物能量转移的关键物质，其水解释放出大量的自由能用以维持生物体各种生理活动，如肌肉的收缩、离子平衡的维持、吸收和生物电等活性。

剧烈运动时，体内处于暂时缺氧状态，在缺氧状态下体内能源物质的代谢过程，称为无氧代谢。它包括以下两个供能系统：①非乳酸能（ATP-PC）系统，一般可维持 10s 肌肉活动；②乳酸能系统，一般可维持 1～3min 的肌肉活动。非乳酸能（ATP-PC）系统和乳酸能系统是从事短时间、剧烈运动肌肉供能的主要方式。ATP 释放能量供肌肉收缩的时间仅为 1～3s，要靠 PC 分解提供能量，但肌肉中 PC 的含量也只能够供 ATP 合成后分解的能量维持 6～8s 肌肉收缩的时间。因此，进行 10s 以内的快速活动主要靠 ATP-PC 系统供给肌肉收缩时的能量。乳酸能系统是持续进行剧烈运动时，肌肉内的肌糖原在缺氧状态下进行酵解，经过一系列化学反应，最终在体内产生乳酸，同时释放能量供肌肉收缩。这一代谢过程，可供 1～3min 左右肌肉收缩的时间。在氧气充足的条件下，肌糖原或脂肪彻底氧化分解，最终生成大量 CO_2 和 H_2O，同时释放能量并生成 ATP。

此外，生物体内部分合成反应并不直接利用 ATP 提供能量，而是由其他三磷酸核苷作为能量的直接来源。如 UTP 用于多糖合成，CTP 用于磷脂合成，GTP 用于蛋白质合成等。但氧化时释放的能量大都是首先合成 ATP，然后再由 ATP 将高能磷酸键转移给 UDP、CDP 或 GDP，生成相应的 UTP、CTP 或 GTP。

6.2.2.2 其他高能磷酸化合物

生物体内还有很多磷酸化合物，它们释放的 $\Delta G^{0'}$ 值见表 6-1。

表 6-1 磷酸化合物水解的标准自由能变化

化合物	$\Delta G^{0'}/(kJ/mol)$	化合物	$\Delta G^{0'}/(kJ/mol)$
磷酸烯醇式丙酮酸	-61.9	ATP→ADP+Pi	-30.5
3-磷酸甘油酸	-49.3	1-磷酸葡萄糖	-20.9
磷酸肌酸	-43.1	6-磷酸果糖	-15.9
乙酰磷酸	-42.3	6-磷酸葡萄糖	-13.8
磷酸精氨酸	-32.2	1-磷酸甘油	-9.2

6.3 生物氧化

有机物质在体内氧化分解产生 CO_2、H_2O 并释放能量产生 ATP 的生化过程,称为生物氧化。细胞内有机物的彻底氧化分解大体上要经过三个阶段:①脱氢被还原,物质在酶促作用下分解,并将所携带的电子和氢质子转移到氧化型的辅酶如 NAD^+ 或 FAD 上,使其转变成还原性的 $NADH+H^+$ 或 $FADH_2$;②传递并氧化,这些还原型的辅酶通过一系列的电子传递载体最终将电子传递给 O_2;③偶联磷酸化,是指伴随着电子传递过程产生能量物质。

6.3.1 生物氧化的特点

有机物质经生物氧化分解的最终产物与体外氧化反应一样,都是 CO_2 和 H_2O,但它有其自身的特点。

① 在活细胞内进行,作用条件温和。通常在常温、常压、pH 值接近中性及有水环境中进行。

② 有许多酶参加。

③ 分阶段进行,能量逐步释放。

④ 所释放的能量大多以高能键的形式先贮存在一些特殊的高能化合物中,如 ATP。

⑤ 有严格的细胞定位。真核生物细胞内,生物氧化都在线粒体内进行,而在原核生物细胞内,生物氧化则在细胞膜上进行。

6.3.2 生物氧化的方式

生物氧化反应与体外氧化反应的化学本质一样,都是电子的得失过程。在生物氧化中,既能接受氢(或电子)又能供给氢(或电子)的物质,称为递氢载体(或电子载体)。在反应形式上,生物氧化反应有失电子氧化反应、加氧氧化反应、脱氢氧化反应和加水脱氢氧化反应等。

(1) 失电子氧化反应

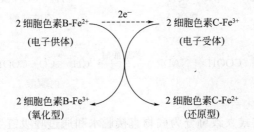

（2）加氧氧化反应

$$\underset{\text{苯丙氨酸}}{H_2C-\overset{\overset{NH_2}{|}}{CH}-COOH} \quad +\frac{1}{2}O_2 \longrightarrow \underset{\text{酪氨酸}}{H_2C-\overset{\overset{NH_2}{|}}{CH}-COOH}$$

（3）脱氢氧化反应

$$\underset{\text{琥珀酸}}{\overset{CH_2-COOH}{\underset{CH_2-COOH}{|}}} \xrightarrow{-2H} \underset{\text{延胡索酸}}{\overset{HC-COOH}{\underset{HOOC-CH}{\parallel}}}$$

（4）加水脱氢氧化反应

$$\underset{\text{延胡索酸}}{\overset{HC-COOH}{\underset{HOOC-CH}{\parallel}}} +H_2O \longrightarrow \underset{\text{苹果酸}}{HO-\overset{\overset{H}{|}}{\underset{|}{C}}-COOH} \xrightarrow{-2H} \underset{\text{草酰乙酸}}{\overset{O}{\underset{CH_2COOH}{\overset{\parallel}{C}-COOH}}}$$

6.3.3 生物氧化的产物

（1）CO_2 的生成

糖、脂、蛋白质等有机物质首先转变成含羧基的中间化合物，然后在酶的催化下脱羧而生成 CO_2。

① 直接脱羧

脱羧反应中不伴随氧化反应的为直接脱羧，根据脱羧的位置又可分为两种类型。

a. 单纯 α-脱羧反应

$$\underset{\text{氨基酸}}{R-\overset{\overset{}{|}}{\underset{\overset{|}{NH_2}}{CH}}-COOH} \xrightarrow{\text{氨基酸脱羧酶}} \underset{\text{胺}}{R-CH_2-NH_2} +CO_2$$

b. 单纯 β-脱羧反应

$$\underset{\text{草酰乙酸}}{HOOC-\overset{\alpha}{CO}-\overset{\beta}{CH_2}-COOH} \xrightarrow{\text{丙酮酸羧化酶}} \underset{\text{丙酮酸}}{HOOC-CO-CH_3} +CO_2$$

② 氧化脱羧

氧化代谢中产生的有机羧酸（主要是酮酸）在氧化脱羧酶系的催化下，在脱羧的同时，也发生氧化作用，称为氧化脱羧。根据脱羧位置也可分为两种类型。

a. α-氧化脱羧反应

$$\underset{\text{丙酮酸}}{HOOC-CO-CH_3} +NAD^+ + \underset{\text{辅酶 A}}{HS\sim CoA} \xrightarrow{\text{丙酮酸脱氢酶系}} \underset{\text{乙酰辅酶 A}}{CH_3-CO\sim SCoA} +CO_2+NADH+H^+$$

b. β-氧化脱羧反应

$$\underset{\text{苹果酸}}{HOOC-\overset{\beta}{CH_2}-\overset{\alpha}{CH}(OH)-COOH} +NADP^+ \xrightarrow{\text{苹果酸酶}} \underset{\text{丙酮酸}}{CH_3-CO-COOH} +CO_2+NADPH+H^+$$

（2）H_2O 的生成

生物体内水的生成方式大致可分为底物直接脱水和通过呼吸链生成水两种形式。

① 底物直接脱水

例如在葡萄糖的无氧酵解中，烯醇化酶可催化 2-磷酸甘油酸脱水生成磷酸烯醇式丙酮酸。

$$
\begin{array}{c}
\text{COOH}\\
|\\
\text{H—C—O}\textcircled{P}\\
|\\
\text{CH}_2\text{OH}
\end{array}
\quad
\underset{\text{H}_2\text{O}}{\overset{\text{烯醇化酶}}{\rightleftharpoons}}
\quad
\begin{array}{c}
\text{COOH}\\
|\\
\text{C—O}\textcircled{P}\\
\|\\
\text{CH}_2
\end{array}
$$

② 通过呼吸链生成水

由脱氢酶催化脱下的氢由相应的氢载体（NAD^+、$NADP^+$、FAD 等）所接受，然后通过一系列递氢载体传递给氧而生成 H_2O（图 6-2）。

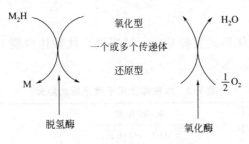

图 6-2　通过呼吸链生成水

（3）ATP 的生成

生物体内 ADP 与含有高能磷酸键的磷酸基团结合可生成 ATP，该过程称为磷酸化作用。磷酸化作用有底物水平磷酸化和氧化磷酸化两种方式。

① 底物水平磷酸化

底物发生脱氢或脱水时，其分子内部能量重新分布而形成高能磷酸键（或高能硫酯键），随后高能键把能量转移给 ADP（或 GDP）生成 ATP（或 GTP）的过程，称为底物水平磷酸化。如糖酵解途径中的中间产物磷酸烯醇式丙酮酸和 1,3-二磷酸甘油酸都含有高能磷酸键，水解时它们的 $\Delta G^{0'}$ 分别为 $-61.9kJ/mol$ 和 $-49.4kJ/mol$，而 ATP 末端的高能磷酸键形成仅需要吸收 $30.5kJ/mol$ 的能量，因此其分子中的高能磷酸键可直接转移给 ADP（或 GDP）生成 ATP（或 GTP）。

② 氧化磷酸化

代谢底物在生物氧化中脱掉的氢，经呼吸链传递给氧生成水的过程中，释放的能量（放能）与 ADP 磷酸化生成 ATP（吸能）相偶联的过程称之为氧化磷酸化，也可称为电子传递水平磷酸化。

$$
\begin{array}{l}
\text{AH}_2 \longrightarrow 2\text{H}(2\text{H}^+ + 2\text{e}^-) \xrightarrow{\text{电子传递链}} \dfrac{1}{2}\text{O}_2 \longrightarrow \text{H}_2\text{O 氧化}\\[2mm]
\qquad\qquad\qquad\qquad\searrow\\
\qquad\qquad\qquad\qquad\text{能量}\\[2mm]
\text{ADP+Pi} \longrightarrow \text{ATP 磷酸化}
\end{array}
\;\Big\}\text{偶联}
$$

6.4　呼吸链及电子传递

6.4.1　呼吸链的概念

呼吸链是指代谢物上的氢原子被脱氢酶激活脱落后，经过一系列的传递体，最后传递给被激活的氧原子，而生成水的全部体系。在含有线粒体的真核生物中，根据代谢物脱下氢的初始受体的不同，可将呼吸链分为两种，即 NADH 呼吸链和 $FADH_2$ 呼吸链。NADH 呼吸链是细胞内最主要的呼吸链，因为生物氧化过程中绝大多数脱氢酶都是以 NAD^+ 为辅酶，当这些酶催化代谢物脱氢后，脱下来的氢使 NAD^+ 转变为 NADH，后者通过呼吸链将氢最终传给氧而生成水。生物体内只有琥珀酸氧化所脱的氢是经 $FADH_2$ 呼吸链传递的。

生物体内的呼吸链还有其他一些形式，如某些细菌（如分枝杆菌）中用维生素 K 代替 CoQ，这是因为许多细菌没有完整的细胞色素系统。虽然呼吸链的形式很多，但呼吸链传递电子的顺序基本上是一致的。

6.4.2 呼吸链组成

电子载体以多酶复合体形式发挥功能，呼吸链由线粒体内膜上的几个蛋白质复合物组成，见表 6-2。

表 6-2 线粒体上电子传递链的组分

复 合 物	组分名称	辅 助 成 分
复合物 Ⅰ	NADH-CoQ 还原酶	FMN、Fe-S
复合物 Ⅱ	琥珀酸-CoQ 还原酶	FAD、Fe-S
复合物 Ⅲ	CoQ-细胞色素 C 还原酶	血红素 B、血红素 C_1（Fe-S）
复合物 Ⅳ	细胞色素氧化酶	血红素 A、Cu^{2+}

其中，NADH 呼吸链由复合物 Ⅰ、复合物 Ⅲ、复合物 Ⅳ、辅酶 Q、细胞色素 C 组成；$FADH_2$ 呼吸链由复合物 Ⅱ、复合物 Ⅲ、复合物 Ⅳ、辅酶 Q、细胞色素 C 组成。

6.4.3 呼吸链各组分的递电子机理

6.4.3.1 NADH：Q 还原酶

NADH：Q 还原酶复合体 Ⅰ，也叫做 NADH 脱氢酶，是一种由 43 条不同的多肽链组成的大型酶复合体。该电子传递链中共有 3 个质子泵，NADH 脱氢酶是第一个质子泵，另外包括一个带有 FMN 的黄素蛋白和至少 6 种铁硫中心。

它的作用是催化 2 个电子从 NADH 到 CoQ。NADH：Q 还原酶先与 NADH 结合并将其上的 2 个高势能电子转移到 FMN 辅基上，使 NADH 被氧化，FMN 被还原。随后 $FMNH_2$ 上的电子又转移到铁硫中心上，铁硫中心是该酶的第二种辅基。电子经一系列的铁硫中心到达 N-2 中，然后传递给辅酶 Q，形成 QH_2。同时每一对电子的传递也驱使 4 个质子从基质中泵出。

6.4.3.2 琥珀酸：Q 还原酶

琥珀酸：Q 还原酶复合体 Ⅱ，是存在于线粒体内膜上的蛋白复合物，它比 NADH：Q 还原酶的结构简单，由 5 个不同的多肽亚基组成，包括琥珀酸脱氢酶、铁硫蛋白和 CoQ。

电子从琥珀酸到 FAD，然后从 $FADH_2$ 通过铁硫中心传递给 CoQ。在传递电子过程中并不产生 ATP，但可以保证 $FADH_2$ 上具有相对高转移势能的电子进入电子传递链。

6.4.3.3 铁硫蛋白

铁硫蛋白是 NADH-CoQ 还原酶、琥珀酸-CoQ 还原酶和 CoQ-细胞色素 C 还原酶的辅基，也称为铁硫中心。铁硫蛋白分子中常含有 2 个或 4 个 Fe（称非血红素铁）和 2 或 4 个对酸不稳定 S，Fe 和 S 常以等摩尔量存在（Fe_2S_2，Fe_4S_4），构成 Fe-S 中心。Fe 与蛋白质分子中的 4 个 Cys 残基的巯基与蛋白质相连接。其中一个 Fe 原子能可逆地还原而传递电子。

6.4.3.4 辅酶 Q

辅酶 Q，又名泛醌，是一种带有聚异戊二烯侧链的苯醌。其分子中的苯醌结构能进行可逆加氢反应，故也属于递氢体。辅酶 Q 体积小而且疏水，为脂溶性醌类化合物，能在膜脂中自由泳动。它是电子传递链中唯一的非蛋白电子载体，是 NADH：Q 还原酶的第三个辅基。

辅酶 Q 在电子传递链中处于中心地位，它不仅可以接受 FMN 上的氢（复合体 I-NADH 脱氢酶），还可以接受复合体 II-线粒体 $FADH_2$ 上的氢（如琥珀酸脱氢酶及其他黄素酶类）。

6.4.3.5 细胞色素类

细胞色素类是呼吸链中将电子从辅酶 Q 传递到氧气的专一酶类。它们是含铁的电子传递体，辅基是铁卟啉的衍生物，铁原子处于卟啉的结构中心，构成血红素。因其有颜色又普遍存在于细胞内，故称为细胞色素。根据吸收光谱可分为 A，B，C 三类，线粒体的电子传递链至少含有 5 种不同的细胞色素：A、A_3、B、C、C_1，组成它们的辅基分别为血红素 A、B 和 C。

细胞色素 C 是电子传递链中一个独立的蛋白质电子载体，位于线粒体内膜外表，属于膜周蛋白，易溶于水。它与细胞色素 C_1 含有相同的辅基，但是蛋白组成则有所不同。细胞色素 C 是唯一可溶性的细胞色素，同源性很强，可作为生物系统发生关系的一个指标。

细胞色素氧化酶是位于线粒体呼吸链末端的蛋白复合物，活性部分主要包括细胞色素 A 和 A_3。细胞色素 A 和 A_3 组成一个复合体，除了含有铁卟啉外，还含有铜原子。在电子传递过程中，分子中的铜离子可以发生 Cu^+ 与 Cu^{2+} 的互变，将细胞色素 C 所携带的电子传递给氧气。2 分子还原型细胞色素 C 分别提供 1 个电子给双核中心 CuA，穿过血红素 A，到达 Fe-Cu 中心，分子氧结合到细胞色素 A_3 上，并被 2 个电子还原成过氧化衍生物，细胞色素 C 上传递的 2 个电子将氧化衍生物还原成 2 分子水，同时以未知的机制泵出质子。

细胞色素还原酶是线粒体内膜上的一种跨膜蛋白复合物，活性部分主要包括细胞色素 B 和 C_1，以及铁硫蛋白，其作用是催化还原型 QH_2 的氧化和细胞色素 C 的还原，把来自辅酶 Q 的电子传递给细胞色素 C。

6.5 氧化磷酸化作用

氧化磷酸化指的是氧化与磷酸化相偶联的作用，即与生物氧化作用相伴而生的磷酸化作用，是将生物氧化过程中释放的自由能用以使 ADP 和无机磷酸生成高能 ATP 的作用。该过程是需氧细胞生命活动的主要能量来源，是生物产生 ATP 的主要途径。

6.5.1 氧化磷酸化的偶联部位

电子沿呼吸链由低电位流向高电位是逐步释放能量的过程，但并非每个传递部位都可以生成 ATP。根据热力学测定，当电子从 NADH 经过呼吸链传递到氧时，有三处可以产生 ATP，分别是在 NADH 和 CoQ 之间、细胞色素 B 和细胞色素 C 之间、细胞色素 AA$_3$ 和氧气之间。当电子从 FADH$_2$ 经过呼吸链传递到氧时，有两处可以产生 ATP，分别是在细胞色素 B 和细胞色素 C 之间、细胞色素 AA$_3$ 和氧气之间。因此 NADH 呼吸链比 FADH$_2$ 呼吸链生成更多的 ATP，如图 6-3 所示。

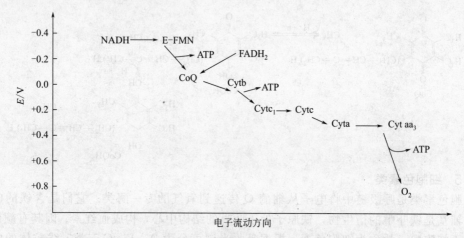

图 6-3 氧化磷酸化的偶联部位

6.5.2 氧化磷酸化生成 ATP 的分子数

实验结果表明，在 NADH 呼吸链中，每消耗 1mol 原子氧，约生成 3mol ATP；在 FADH$_2$ 呼吸链中，每消耗 1mol 原子氧，约生成 2molATP。这种消耗原子氧的物质的量与产生 ATP 的物质的量的比例关系称为磷-氧比。磷-氧比又可看做是当一对电子通过呼吸链传至氧气时所生成的 ATP 分子数。

有观点认为，以磷-氧比作为计算氧化磷酸化产生 ATP 分子数的依据并不准确，而应当考虑一对电子经过呼吸链到氧气，有多少质子从线粒体基质中泵出，因为 ATP 的生成与泵出的质子数有定量关系。最新结果显示，每对电子通过复合物Ⅰ有 4 个质子从基质泵出，通过复合物Ⅲ有 2 个质子从基质泵出，通过复合物Ⅳ有 4 个质子从基质泵出。这些质子的泵出形成了跨膜的质子梯度。每生成 1 分子 ATP 需要 4 个质子，因此，一对电子从 NADH 到氧气将产生 2.5 分子 ATP，而一对电子从 FADH$_2$ 到氧气将产生 1.5 分子 ATP。

6.5.3 氧化磷酸化的机制

关于氧化磷酸化作用基质，至今尚无定论。目前解释的假说有 3 种。

6.5.3.1 化学偶联学说

该假说是 Edward C. Slater 在 1953 年提出的，认为在电子传递过程中生成高能中间物，再由高能中间物裂解释放的能量驱动 ATP 的合成。该假说适用于底物水平磷酸化，但在电子传递体系的磷酸化中尚未找到高能中间物。

6.5.3.2 化学渗透学说

1961 年由 P. Mitchell 提出，其要点如下。

① 呼吸链存在于线粒体内膜上，呼吸链中的递氢体和递电子体是间隔交替排列的。且在线粒体内膜中都有特定的位置，催化反应是定向的。

② 递氢体有氢泵的作用，当递氢体从内膜内侧接受从底物传来的氢后，可将其中的电子传给其后的电子传递体，而将两个氢离子泵出内膜。在电子传递链上有 3 处发生氢离子由内膜向外泵出，分别为复合体Ⅰ、复合体Ⅲ和复合体Ⅳ。

③ 内膜对氢离子不能自由通过，泵出膜外侧的氢离子不能自由返回膜内侧，形成了氢离子跨膜梯度，从而使线粒体内膜两侧形成化学电位差。

④ 这种电位差被膜上 ATP 合酶利用，将 ADP 磷酸化成 ATP。

该假说荣获了 1978 年的诺贝尔化学奖，但未能解决质子被泵到膜间的机制和 ATP 合成的机制。

6.5.3.3 构象偶联学说

该学说是 Paul Boyer 于 1964 年提出的，认为电子传递使线粒体内膜的蛋白质构象发生变化，推动了 ATP 的生成。

ATP 合酶主要由 F_1 和 F_0 两个结构单元组成，F_1 和 F_0 之间由一个柄相连（图 6-4）。F_1 单元为球状结构，由 5 种不同多肽和 9 个亚基组成，直径为 $8.5 \sim 9$nm，其中 β 亚基是催化部位。F_0 单元为质子通道，该通道能被寡霉素和二环己基碳二亚胺阻断。连接 2 个结构单元的柄内含有 2 种蛋白质，一种是寡霉素敏感性赋予蛋白，另一种是耦合因子 6。

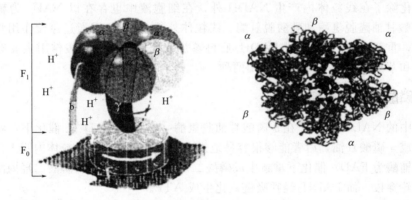

图 6-4　ATP 合成酶结构

目前广为接受的 ATP 产生机制是"结合变化机制"，该机制认为 F_1 单元上的 β 亚基有 3 种不同的构型，即开放型（"O 型"）、松弛型（"L 型"）、紧密型（"T 型"）。"O 型"是开放状态，是对底物亲和力极低的状态，"L 型"与底物结合较松弛，对底物无催化能力，"T 型"与底物结合紧密且有催化活性。

质子流使 3 种状态发生转换。如果在酶分子的"T 型"状态亚基上结合 1 个 ATP 分子，"L 型"状态亚基上结合 ADP 和 Pi，质子流通过 F_0 时，使"T 型"转变为"O 型"，"L 型"转变为"T 型"，"O 型"转变为"L 型"。这时 ATP 被释放出来，ADP 和 Pi 被合成新的 ATP 分子。至少 $2 \sim 3$ 个氢离子通过 F_0 时才能导致 1 个 ATP 分子形成。

6.5.4　氧化磷酸化的解偶联与抑制

根据化合物作用的方式，可以分 3 种情况。

（1）解偶联剂与解偶联作用

解偶联剂的代表性物质有 2,4-二硝基苯酚，这类物质只抑制 ATP 的形成，不抑制电子传递，使电子传递释放出的自由能变为热能。这种对磷酸化的抑制作用称为解偶联作用。

（2）氧化磷酸化抑制剂对氧化磷酸化的抑制

氧化磷酸化抑制剂的代表性物质是寡霉素。这类物质直接抑制 ATP 的形成，同时也抑制电子传递，但对电子传递的抑制不是直接的而是间接的。通过阻碍质子通过 F_0，使线粒体内膜处于高能状态，进而抑制电子传递。这种抑制作用可被解偶联剂解除。

（3）电子传递抑制剂

电子传递抑制剂是指阻断电子传递链上某一部位电子传递的物质。由于电子传递阻断使物质氧化过程中断，磷酸化则无法进行。故电子传递抑制剂同样也可抑制氧化磷酸化。目前已知的电子传递抑制剂有以下几种。

① 鱼藤酮、阿米妥、粉蝶霉素 A 等，它们专一结合于 NADH-CoQ 还原酶的铁硫蛋白上，从而阻断电子传递。

② 抗霉素 A，具有阻断电子从细胞色素 B 到细胞色素 C_1 传递的作用。

③ 氰化物、CO、H_2S 及叠氮化物等，该类抑制剂可与氧化型细胞色素氧化酶牢固结合，阻断电子传至氧的作用。

6.6　线粒体外 NADH 的氧化

生物氧化除了在线粒体内产生 NADH 外，在细胞液中也存在以 NAD^+ 为辅酶的脱氢酶，如 3-磷酸甘油醛脱氢酶和乳酸脱氢酶。线粒体外的 NADH 需通过穿梭作用将质子转移到线粒体内，重新生成 NADH 或 $FADH_2$ 后再参加氧化磷酸化。穿梭作用主要有 α-磷酸甘油穿梭作用和苹果酸-天冬氨酸穿梭作用两种。

6.6.1　α-磷酸甘油穿梭作用

细胞液中的 NADH 和质子在 α-磷酸甘油脱氢酶（辅酶为 NAD^+）催化下，将磷酸二羟丙酮还原生成 α-磷酸甘油，后者能够很容易地进入线粒体内膜，在线粒体内膜上的 α-磷酸甘油脱氢酶（辅酶为 FAD）催化下重新生成磷酸二羟丙酮和 $FADH_2$。磷酸二羟丙酮穿出线粒体参与下一轮穿梭，而 $FADH_2$ 经呼吸链氧化生成 ATP。

α-磷酸甘油穿梭主要存在于肌肉组织和神经组织。其生物学意义在于它使细胞液中的 NADH 逆浓度梯度转运到线粒体内膜进入电子传递链进行氧化。

6.6.2　苹果酸-天冬氨酸穿梭作用

细胞液中生成的 NADH 和质子在苹果酸脱氢酶的催化下，与草酰乙酸反应生成苹果酸。苹果酸可进入线粒体内膜，再由苹果酸脱氢酶作用重新生成 NADH 和质子，进入呼吸链氧化生成 ATP。与此同时，生成的草酰乙酸不能穿出线粒体，需经谷草转氨酶催化，生成天冬氨酸后逸出线粒体。线粒体外的天冬氨酸再由细胞液中的谷草转氨酶催化，重新生成草酰乙酸继续参与下一轮穿梭。

苹果酸-天冬氨酸穿梭作用主要存在于肝、肾、心等组织。一般情况下，只有当细胞液中 NADH 和 NAD^+ 的比值比线粒体基质内的比值高时，NADH 才能通过这条途径进入线粒体。

第7章 糖代谢

导读

糖是有机体重要的能源和碳源。糖代谢包括糖的合成与糖的分解两方面。糖的最初来源都是植物或光合细菌通过光合作用将二氧化碳和水同化成的葡萄糖。此外，糖的合成途径还包括糖异生，即非糖物质转化成糖的途径。在植物和动物体内葡萄糖可以进一步合成寡糖和多糖作为储能物质（如蔗糖、淀粉和糖原），或者构成植物或细菌的细胞壁（如纤维素和肽聚糖），也可以转化为氨基酸、脂肪等其他生物分子。

在生物体内，糖的降解是生命活动所需能量的主要来源。生物体从碳水化合物中获得能量大致分成三个阶段：第一阶段，大分子糖变成小分子糖，如淀粉、糖原等变成葡萄糖；第二阶段，葡萄糖通过糖酵解（糖的共同分解途径）降解为丙酮酸，丙酮酸再转变为活化的酰基载体乙酰-辅酶 A；第三阶段，乙酰辅酶 A 通过三羧酸循环（糖的最后氧化途径）彻底氧化成 CO_2，当电子传递给最终的电子受体 O_2 时生成 ATP。这是动物、植物和微生物获得能量以维持生存的共同途径。糖的中间代谢还包括磷酸戊糖途径、乙醛酸途径等。

光合作用是绿色植物利用光能将 CO_2 和 H_2O 合成有机物并将光能转化为化学能储于其中的过程。光合作用分为两个阶段：①光合色素吸收光能经光合电子传递使之生成同化力，即（NADPH＋H^+）＋ATP；②通过 C_3 循环利用同化力将 CO_2 和 H_2O 合成糖。糖异生是生物将非糖化合物转化为糖的途径，单糖进一步作为单体合成寡糖和多糖，糖核苷酸是其活化单体形式。磷酸果糖激酶（PFK_2）在植物光合细胞的糖酵解及寡糖、多糖合成之间有重要的调节作用。

7.1 多糖和低聚糖的酶促降解

7.1.1 淀粉的酶促降解

淀粉可分为直链淀粉（amylose）和支链淀粉（amylopectin）两种。前者为无分支的螺旋结构，如图 7-1 所示，后者主链中的葡萄糖残基以 $α$-1,4-糖苷键相连，每相隔 24～30 个葡萄糖残基就有一个分支，分支处为 $α$-1,6-糖苷键，如图 7-2 所示。

淀粉可以通过两种不同的途径降解成葡萄糖。一个途径是水解，动物的消化和植物种子萌发时就是利用这一途径使多糖降解成糊精、麦芽糖、异麦芽糖和葡萄糖，其中的麦芽糖和异麦芽糖又可被麦芽糖酶和异麦芽糖酶降解生成葡萄糖，葡萄糖进入细胞后被磷酸化并经糖酵解作用降解。淀粉的另一个降解途径为磷酸降解过程。

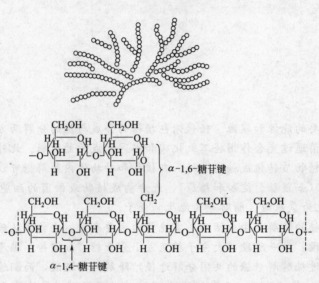

图 7-1　直链淀粉的结构

图 7-2　支链淀粉的结构

7.1.1.1　淀粉的水解

催化淀粉水解的酶称为淀粉酶（amylase），淀粉酶在动物、植物及微生物中均存在，包括 α-淀粉酶（α-amylase，又称 α-1,4-葡聚糖水解酶）、β-淀粉酶（β-amylase，又称 α-1,4-葡聚糖基-麦芽糖基水解酶）和脱支酶（debranching enzyme，又称 R 酶），如图 7-3 所示。

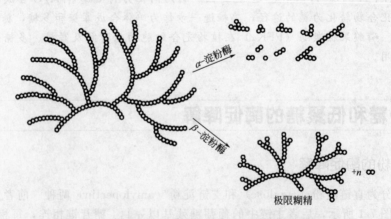

图 7-3　α-淀粉酶及 β-淀粉酶水解支链淀粉的示意图

α-淀粉酶是一种内切淀粉酶（endoamylase），可以水解直链淀粉或糖原分子内部的任意 α-1,4-糖苷键，但对距淀粉链非还原性末端第五个以后的糖苷键的作用受到抑制。当底物是直链淀粉，水解产物为葡萄糖和麦芽糖、麦芽三糖以及低聚糖的混合物；当底物是支链淀粉，则直链部分的 α-1,4-糖苷键被水解，而 α-1,6-糖苷键不被水解，水解产物为葡萄糖和麦芽糖、麦芽三糖等寡聚糖类，以及含有 α-1,6-糖苷键的极限糊精（4-极限糊精）的混合物。

β-淀粉酶是一种外切淀粉酶（exoamylase），从淀粉分子外围的非还原性末端开始，每间隔一个糖苷键进行水解，产物为麦芽糖。如果底物是直链淀粉，水解产物几乎都是麦芽糖；如果底物是支链淀粉，水解产物为麦芽糖和多分支糊精（β 极限糊精）。

α-淀粉酶仅在发芽的种子中存在，β-淀粉酶主要存在于休眠的种子中。α-淀粉酶是需要与 Ca^{2+} 结合而表现活性的金属酶，因此螯合剂 EDTA 等能抑制此酶。β-淀粉酶是含巯基的酶，氧化巯基的试剂能抑制此酶。α-淀粉酶耐热不耐酸，在 pH3.3 时被破坏，而在 70℃下15min 该酶仍保持活性。β-淀粉酶耐酸不耐热，在 pH3.3 时可保持活性，但在 70℃下 15min 酶被破坏。因此利用 EDTA、高温或调节 pH 值等方法可以将这两种淀粉酶分开。

α-淀粉酶和 β-淀粉酶中的 α 与 β，并非表示其作用于 α 或 β 糖苷键，而只是用来标明两种不同的水解淀粉酶。由于 α-淀粉酶和 β-淀粉酶只能水解淀粉的 α-1,4-糖苷键，因此只能使支链淀粉水解 54%～55%，剩下的分支组成了一个淀粉酶不能作用的糊精，称为极限糊精。

脱支酶仅能水解支链淀粉外围的 α-1,6-糖苷键，不能分解支链淀粉内部的 α-1,6-糖苷键，只有与 α-淀粉酶、β-淀粉酶共同作用才能将支链淀粉完全水解，生成麦芽糖和葡萄糖。麦芽糖被麦芽糖酶（maltase）水解生成葡萄糖，进一步被植物利用。

7.1.1.2 淀粉磷酸解

淀粉除了可以被水解外，也可以被磷酸解（phosphorolysis）。

（1）α-1,4-糖苷键的降解

淀粉磷酸化酶（starch phosphorylase）可作用于淀粉的 α-1,4-糖苷键，从非还原端依次进行磷酸解，每次释放 1 分子 l-磷酸葡萄糖。生成的 1-磷酸葡萄糖不能扩散到细胞外，并且可进一步在磷酸葡萄糖变位酶（glucose-1,6-phosphomutase）的催化下转化为 6-磷酸葡萄糖，最后转化为葡萄糖，6-磷酸葡萄糖也可直接经糖酵解被氧化。由于淀粉磷酸化酶只能作用于 α-1,4 糖苷键，所以不能完全降解支链淀粉，支链淀粉的完全降解还需有其他酶的配合。

（2）α-1,6-糖苷键的降解

支链淀粉经过磷酸解完全降解需三种酶的共同作用，这三种酶是磷酸化酶（phosphorylase）、转移酶（transferase）和 α-1,6-糖苷酶（α-1,6-glucosidase）。首先，磷酸化酶从非还原性末端依次降解并释放出 1 分子 1-磷酸葡萄糖，直到在分支点以前还剩 4 个葡萄糖残基为止；然后转移酶将一个分支上剩下的 4 个葡萄糖残基中的 3 个葡萄糖残基转移到另一个分支上，并形成一个新的 α-1,4-糖苷键；最后，α-1,6-糖苷酶降解暴露在外的 α-1,6-糖苷键。这样，原来的分支结构就变成了直链结构，磷酸化酶可继续催化其磷酸解，生成 1-磷酸葡萄糖。

糖原的降解也是通过磷酸解，由磷酸化酶和转移酶，以及 α-1,6-糖苷酶共同作用将糖原完全降解，如图 7-4 所示。

7.1.2 纤维素的酶促降解

纤维素酶（cellulase）是一种重要的酶产品，是一种复合酶，主要由内切 β-葡聚糖酶（endo 1,4-β-D-glucanase，EC3.2.1.4）、外切 β-葡聚糖酶（exo-1,4-β-D-glucanase）和 β-葡萄糖苷酶（β-1,4-glucosidase）等组成。内切葡聚糖酶随机切割纤维素多糖链内部的无定型区，产生不同长度的寡糖和新链的末端，外切葡聚糖酶作用于这些还原性和非还原性的纤维

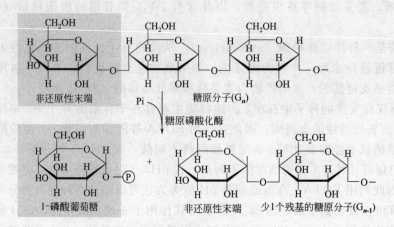

图 7-4　糖原磷酸解途径

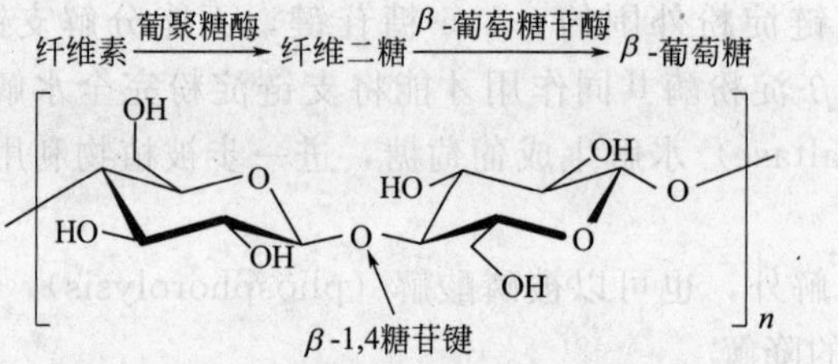

图 7-5　纤维素酶促降解及分子结构示意图

素多糖链的末端，释放葡萄糖或纤维二糖，β-葡萄糖苷酶水解纤维二糖产生两分子的葡萄糖。反应过程如图 7-5 所示。

纤维素的分解在高等植物体内很少发生，只是在少数发芽的种子及其幼苗如大麦、菠菜、玉米等内有发现，但在许多微生物体内（如细菌、霉菌）都含有分解纤维素的酶。

7.1.3　糖的吸收和运转

7.1.3.1　糖的吸收

多糖须先消化才能被吸收与转运。对人或动物而言，口腔中的唾液（含有 α-淀粉酶）能将淀粉部分水解为麦芽糖，再由口腔、胃转运至小肠，经胰淀粉酶、麦芽糖酶、蔗糖酶和乳糖酶的水解，产生葡萄糖、果糖和半乳糖等单糖。小肠既是多糖消化的重要器官，又是吸收葡萄糖等单糖的重要器官。

葡萄糖等单糖被小肠黏膜细胞的吸收是一个单糖和 Na^+ 的同向协同过程，即葡萄糖和 Na^+ 都是由细胞外向细胞内转运。葡萄糖跨膜运输所需要的能量来自细胞膜两侧 Na^+ 的浓度梯度。

7.1.3.2　糖的运转

葡萄糖等单糖被人或动物吸收进入血液，血液中的糖称为血（blood sugar），血糖含量高低是表示体内糖代谢水平的一项重要指标。正常时人体内血糖浓度处于一定范围之中，空腹静脉血糖正常值为 3.9~6.1mmol/L，高于 8.8mmol/L 称为高血糖，低于 3.8mmol/L 称为低血糖。正常机体可通过肝糖原和肌糖原的合成或降解来维持血糖恒定，血糖的来源与去向如图 7-6 所示。

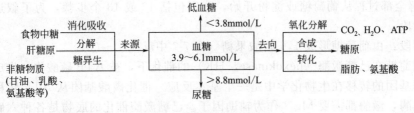

图 7-6 血糖的来源与去向

7.2 糖的分解代谢

7.2.1 糖酵解

糖酵解（glycolysis）是葡萄糖在不需氧的条件下分解成丙酮酸，并生成 ATP 的过程。糖酵解途径几乎是具有细胞结构的所有生物所共有的葡萄糖降解途径，它最初是从研究酵母的酒精发酵发现的，故名糖酵解。整个糖酵解过程是 1940 年得到阐明的。为纪念在这方面贡献较大的三位生化学家——古斯塔夫·埃姆登（Gustav G. Embden）、奥托·迈耶霍夫（Otto F. Meyerhof）、雅库布·帕那斯（Jakub K. Parnas），糖酵解过程也称为埃姆登-迈耶霍夫-帕那斯途径（Embden-Meyerhof-Parnas Pathway），简称 EMP 途径。

糖酵解过程是在细胞液中进行的，无论有氧还是无氧条件均能发生，其过程如图 7-7 所示。

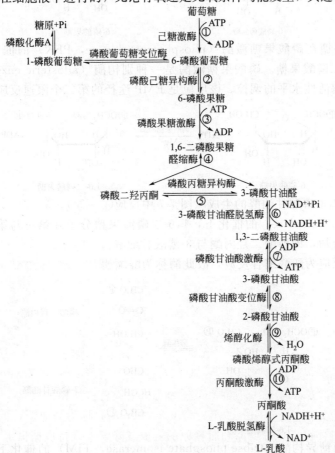

图 7-7 糖酵解途径

　　糖酵解全部过程从葡萄糖或淀粉开始，分别包括 12 或 13 个步骤，为了叙述方便，划分为四个阶段。

　　第一阶段：由葡萄糖形成 1,6-磷酸果糖（图 7-7 中反应①～③）。

　　(1) 葡萄糖在己糖激酶（hexokinase，HK）的催化下，被 ATP 磷酸化，生成 6-磷酸葡萄糖。磷酸基团的转移在生物化学中是一个基本反应。催化磷酸基团从 ATP 转移到受体上的酶称为激酶，激酶都需要 Mg^{2+} 作为辅助因子。己糖激酶催化的底物是各种六碳糖（如葡萄糖、果糖）。该反应为 EMP 途径的第一个限速反应。

葡萄糖 + ATP → 己糖激酶/Mg^{2+} → 6-磷酸葡萄糖 + ADP

$$\Delta G^{\ominus\prime}=-16.72\text{kJ/mol}$$

　　(2) 6-磷酸葡萄糖在磷酸己糖异构酶（phosphohexose isomerase）的催化下，转化为 6-磷酸果糖。

6-磷酸葡萄糖 ⇌ 磷酸己糖异构酶 ⇌ 6-磷酸果糖

　　(3) 6-磷酸果糖在磷酸果糖激酶（phosphofructokinase，PFK）的催化下，被 ATP 磷酸化，生成 1,6-二磷酸果糖。磷酸果糖激酶是一种别构酶（allosteric enzyme），EMP 的进程受磷酸果糖激酶活性水平的调控。该反应是 EMP 途径的第二个限速反应。

6-磷酸果糖 + ATP → 磷酸果糖激酶/Mg^{2+} → 1,6-二磷酸果糖 + ADP

　　第二阶段：2,3-磷酸甘油醛的生成（图 7-7 中反应④～⑤）。

　　(1) 在醛缩酶（aldolase）的催化下，1,6-二磷酸果糖分子在第三与第四碳原子之间断裂为两个三碳化合物，即磷酸二羟丙酮与 3-磷酸甘油醛。

　　此反应的逆反应为醇醛缩合反应，故此酶称为醛缩酶。

1,6-二磷酸果糖 → 醛缩酶 → 磷酸二羟丙酮 + 3-磷酸甘油醛

磷酸二羟丙酮
$$
\begin{array}{l}
CH_2O\ \text{Ⓟ}\\
|\\
C=O\\
|\\
CH_2OH
\end{array}
$$

3-磷酸甘油醛
$$
\begin{array}{l}
CHO\\
|\\
HCOH\\
|\\
CH_2O\ \text{Ⓟ}
\end{array}
$$

　　(2) 在磷酸丙糖异构酶（triose-phosphate isomerase，TIM）的催化下，两个互为同分

异构体的磷酸三碳糖之间有同分异构的互变。

这个反应进行得极快并且是可逆的。当反应平衡时，96％为磷酸二羟丙酮。但在正常条件下，由于 3-磷酸甘油醛被不断代谢，平衡向生成 3-磷酸甘油醛的方向移动。

磷酸二羟丙酮　　　　3-磷酸甘油醛

第三阶段：3-磷酸甘油醛氧化并转变成 2-磷酸甘油酸（图 7-7 中反应⑥～⑧）。

在此阶段有两步产生能量的反应，释放的能量可由 ADP 转变成 ATP 储存。

（1）3-磷酸甘油醛氧化为 1,3-二磷酸甘油酸，催化此反应的酶是 3-磷酸甘油醛脱氢酶（glyceraldehyde-3-phosphate dehydrogenase，GAPDH）。

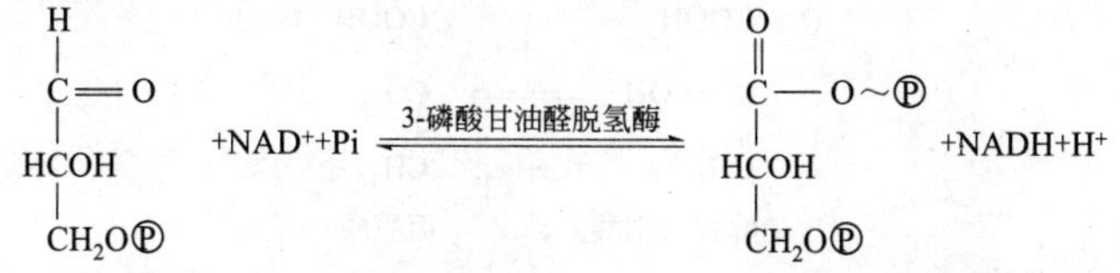

3-磷酸甘油醛　　　　1,3-二磷酸甘油酸

3-磷酸甘油醛的氧化是酵解过程中首次发生的氧化作用，3-磷酸甘油醛 C_1 上的醛基转变成酰基磷酸。酰基磷酸是磷酸与羧酸的混合酸酐，具有高能磷酸基团性质，其能量来自醛基的氧化。

（2）在磷酸甘油酸激酶（phosphoglycerate kinase）的催化下，1,3-二磷酸甘油酸生成 3-磷酸甘油酸。

1,3-二磷酸甘油酸中的高能磷酸键经磷酸甘油酸激酶（一种可逆性的磷酸激酶）作用后转变为 ATP，生成了 3-磷酸甘油酸。因为 1mol 的己糖代谢后生成 2mol 的丙糖，所以在这个反应及随后的放能反应中有 2 倍高能磷酸键产生。

1,3-二磷酸甘油酸　　　　3-磷酸甘油酸

（3）3-磷酸甘油酸在磷酸甘油酸变位酶（phosphoglycerate mutase）催化下生成 2-磷酸甘油酸。

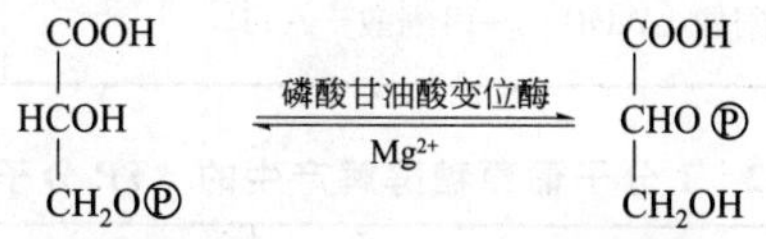

3-磷酸甘油酸　　　　2-磷酸甘油酸

第四阶段：由 2-磷酸甘油酸生成丙酮酸（图 7-7 中反应⑨～⑩）。

（1）2-磷酸甘油酸脱水形成磷酸烯醇式丙酮酸（PEP）

在脱水过程中分子内部能量重新排布，使一部分能量集中在磷酸键上，从而形成一个高能磷酸键。催化此反应的酶是烯醇化酶（enolase）。该反应被 Mg^{2+} 或 Mn^{2+} 所激活，被氟离子所抑制。

（2）磷酸烯醇式丙酮酸在丙酮酸激酶（pyruvate kinase）催化下转变为烯醇式丙酮酸。

$$\underset{\text{2-磷酸甘油酸}}{\begin{array}{c} COOH \\ | \\ CHO\,\textcircled{P} \\ | \\ CH_2OH \end{array}} \xrightleftharpoons[\text{Mg}^{2+}\text{或Mn}^{2+}]{\text{烯醇化酶}} \underset{\text{磷酸烯醇式丙酮酸}}{\begin{array}{c} COOH \\ | \\ C-O\sim\textcircled{P} \\ || \\ CH_2 \end{array}} + H_2O$$

这是一个偶联生成 ATP 的反应，属于底物水平磷酸化作用。该反应为 EMP 途径的第三个限速反应。

$$\underset{\text{磷酸烯醇式丙酮酸}}{\begin{array}{c} COOH \\ | \\ CO\sim\textcircled{P} \\ | \\ CH_2 \end{array}} + ADP \xrightleftharpoons[\text{Mg}^{2+}\text{或 K}^{+}]{\text{丙酮酸激酶}} \underset{\text{烯醇式丙酮酸}}{\begin{array}{c} COOH \\ | \\ C-OH \\ || \\ CH_2 \end{array}} + ATP$$

烯醇式丙酮酸极不稳定，很容易自动转变成比较稳定的丙酮酸，这一步不需要酶的催化。

$$\underset{\text{烯醇式丙酮酸}}{\begin{array}{c} COOH \\ | \\ C-OH \\ || \\ CH_2 \end{array}} \xrightleftharpoons{\quad} \underset{\text{丙酮酸}}{\begin{array}{c} COOH \\ | \\ CO \\ | \\ CH_3 \end{array}}$$

糖酵解的总反应式为：

葡萄糖 $+2Pi+2NAD^{+}+2ADP \longrightarrow 2$ 丙酮酸 $+2ATP+2NADH+2H^{+}+2H_2O$

由葡萄糖生成丙酮酸的全部反应见表 7-1。糖酵解中所生成的 ATP 数目见表 7-2。

表 7-1　糖酵解的反应及酶类

序　号		反　应	酶
1	①	葡萄糖＋ATP ——→6-磷酸葡萄糖＋ADP	己糖激酶
	②	6-磷酸葡萄糖——→6-磷酸果糖	磷酸己糖异构酶
	③	6-磷酸果糖＋ATP ——→1,6-二磷酸果糖＋ADP	磷酸果糖激酶
2	④	1,6-二磷酸果糖——磷酸二羟丙酮＋3-磷酸甘油醛	醛缩酶
	⑤	磷酸二羟丙酮——3-磷酸甘油醛	磷酸丙糖异构酶
3	⑥	3-磷酸甘油醛＋NAD⁺＋Pi——1,3-二磷酸甘油酸＋NADH＋H⁺	3-磷酸甘油醛脱氢酶
	⑦	1,3-二磷酸甘油酸＋ADP——3-磷酸甘油酸＋ATP	磷酸甘油酸激酶
	⑧	3-磷酸甘油酸——2-磷酸甘油酸	磷酸甘油酸变位酶
4	⑨	2-磷酸甘油酸——磷酸烯醇式丙酮酸＋H₂O	烯醇化酶
	⑩	磷酸烯醇式丙酮酸＋ADP——→丙酮酸＋ATP	丙酮酸激酶

表 7-2　1 分子葡萄糖酵解产生的 ATP 分子数

反　应	形成 ATP 分子数
葡萄糖——→6-磷酸葡萄糖	-1
6-磷酸果糖——→1,6-二磷酸果糖	-1
1,3-二磷酸甘油酸——→3-磷酸甘油酸	$+1\times2$
磷酸烯醇式丙酮酸——→丙酮酸	$+1\times2$
1 分子葡萄糖——→2 分子丙酮酸	$+2$

7.2.2 糖酵解的化学计量与生物学意义

糖酵解是一个放能过程。1 分子葡萄糖在糖酵解过程中形成 2 分子丙酮酸，净得 2 分子 ATP 和 2 分子 NADH。在有氧条件下，1 分子 NADH 经呼吸链被 O_2 氧化生成 H_2O 时，原核细胞可形成 3 分子 ATP，真核细胞可形成 2 分子 ATP。原核细胞 1 分子葡萄糖经糖酵解总共可生成 8 分子 ATP。按照 1molATP 含自由能 33.4kJ 计算，共释放 $8×33.4kJ=267.2kJ$ 的能量，还不到葡萄糖所含自由能 2867.5kJ 的 10%，可见大部分能量仍保留在 2 分子丙酮酸中。

糖酵解的生物学意义就在于它可在无氧条件下为生物体提供能量，虽然量少，但意义重大。糖酵解的中间产物是许多重要物质合成的原料，如丙酮酸是物质代谢中的重要物质，可根据生物体的需要而进一步向许多方面转化。3-磷酸甘油酸可转变为甘油用于脂肪的合成。糖酵解在非糖物质转化成糖的过程中也起重要作用，因为糖酵解的大部分反应是可逆的，非糖物质可以逆着糖酵解的途径异生成糖，当然必须绕过不可逆反应。

7.2.3 丙酮酸的去向

葡萄糖经糖酵解生成丙酮酸是一切有机体及各类细胞所共有的途径。丙酮酸的继续变化有多条途径。

（1）丙酮酸彻底氧化

在有氧条件下，丙酮酸脱羧变成乙酰辅酶 A 而进入三羧酸循环。

$$丙酮酸＋NAD^+＋CoA \longrightarrow 乙酰辅酶 A ＋CO_2＋NADH＋H^+$$

（2）丙酮酸还原生成乳酸

在无氧条件下，为了糖酵解的继续进行，就必须将还原型的 NADH 再转化成氧化型的 NAD^+，以保证辅酶的周转，如乳酸发酵、酒精发酵等。

在乳酸脱氢酶（lactate dehydrogenase）的催化下，丙酮酸被从 3-磷酸甘油醛分子上脱下的氢（$NADH＋H^+$）还原，生成乳酸，称为乳酸发酵（lactic acid fermentation）。

$$
\begin{array}{ccc}
COOH & & COOH \\
| & & | \\
CO & +NADH+H^+ \xrightarrow{\ 乳酸脱氢酶\ } & HCOH \ + NAD^+ \\
| & & | \\
CH_3 & & CH_3 \\
丙酮酸 & & 乳酸
\end{array}
$$

从葡萄糖酵解成乳酸的总反应式为：

$$葡萄糖＋2Pi＋2ADP \longrightarrow 2 乳酸＋2ATP＋2H_2O$$

某些厌氧乳酸菌或肌肉由于剧烈运动而缺氧时，NAD^+ 的再生是由丙酮酸还原成乳酸来完成的。乳酸是乳酸酵解的最终产物。乳酸发酵是乳酸菌的生活方式。

（3）丙酮酸生成乙醇

在酵母菌或其他微生物中，在丙酮酸脱羧酶（pyruvate decarboxylase）的催化下，丙酮酸脱羧变成乙醛，继而在乙醇脱氢酶（alcohol dehydrogenase）的作用下，由 NADH 还原成乙醇。反应如下。

① 丙酮酸脱羧

$$丙酮酸 \xrightarrow{\ 丙酮酸脱羧酶\ } 乙醛＋CO_2$$

② 乙醛被还原为乙醇

$$乙醛＋NADH＋H^+ \longrightarrow 乙醇＋NAD^+$$

葡萄糖进行乙醇发酵的总反应式为：

$$\text{葡萄糖}+2Pi+2ADP \longrightarrow 2CH_3CH_2OH+2CO_2+2ATP$$

对高等植物来说，不论是在有氧还是在无氧的条件下，糖的分解都必须先经过糖酵解阶段形成丙酮酸，然后进入不同降解途径。

糖酵解可以在无氧或缺氧的条件下供给生物以能量，但糖分解得不完全，停止在二碳或三碳化合物状态，放出极少的能量。所以对绝大多数生物来说，无氧只能是短期的，因为消耗大量的有机物，才能获得少量的能量，但能应急。例如当肌肉强烈运动时，由于氧气不足，NADH 即还原丙酮酸，产生乳酸，生成的 NAD$^+$ 继续进行糖酵解的脱氢反应。

7.2.4　糖酵解的调控

糖酵解途径具有双重作用：使葡萄糖降解生成 ATP，并为合成反应提供原料。因此，糖酵解的速率就要根据生物体对能量与物质的需要而受到调节与控制。在糖酵解中，由己糖激酶、磷酸果糖激酶、丙酮酸激酶所催化的反应是不可逆的。这些不可逆的反应均可成为控制糖酵解的限速步骤，从而控制糖酵解进行的速率。催化这些限速反应步骤的酶就称为限速酶（rate-limiting enzyme）。

己糖激酶是别构酶，其反应速率受产物 6-磷酸葡萄糖的反馈抑制。当磷酸果糖激酶被抑制时，6-磷酸果糖的水平升高，6-磷酸葡萄糖的水平也随之相应升高，从而导致己糖激酶被抑制。

磷酸果糖激酶也是别构酶，是糖酵解中最重要的限速酶，受细胞内能量水平的调节，它被 ADP 和 AMP 促进，即在能量最低时活性最强。但受高水平 ATP 的抑制，因为 ATP 是此酶的别构抑制剂，可引发别构效应而降低对其底物的亲和力。磷酸果糖激酶也受高水平柠檬酸的抑制，柠檬酸是三羧酸循环的早期中间产物，柠檬酸水平高就意味着生物合成的前体很丰富，糖酵解就应当减慢或暂停。当细胞既需要能量又需要原材料时，如 ATP/AMP 比值低及柠檬酸水平低时，则磷酸果糖激酶的活性最高，而当物质与能量都丰富时，磷酸果糖激酶的活性几乎等于零。

丙酮酸激酶也参与糖酵解速率的调节。丙酮酸激酶受 ATP 的抑制，当 ATP/AMP 比值高时，磷酸烯醇式丙酮酸转变成丙酮酸的过程即受到阻碍。糖酵解的调节控制如图 7-8所示。

7.2.5　糖的有氧分解

葡萄糖通过糖酵解转变成丙酮酸。在有氧条件下，丙酮酸通过一个包括二羧酸和三羧酸的循环而逐步氧化分解，直至形成 CO_2 和 H_2O 为止。这个过程称为三羧酸循环，该循环是英国生化学家汉斯·克雷布斯（Hans A. Krebs）首先发现的，故又名 Krebs 循环。由于该循环的第一个产物是柠檬酸，故又称柠檬酸循环（citric acid cycle）。

三羧酸循环是生物中的燃料分子（即碳水化合物、脂肪酸和氨基酸）氧化的最终共同途径。这些燃料分子大多数以乙酰辅酶 A 进入此循环而被氧化。

7.2.5.1　丙酮酸氧化脱羧

丙酮酸不能直接进入三羧酸循环，而是先氧化脱羧形成乙酰辅酶 A 再进入三羧酸循环。丙酮酸氧化脱羧反应（pyruvate decarboxylation）由丙酮酸脱氢酶复合体（pyruvate

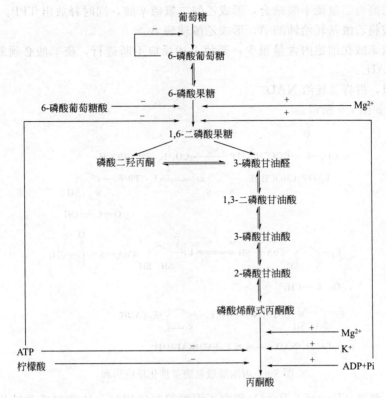

图 7-8 糖酵解的调控
＋—正调控；－—负调控

dehydrogenase complex，PDC），或称丙酮酸脱氢酶系（pyruvate dehydrogenase system）催化完成。连接糖酵解作用（最终产物为丙酮酸）与柠檬酸循环（起始反应物为乙酰辅酶A）的一系列化学反应，都由该复合体所催化，在它们的协同作用下，使丙酮酸转变为乙酰辅酶 A 和 CO_2。

丙酮酸脱氢酶复合体是一个相当庞大的多酶体系，其中包括三种不同的酶：丙酮酸脱氢酶（pyruvate dehydrogenase，简称 E1）、二氢硫辛酸乙酰转移酶（dihydrolipoyl transacety-lase，简称 E2）、二氢硫辛酸脱氢酶（dihydrolipoyl dehydrogenase，简称 E3）。丙酮酸脱氢酶复合体还包括 6 种辅助因子：焦磷酸硫胺素（TPP）、辅酶 A（CoA）、硫辛酸（lipoic acid）、黄素腺嘌呤二核苷酸（FAD）、烟酰胺腺嘌呤二核苷酸（NAD）和 Mg^{2+}。

与低等生物不同的是，高等生物体内的丙酮酸脱氢酶复合体还包括另外 3 种蛋白质，分别是丙酮酸脱氢酶激酶（pyruvate dehydrogenase kinase，PDK）、丙酮酸脱氢酶磷酸酶（pyruvate dehydrogenase phosphatase，PDP）和二氢硫辛酸脱氢酶结合蛋白（E3 binding protein，E3Bp）。

对真核生物来说，组成丙酮酸脱氢酶复合体的三种酶及辅助因子皆存在于线粒体的基质中；对原核生物来说，则是位于细胞质中。这些酶除了组合在一起之外，还能够重复地组成更大的蛋白质群。

丙酮酸脱氢酶复合体催化反应如下：

$$CH_3COCOOH + HSCoA + NAD^+ \longrightarrow CH_3COCoA + CO_2 + NADH + H^+$$

这是一个不可逆反应，分五步进行。

① 丙酮酸与 TPP 形成复合物，然后脱羧，生成活化乙醛。

② 活化乙醛与二氢硫辛酸结合，形成乙酰二氢硫辛酸，同时释放出 TPP。

③ 硫辛酸将乙酰基转给辅酶 A，形成乙酰辅酶 A。

④ 由于硫辛酸在细胞内含量很少，要使上述反应不断进行，硫辛酸必须氧化再生，即将氢递交给 FAD。

⑤ FADH，再将氢转给 NAD^+。

具体反应如图 7-9 所示。

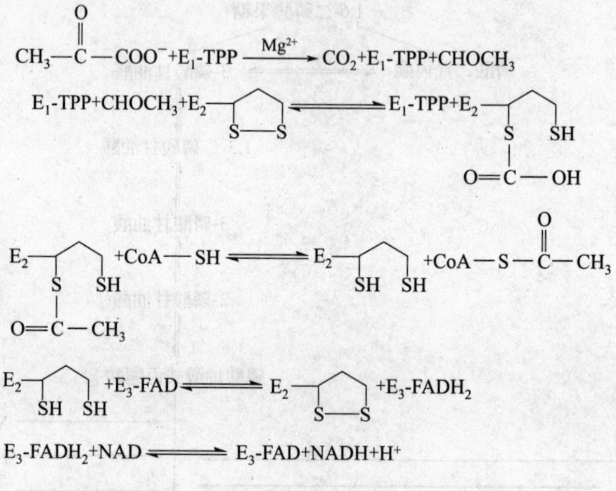

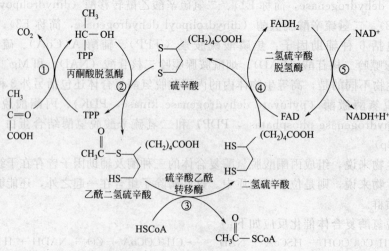

图 7-9　丙酮酸脱氢酶系催化反应历程

李斯特·瑞德（Lester J. Reed）研究了丙酮酸脱氢酶复合体的组成和结构，在大肠杆菌中此酶的相对分子质量约 4600000，由 60 条肽链组成多面体，直径约 30nm，可以在电子显微镜下观察到。硫辛酸乙酰转移酶位于核心，有 24 条肽链，丙酮酸脱氢酶也有 24 条肽链，二氢硫辛酸脱氢酶由 12 条肽链组成。这些肽链以非共价力结合在一起，在碱性条件时复合体可以解离成相应的亚单位，在中性条件下三个酶又可重新组合成酶复合体。

综上所述，1 分子丙酮酸转变为 1 分子乙酰辅酶 A，生成 1 分子 $NADH+H^+$，放出 1 分子 CO_2。所生成的乙酰辅酶 A 随即可进入三羧酸循环被彻底氧化，反应历程如图 7-10 所示。

图 7-10　丙酮酸脱氢酶系作用模式

7.2.5.2 三羧酸循环

在有氧条件下，乙酰辅酶 A 的乙酰基通过三羧酸循环被氧化成 CO_2 和 H_2O。三羧酸循环不仅是糖有氧代谢的途径，也是机体内一切有机物碳素骨架氧化成 CO_2 的必经之路。反应历程如图 7-11 所示。

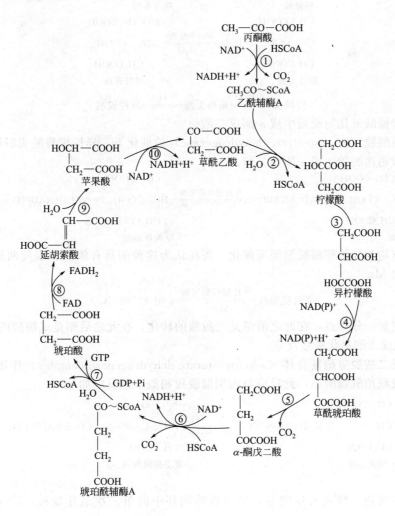

图 7-11 三羧酸循环

①—丙酮酸脱氢酶复合体；②—柠檬酸合酶；③—顺乌头酸酶；④,⑤—异柠檬酸脱氢酶；
⑥—α-酮戊二酸脱氢酶复合体；⑦—琥珀酰辅酶 A 合成酶；⑧—琥珀酸脱氢酶；
⑨—延胡索酸酶；⑩—苹果酸脱氢酶

(1) 乙酰辅酶 A 与草酰乙酸缩合成柠檬酸。

乙酰辅酶 A 在柠檬酸合酶 (citrate synthase) 催化下与草酰乙酸进行缩合，生成 1 分子柠檬酸。

（2）在顺乌头酸酶（aconitase）催化下，柠檬酸脱水生成顺乌头酸，然后加水生成异柠檬酸。

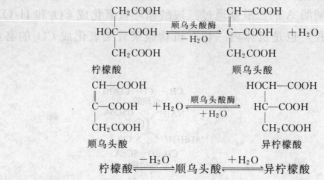

柠檬酸　　　　顺乌头酸

顺乌头酸　　　　异柠檬酸

$$柠檬酸 \xrightleftharpoons{-H_2O} 顺乌头酸 \xrightleftharpoons{+H_2O} 异柠檬酸$$

（3）异柠檬酸氧化与脱羧生成α-酮戊二酸

在异柠檬酸脱氢酶（isocitrate dehydrogenase）的催化下，异柠檬酸脱去2H，其中间产物草酰琥珀酸迅速脱羧生成α-酮戊二酸。

异柠檬酸　　　　草酰琥珀酸

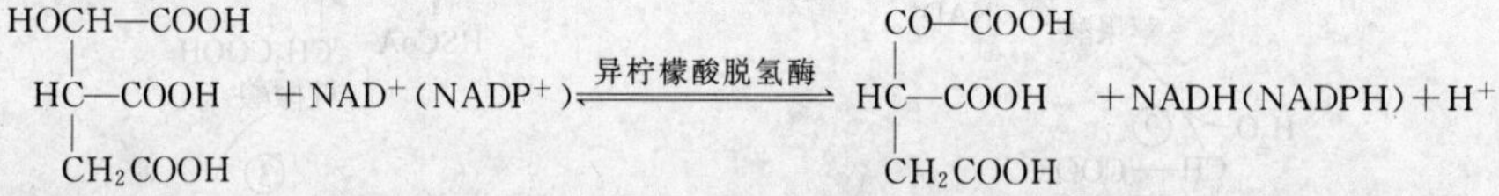

两步反应均为异柠檬酸脱氢酶所催化。现在认为这种酶具有脱氢和脱羧两种催化能力。脱羧反应需要 Mn^{2+}。

$$草酰琥珀酸 \xrightleftharpoons[Mn^{2+}]{异柠檬酸脱氢酶} \alpha\text{-}酮戊二酸 + CO_2$$

此步反应是一分界点，在此之前都是三羧酸的转化，在此之后则是二羧酸的转化。

（4）α-酮戊二酸氧化脱羧反应

在α-酮戊二酸脱氢酶复合体（α-ketoglutarate dehydrogenase complex）作用下，α-酮戊二酸脱羧生成琥珀酰辅酶A，此反应与丙酮酸脱羧相似。总反应如下：

α-酮戊二酸　　　　琥珀酰辅酶A

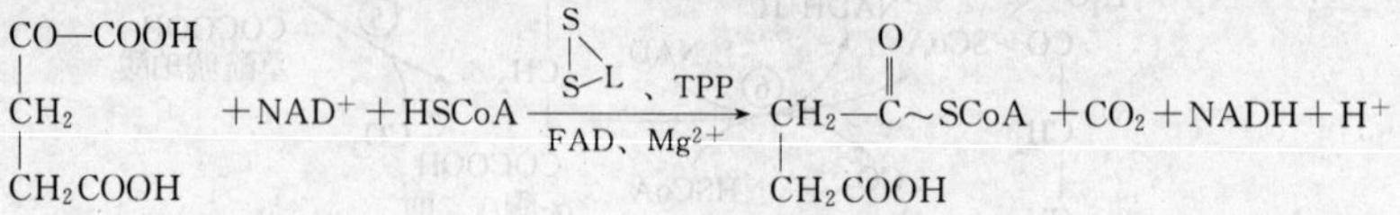

$\Delta G^{\ominus} = -33.44kJ$

此反应不可逆，释放大量能量，是三羧酸循环中的第二次氧化脱羧，产生 NADH 及 CO_2 各1分子。

（5）在琥珀酰辅酶A合成酶（succinyl-CoA synthetase）催化下，琥珀酰辅酶A转移其高能硫酯键至二磷酸鸟苷（GDP）上生成三磷酸鸟苷（GTP），同时生成琥珀酸。然后GTP再将高能键能转给ADP，生成1分子ATP。

琥珀酰辅酶A　　　　琥珀酸

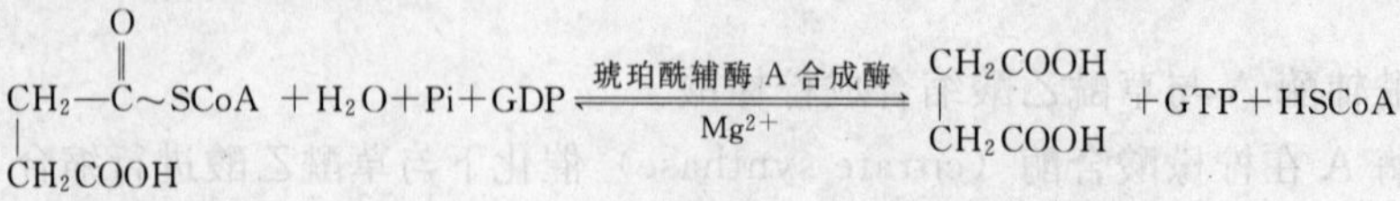

$$GTP + ADP \rightleftharpoons ATP + GDP$$

此反应为此循环中唯一直接产生ATP的反应（底物水平磷酸化）。

（6）琥珀酸被氧化成延胡索酸。

琥珀酸脱氢酶（succinate dehydrogenase）催化此反应，其辅酶为黄素腺嘌呤二核苷酸（FAD）。

$$\begin{array}{c} CH_2COOH \\ | \\ CH_2COOH \end{array} + FAD \xrightarrow{\text{琥珀酸脱氢酶}} \begin{array}{c} CHCOOH \\ \| \\ HOOCCH \end{array} + FADH_2$$

琥珀酸   延胡索酸

（7）延胡索酸水合酶（fumarate hydratase，也称延胡索酸酶）催化延胡索酸加水生成苹果酸。

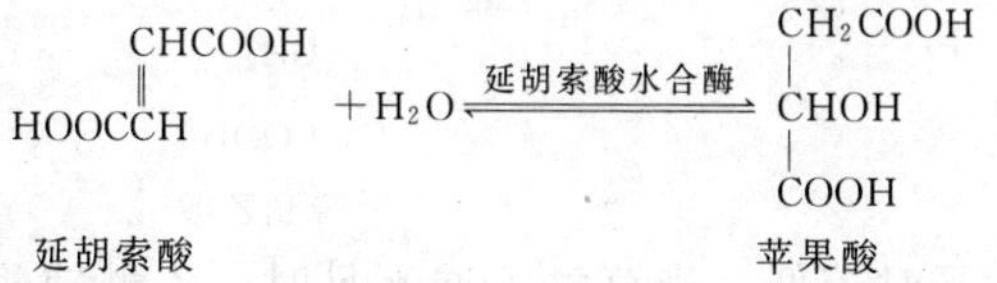

$$\begin{array}{c} CHCOOH \\ \| \\ HOOCCH \end{array} + H_2O \xrightleftharpoons{\text{延胡索酸水合酶}} \begin{array}{c} CH_2COOH \\ | \\ CHOH \\ | \\ COOH \end{array}$$

延胡索酸   苹果酸

（8）在苹果酸脱氢酶（malate dehydrogenase）催化下，苹果酸被氧化成草酰乙酸。

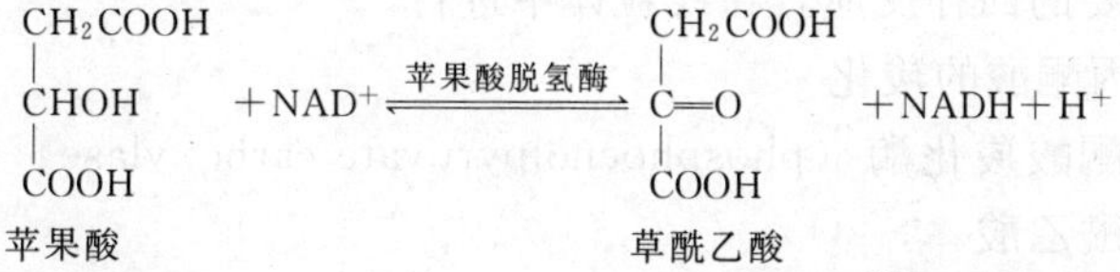

$$\begin{array}{c} CH_2COOH \\ | \\ CHOH \\ | \\ COOH \end{array} + NAD^+ \xrightleftharpoons{\text{苹果酸脱氢酶}} \begin{array}{c} CH_2COOH \\ | \\ C=O \\ | \\ COOH \end{array} + NADH + H^+$$

苹果酸   草酰乙酸

至此草酰乙酸又重新形成，又可和另 1 分子乙酰辅酶 A 缩合成柠檬酸进入三羧酸循环。

由上可见，三羧酸循环一周，消耗 1 分子乙酰辅酶 A（二碳化合物），循环中的三羧酸、二羧酸并不因参加此循环而有所增减，因此，在理论上，这些羧酸只需微量，就可不息地循环，促使乙酰辅酶 A 氧化。如图 7-11 所示，丙酮酸经三次脱羧反应（反应①、⑤、⑥）共生成 3 分子 CO_2；通过反应①、④、⑥、⑧、⑩共脱下 5 分子 H_2，经呼吸链氧化生成 5 分子 H_2O，而反应②、⑦、⑨共消耗 3 分子 H_2O，因此，净生成 2 分子 H_2O。

丙酮酸氧化的总反应可用下式表示：

$$CH_3COCOOH + 2.5O_2 \longrightarrow 3CO_2 + 2H_2O$$

三羧酸循环的多个反应是可逆的，但由于柠檬酸的合成及 α-酮戊二酸的氧化脱羧是不可逆的，故此循环是单向进行的。

7.2.5.3 草酰乙酸的回补反应

三羧酸循环不仅产生 ATP，其中间产物也是许多物质生物合成的原料。例如，构成叶绿素与血红素分子中卟啉环的碳原子来自琥珀酰辅酶 A。大多数氨基酸是由 α-酮戊二酸及草酰乙酸合成的。三羧酸循环中的任何一种中间产物被抽走，都会影响三羧酸循环的正常运转，如果缺少草酰乙酸，乙酰辅酶 A 就不能形成柠檬酸而进入三羧酸循环，所以草酰乙酸必须不断地得以补充，这种补充反应就称为回补反应（anaplerotic reaction），如图 7-12 所示。在动物中，进行丙酮酸羧化酶反应，在植物和细菌中，进行磷酸烯醇式丙酮酸羧化酶反应，从而使草酰乙酸得到补充。

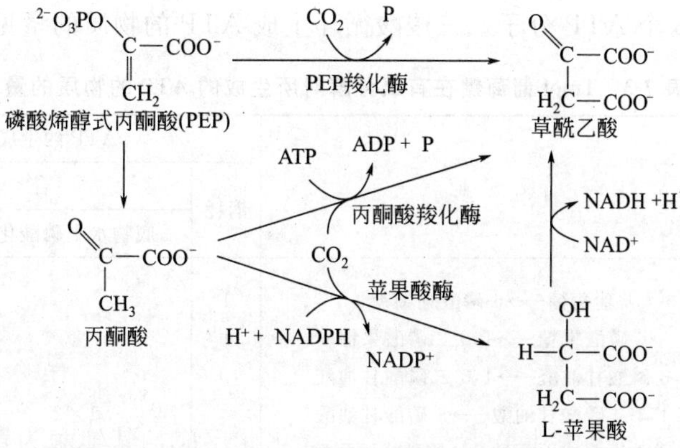

图 7-12　三羧酸循环中草酰乙酸回补反应

生物体内的回补反应如下。

（1）丙酮酸的羧化

丙酮酸在丙酮酸羧化酶（pyruvate carboxylase）催化下形成草酰乙酸。

$$\underset{\text{丙酮酸}}{\begin{array}{c} COOH \\ | \\ CO \\ | \\ CH_3 \end{array}} + CO_2 + ATP + H_2O \xrightarrow[\text{Mg}^{2+}]{\text{丙酮酸羧化酶}} \underset{\text{草酰乙酸}}{\begin{array}{c} COOH \\ | \\ CO \\ | \\ CH_2 \\ | \\ COOH \end{array}} + ADP + Pi + 2H^+$$

丙酮酸羧化酶的活性平时较低，当草酰乙酸不足时，乙酰辅酶 A 的累积可提高该酶活性。这是动物中最重要的回补反应，在线粒体中进行。

（2）磷酸烯醇式丙酮酸的羧化

在磷酸烯醇式丙酮酸羧化酶（phosphoenolpyruvate carboxylase）的作用下，磷酸烯醇式丙酮酸羧化形成草酰乙酸。

$$\underset{\text{磷酸烯醇式丙酮酸}}{\begin{array}{c} COOH \\ | \\ CO\sim ⓟ \\ | \\ CH_2 \end{array}} + GDP + CO_2 \xrightarrow[\text{Mg}^{2+}]{\text{磷酸烯醇式丙酮酸羧化酶}} \underset{\text{草酰乙酸}}{\begin{array}{c} COOH \\ | \\ CO \\ | \\ CH_2 \\ | \\ COOH \end{array}} + GTP$$

磷酸烯醇式丙酮酸羧化酶存在于高等植物、酵母和细菌中，动物体内不存在。此酶的作用与丙酮酸羧化酶相同，即保证供给三羧酸循环以适量的草酰乙酸。

（3）天冬氨酸的转氨基作用

天冬氨酸和 α-酮戊二酸在谷草转氨酶作用下可生成草酰乙酸和谷氨酸。

$$\text{天冬氨酸} + \alpha\text{-酮戊二酸} \xrightarrow{\text{谷草转氨酶}} \text{草酰乙酸} + \text{谷氨酸}$$

通过以上这些回补反应，保证有适量的草酰乙酸维持三羧酸循环的正常运转。

7.2.5.4 三羧酸循环中 ATP 的形成及三羧酸循环的意义

1 分子乙酰辅酶 A 经三羧酸循环可生成 1 分子 GTP（可转变成 ATP），共有 4 次脱氢，生成 3 分子 NADH 和 1 分子 $FADH_2$。当经呼吸链氧化生成 H_2O 时，前者共生成 9 分子 ATP，后者则生成 2 分子 ATP。因此，每分子乙酰辅酶 A 经三羧酸循环可产生 12 分子 ATP。若从丙酮酸开始计算，则 1 分子丙酮酸可产生 15 分子 ATP。1 分子葡萄糖可以产生 2 分子丙酮酸，因此，原核细胞每分子葡萄糖经糖酵解、三羧酸循环及氧化磷酸化三个阶段共产生 $8+2\times15=38$ 个 ATP 分子。三羧酸循环生成 ATP 的物质的量见表 7-3。

表 7-3 1mol 葡萄糖在有氧分解时所生成的 ATP 的物质的量

反应阶段	反应	ATP 的生成与消耗/mol			
		消耗	合成		净得
			底物水平磷酸化	氧化磷酸化	
糖酵解	葡萄糖——6-磷酸葡萄糖	1			−1
	6-磷酸果糖——1,6-二磷酸果糖	1			−1
	3-磷酸甘油醛——1,3-二磷酸甘油酸			3×2	6
	1,3-二磷酸甘油酸——3-磷酸甘油酸		1×2		2
	磷酸烯醇式丙酮酸——烯醇式丙酮酸		1×2		2

反应阶段	反 应	ATP 的生成与消耗/mol			
		消耗	合 成		净得
			底物水平磷酸化	氧化磷酸化	
丙酮酸氧化脱羧	丙酮酸——乙酰辅酶 A			3×2	6
三羧酸循环	异柠檬酸——草酰琥珀酸			3×2	6
	α-酮戊二酸——琥珀酰辅酶 A			3×2	6
	琥珀酰辅酶 A ——琥珀酸		1×2		2
	琥珀酸——延胡索酸			2×2	4
	苹果酸——草酰乙酸			3×2	6
总计		2	6	34	38

1mol 乙酰辅酶 A 燃烧释放的热量为 874.04kJ，12 分子 ATP 水解释放 353.63kJ 的能量，能量的利用效率为 40.5%。由于糖、脂肪及部分氨基酸分解的中间产物为乙酰辅酶 A，可通过三羧酸循环彻底氧化，因此三羧酸循环是生物体内产生 ATP 的最主要途径。

在生物界中，动、植物与微生物都普遍存在着三羧酸循环途径，因此三羧酸循环具有普遍的生物学意义。

① 生成大量的 ATP，为生命活动提供能量，是机体利用糖或其他物质氧化而获得能量的最有效方式。

② 三羧酸循环是联系糖类、脂类、蛋白质三大物质代谢的纽带。

③ 三羧酸循环所产生的多种中间产物是生物体内许多重要物质生物合成的原料。在细胞迅速生长时期，三羧酸循环可提供多种化合物的碳架，以供细胞生物合成使用。

④ 植物体内三羧酸循环所形成的有机酸，既是生物氧化的基质，又是一定器官的积累物质，如柠檬果实富含柠檬酸，苹果中富含苹果酸等。

⑤ 发酵工业上利用微生物三羧酸循环生产各种代谢产物，如柠檬酸、谷氨酸等。

7.2.5.5 三羧酸循环的调控

糖有氧氧化的第二阶段调节，即丙酮酸氧化脱羧生成乙酰辅酶 A 并进入三羧酸循环的一系列反应的调节，主要是通过 4 个限速酶，即丙酮酸脱氢酶复合体、柠檬酸合酶、异柠檬酸脱氢酶和 α-酮戊二酸脱氢酶复合体来实现的，如图 7-13 所示。

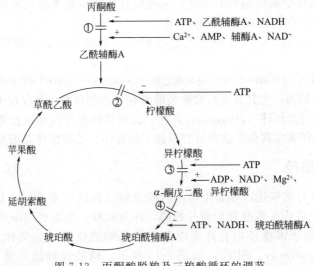

图 7-13 丙酮酸脱羧及三羧酸循环的调节
+—正调控；-—负调控

151

丙酮酸脱氢酶复合体受多种因素的调节。催化产物 GTP、ATP 可抑制丙酮酸脱氢酶活性，乙酰辅酶 A 可抑制二氢硫辛酸乙酰转移酶的活性，NADH 能抑制二氢硫辛酸脱氢酶的活性，但上述酶的别构抑制效应可被相应的反应物 AMP、辅酶 A 和 NAD$^+$ 解除。除上述别构调节外，在脊椎动物还有第二层次的调节，即酶蛋白的共价修饰调节。丙酮酸脱氢酶为共价调节酶（covalent regulatory enzyme），所谓共价调节酶是一类由其他酶对其结构进行可逆共价修饰，使其处于活性和非活性的互变状态，从而改变酶活性的酶，最常见的类型是通过磷酸化和脱磷酸化作用，使酶在活性形式和非活性形式之间互变。丙酮酸脱氢酶在丙酮酸脱氢酶激酶（PDK）作用下，其分子上特定的丝氨酸残基被磷酸化，使其转变为非活性状态，导致丙酮酸的氧化脱羧作用停止。而在丙酮酸脱氢酶磷酸酶（PDP）的催化下，已磷酸化的丙酮酸脱氢酶可以去磷酸化而使其恢复酶活性，丙酮酸氧化脱羧反应得以继续进行。

三羧酸循环中柠檬酸合酶、异柠檬酸脱氢酶和 α-酮戊二酸脱氢酶的调节，主要是通过别构调节和产物的反馈抑制来实现的：ATP/ADP 比值升高，抑制柠檬酸合酶和异柠檬酸脱氢酶活性；ATP/ADP 比值下降，可激活上述两种酶。NADH/NAD$^+$ 比值升高，抑制柠檬酸合酶和 α-酮戊二酸脱氢酶活性；反之激活上述两种酶。除上述 ATP/ADP 与 NADH/NAD$^+$ 调节之外，循环中其他一些代谢产物对酶的活性也有影响，如柠檬酸抑制柠檬酸合酶活性，而琥珀酰辅酶 A 抑制 α-酮戊二酸脱氢酶活性。总之，组织中代谢产物的多寡决定三羧酸循环反应的速率，以便调节机体 ATP 和 NADH 浓度，保证机体能量供给。

7.2.6 乙醛酸循环

乙醛酸循环（glyoxylate cycle）又称乙醛酸途径，其名称来自循环中的一个二碳中间代谢物乙醛酸，该循环存在于某些植物和微生物中，可以看做是三羧酸循环的支路，如图 7-14 所示。

乙醛酸循环的一些反应与三羧酸循环是共同的，例如从乙酰辅酶 A 与草酰乙酸缩合生成柠檬酸，然后又转换成异柠檬酸的反应都是相同的，但生成的异柠檬酸不是在异柠檬酸脱氢酶作用下降解，而是在异柠檬酸裂解酶（isocitrate lyase）的催化下裂解生成乙醛酸和琥珀酸。其中乙醛酸在苹果酸合酶（malate synthase）的催化下与乙酰辅酶 A 缩合生成四碳分子的苹果酸，苹果酸脱氢生成草酰乙酸，可以和另一分子的乙酰辅酶 A 缩合开始另一轮循环。而另一裂解产物琥珀酸可以通过部分三羧酸循环途径，转变成延胡索酸、苹果酸、草酰乙酸，既可以维持循环中间代谢物的浓度，又可以转变成磷酸烯醇式丙酮酸，通过糖异生作用（gluconeogenesis）作为合成葡萄糖的前体。

乙醛酸循环运转一周，引入 2 分子乙酰辅酶 A，生成 1 分子琥珀酸，用以参加合成代谢，其总反应式为：

$$2\ 乙酰辅酶\ A + 2NAD + FAD \longrightarrow 草酰乙酸 + 2HSCoA + 2NADH + FADH_2 + 2H^+$$

催化乙醛酸途径的酶，尤其是异柠檬酸裂解酶和苹果酸合酶，既存在于线粒体中，又存在于植物所特有的乙醛酸循环体（glyoxysome）中。油料植物种子发芽时把脂肪酸转化为碳水化合物是通过乙醛酸循环来实现的，这个过程依赖于线粒体、乙醛酸体及细胞质的协同作用。

7.2.7 磷酸戊糖途径

糖的无氧酵解与有氧氧化过程是生物体内糖分解代谢的主要途径，但不是唯一的途径。糖的另一条氧化途径是从 6-磷酸葡萄糖开始的，称为磷酸己糖途径（hexose monophosphate pathway，HMP），由于该途径中有许多中间产物是磷酸戊糖，故又称之为磷酸戊糖途径（pentose phosphate pathway，PPP），如图 7-15 所示。磷酸戊糖途径是在细胞质的可溶部分——液泡中进行的。

葡萄糖
草酰乙酸
NADH+H⁺
NAD⁺
COO⁻
HO—C—H
CH₂
COO⁻
苹果酸
草酰乙酸
乙酰辅酶A
HSCoA
COO⁻
CH₂
HO—C—COO⁻
CH₂
COO⁻
柠檬酸
CH₃
C=O
S~CoA
乙酰辅酶A
苹果酸合酶
HSCoA
COO⁻
H—C
C—H
COO⁻
延胡索酸
FADH₂
FAD
COO⁻
CH₂
CH₂
COO⁻
琥珀酸
O H
C
COO⁻
乙醛酸
异柠檬酸裂解酶
COO⁻
CH₂
H—C—COO⁻
HO—C—H
COO⁻
异柠檬酸
CO₂
α-酮戊二酸
CO₂
琥珀酰辅酶A

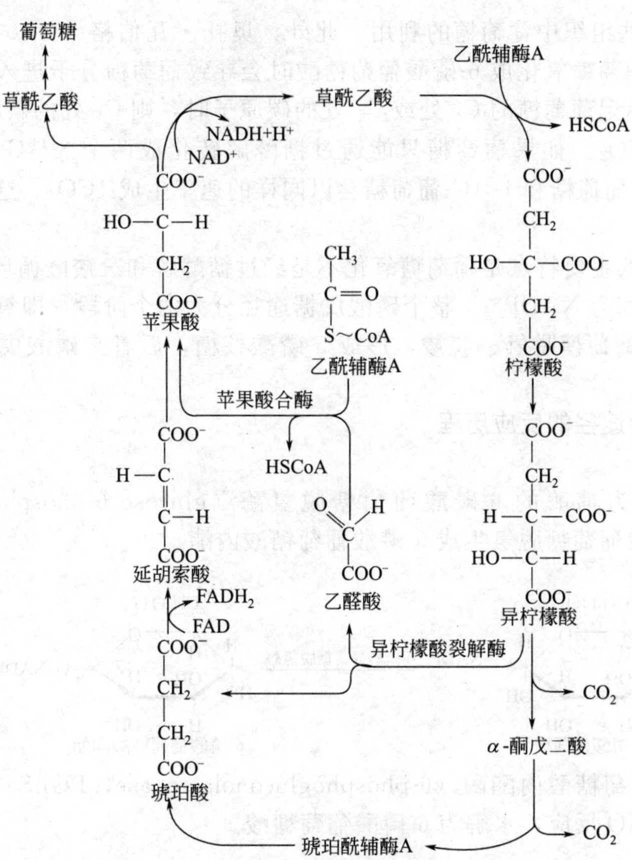

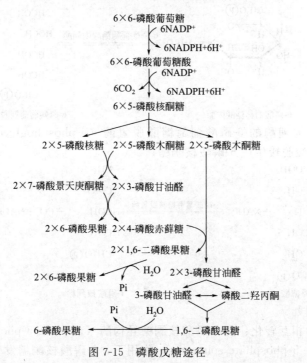

图 7-14 乙醛酸循环与三羧酸循环的关系

6×6-磷酸葡萄糖
6NADP⁺
6NADPH+6H⁺
6×6-磷酸葡萄糖酸
6NADP⁺
6CO₂
6NADPH+6H⁺
6×5-磷酸核酮糖
2×5-磷酸核糖
2×5-磷酸木酮糖
2×5-磷酸木酮糖
2×7-磷酸景天庚酮糖
2×3-磷酸甘油醛
2×6-磷酸果糖
2×4-磷酸赤藓糖
2×1,6-二磷酸果糖
2×6-磷酸果糖
H₂O
Pi
2×3-磷酸甘油醛
3-磷酸甘油醛
磷酸二羟丙酮
Pi
H₂O
6-磷酸果糖
1,6-二磷酸果糖

图 7-15 磷酸戊糖途径

磷酸戊糖途径的存在可以由以下事实来证明：一些糖酵解的典型抑制剂（如碘乙酸及氟

化物）不能影响某些组织中葡萄糖的利用。此外，奥托·瓦伯格（Otto H. Warburg）发现 $NADP^+$ 和6-磷酸葡萄糖氧化成6-磷酸葡萄糖酸时会导致葡萄糖分子进入一个当时未知的代谢途径，当用 ^{14}C 标记葡萄糖的 C_1 处或 C_6 处的碳原子时，则 C_1 处的碳原子比 C_6 处的碳原子更容易氧化成 $^{14}CO_2$。如果葡萄糖只能通过糖酵解转化成两个3-^{14}C-丙酮酸，继而裂解成 $^{14}CO_2$ 这些6-^{14}C-葡萄糖和1-^{14}C-葡萄糖会以同样的速率生成 $^{14}CO_2$。这些观察促进了磷酸戊糖途径的发现。

磷酸戊糖途径的主要特点是葡萄糖氧化不是经过糖酵解和三羧酸循环，而是直接脱氢和脱羧，脱氢酶的辅酶为 $NADP^+$。整个磷酸戊糖途径分为两个阶段，即氧化阶段与非氧化阶段。前者是6-磷酸葡萄糖脱氢、脱羧，形成5-磷酸核糖，后者是磷酸戊糖的一系列分子重排反应。

7.2.7.1 磷酸戊糖途径的反应历程

（1）氧化阶段

① 以 $NADP^+$ 为辅酶的6-磷酸葡萄糖脱氢酶（glucose 6-phosphate dehydrogenase，G6PD）催化6-磷酸葡萄糖脱氢生成6-磷酸葡萄糖酸内酯。

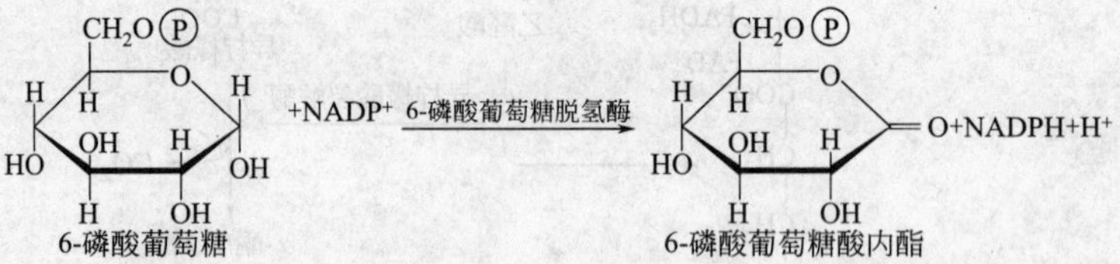

6-磷酸葡萄糖　　　6-磷酸葡萄糖酸内酯

② 在6-磷酸葡萄糖酸内酯酶（6-phosphogluconolactonase，PGLS）的催化下，6-磷酸葡萄糖酸内酯与 H_2O 反应，水解为6-磷酸葡萄糖酸。

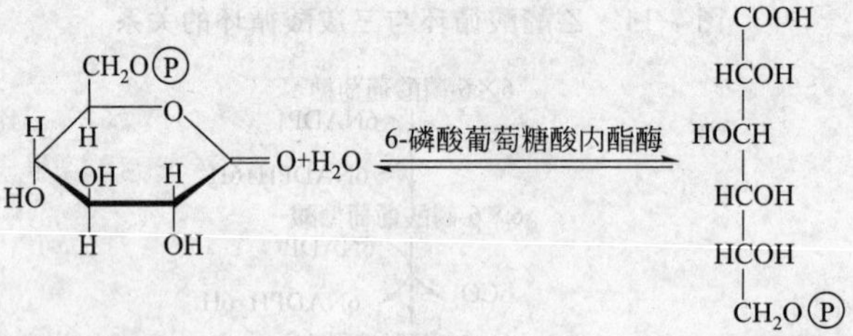

6-磷酸葡萄糖酸内酯　　　6-磷酸葡萄糖酸

③ 以 $NADP^+$ 为辅酶的6-磷酸葡萄糖酸脱氢酶（6-phosphogluconate dehydrogenase）催化6-磷酸葡萄糖酸脱羧生成5-磷酸核酮糖。

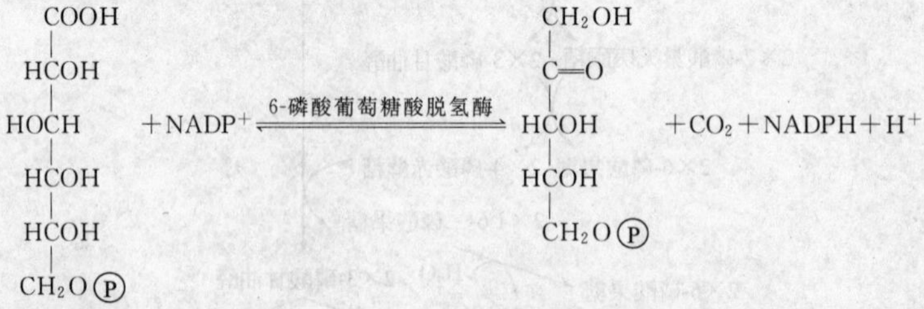

6-磷酸葡萄糖酸　　　5-磷酸核酮糖

（2）非氧化阶段

① 磷酸戊糖的相互转化：在5-磷酸核酮糖异构酶（ribulose 5-phosphate isomerase）和表异构酶（ribulose 5-phosphate epimerase）作用下，5-磷酸核酮糖发生异构化（isomerization）和表异构化（epimerization），分别生成5-磷酸核糖和5-磷酸木酮糖。

5-磷酸木酮糖   表异构酶   5-磷酸核酮糖   异构酶   5-磷酸核糖

② 7-磷酸景天庚酮糖的生成：在转酮酶（transketolase）催化下，5-磷酸木酮糖的乙酮醇基转移给 5-磷酸核糖。

5-磷酸木酮糖   5-磷酸核糖   转酮酶   3-磷酸甘油醛   7-磷酸景天庚酮糖

③ 转醛酶所催化的反应：在转醛酶（transaldolase）催化下，7-磷酸景天庚酮糖将二羟丙酮基团转移给 3-磷酸甘油醛，生成四碳糖和六碳糖。

7-磷酸景天庚酮糖   3-磷酸甘油醛   转醛酶   4-磷酸赤藓糖   6-磷酸果糖

④ 四碳糖的转变：4-磷酸赤藓糖并不积存在体内，而是与另 1 分子的木酮糖进行作用，由转酮醇酶（transketolase）催化将木酮糖的羟乙醛基团转移给赤藓糖，生成 6-磷酸果糖和 3-磷酸甘油醛。

5-磷酸木酮糖   4-磷酸赤藓糖   转酮醇酶   3-磷酸甘油醛   6-磷酸果糖

7.2.7.2 磷酸戊糖途径的化学计量与生物学意义

（1）磷酸戊糖途径的化学计量

磷酸戊糖途径中生成的 6-磷酸果糖可转变为 6-磷酸葡萄糖，由此表明这个代谢途径具有循环的性质，即 1 分子 6-磷酸葡萄糖每循环一次，只进行一次脱羧（放出 1 分子 CO_2）和两次脱氢，形成 2 分子 NADPH，即 6-磷酸葡萄糖彻底氧化生成 6 分子 CO_2，需要 6 分子 6-

磷酸葡萄糖同时参加反应,经过一次循环而生成 5 分子 6-磷酸葡萄糖,其反应可概括如下。

氧化阶段:

$$6(6\text{-磷酸葡萄糖})+12NADP^+ +6H_2O \longrightarrow 6(5\text{-磷酸核酮糖})+6CO_2 +12NADPH+12H^+$$

非氧化重排阶段:

$$6(5\text{-磷酸核酮糖})+H_2O \longrightarrow 5(6\text{-磷酸葡萄糖})+H_3PO_4$$

总反应式:

$$6\text{-磷酸葡萄糖}+12NADP^+ +7H_2O \longrightarrow 6CO_2 +12NADPH+12H^+ +H_3PO_4$$

(2) 磷酸戊糖途径的生物学意义

① 该途径产生的还原型辅酶Ⅱ(NADPH),在脂肪酸、固醇等的生物合成,非光合细胞的硝酸盐、亚硝酸盐的还原,以及氨的同化、丙酮酸羧化还原成苹果酸等过程中起重要作用。

② 该途径可以产生各种磷酸单糖,为许多化合物的合成提供原料。如磷酸核糖是某些辅酶及核苷酸生物合成的必需原料,4-磷酸赤藓糖与磷酸烯醇式丙酮酸可合成莽草酸,经莽草酸途径可以合成芳香族氨基酸,还可合成与植物生长及抗病性有关的生长素、木质素、绿原酸、咖啡酸等。

③ 该途径是由 6-磷酸葡萄糖开始的、完整的、可单独进行的途径,与 EMP-TCA 途径的酶系统不同,因此当 EMP-TCA 途径受阻时,该途径可替代正常的有氧呼吸。再者,可以通过 3-磷酸甘油醛及磷酸己糖等与糖酵解相互补充,以增加机体的适应能力。

④ 该途径的反应起始物为 6-磷酸葡萄糖,不需要 ATP 参与起始反应,因此磷酸戊糖循环可在低 ATP 浓度下进行。

⑤ 该途径在不同物种及其器官组织中所占的比例不同。在动物、微生物中约占 30%,动物肌肉中糖的氧化几乎完全通过该途径,肝中 90% 糖的氧化通过此途径。在许多植物中普遍存在,特别是在植物干旱、受伤时,该途径可占全部呼吸作用的 50% 以上。

⑥ 该途径中的某些酶及一些中间产物如丙糖、丁糖、戊糖、己糖和庚糖等也是光合碳循环中的酶和中间产物,从而把光合作用与呼吸作用联系起来。

(3) 磷酸戊糖途径的调控

$NADP^+ /NADPH$ 的比值是控制磷酸戊糖途径运行强度的重要因素,当其比值降低时就会抑制该途径中限速酶——6-磷酸葡萄糖脱氢酶和 6-磷酸葡萄糖酸脱氢酶的活性,反之激活限速酶,从而调控该途径的反应速率。

虽然如此,但调节磷酸戊糖途径主要还是通过底物和产物浓度的变化来实现的。

① 当机体对 5-磷酸核糖的需要远远超过对 NADPH 的需要时,大量的 6-磷酸葡萄糖通过糖酵解途径转变为 6-磷酸果糖和 3-磷酸甘油醛,在转酮酶和转醛酶作用下,通过磷酸戊糖途径的逆反应生成 5-磷酸核糖。

② 当机体对 5-磷酸核糖和 NADPH 的需要处于平衡状态时,磷酸戊糖途径的氧化阶段处于优势,既提供 NADPH,又提供 5-磷酸核糖。

③ 当机体对 NADPH 的需要远远超过对 5-磷酸核糖的需要时,磷酸戊糖途径活跃,产生大量的 NADPH 用于生物合成,如脂肪酸的合成和糖异生等,5-磷酸核糖转变为 6-磷酸葡萄糖重新进入磷酸戊糖途径。

7.3 糖的合成代谢

糖类的合成代谢中,简单的有机物可以被转化为单糖如葡萄糖、半乳糖等,然后单糖再聚合在一起形成多糖如淀粉、糖原等。

7.3.1 糖异生作用

糖异生作用（gluconeogenesis）是指从简单的非糖前体物质如丙酮酸盐、甘油、乳酸盐和绝大多数氨基酸在内的化合物转变为葡萄糖的过程。凡能生成丙酮酸的物质都可以异生成葡萄糖，如三羧酸循环的中间产物柠檬酸、异柠檬酸、α-酮戊二酸、琥珀酸、延胡索酸和苹果酸都可转变成草酰乙酸而进入糖异生途径。

大多数氨基酸是生糖氨基酸，它们可转变成丙酮酸、α-酮戊二酸、草酰乙酸等三羧酸循环的中间产物进入糖异生途径。

脂肪酸先经 p 氧化作用生成乙酰辅酶 A，2 分子乙酰辅酶 A 经乙醛酸循环生成 1 分子琥珀酸，琥珀酸经三羧酸循环转变成草酰乙酸，再转变成磷酸烯醇式丙酮酸，最后经糖异生途径生成糖。

7.3.1.1 生化历程

糖异生途径基本上是糖酵解或糖有氧氧化的逆过程，糖酵解通路中大多数的酶促反应是可逆的，但是糖酵解途径中己糖激酶（糖酵解反应①）、磷酸果糖激酶（糖酵解反应③）和丙酮酸激酶（糖酵解反应⑩）三个限速酶催化的三个反应过程，都有相当大的能量变化。因为己糖激酶和磷酸果糖激酶所催化的反应都要消耗 ATP 而释放能量，丙酮酸激酶催化的反应使磷酸烯醇式丙酮酸转移其能量及磷酸基生成 ATP，这些反应的逆过程就需要吸收相等量的能量，因而构成"能障"，为越过障碍，实现糖异生，这些步骤将被别的旁路反应所代替，由另外不同的酶来催化其逆行过程，从而绕过各自能障。糖异生的全过程如图 7-16 所示。

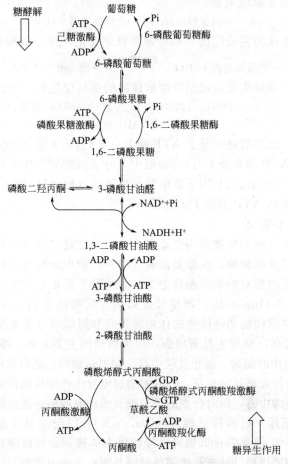

图 7-16 糖异生与糖酵解过程的比较

糖异生对糖酵解的不可逆过程采用的旁路反应包括三个部分。

（1）由丙酮酸激酶催化的逆反应，可由两步反应来完成。

首先由丙酮酸羧化酶（pyruvate carboxylase）催化，将丙酮酸转变为草酰乙酸，然后由磷酸烯醇式丙酮酸羧激酶（phosphoenolpyruvate carboxylase kinase）催化，由草酰乙酸生成磷酸烯醇式丙酮酸。

丙酮酸羧化酶是一种别构蛋白，相对分子质量为660000的四聚体，需要乙酰辅酶A作为活化剂，以生物素为辅酶。由于此酶仅存在于线粒体内，细胞液中的丙酮酸必须先进入到线粒体中，才能羧化生成草酰乙酸。磷酸烯醇式丙酮酸羧激酶在线粒体和细胞液中都存在，因此草酰乙酸可在线粒体中直接转变为磷酸烯醇式丙酮酸再进入细胞液中，也可在细胞液中被转变为磷酸烯醇式丙酮酸。丙酮酸先转变为草酰乙酸再转变为磷酸烯醇式丙酮酸的反应如下。

（2）磷酸果糖激酶所催化的逆反应由1,6-二磷酸果糖酶催化，将1,6-二磷酸果糖水解脱去一个磷酸基，生成6-磷酸果糖。

$$1,6\text{-二磷酸果糖} + H_2O \longrightarrow 6\text{-磷酸果糖} + H_3PO_4$$

（3）己糖激酶所催化的逆反应由6-磷酸葡萄糖酶催化，将6-磷酸葡萄糖转变为葡萄糖。

$$6\text{-磷酸葡萄糖} + H_2O \xrightarrow{6\text{-磷酸葡萄糖酶}} \text{葡萄糖} + H_3PO_4$$

除上述反应以外，糖异生反应就是糖酵解途径的逆反应过程。因此，糖异生可总结：

$$2\text{丙酮酸} + 4ATP + 2GTP + 2NADH + 2H^+ + 6H_2O \rightarrow \text{葡萄糖} + 4ADP +$$
$$2GDP + 2NAD^+ + 6Pi$$

在糖异生过程中，总共消耗4分子ATP和2分子GTP才能使2分子丙酮酸形成1分子葡萄糖，其中2分子ATP和2分子GTP克服由2分子丙酮酸形成2分子高能磷酸烯醇式丙酮酸的"能障"，另外2分子ATP用于磷酸甘油酸激酶（糖酵解反应⑦）催化反应的可逆反应。这比糖酵解净生成的ATP多用了4分子ATP。

7.3.1.2 糖异生的重要意义

糖异生作用是生物合成葡萄糖的一个重要途径，通过此过程可将糖酵解产生的乳酸，脂肪分解产生的甘油，以及脂肪酸及生糖氨基酸等中间产物重新转化成糖。

（1）保证血糖浓度的相对恒定。血糖绝大多数情况下都是葡萄糖。正常时人体空腹静脉血糖正常值为3.89~6.11mmol/L，即使禁食数周，血糖浓度仍可保持在3.40mmol/L左右，这对保证某些主要依赖葡萄糖供能的体内各器官和组织具有重要意义。实验证明，禁食12~24h后，肝糖原耗尽，糖异生显著增强，成为血糖的主要来源，维持血糖水平正常。

（2）回收乳酸分子中的能量，防止乳酸中毒。剧烈运动时，肌糖原酵解产生大量乳酸，部分由尿排出，但大部分经血液运到肝脏，在肝脏通过糖异生作用将酸性的乳酸转变为中性的肝糖原和葡萄糖，防止了酸中毒，同时合成的葡萄糖又回到血液随血流供应肌肉和脑的需要。这个循环过程称为乳酸循环，也称科里循环（Cori cycle），以纪念其发现者卡尔·科里（Carl F. Cori）和盖蒂·科里（Gerty Cori），循环途径如图7-17所示。所以糖异生途径对乳酸分子中能量的再利用、肝糖原的更新、补充肌肉消耗的糖及防止乳酸中毒都有一定的意义。

158

（3）在种子萌发时，储藏性的脂肪与蛋白质可以经过糖异生作用转变成碳水化合物，一般以蔗糖为主，因为蔗糖可以运输，可供种子萌发及幼苗生长的需要。葡萄糖异生作用虽不是植物的普遍特征，但在很多幼苗的代谢中却占优势。油料作物种子萌发时，由脂肪异生成糖的反应尤其强烈。

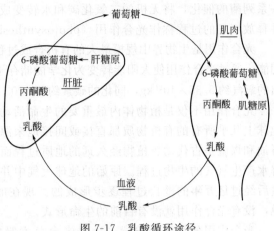

图 7-17　乳酸循环途径

7.3.1.3　糖异生的调节

在细胞生理浓度下，糖异生和糖酵解两条途径的各种酶并非同时具有高活性，它们之间的作用是相互配合的。糖异生的限速酶主要有以下 4 个：丙酮酸羧化酶、磷酸烯醇式丙酮酸羧激酶、1，6-二磷酸果糖酶、6-磷酸葡萄糖酶。有许多酶的别构效应物（allosteric effector）在保持相反途径的协调作用中起着重要的作用。

（1）糖异生原料的调节作用

血浆或肝细胞内甘油、氨基酸、乳酸及丙酮酸等糖异生的原料增多时，糖异生作用增强。

（2）酶活性的调节

乙酰辅酶 A 是线粒体丙酮酸羧化酶的正效应物，决定了丙酮酸代谢的方向，脂肪酸氧化分解产生大量的乙酰辅酶 A 可以反馈抑制丙酮酸脱氢酶复合体的活性，使丙酮酸大量蓄积，为糖异生提供原料，同时又可激活丙酮酸羧化酶，加速丙酮酸生成草酰乙酸，使糖异生作用增强。此外，乙酰辅酶 A 与草酰乙酸缩合生成柠檬酸由线粒体内透出而进入细胞液中，可以抑制磷酸果糖激酶，增强 1，6-二磷酸果糖酶活性，促进糖异生。

ATP 可抑制磷酸果糖激酶及丙酮酸激酶，激活 1，6-二磷酸果糖酶，而 ADP 和 AMP 的作用正好与 ATP 相反，故 ATP 能促进糖异生，ADP 与 AMP 则抑制糖异生。

（3）激素调节

激素调节糖异生作用对维持机体的恒稳状态十分重要，激素对糖异生调节实质是调节糖异生和糖酵解这两个途径的调节酶，以及控制供应肝脏的脂肪酸。胰高血糖素可以促进脂肪组织分解脂肪，增加血浆脂肪酸，所以促进糖异生，而胰岛素（insulin）的作用则正好相反。胰高血糖素和胰岛素都可通过影响肝脏酶的磷酸化修饰状态来调节糖异生作用。胰高血糖素激活腺苷酸环化酶以产生 cAMP，也就激活依赖于 cAMP 的蛋白激酶 A（cyclic AMP dependent protein kinase A），后者使丙酮酸激酶发生磷酸化而受到抑制，从而阻止磷酸烯醇式丙酮酸向丙酮酸转变，刺激糖异生途径。此外，胰高血糖素还可造成磷酸果糖激酶活性下降，使 1，6-二磷酸果糖酶活性增高，促进 1，6 二磷酸果糖转变为 6-磷酸果糖，有利于糖异生，而胰岛素的作用正好相反。

除上述胰高血糖素和胰岛素对糖异生和糖酵解的快速调节，它们还分别诱导或阻遏糖异生和糖酵解的调节酶，较高的胰高血糖素/胰岛素比例，将诱导磷酸烯醇式丙酮酸羧激酶、1，6-二磷酸果糖酶等糖异生酶的大量合成，而阻遏葡萄糖激酶和丙酮酸激酶的合成。

7.3.2　光合作用

绿色植物（包括光合细菌）利用自身的光合色素（叶绿素等）吸收光能，在叶绿体内经一系列酶的催化，将无机的二氧化碳和水转变成糖类，同时将光能转化成化学能储存在糖中并释放氧气的过程称作光合作用（photosynthesis）。

光合作用是生物界中规模最大的有机合成过程，生物界所利用的自由能最根本的来源是太阳能。通过光合作用使太阳能转变为化学能储存于碳水化合物中，每年约为 $8.36 \times 10^{18} \, kJ$，放出的氧气约 $5.35 \times 10^{11} \, kg$，同化的碳素约 $2 \times 10^{11} \, kg$。

光合作用不仅是植物体内最重要的生命活动过程，也是地球上最重要的化学反应过程。地球上几乎所有的有机物质都直接或间接地来源于光合作用，如目前最重要的矿物燃料——石油和煤就是古代动、植物经久远的地质过程而形成的。光合作用是目前唯一知道的通过分解水产生氧气的生物过程。原始的地球大气中并没有氧气，目前的大气环境是在光合作用产生后经过亿万年的漫长过程逐步形成的。现在的生物种类大多数依赖于氧，从这个意义上说，没有光合作用就没有目前的生命形式。

光合作用分为两个阶段：一是光合色素吸收光能经光合电子传递链生成同化力和能量——NADPH＋ATP；二是通过 C 循环将二氧化碳和水合成糖。光合作用可分为光反应（类囊体反应）和暗反应（碳固定反应）。在光反应中，植物吸收光能形成同化力，由于反应都是在叶绿体中的类囊体上进行，故称之为类囊体反应。光反应有如下特点。

① 叶绿素吸收光能并将光能转化为电能，即造成从叶绿素分子开始的电子流动。

② 在电子流动过程中，通过氢离子的化学渗透，形成了 ATP，电能被转化为化学能。

③ 一些由叶绿素捕获的光能还被用于水的裂解，又称为水的光解，氧气从水中被释放出来。

④ 电子沿传递链最终达到电子受体 NADP⁺，同时一个来源于水的氢质子被结合，形成了还原型的 NADPH，电能又再一次被转化为化学能，并储存于 NADPH 中。

在暗反应中，植物利用光反应中生成的同化力固定二氧化碳，通过卡尔文循环（Calvin cycle）等形成有机物，其主要形式是糖，反应场所为叶绿体内的基质，循环途径如图 7-18 所示。

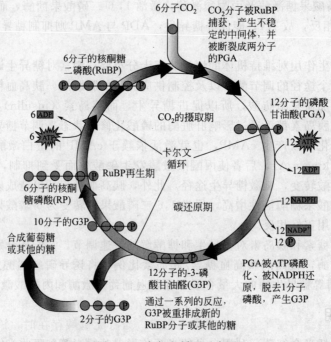

图 7-18　卡尔文循环示意图

卡尔文循环可分为三个阶段：羧化、还原和二磷酸核酮糖的再生。大部分植物会将吸收到的一分子二氧化碳通过 1,5-二磷酸核酮糖羧化酶（ribulose-1,5-bisphosphate carboxylase，RuBPcase）的作用整合到一个五碳糖分子 1,5-二磷酸核酮糖羧化酶/加氧酶的第二位碳原子上，此过程也称为二氧化碳的固定，这一步反应的意义是将原本并不活泼的二氧化碳分子活化，使之随后能被还原。但这种六碳化合物极不稳定，会立刻分解为两分子的三碳化合物 3-磷酸甘油酸（PGA），后者被光反应中生成的 $NADPH+H^+$ 还原，此过程需要消耗 ATP。最后经过一系列复杂的生化反应，一个碳原子将会被用于合成葡萄糖而离开循环，剩下的五个碳原子最后再生成一个 1,5-二磷酸核酮糖，循环重新开始，如此循环运行六次，生成一分子的葡萄糖。卡尔文循环总反应为：

$$6CO_2 + 18ATP + 12NADPH + 12H^+ + 12H_2O \longrightarrow C_6H_{12}O_6 + 18ADP + 18Pi + 12NADP^+$$

或　　　$$CO_2 + 3ATP + 2NADPH + 2H^+ + 2H_2O \longrightarrow (CH_2O) + 3ADP + 3Pi + 2NADP^+$$

由上可见，光合作用的卡尔文循环中，每同化 1 分子 CO_2，需要消耗 3 分子 ATP 和 2 分子的 NADPH。

7.3.3　蔗糖的合成

现在已知蔗糖的合成可能有以下几条途径。

（1）磷酸蔗糖合酶（sucrose phosphate synthase）途径

在高等植物、动物体内，游离的单糖不能参与双糖和多糖的合成反应，延长反应中提供的单糖基必须是活化的糖供体，这种活化的糖是糖核苷酸，即糖与核苷酸结合的化合物。糖核苷酸的作用是作为双糖或多糖，甚至是糖蛋白等复合糖合成过程中参与延长单糖基的活化形式或供体。最早发现的糖核苷酸是尿苷二磷酸葡萄糖（uridine diphosphate glucose，UDPG）。

磷酸蔗糖合酶途径存在于光合组织的细胞质中，被认为是植物合成蔗糖的主要途径。磷酸蔗糖合酶属于转移酶类，它利用 UDPG 作为葡萄糖的供体，以 6-磷酸果糖作为葡萄糖的受体，反应产物是 6-磷酸蔗糖，再通过蔗糖磷酸酯酶（sucrose phosphatase）将磷酸蔗糖水解成蔗糖。反应产物是 6-磷酸蔗糖，再通过蔗糖磷酸酯酶将磷酸蔗糖水解成蔗糖。

$$UDPG + 6\text{-磷酸果糖} \xrightarrow{\text{磷酸蔗糖合酶}} 6\text{-磷酸蔗糖} + UDP$$

$$6\text{-磷酸蔗糖} + H_2O \xrightarrow{\text{蔗糖磷酸酯酶}} \text{蔗糖} + H_3PO_4$$

磷酸蔗糖合酶催化的反应虽是可逆的，但由于生成的 6-磷酸蔗糖发生水解，故其总反应是不可逆的，即向着合成蔗糖的方向进行。

（2）蔗糖合酶（sucrose synthase）途径

蔗糖合酶又名 UDP-D-葡萄糖：D-果糖-α-葡萄糖基转移酶（UDP-D-glucose：D-fructose α-glucosyl transferase），属于转移酶类，可催化糖基转移。它能利用 UDPG 作为葡萄糖的供体，与果糖合成蔗糖，反应如下：

$$UDPG + \text{果糖} \xrightarrow{\text{蔗糖合酶}} UDP + \text{蔗糖}$$

在非光合组织中，蔗糖合酶活性较高，并且这种酶对 UDPG 并不是专一性的，也可利用其他的核苷二磷酸葡萄糖（如 ADPG、TDPG、CDPG 和 GDPG）作为葡萄糖的供体。

（3）蔗糖磷酸化酶（sucrose phosphorylase）途径

1943 年迈克尔·杜德洛夫（Michael Doudoroff）等人在嗜糖假单胞菌（*Pseudomonas saccharophila*）的细胞中提取得到蔗糖磷酸化酶，当有无机酸存在时，该酶可以将蔗糖分解为 1-磷酸葡萄糖和果糖，并且这是一种可逆反应，其反应过程如下：

$$1\text{-磷酸葡萄糖} + \text{果糖} \xrightarrow{\text{蔗糖磷酸化酶}} \text{蔗糖} + Pi$$

蔗糖磷酸化酶途径是微生物中蔗糖合成的途径，在高等植物中至今未能发现这种合成蔗糖的途径。

7.3.4 糖原的合成

糖原是动物体内糖的储存形式，肝和肌肉是储存糖原的主要组织器官，但肝糖原和肌糖原的生理意义有很大的不同。肌糖原主要供肌收缩时能量的需要，肝糖原是血糖的重要来源，这对一些依赖葡萄糖作为能量来源的组织如脑尤为重要。

糖原是由葡萄糖失水缩合而得到的，结构与支链淀粉相似，分子中的葡萄糖基通过 α-1,4-糖苷键聚合成链，而分支处由 α-1,6-糖苷键连接，如图 7-19 所示。糖原与支链淀粉在结构上的主要区别在于，糖原大多 8~12 个葡萄糖基就有一个分支，且分支有 12~18 个葡萄糖分子，而支链淀粉一般是每隔 24~30 个葡萄糖基才有一个分支。

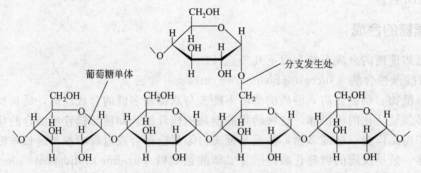

图 7-19 糖原结构段示意图

由葡萄糖（包括少量果糖和半乳糖）合成糖原的过程称为糖原合成，反应在细胞质中进行，需要消耗 ATP 和 UTP。催化糖原合成的酶主要有三个：UDP-葡萄糖焦磷酸化酶（UDP-glucose pyrophosphorylase）、糖原合酶（glycogen synthase）和糖原分支酶（glycogen-branching enzyme），其中糖原合酶是糖原合成过程中的限速酶。合成反应包括以下几个步骤。

（1）葡萄糖活化与碳链延长

糖原合成酶催化的糖原合成反应不能从头开始合成第一个糖分子，需要至少含 4 个葡萄糖残基的 α-1,4-多聚葡萄糖作为引物（primer），在其非还原性末端与 UDPG 反应，UDPG 上的葡萄糖基 C_1 与糖原分子非还原末端 C_4 形成 α-1,4-糖苷键，使糖原增加一个葡萄糖单位，UDPG 是活泼葡萄糖基的供体，其生成过程中消耗 UTP，故糖原合成是耗能过程，糖原合成酶只能促成 α-1,4-糖苷键，因此该酶催化反应生成为 α-1,4-糖苷键相连构成的直链多糖分子如淀粉，如图 7-20 所示。

① 葡萄糖 + ATP ——→ 6-磷酸葡萄糖 + ADP

② 6-磷酸葡萄糖 ——→ 1-磷酸葡萄糖

③ 1-磷酸葡萄糖 + UTP ——→ UTP-G + PPi

④ UTP-G + 糖原（G_n）——→ 糖原（G_{n+1}）+ UDP

（2）糖原支链的形成

糖原分支链的生成需分支酶（branching enzyme）催化，将 5-8 个葡萄糖残基寡糖直链转到另一糖原子上以 α-1,6-糖苷键相连，生成分支糖链，在其非还原性末端可继续由糖原合成酶催化进行糖链的延长。如图 7-21 所示。

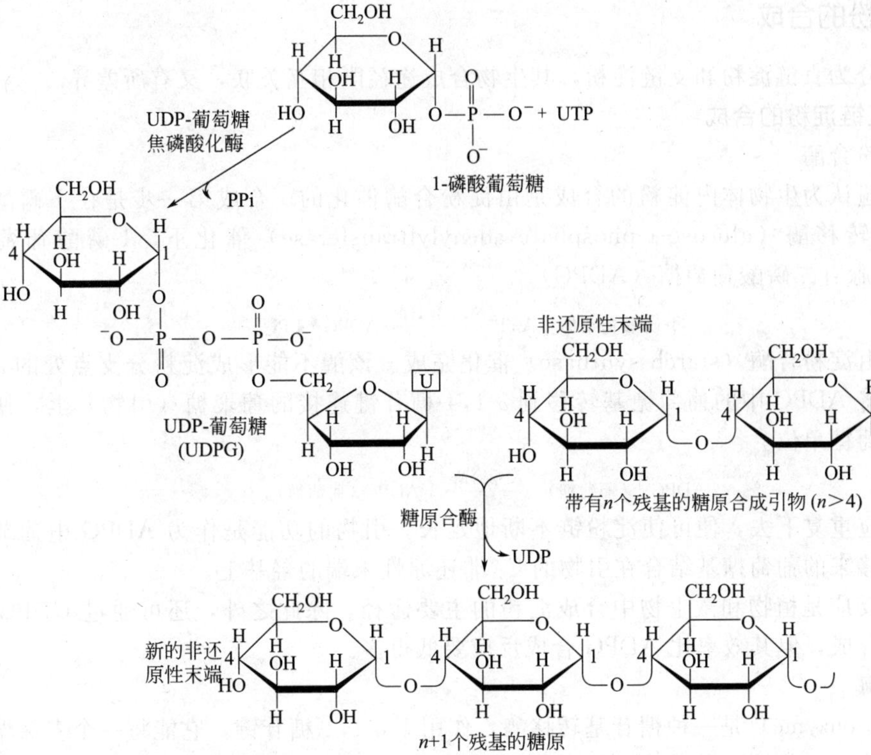

图 7-20　UDPG 合成和碳链延长

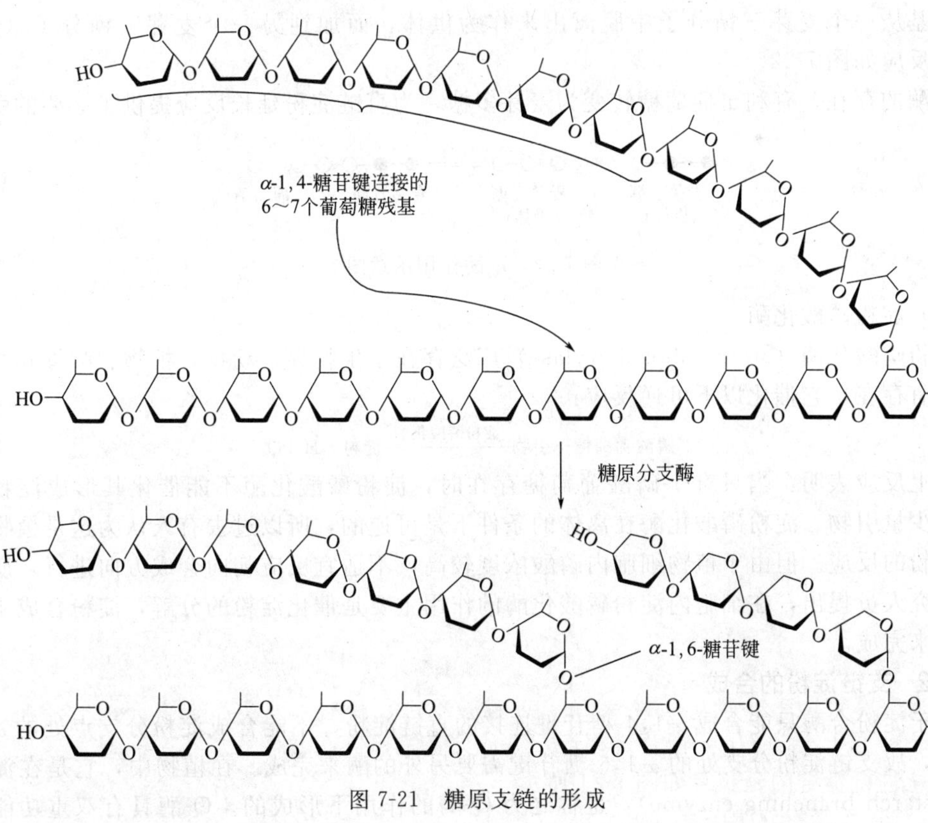

图 7-21　糖原支链的形成

7.3.5 淀粉的合成

淀粉可分为直链淀粉和支链淀粉，其生物合成途径既相互关联，又有所差异。

7.3.5.1 直链淀粉的合成

（1）淀粉合酶

现在普遍认为生物体内淀粉的合成是由淀粉合酶催化的。合成第一步是在 1-磷酸葡萄糖腺苷酰基转移酶（glucose-1-phosphate adenylyltransferase）催化下，1-磷酸葡萄糖与 ATP 先合成腺苷二磷酸葡萄糖（ADPG）。

$$1\text{-磷酸葡萄糖}+ATP \xrightarrow{\text{酰基转移酶}} ADPG+PPi$$

第二步由淀粉合酶（starch synthase）催化完成。该酶不能形成淀粉分支点处的 $\alpha\text{-}1,6$-糖苷键，它将 ADPG 中的葡萄糖基转移到 $\alpha\text{-}1,4$-糖苷键连接的葡聚糖（引物）上，使链延长了一个葡萄糖单位。

$$ADPG+（\text{葡萄糖}）_n \xrightarrow{\text{淀粉合酶}} +ADP+（\text{葡萄糖}）_{n+1}$$

这个反应重复下去，便可使淀粉链不断地延长。引物的功能是作为 ADPG 中葡萄糖基的受体，转移来的葡萄糖基结合在引物的 C_4 非还原性末端的羟基上。

ADPG 反应是植物和微生物中合成淀粉的主要途径，除此之外，还可通过 UDPG 反应进行淀粉的合成，但其效率比 ADPG 合成反应要低得多。

（2）D 酶

D 酶（D-enzyme）是一种糖苷基转移酶，作用于 $\alpha\text{-}1,4$-糖苷键，它能将一个麦芽糖残基转移到葡萄糖、麦芽糖或其他有 $\alpha\text{-}1,4$-糖苷键的多糖上，起加成作用，故又称为加成酶。例如，D-酶作用在两个麦芽三糖分子上，就能形成麦芽五糖和葡萄糖的混合物，即一个麦芽糖残基从一个麦芽三糖分子中脱离出来作为供体，而加到另一个麦芽三糖分子（受体）上，其反应如图 7-22。

D-酶的存在，有利于葡萄糖转变为麦芽多糖，为直链淀粉延长反应提供了必要的引物。

麦芽三糖　　　　麦芽三糖　　　麦芽五糖　　　葡萄糖
（供体）　　　　（受体）

图 7-22　D-酶作用示意图

（3）淀粉磷酸化酶

淀粉磷酸化酶（starch phosphorylase）广泛存在于生物界，动物、植物、酵母和某些细菌中都有存在，它催化以下可逆反应：

$$1\text{-磷酸葡萄糖}+\text{引物} \xrightarrow{\text{淀粉磷酸化酶}} \text{淀粉}+H_3PO_4$$

以上反应表明：当只有 1-磷酸葡萄糖存在时，淀粉磷酸化酶不能催化其形成淀粉，需要加入少量引物。淀粉磷酸化酶在离体的条件下是可逆的，所以过去有人认为这是植物体内合成淀粉的反应。但由于植物细胞内磷酸浓度较高，不适宜反应朝向合成方向进行，所以目前有研究人员提出，在细胞内淀粉磷酸化酶的作用主要是催化淀粉的分解，淀粉合成主要由其他酶来完成。

7.3.5.2 支链淀粉的合成

由于淀粉合酶只能合成 $\alpha\text{-}1,4$-糖苷键连接的直链淀粉，不能合成淀粉分支点处的 $\alpha\text{-}1,6$-糖苷键，故支链淀粉分支处的 $\alpha\text{-}1,6$-糖苷键需要另外的酶来完成。在植物中，它是在淀粉分支酶（starch branching enzyme），也称之为 Q-酶的作用下形成的。Q-酶具有双重功能：既

能催化直链淀粉 α-1,4-糖苷键的断裂，又能催化 α-1,6-糖苷键的连接。它能够从直链淀粉的非还原性末端切下一个 6～7 个糖残基的寡聚糖片段，将其转移到同一或另一直链淀粉链的一个葡萄糖残基的 6-羟基上，形成一个 α-1,6-糖苷键，即形成一个分支，如图 7-23 所示。在淀粉合酶和 Q-酶的共同作用下便合成了支链淀粉。

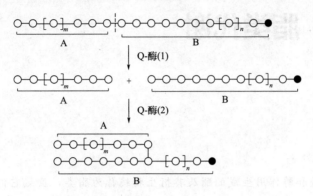

图 7-23　Q-酶作用下支链淀粉的形成

第8章 脂类代谢

导读

脂类，由脂肪酸和醇作用生成的酯及其衍生物统称为脂类，虽然它们在化学组成、理化性质、结构及生物功能上差异很大，但它们都有一个共同的性质：均不溶于水，溶于乙醚、氯仿等脂溶性溶剂。脂类包括油脂（甘油三酯）和类脂（磷脂、固醇类）。食物中的油脂主要是油、脂肪，一般把常温下是液体的称作油，而把常温下是固体的称作脂肪，但成分均是甘油三酯（triglyceride，TG）。类脂包括磷脂（phospholipid，PL）、胆固醇酯（cholesterol ester，CE）、胆固醇（cholesterol，C）和糖脂（glyeolipid，GL）等。

脂类广泛存在于人体内，是高等动植物重要的能量来源。不同的组织所含脂类不一样，动物皮下和肠系膜中含脂肪多，神经组织中磷脂含量高。

脂类代谢包括一切脂质及其组分的代谢。其重要性在于以下几个方面。

① 脂肪是机体内重要的能源物质，每克脂肪的潜能比等量的蛋白质或糖高一倍以上。它在体内氧化可释放大量的能量以供机体利用。脂肪还可作为生物体的屏障，防止机体热量散失及组织和器官受损。

② 脂类是构成机体组织的结构成分，如磷脂是构成生物膜的重要组分，油脂是机体代谢所需燃料的储存和运输形式。同时，脂类作为细胞的表面物质，与细胞识别、物种特异性和组织免疫等有密切关系。

③ 脂类物质可为动物机体提供溶解于其中的必需脂肪酸（如亚油酸、亚麻酸及花生四烯酸等）和脂溶性维生素。

④ 固醇类物质是某些动物激素和维生素D及胆酸的前体。

⑤ 脂类代谢与人类的某些疾病（如冠心病、脂肪肝、胆病、肥胖病等）有密切关系。

通过本章的学习，掌握脂肪酸和甘油三酯的生物合成和分解，并了解复合脂类（如磷脂和糖脂）和脂质的某些分解产物（如固醇类）的代谢，以及它们在生物学上的重要性和最新发展情况。

8.1 脂类概述

脂类（lipids）是甘油三酯和类脂的总称，是一类不溶于水而易溶于有机溶剂的有机化合物。甘油三酯也称三脂酰甘油，而类脂包括磷脂、糖脂、胆固醇及其酯等。

8.1.1 脂类在体内的分布

（1）储存脂

脂肪和类脂在体内的分布差异很大。脂肪是人体内含量最多的脂类，它主要分布于大网膜、皮下、脏器周围及肌纤维等处脂肪组织细胞中，这部分脂肪称为储存脂（depot lipid）。储存脂含量受机体营养状况及活动能量消耗等因素影响而增减，故又称为可变脂。

（2）固定脂

固定脂（fixed lipid）是指组成细胞的各种膜性结构（生物膜）中的类脂，常温下以液态或半固态形式存在，约占体重的 5％。其含量不受营养状况和机体活动影响，因此称为固定脂，也称基本脂。

（3）脂肪酸

人体中的脂肪酸（fatty acid）多为无分支的具有偶数碳原子的脂肪族羧酸。按碳原子数目不同，可分为短链（2～4 个碳原子）、中链（6～10 个碳原子）及长链（12～26 个碳原子）脂肪酸，人体内脂肪酸主要是各种长链脂肪酸。按是否含有双键可分为饱和脂肪酸和不饱和脂肪酸。

自然界中的脂肪酸有 100 多种。不饱和脂肪酸在植物体内和鱼油中含量较多，饱和脂肪酸在动物脂肪中含量较多。

8.1.2 脂类的分类

按组成的不同，通常将之分为 3 类。

（1）单纯脂（simple lipids）

单纯脂是脂肪酸和醇类所形成的酯，其中脂酰（基）甘油酯通称脂肪，是甘油的脂肪酸酯，而蜡则是高级醇的脂肪酸酯。

（2）复合脂（complex lipids）

除醇类、脂肪酸外，还有其他物质。如甘油磷脂类，它含有脂肪酸、甘油、磷酸和某种含氮物质。又如鞘磷脂类，它是由脂肪酸、鞘氨醇或其衍生物、磷酸和某种含氮物质组成的。

（3）衍生脂（derived lipids）

如前列腺素、类异戊二烯、脂溶性维生素和甾醇等。

8.1.3 脂类的生理功能

甘油三酯是体内供给能量和储藏能量的重要物质。

类脂对于维持正常生物膜结构与功能是很重要的。类脂也是人体内重要生理活性物质的原料，如胆固醇可转变成性激素、肾上腺皮质激素、维生素 D 和胆汁酸等。磷脂和胆固醇是生物膜的组分。

多不饱和脂肪酸对生物膜的结构及功能具有重要作用。其中亚油酸、亚麻酸及二十碳四烯酸是人体必需而又不能自身合成的脂肪酸，必须依赖食物提供，故称为营养必需脂肪酸（essential fatty acid，EFA）。植物油中含有较多营养必需脂肪酸，故植物油的营养价值高于动物脂肪。

8.1.4 脂类的消化

食物中的脂类主要是甘油三酯和少量的磷脂、胆固醇及胆固醇酯等，脂类在体内的吸收首先需要经过酶消化作用。脂肪酶（lipase，LPS）广泛存在于动物、植物和微生物中。在人体内，小肠上段是脂类消化的主要场所，胆汁含有丰富的胆汁酸盐，胆汁酸盐将脂类乳化成细小微团，便于消化酶的消化。脂肪和类脂的消化产物有甘油单酯、脂肪酸、胆固醇和溶血磷脂等，这些产物在胆汁酸盐的作用下形成更小的混合微团，易于穿过小肠黏膜细胞表面的水屏障，被小肠黏膜细胞吸收。

8.1.4.1 脂肪的酶促消化

甘油三酯（triglyceride，TG）、甘油二酯（diglyceride，DG）和甘油单酯（monoglyceride，MG）的 α-酯键皆可被脂肪酶水解。甘油三酯首先被 α-脂肪酶水解成 α,β-甘油二酯，然后水解成 β-甘油单酯，α-脂肪酶也能水解 β-甘油单酯的 β-酯键（即 C2 上的酯键），但作用很慢。β-酯键由另一酯酶水解成脂肪酸和甘油，其反应步骤如图 8-1 所示。

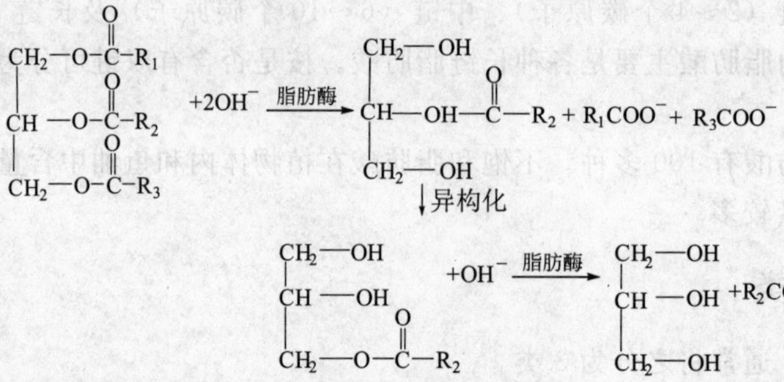

图 8-1　甘油三酯类的水解

消化脂肪的酶主要是胰脏分泌的胰脂肪酶（pancreatic lipase），胰脂肪酶在消化脂肪时，需要共脂肪酶（colipase）和胆汁酸盐的协同作用。因为胰脂肪酶必须吸附在乳化脂肪微团的水油界面上才能作用于微团内的脂肪，共脂肪酶是相对分子质量较小的蛋白质，与胰脂肪酶形成 1：1 复合物存在于胰液中，复合物能与胆汁酸盐及脂肪酶结合，并促使脂肪酶吸附在微团的水油界面上，因而增加胰脂肪酶的活性，促进脂肪的消化。

8.1.4.2 简单脂类的酶促消化

胆固醇酯、乙酰胆碱等一元醇的酯类称为简单酯。胆固醇酯酶可消化胆固醇酯，生成胆固醇和脂肪酸。胆碱酯酶（存在于血液和组织，特别是神经节细胞中）可消化乙酰胆碱，生成胆碱和乙酸。

8.1.5 脂类的吸收和传递

脂类在机体内的吸收和传递过程如图 8-2 所示。

机体内脂类的吸收和传递主要经过以下几个步骤。

① 小肠可以吸收脂类的消化产物，包括脂肪酸、甘油、甘油单酯以及胆碱、部分消化的磷脂和胆固醇，而不被吸收的脂类则进入大肠被细菌分解。

② 短、中链脂肪酸或由其与甘油构成的甘油三酯，可直接被小肠黏膜细胞吸收，经门静脉进入肝脏。而甘油单酯、长链脂肪酸、甘油等被小肠黏膜细胞吸收后，在细胞内再酯化成甘油三酯。

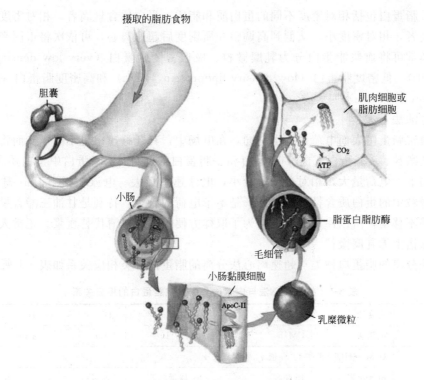

摄取的脂肪食物

胆囊

小肠

小肠黏膜细胞

ApoC-II

毛细管

乳糜微粒

肌肉细胞或脂肪细胞

CO_2

ATP

脂蛋白脂肪酶

图 8-2　脂类在机体内的吸收和传递

③ 重新酯化的甘油三酯及少量的磷脂、胆固醇等与载脂蛋白（apolipoprotein）结合成乳糜微粒（chylomicrons，CM）。

④ 乳糜微粒通过淋巴系统和血液运输至组织。脂类由小肠进入淋巴的过程需要 β-脂蛋白的参加，脂蛋白是血液中载运脂类的工具。

⑤ 乳糜微粒在组织毛细血管中的脂蛋白脂肪酶（lipoprotein lipase，LPL）作用下形成脂肪酸和甘油。

⑥ 脂肪酸进入细胞，甘油转运至肝脏和肾脏。

⑦ 脂肪酸发生氧化或者再合成脂肪储存。

8.1.6　血脂

血脂是血浆中脂类物质的总称，它包括甘油三酯、胆固醇、胆固醇酯、磷脂和游离脂肪酸等。血脂有两个主要来源：一是外源性，食物脂类消化吸收进入血液；二是内源性，由肝、脂肪细胞和其他组织合成。临床上常用的血脂指标是甘油三酯和胆固醇，正常人空腹甘油三酯为 10 ～ 150mg/dL（平均 100mg/dL），总胆固醇为 150 ～ 250mg/dL（平均 200mg/dL）。

8.1.7　血浆脂蛋白

8.1.7.1　血浆脂蛋白的分离

血浆脂蛋白的分离方法主要有超速离心法和电泳法。

（1）超速离心法

超速离心法是根据各种脂蛋白在一定密度的介质中进行离心时，漂浮速率不同而进行分离的方法。脂蛋白包括相对密度不同的蛋白质和脂质，蛋白质含量高者，相对密度大；相反脂类含量高者，相对密度小。从低到高调整介质密度后超速离心，可依次将不同密度的脂蛋白分开。通常可将血浆脂蛋白分为乳糜微粒、极低密度脂蛋白（very low density lipoprotein，VLDL）、低密度脂蛋白（low density lipoprotein，LDL）和高密度脂蛋白（high density lipoprotein，HDL）四大类。

（2）电泳法

由于血浆脂蛋白表面电荷量大小不同，在电场中，其迁移速率也不同，从而将血浆脂蛋白分为乳糜微粒、β-脂蛋白、前 β-脂蛋白和 α-脂蛋白等四种。α-脂蛋白中蛋白质含量最高，在电场作用下，电荷量大，相对分子质量小，电泳速率最大，电泳在相当于 α_1-球蛋白的位置。乳糜微粒中的蛋白质含量很低，98%是不带电荷的脂类，特别是甘油三酯含量最高，在电场中几乎不移动，所以停留在原点。为了取样方便，多以血清代替血浆。正常人空腹血清在一般电泳谱上无乳糜微粒。

电泳法分离的脂蛋白种类与超速离心法分离的脂蛋白种类相应关系如表 8-1 所示。

表 8-1　超速离心法与电泳法分离血浆脂蛋白的相应关系

分类	密度法	CM	VLDL	LDL	HDL
	电泳法	CM	pre-β-Lp	β-Lp	α-Lp
性质	(CM→HDL)密度↑、S_f 值↓、颗粒直径↓				
	电泳位置	原点	α_2-球蛋白	β球蛋白	α_1-球蛋白
组成/%	(CM→HDL)TAG↓、蛋白质、磷脂↑、胆固醇/脂↑→↓				
主要载脂蛋白		CⅢ、CⅡ、CⅠ、AⅣ、B48、AⅠ、AⅡ	CⅢ、B100、E、CⅡ、CⅠ	B100、E	AⅠ、AⅡ、CⅠ、CⅢ、D、E、CⅡ
合成部位		小肠黏膜细胞	肝细胞	血浆	肝、肠、血浆
功能		转运外源性 TAG 及 Ch	转运内源性 TAG 及 Ch	转运内源性 Ch	逆向转运 Ch

8.1.7.2　血浆脂蛋白的组成

血浆脂蛋白是由蛋白质、甘油三酯、磷脂、胆固醇及其酯组成的，各种脂蛋白中蛋白质及脂类组成的比例和含量各不相同。乳糜微粒含甘油三酯最多，高达 80%～95%，含蛋白质最少，仅约占 1%，其颗粒最大，密度最小。极低密度脂蛋白含甘油三酯达 50%～70%，但其蛋白质含量增多，约占 10%，密度变大。低密度脂蛋白含胆固醇及胆固醇酯最多，为40%～50%。高密度脂蛋白含蛋白质最多，约占 50%，故密度最高，颗粒最小。

脂蛋白颗粒中的蛋白质部分称为载脂蛋白，现已发现有十多种，其中主要的有 APO-A、APO-B、APO-C、APO-D、APO-E 五类。不同脂蛋白所含载脂蛋白种类及数量均可不同。载脂蛋白可结合脂类，并稳定脂蛋白结构，从而完成其结合和转运脂类的功用。此外，某些载脂蛋白还有其特殊功能，如作为酶的激活剂、抑制剂、受体的配基等。

8.1.7.3　血浆脂蛋白的结构

一般认为血浆脂蛋白都具有类似的结构，呈球状，在颗粒表面是极性分子，如蛋白质、磷脂，故具有亲水性；非极性分子如甘油三酯、胆固醇酯则藏于其内部。磷脂的极性部分可与蛋白质结合，非极性部分可与其他脂类结合，作为连接蛋白质和脂类的桥梁，使非水溶性的脂类固定在脂蛋白中。磷脂和胆固醇对维系脂蛋白的构型均具有重要作用。

8.1.7.4 血浆脂蛋白的代谢

（1）乳糜微粒

在小肠黏膜细胞内，由再酯化生成的甘油三酯、磷脂及吸收的胆固醇，与载脂蛋白共同形成乳糜微粒。乳糜微粒经淋巴入血，运输到肝脏，进而被肝组织摄取利用。乳糜微粒的功能是运输外源性脂类（以甘油三酯为主）。

（2）极低密度脂蛋白（VLDL）

由肝细胞合成的甘油三酯、载脂蛋白以及磷脂、胆固醇等在肝细胞内共同组成 VLDL。此外，小肠黏膜细胞也能合成少量 VLDL。VLDL 被分泌入血后，其中的甘油三酯被水解，水解产物被肝外组织摄取利用，可见 VLDL 是运输肝合成的内源性甘油三酯的主要形式。

（3）低密度脂蛋白（LDL）

LDL 是在血浆中由 VLDL 转变而来的，它是转运内源性胆固醇的主要形式。VLDL 中的甘油三酯进一步水解，最后颗粒中脂类主要为胆固醇酯，载脂蛋白为 APO-B100。肝及肝外组织的细胞膜表面广泛存在 LDL 受体，可特异识别并结合含 APO-B100 的脂蛋白。当血浆中 LDL 与此受体结合后，受体将聚集成簇，内吞入胞内与溶酶体融合，进一步被降解。

（4）高密度脂蛋白（HDL）

HDL 是由肝和小肠黏膜细胞合成的，以肝为主。初合成后分泌入血的 HDL，称为新生 HDL，它可接受外周血中的胆固醇并将其酯化，逐步转变为成熟的 HDL。成熟的 HDL 可被肝细胞摄取利用。因此 HDL 的作用就是从肝外组织将胆固醇转运到肝内进行代谢。

（5）血浆脂蛋白异常

血浆脂蛋白代谢紊乱可以造成高脂蛋白血症（hyperlipoproteinemia），也称高脂血症（hyperlipidemia），系血中脂蛋白合成与清除紊乱所致。这类病症可以是遗传性的，也可能是其他原因引起的，表现为血浆脂蛋白异常、血脂增高等。

8.2 脂肪氧化

体内的脂肪在甘油三酯脂肪酶、甘油二酯脂肪酶、甘油单酯脂肪酶的作用下消化生成甘油和脂肪酸，并进入血液，再被其他组织摄取利用的过程称为脂肪动员（fat mobilization）。其中甘油三酯脂肪酶是脂肪动员的限速酶，其活性受多种激素的调控，因此称它为激素敏感性脂肪酶（hormone sensitive triglyceride lipase，HSL）。肾上腺素、去甲肾上腺素、肾上腺皮质激素及胰高血糖素能激活甘油三酯脂肪酶，促进脂肪动员，这些激素称为脂解激素（lipolytic hormone）；相反，胰岛素可降低甘油三酯脂肪酶的活性，所以称它为抗脂解激素（antilipolytic hormone）。

8.2.1 甘油代谢

脂肪动员产生的甘油释放入血，被肝、肾及小肠黏膜细胞摄取，主要在甘油激酶（glycerolkinase）的作用下生成 α-磷酸甘油，再脱氢生成磷酸二羟丙酮，磷酸二羟丙酮进入糖氧化分解途径，或通过糖异生转化成葡萄糖或糖原，其代谢途径如图 8-3 所示。

8.2.2 脂肪酸的氧化

脂肪酸在血液中与血清蛋白结合运输，除脑、成熟红细胞外，大多数组织都能氧化脂肪

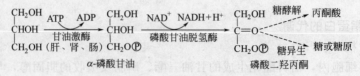

图 8-3　甘油的降解

酸。脂肪酸的氧化分解分为活化、β-氧化及三羧酸循环三个阶段。

8.2.2.1　脂肪酸的活化

在细胞液中，脂酰辅酶 A 合成酶（acyl CoA synthetase，ACS）催化脂肪酸与辅酶 A（HSCoA）生成脂酰辅酶 A 的过程称为脂肪酸的活化。活化 1 分子脂肪酸需消耗 1 分子 ATP 中的两个高能磷酸键。活化过程如图 8-4 所示。

$$\text{RCOOH+ATP+HSCoA} \xrightarrow[\text{Mg}^{2+}]{\text{脂酰辅酶A合成酶}} \text{RCO}\sim\text{SCoA+AMP+PPi}$$

　　　　脂肪酸　　　　辅酶A　　　　　　　　　　　　脂酰辅酶A　　焦磷酸

图 8-4　脂肪酸的活化

8.2.2.2　脂肪酸的 β-氧化

催化脂酰辅酶 A 氧化分解的酶存在于线粒体中，脂酰辅酶 A 由线粒体膜中的肉碱（carnitine）携带进入线粒体，如图 8-5 所示，然后进行氧化分解。

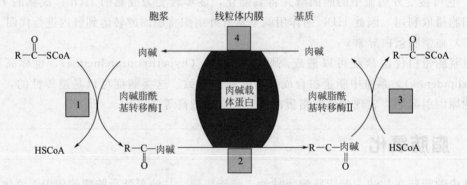

图 8-5　脂酰辅酶 A 进入线粒体

脂酰辅酶 A 在线粒体内脂肪酸氧化酶复合体（fatty acid oxidation enzyme complex）的作用下，脂酰基的 β-碳原子上发生脱氢、加水、再脱氢、硫解四步连续化学反应，产生 1 分子乙酰辅酶 A 与 1 分子比原脂酰辅酶 A 少了 2 个碳原子的脂酰辅酶 A，这一氧化过程称为脂肪酸的 β-氧化。

以软脂酸的 β-氧化途径为例，如图 8-6 所示，主要包括以下步骤。

（1）脱氢

软脂酰辅酶 A 受脂酰辅酶 A 脱氢酶（FAD 为辅基）的作用，在 α-碳原子和 β-碳原子上分别脱去 1 个氢，生成 α，β-烯软脂酰辅酶 A，脱下 2 个氢由 FAD 接收，生成的 $FADH_2$ 经呼吸链氧化成水，产生 2 分子 ATP。

（2）加水

α，β-烯软脂酰辅酶 A 在 α，β-烯脂酰辅酶 A 水化酶的催化下，加上 1 分子水，生成 L-β-羟软脂酰辅酶 A。

（3）再脱氢

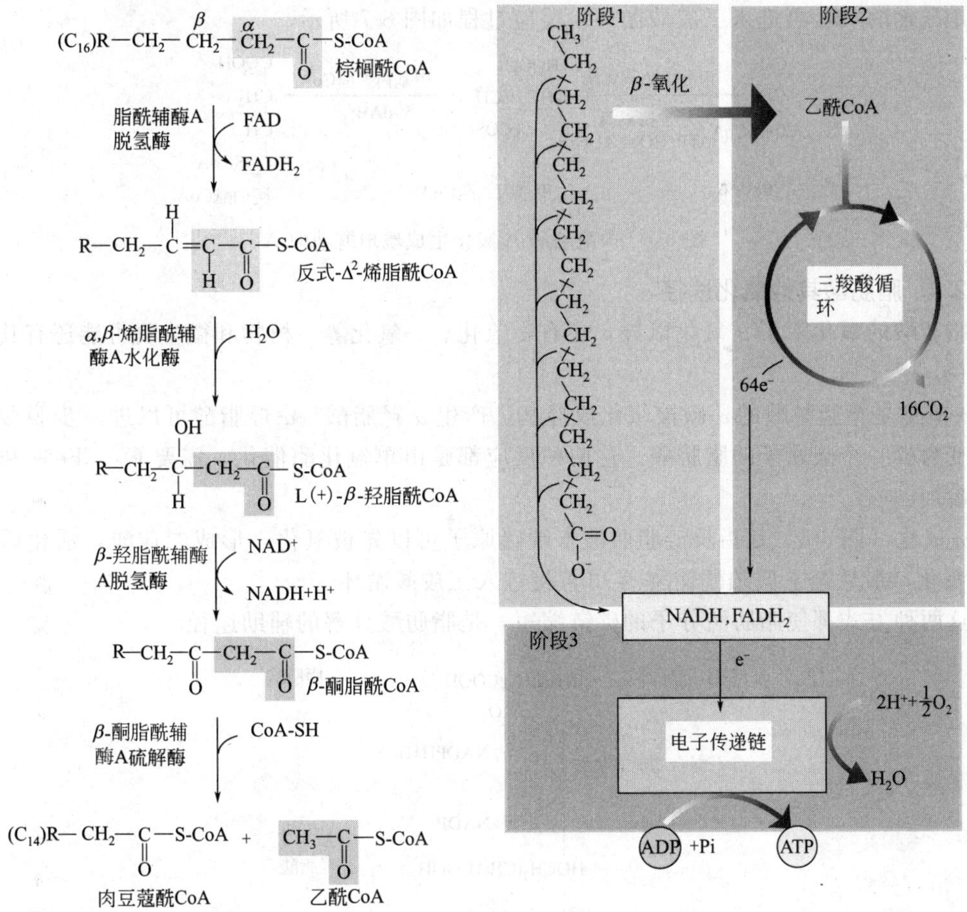

图 8-6 软脂酸的 β-氧化途径

L-β-羟软脂酰辅酶 A 在 β-羟脂酰辅酶 A 脱氢酶（NAD$^+$ 为辅酶）催化下，β-碳原子脱去 2 个氢，生成 β-酮软脂酰辅酶 A 和 NADH＋H$^+$，NADH＋H$^+$ 通过呼吸链氧化成水，产生 3 分子 ATP。

（4）硫解

β-酮软脂酰辅酶 A 在 β-酮脂酰辅酶 A 硫解酶的催化下，加 1 分子辅酶 A，生成 1 分子乙酰辅酶 A 及 1 分子比原来少 2 个碳原子的十四酰辅酶 A。少 2 个碳原子的十四酰辅酶 A 再进行下一次 β-氧化。如此循环，直至长链脂酰辅酶 A 完全分解成乙酰辅酶 A。

8.2.2.3 乙酰辅酶 A 进入三羧酸循环

多数组织生成的乙酰辅酶 A 进入三羧酸循环，彻底氧化成 H$_2$O 和 CO$_2$，并释放出能量。甘油三酯氧化分解的主要意义是供给能量。例如，1 分子十六碳软脂酸通过 7 次 β-氧化，生成 7 分子 FADH$_2$、7 分子 NADH＋H$^+$ 和 8 分子乙酰辅酶 A（图 8-7）。7 分子 FADH$_2$ 和 7 分子 NADH＋H$^+$ 进入呼吸链氧化成水释放能量；8 分子乙酰辅酶 A 通过三羧酸循环与呼吸链氧化成 CO$_2$ 和 H$_2$O 产生能量，三者共产生 $2 \times 7 + 3 \times 7 + 12 \times 8 = 131$ 个 ATP。除去脂肪酸活化消耗的 2 分子 ATP，净产生 129 分子 ATP。甘油三酯是由 1 分子甘油及 3 分子脂肪酸组成，若全部氧化分解，产生的能量十分可观。

奇数碳原子的脂肪酸，仍先按 β-氧化降解，最后剩下丙酰辅酶 A，丙酰辅酶 A 羧化生成琥珀酰辅酶 A，再进入三羧酸循环，反应过程如图 8-7 所示。

图 8-7　丙酰辅酶 A 羧化生成琥珀酰辅酶 A

8.2.2.4　脂肪酸其他氧化途径

脂肪酸的氧化除了 β-氧化以外，还有 α-氧化、ω-氧化等。植物和微生物可能还有其他氧化途径。

α-氧化是指脂肪酸的 α-碳被氧化成羟基，产生 α-羟脂酸。α-羟脂酸可以进一步脱羧、氧化转变为少一个碳原子的脂肪酸。这两种反应都是由单氧化酶催化，需要 O_2、Fe^{2+} 和抗坏血酸参加。

ω-氧化（图 8-8）是指长链脂肪酸末端碳原子可以先被氧化，形成二羧酸，活化后再进行 β-氧化，最后余下琥珀酰辅酶 A 可直接进入三羧酸循环。

这两种方式都使脂肪酸分子的碳链缩短，是脂肪酸分解的辅助途径。

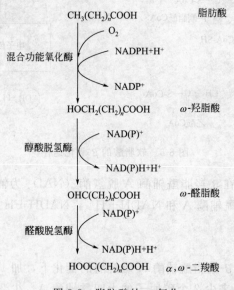

图 8-8　脂肪酸的 ω-氧化

8.2.3　酮体代谢

8.2.3.1　酮体的生成

脂肪酸在肝脏中氧化后产生的乙酰辅酶 A 大部分氧化成 CO_2 和 H_2O，还有部分乙酰辅酶 A 用来合成酮体。酮体是乙酰乙酸、β-羟丁酸和丙酮的总称。酮体的生成主要通过以下途径。

2 分子乙酰辅酶 A 在乙酰乙酰辅酶 A 硫解酶的作用下缩合成乙酰乙酰辅酶 A，释放 1 分子辅酶 A。乙酰乙酰辅酶 A 在羟甲基戊二酸单酰辅酶 A（HMG-CoA）合成酶的催化下，再与 1 分子乙酰辅酶 A 缩合生成羟甲基戊二酸单酰辅酶 A，并释放出 1 分子辅酶 A。HMG-CoA 在 HMG-CoA 裂解酶的作用下，裂解成乙酰乙酸及乙酰辅酶 A，乙酰乙酸可在 β-羟丁酸脱氢酶的催化下加氢生成 β-羟丁酸。少量乙酰乙酸自行脱羧生成丙酮，如图 8-9 所示。

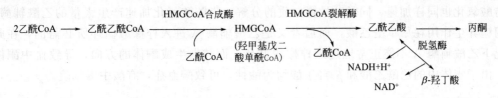

图 8-9　酮体的生成

此外，人体在饥饿或患糖尿病时，乙酰乙酰辅酶 A 在乙酰乙酰辅酶 A 还原酶作用下，也可以被 NADPH 还原成 β-羟丁酰辅酶 A。β-羟丁酰辅酶 A 经 β-羟丁酰辅酶 A 脱酰基酶催化，生成 β-羟丁酸，β-羟丁酸经 β-羟丁酸脱氧酶催化，可逆地氧化成乙酰乙酸。

8.2.3.2　酮体的利用

肝脏有活性很强的酮体合成酶系，但无氧化酮体的酶。酮体生成后很快透过肝细胞膜进入血液，经血循环运输至肝外组织利用，如图 8-10 所示。此代谢有两条途径：一是乙酰乙酸硫激酶直接催化乙酰乙酸和乙酰辅酶 A 生成乙酰乙酰辅酶 A；二是琥珀酰辅酶 A 转硫酶催化琥珀酰辅酶 A 将 CoA 转移给乙酰乙酸成为乙酰乙酰辅酶 A。乙酰乙酰辅酶 A 再由硫解酶催化，加 1 分子辅酶 A 生成 2 分子乙酰辅酶 A，乙酰辅酶 A 通过三羧酸循环氧化成 CO_2 和 H_2O。β-羟丁酸在 β-羟丁酸脱氢酶作用下，脱氢生成乙酰乙酸，乙酰乙酸再进入以上途径代谢。丙酮水溶性强，易挥发，可随呼吸道及尿排出体外，因此不被人体利用。

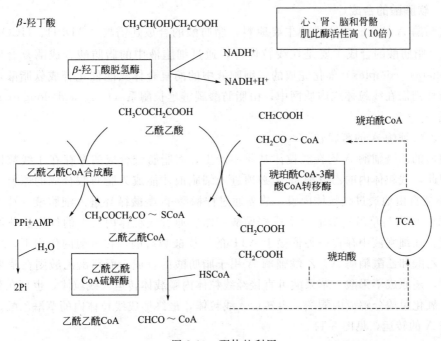

图 8-10　酮体的利用

8.2.3.3　酮体生成的意义

酮体是脂肪酸在肝内代谢的正常产物，是脂肪酸供给能量的另一种形式。在正常的生理条件下，乙酰辅酶 A 顺利进入三羧酸循环，脂肪酸的合成也正常进行，使得肝脏中乙酰辅酶 A 的浓度保持在正常的范围之内，不会形成过多的酮体，所以肝脏内积累的酮体很少。但是在摄入过多脂肪、长期饥饿或糖供用不足、糖脂代谢紊乱（如糖尿病）时，肝外组织不能自血液中获取充分的葡萄糖，为了取得能量，肝中的糖异生作用就会加速，肝和肌肉中的脂肪酸氧化也同样加速，同时动员蛋白质的分解。脂肪酸氧化加速产生大量的乙酰辅酶 A，葡萄糖异生作用耗尽草酰乙酸，而后者又是乙酰辅酶 A 进入柠檬酸循环所必需的，在此种情况下乙酰辅酶 A 不能正常地进入柠檬酸循环，而转向生成酮体的方向，导致血中酮体升高，由于酮体中的乙酰乙酸和 β-羟丁酸均为酸性，可致酮血症，有酸中毒危险。

8.3 脂肪合成与调节

脂肪由一分子甘油和三分子脂肪酸通过酯键相连而形成，也称甘油三酯或三脂酰甘油。下面主要介绍脂肪的生物合成与调节。

8.3.1 脂肪酸的生物合成

脂肪酸是各种脂类物质的重要成分。动物体内的脂肪酸有两个来源：一是机体自身合成，主要以脂肪的形式储存在脂肪组织中，饱和脂肪酸及多数不饱和脂肪酸可通过机体自身合成满足需要；二是从食物中摄取，特别是某些多不饱和脂肪酸，动物机体自身不能合成，需从植物油摄取。植物及微生物体内的脂肪酸主要依赖自身合成。动物体内的脂肪酸合成的主要场所是肝脏和脂肪组织，两者所占比例因动物种类而异。肝脏是人体合成脂肪酸最主要的场所，其合成能力较脂肪组织大 8～9 倍。

8.3.1.1 软脂酸的合成

乙酰辅酶 A 是脂肪酸合成的主要原料，脂肪酸的合成还需要 NADPH、HCO_3^-、ATP 及 Mn^{2+}。脂肪酸的合成主要是在线粒体外，通过细胞液中的脂肪酸合成酶复合体（fatty acid synthetase complex）催化完成的。细胞液中的酶复合体只能催化合成软脂酸，更长碳链的脂肪酸则需在线粒体或内质网中，由脂肪酸碳链延长酶系（fatty acid elongate systems）催化合成。

（1）乙酰辅酶 A 的跨膜转运

细胞内的乙酰辅酶 A 均在线粒体基质中产生，而脂肪酸合成酶系存在于线粒体外细胞液中。因此，线粒体内的乙酰辅酶 A 必须进入细胞液才能成为脂肪酸合成的原料。因乙酰辅酶 A 不能自由地透过线粒体内膜，故需通过柠檬酸-丙酮酸循环进入细胞液。首先乙酰辅酶 A 在线粒体内与草酰乙酸缩合生成柠檬酸，然后通过线粒体内膜上的柠檬酸载体转运进入细胞液。在细胞液中存在一种依赖于 ATP 的柠檬酸裂解酶，在该酶的作用下，柠檬酸裂解为草酰乙酸和乙酰辅酶 A。乙酰辅酶 A 用于脂肪酸的合成，而草酰乙酸则在苹果酸脱氢酶作用下，还原成苹果酸。苹果酸可直接经线粒体内膜载体转运入线粒体，也可在苹果酸酶作用下，氧化脱羧分解成丙酮酸，再转运入线粒体，最终形成线粒体内的草酰乙酸，再参与乙酰辅酶 A 的转运，见图 8-11。

（2）乙酰辅酶 A 的羧化

脂肪酸合成时，乙酰辅酶 A 需先转化成丙二酸单酰辅酶 A，然后才能参与脂肪酸的合成。乙酰辅酶 A 转化成丙二酸单酰辅酶 A 是脂肪酸合成的第一步反应，由乙酰辅酶 A 羧化酶（acetyl-CoA carboxylase）催化，其辅基是生物素。

在大肠杆菌和植物中，乙酰辅酶 A 羧化酶是一个多酶复合体，可解离成以下三个亚单位。

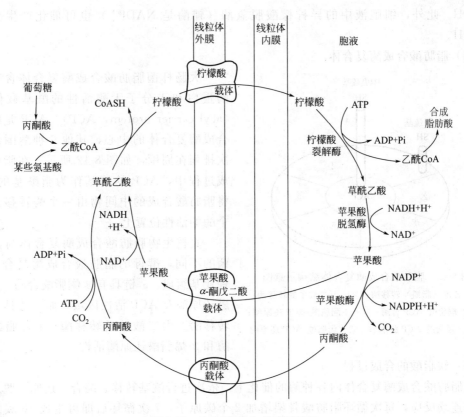

图 8-11　乙酰辅酶 A 的跨膜转运

① 生物素羧基载体蛋白（biotin carboxyl carrier protein，BCCP），含有共价结合的生物素，由两个相同相对分子质量（22.5×10^3）的亚基组成，无酶活性。

② 生物素羧化酶（biotin carboxylase，BC），也是一个由两个相同相对分子质量（51×10^3）的亚基组成的酶，其上含有与 ATP、Mn^{2+} 及 HCO_3^- 结合的位点，催化乙酰辅酶 A 羧化的第一步反应，即生物素的羧化反应。

$$BCCP\text{-}生物素 + HCO_3^- + ATP + H_2O \longrightarrow BCCP\text{-}生物素\text{-}COO^- + ADP + Pi$$

③ 羧基转移酶（carboxyl transferase，CT），是由 2 个相对分子质量为 30×10^3 的 α-亚基和 2 个相对分子质量为 35×10^3 的 β-亚基组成的多聚体，催化乙酰辅酶 A 羧化的第二步反应，即将羧基从羧基生物素转移给乙酰辅酶 A，产生丙二酸单酰辅酶 A。

$$BCCP\text{-}生物素\text{-}COO^- + 乙酰辅酶 A \longrightarrow BCCP\text{-}生物素 + 丙二酸单酰辅酶 A$$

在上面的羧化反应中，羧基载体蛋白上的生物素辅基犹如自由转动的臂，将羧基由生物素羧化酶亚基转移给羧基转移酶亚基上的乙酰辅酶 A，最后产生丙二酸单酰辅酶 A。

真核细胞的乙酰辅酶 A 羧化酶是一种多功能酶，生物素羧化酶、生物素羧基载体蛋白和羧基转移酶的活性存在于同一条多肽链上，同时还具有调节物结合位点。

（3）NADPH 的来源

脂肪酸合成过程中所需的还原力全部由 NADPH 提供。NADPH 主要来自磷酸戊糖途径，也可由苹果酸氧化脱羧过程产生。在柠檬酸-丙酮酸的循环过程中，每转移 1 分子乙酰辅酶 A 到细胞液，就能产生 1 分子 NADPH，转移 8 分子乙酰辅酶 A，就能提供 8 分子 NADPH。因此，从理论上看，在脂肪酸合成中，苹果酸氧化脱羧过程可提供 50% 以上的

NADPH。此外，细胞液中的异柠檬酸脱氢酶（辅酶是 NADP$^+$）也可催化产生少量的 NADPH。

（4）脂肪酸合成酶复合体

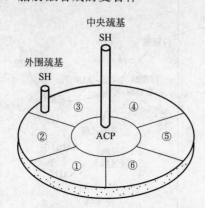

图 8-12　脂肪酸合成酶复合体结构示意图
①—乙酰（脂酰）转移酶；②—丙二酸单酰转移酶；
③—β-酮脂酰-ACP 合酶；④—β-酮脂酰-ACP 还原酶；
⑤—β-羟脂酰-ACP 脱水酶；⑥—烯脂酰-ACP 还原酶

大肠杆菌脂肪酸合成酶复合体含有 6 种酶蛋白和 1 分子无酶活性的酰基载体蛋白（acyl carrier protein，ACP）。ACP 是脂肪酸合成酶复合体的中心，其他 6 种酶围绕它顺次排列在周围，如图 8-12 所示。在脂肪酸合成过程中，ACP 的辅基作为脂酰基的载体，将脂肪酸合成的中间物由一个酶转移到另一个酶的活性位置上。

真核生物脂肪酸合成酶复合体与大肠杆菌的不同，酵母的脂肪酸合成酶复合体由 2 种亚基组成。α-链具有 β-酮脂酰合酶、β-酮脂酰还原酶及 ACP 活性区域，而 β-链具有脂酰转移酶、丙二酸单酰转移酶、β-羟脂酰脱水酶和 β-烯脂酰还原酶活性。

（5）软脂酸的合成过程

在脂肪酸合成酶复合体内各种酶的催化下，依次进行酰基转移、缩合、还原、脱水、再还原等连续反应，每次循环脂肪酸骨架增加 2 个碳原子，7 次循环后即可生成 16 碳的软脂酸，经硫酯酶（thioesterase）水解释出，其反应流程如图 8-13 所示。

① 乙酰（脂酰）基转移反应

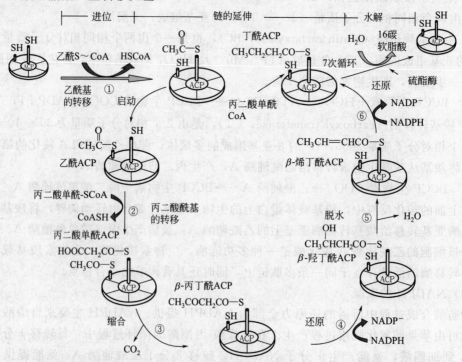

图 8-13　软脂酸生物合成的反应流程

在乙酰转移酶（脂酰转移酶）的催化下，乙酰辅酶 A 的乙酰基首先转移到脂肪酸合成酶复合体（ACP）的巯基上，然后由 ACP 转移到 β-酮脂酰-ACP 合成酶多肽链的半胱氨酸残基的巯基上。

$$CH_3CO—SCoA+HS—ACP \longleftrightarrow CH_3CO—S—ACP+HSCoA$$

$$CH_3CO—ACP+E—HS \longleftrightarrow CH_3—S—E+ACP$$

② 丙二酰基转移反应

在丙二酸单酰转移酶催化下，将丙二酸单酰辅酶 A 的丙二酸单酰基转移到 ACP 的巯基上。

$$丙二酸单酰-SCoA + HS—ACP \longrightarrow 丙二酸单酰-S-ACP + HSCoA$$

③ 缩合反应

在 β-酮脂酰-ACP 合成酶的催化下，将该酶上结合的乙酰基（脂酰基）转移到 ACP 上丙二酸单酰辅酶 A 的第二个碳原子上，形成乙酰乙酰-S-ACP，同时使丙二酸单酰基上的自由羧基脱羧产生 CO_2。

$$乙酰-S-E+丙二酸单酰-S-ACP \longrightarrow 乙酰乙酰-S-ACP + E—SH + CO_2$$

同位素实验证明，释放的 CO_2 的碳原子来自形成丙二酸单酰辅酶 A 时所羧化的 HCO_3^-，说明羧化的碳原子并未掺入到脂肪酸中去，HCO_3^- 在脂肪酸合成中只起催化作用。

④ 还原反应

在 β-酮脂酰-ACP 还原酶催化下，由 $NADPH+H^+$ 提供还原力，由乙酰乙酰-S-ACP 还原形成 D-β-羟丁酰-S-ACP。

$$CH_3COCH_2Co—S—ACP+NADPH+H^+ \longleftrightarrow CH_3CHOHCH_2CO—S—ACP+NADP^+$$

⑤ 脱水反应

在 β-羟脂酰-ACP 脱水酶催化下，D-β-羟丁酰-S-ACP 脱水，形成相应的反 Δ^2-烯丁酰-S-ACP。

$$CH_3CHOHCH_2CO—S—ACP \longleftrightarrow CH_3CHCHCO—S—ACP+H_2O$$

⑥ 再还原反应

反 Δ^2-烯丁酰-S-ACP 在烯脂酰还原酶催化下，由 $NADPH+H^+$ 提供还原力，还原形成丁酰-S-ACP。

$$CH_3CH-CHCo—S—ACP+NADPH+H^+ \longrightarrow CH_3CH_2CH_2CO—S—ACP+NADP^+$$

丁酰-S-ACP 的形成完成了软脂酰-S-ACP 合成的第一轮循环。丁酰基由 ACP 转到 β-酮脂酰-ACP 合成酶分子的巯基上，ACP 又可再接受丙二酸单酰基，进行第二轮循环。

经过 7 轮循环后，合成的最终产物软脂酰-S-ACP 经硫酯酶的催化，产生游离的软脂酸。软脂酸生物合成的总反应式如下：

$$CH_3CO—SCoA + 7HOOCCH_2—SCoA + 14NADPH + 14H^+ \longrightarrow$$

$$CH_3(CH_2)_{14}COOH + 7CO_2 + 8HSCoA + 14NADP^+ + 6H_2O$$

由上可见，脂肪酸的合成与分解显然是两条不同的代谢途径，两者之间存在许多重要的区别，故可同时在细胞内独立进行。

多数生物的脂肪酸合成酶复合体仅催化合成软脂酸，而不能形成更长碳链的脂肪酸，这是由于 β-酮脂酰-ACP 合酶对长链有专一性，它接受 14 碳脂酰基的活力很强，但不能接受更长碳链的脂酰基。

许多海洋生物机体中存在的奇数碳原子饱和脂肪酸也由此途径合成，只是起始物为丙二酸单酰辅酶 A 而不是乙酰辅酶 A。

8.3.1.2 软脂酸碳链的延长

脂肪酸合成酶复合体催化合成的是软脂酸，更长碳链的脂肪酸则是对软脂酸的加工，使其碳链延长，而碳链的缩短则是通过伊氧化作用实现的。生物体内存在两种脂肪酸碳链延长体系：线粒体和内质网。

（1）线粒体脂肪酸碳链延长酶系

在线粒体内脂肪酸碳链延长酶系的催化下，脂酰辅酶 A 与乙酰辅酶 A 缩合，生成 β-酮脂酰辅酶 A，然后由 NADH＋H$^+$ 提供还原力，还原为 β-羟脂酰辅酶 A，再脱水生成 α,β-反-烯脂酰辅酶 A，然后由 NADH＋H$^+$ 提供还原力，即还原成硬脂酰辅酶 A。此过程与 β-氧化的逆反应基本相似，但又不完全一样。β-氧化时脂酰辅酶 A 脱氢酶以 FAD 为辅基，而延长酶系的烯脂酰辅酶 A 还原酶的辅酶则为 NADPH。通过此种方式，每一次可加上 2 个碳原子，一般可延长脂肪酸碳链至 24 或 26 个碳原子，以硬脂酸最多。线粒体脂肪酸碳链的延长如图 8-14 所示。

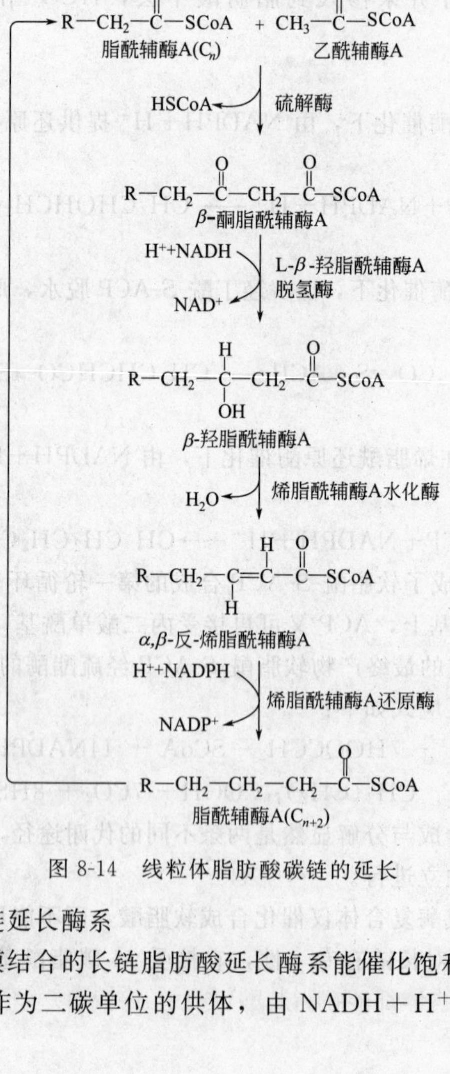

图 8-14　线粒体脂肪酸碳链的延长

（2）内质网脂肪酸碳链延长酶系

哺乳动物细胞内质网膜结合的长链脂肪酸延长酶系能催化饱和或不饱和脂肪酸的碳链延长。以丙二酸单酰辅酶 A 作为二碳单位的供体，由 NADH＋H$^+$ 提供还原力，软脂酸经缩合、还原、脱水、再还原等反应，每一轮可增加 2 个碳原子，反复进行可使碳链逐步延长。其反应过程与软脂酸的合成相似，只是由 CoA 代替 ACP 作为脂酰基的载体。

8.3.1.3 不饱和脂肪酸的合成

不饱和脂肪酸根据双键的数目分为单不饱和脂肪酸和多不饱和脂肪酸。单不饱和脂肪酸指烃链中含有一个双键的脂肪酸；多不饱和脂肪酸是指烃链含有两个及两个以上双键的脂肪酸。

（1）单不饱和脂肪酸的合成

① 需氧途径

动物和植物都是利用氧化机制形成不饱和脂肪酸。单不饱和脂肪酸（$C_{16:1}$、$C_{17:1}$）的前体为相应的饱和脂肪酸（$C_{16:0}$、$C_{18:0}$），反应中直接引入 Δ^9 双键。因该途径需要氧分子参加，故称需氧途径，又称氧化途径。

动物的肝脏和脂肪组织中都有一个复杂的去饱和酶复合体（desaturase complex），该复合体由 3 个与线粒体结合的蛋白质组成，即 NADH-Cytb5 还原酶、Cytb5 及去饱和酶。首先由 NADH-Cytb5 还原酶的辅酶 FAD 接受 NADH＋H^+ 提供的 2 对质子和电子，然后将其中的 2 个电子转移给 Cytb5，使 Cytb5 中铁卟啉中的 Fe^{3+} 还原成 Fe^{2+}，再使去饱和酶中非血红素铁离子还原成 Fe^{2+}，最后分子氧与其作用，分别接受来自 NADH 及去饱和酶的 2 对电子，形成 2 分子水及 1 分子不饱和脂肪酸，其反应机制如图 8-15 所示。

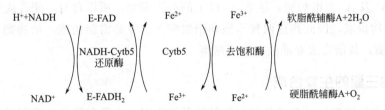

图 8-15　单不饱和脂肪酸合成的需氧途径

某些植物和低等需氧生物合成单不饱和脂肪酸的机制与动物类似，但以铁氧还蛋白代替 Cytb5 起作用。去饱和酶系将双键直接引入已合成的饱和长链脂肪酸，且对产物有显著的专一性，双键位置都在 C_9 与 C_{10} 之间，即形成含 Δ^9 双键的单不饱和脂肪酸，反应中也需利用氧，并需 NADPH 提供还原力。

某些微生物如放线菌、酵母菌、真菌、藻类、原生动物等都利用脱氢机制形成单不饱和脂肪酸。

② 厌氧途径

细菌（溶壁微球菌除外）通过厌氧途径合成单不饱和脂肪酸过程中不需要氧分子参与反应，脂肪酸合成在 $C_{8:0}$ 或 $C_{10:0}$ β-羟脂酰-ACP 处分路。例如，大肠杆菌中棕榈油酸的合成是由 β-羟癸脂酰-ACP（10 碳）开始的。脂肪酸合成酶系含有催化 D(-)-β-羟脂酰-ACP 脱水产生反式 Δ^2-烯脂酰-ACP 和顺式 Δ^3-烯脂酰-ACP 两者混合物的酶。该酶是多功能酶，也催化 Δ^2 和 Δ^3 双键异构体的相互转变。反式 Δ^2-烯脂酰-ACP 通过脂肪酸合成途径产生饱和脂肪酸，而顺式 Δ^3-烯脂酰-ACP 则可由 3 分子丙二酸单酰辅酶 A 提供二碳单位，通过加成反应形成棕榈油酰-ACP，见图 8-16。

（2）多不饱和脂肪酸的合成

除厌氧细菌外，所有生物体都能在脂肪酸链内引入一个以上的双键，形成多不饱和脂肪

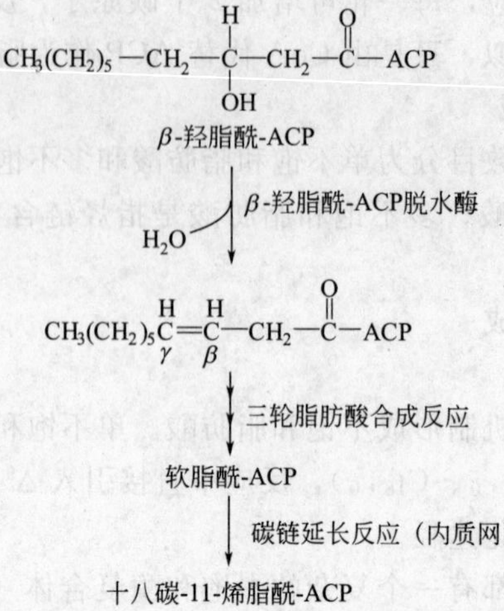

$CH_3(CH_2)_5-CH_2-\overset{H}{\underset{OH}{C}}-CH_2-\overset{O}{\overset{\|}{C}}-ACP$
β-羟脂酰-ACP
β-羟脂酰-ACP脱水酶
H_2O
$CH_3(CH_2)_5\overset{H}{C}=\overset{H}{C}-CH_2-\overset{O}{\overset{\|}{C}}-ACP$
γ β
三轮脂肪酸合成反应
软脂酰-ACP
碳链延长反应（内质网）
十八碳-11-烯脂酰-ACP

图 8-16　单不饱和脂肪酸合成的厌氧途径

酸，通常双键之间由一个甲烯基隔开。在碳链延长酶系和去饱和酶的催化下，通过延长和去饱和作用，可形成多种多不饱和脂肪酸。

在哺乳动物中存在 4 类多不饱和脂肪酸，即棕榈油酸、油酸、亚油酸、亚麻酸。哺乳动物的其他多不饱和脂肪酸全部由这 4 类为前体通过延长和去饱和作用形成。哺乳动物由于只有 Δ^4、Δ^5、Δ^6 及 Δ^9 去饱和酶，缺乏 Δ^9 以上的去饱和酶，所以自身不能合成亚油酸和亚麻酸，必须由食物摄取，因此称这两种不饱和脂肪酸为营养必需脂肪酸。植物则含有 Δ^9、Δ^{12} 及 Δ^{15} 去饱和酶，故能合成亚油酸、亚麻酸等。

8.3.2　甘油三酯的生物合成

动物肝脏和脂肪组织是合成甘油三酯最活跃的组织。小肠黏膜细胞能利用外源脂肪的消化产物甘油单酯和脂肪酸合成甘油三酯。高等植物也能大量合成甘油三酯，微生物则含甘油三酯较少。甘油三酯的合成途径如图 8-17 所示。

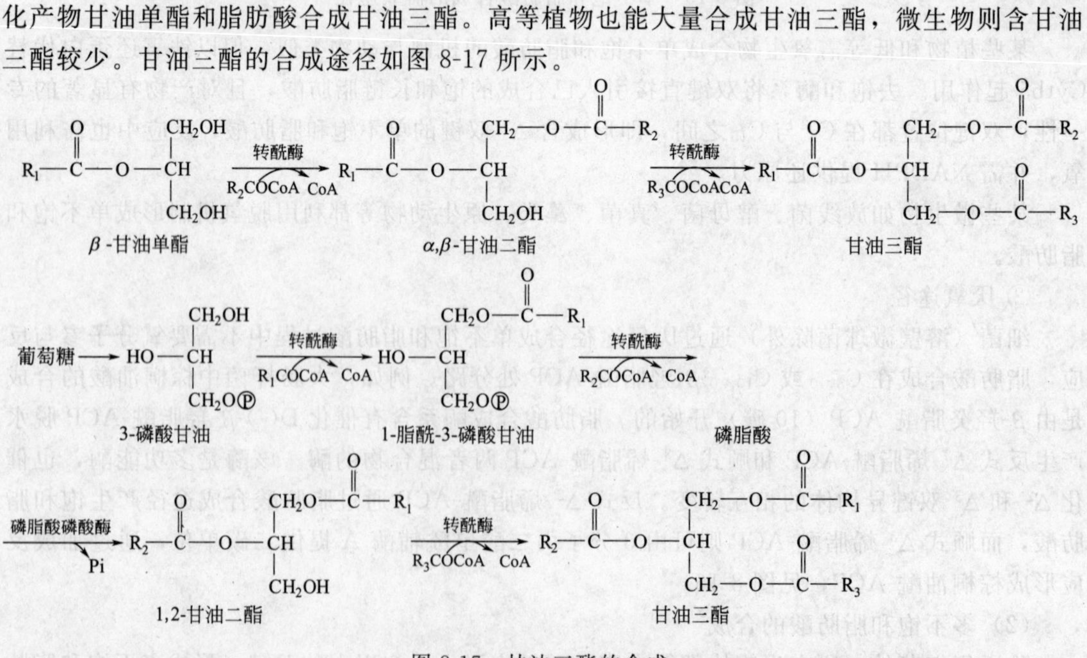

转酰酶
R_2COCoA CoA
转酰酶
$R_3COCoACoA$
β-甘油单酯
α,β-甘油二酯
甘油三酯
葡萄糖
转酰酶
R_1COCoA CoA
转酰酶
R_2COCoA CoA
3-磷酸甘油
1-脂酰-3-磷酸甘油
磷脂酸
磷脂酸磷酸酶
Pi
转酰酶
R_3COCoA CoA
1,2-甘油二酯
甘油三酯

图 8-17　甘油三酯的合成

（1）甘油单酯途径

动物小肠黏膜细胞主要以消化吸收的甘油单酯和脂肪酸为原料合成甘油三酯。脂肪酸先与 CoA 结合成脂酰辅酶 A，脂酰辅酶 A 与甘油单酯形成甘油二酯，然后合成甘油三酯。

（2）磷脂酸合成途径

动植物体内甘油三酯主要通过该途径合成。磷脂酸是主要的中间产物，合成中所需的脂酰基由脂酰辅酶 A 提供，某些微生物如大肠杆菌体内，其脂酰基由脂酰 ACP 直接提供。合成中所需的 3-磷酸甘油有两个来源：一是由糖分解中间产物磷酸二羟丙酮转变而来；二是由甘油三酯水解产生的甘油，在甘油激酶催化下，与 ATP 作用生成。

8.3.3 脂肪酸合成的调节

乙酰辅酶 A 羧化酶是脂肪酸合成的限速酶。动物组织的乙酰辅酶 A 羧化酶有两种存在形式：一是无活性的单体，相对分子质量为 23000，含有一分子生物素（HCO_3^- 结合部位），并有一个乙酰辅酶 A 结合部位和一个柠檬酸结合部位；二是有活性的多聚体，由多个单体呈线状排列构成，相对分子质量为 $(4\sim8)\times10^6$。柠檬酸等在无活性单体和有活性聚合体之间起调节作用，当柠檬酸或异柠檬酸结合到每个酶单体上以后，酶从无活性的单体形式转变为有活性的多聚体形式；脂肪酸合成的终产物软脂酰辅酶 A 和其他长链脂酰辅酶 A 及丙二酸单酰辅酶 A 是别构抑制剂，可抑制单体的聚合。

在大肠杆菌和其他细菌中，脂肪酸主要用于作为合成磷脂的前体，与细菌生长繁殖有关，柠檬酸对细菌的脂肪酸合成没有调控作用，鸟嘌呤核苷酸可调控转羧基酶活性。

乙酰辅酶 A 羧化酶也受磷酸化和去磷酸化的调节。此酶可受一种依赖于 AMP（而不是 cAMP）的蛋白激酶磷酸化而失活。每个乙酰辅酶 A 羧化酶单体上至少存在 6 个可磷酸化部位，但目前认为只有其 7，9 位上的丝氨酸的磷酸化与酶活性有关。

（1）代谢物的调节作用

进食糖类物质而糖代谢加强时，脂肪酸合成的原料乙酰辅酶 A 及 NADPH 供应增多，同时细胞内 ATP 增多，可抑制异柠檬酸脱氢酶，造成异柠檬酸及柠檬酸堆积，透出线粒体，可别构激活乙酰辅酶 A 羧化酶，故高糖膳食可促进脂肪酸合成；进食高脂肪食物或饥饿而脂肪动员加强时，细胞内脂酰辅酶 A 增多，可别构抑制乙酰辅酶 A 羧化酶活性，故脂肪酸的合成减弱。

（2）激素的调节作用

参与脂肪酸合成调节的激素主要有胰高血糖素和胰岛素。胰高血糖素及肾上腺素等通过激活蛋白激酶 A 而使乙酰辅酶 A 羧化酶磷酸化，从而降低其活性，抑制脂肪酸的合成；胰岛素则可抑制乙酰辅酶 A 羧化酶磷酸化，从而增加该酶的活性，同时还能诱导乙酰辅酶 A 羧化酶及脂肪酸合成酶复合体、ATP-柠檬酸裂解酶等的合成，故胰岛素可促进脂肪酸的合成。

8.4 磷脂代谢

磷脂（phospholipid，PL）是一类含有磷酸的脂类，机体中主要含有两大类磷脂，由甘油构成的磷脂称为甘油磷脂（phosphoglyceride）；由神经鞘氨醇构成的磷脂称为鞘磷脂（sphingomyelin）。其结构特点是：具有由磷酸相连的取代基团（含氨碱或醇类）构成的极性头部和由脂肪酸链构成的非极性尾部，如图 8-18 所示。在生物膜中磷脂的亲水头位于膜表面，而疏水尾位于膜内侧。

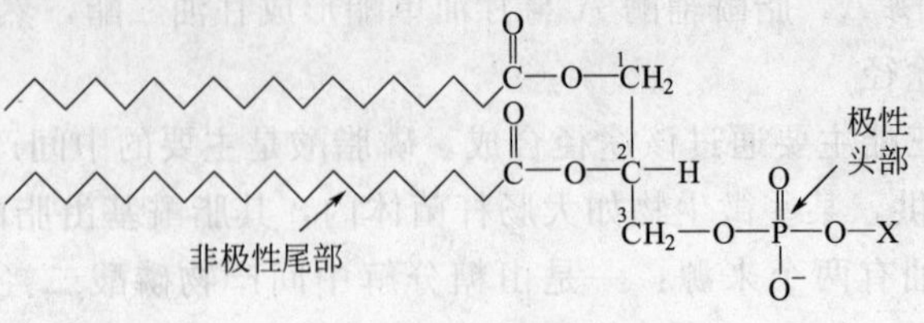

图 8-18 磷脂结构

8.4.1 甘油磷脂的代谢

甘油磷脂是机体含量最多的一类磷脂，它除了构成生物膜外，还是胆汁和膜表面活性物质等的成分之一，并参与细胞膜对蛋白质的识别和信号传导。甘油磷脂基本结构由磷脂酸和与磷酸相连的取代基团构成。常见的甘油磷脂有：磷脂酰胆碱（phosphatidylcholine，又称卵磷脂）、磷脂酰乙醇胺（phosphatidylethanolamine，又称脑磷脂）、磷脂酰甘油（phosphatidylglycerol）、磷脂酰肌醇（phosphatidylinositol）、磷脂酰丝氨酸（phosphatidylserine）和双磷脂酰甘油（diphosphatidylglycerol，又称心磷脂）等。

除以上 6 种以外，甘油磷脂分子中第 1 位的脂酰基可被长链醇取代而形成醚，如缩醛磷脂（plasmalogen）及血小板活化因子（platelet activating factor，PAF），它们都属于甘油磷脂，其结构式如图 8-19 所示。

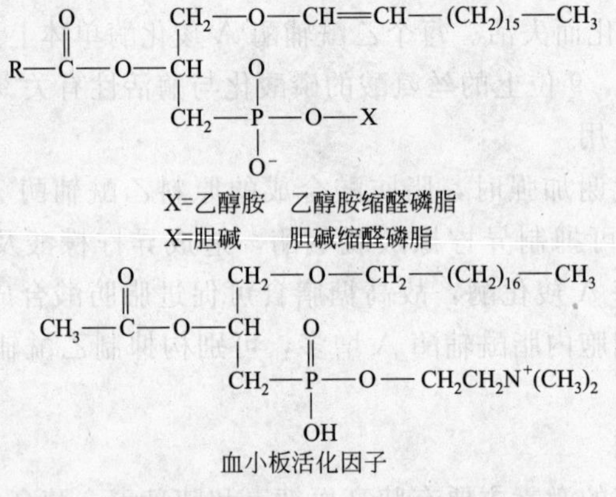

图 8-19 缩醛磷脂和血小板活化因子结构式

8.4.1.1 甘油磷脂的合成代谢

（1）合成部位

甘油磷脂的合成在光面内质网（smooth endoplasmic reticulum，SER）上进行，通过高尔基体加工，最后可被组织生物膜利用或成为脂蛋白分泌出细胞。

各组织细胞内质网中均含有合成磷脂的酶系，故各组织都能合成甘油磷脂。肝、肠、肾等组织中磷脂合成均很活跃，其中以肝最为活跃。肝合成的磷脂，除肝细胞自身利用外，还能用于组成脂蛋白参与脂类的运输。

（2）原料来源

合成甘油磷脂的原料为磷脂酸与取代基团。磷脂酸可由糖或脂转变生成的甘油和脂肪酸生成，但其甘油 C_2 位上的脂肪酸多为必需脂肪酸，须由食物供给。取代基团中胆碱和乙醇胺可由丝氨酸在体内转变生成或由食物供给。

（3）活化

磷脂酸和取代基团在合成之前，两者之一必须首先被 ATP 活化而被 CDP 携带，胆碱与乙醇胺可生成 CDP-胆碱和 CDP-乙醇胺，磷脂酸可生成 CDP-甘油二酯。

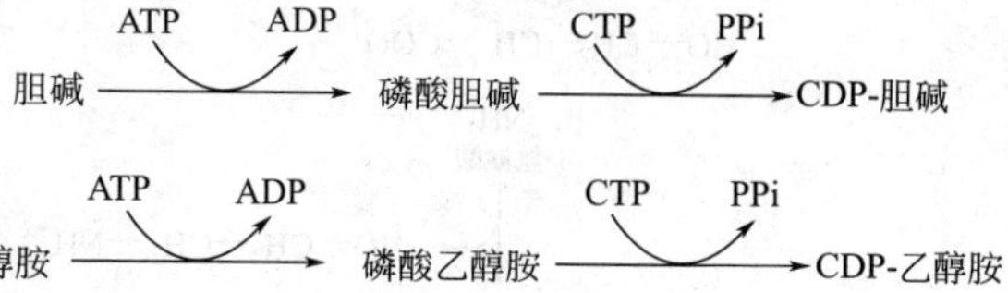

$$胆碱 \xrightarrow[\quad ATP \quad ADP \quad]{} 磷酸胆碱 \xrightarrow[\quad CTP \quad PPi \quad]{} CDP-胆碱$$

$$乙醇胺 \xrightarrow[\quad ATP \quad ADP \quad]{} 磷酸乙醇胺 \xrightarrow[\quad CTP \quad PPi \quad]{} CDP-乙醇胺$$

（4）甘油磷脂生成

生物组织细胞中重要的甘油磷脂合成途径既相互联系，又有所区别。

① 磷脂酰胆碱和磷脂酰乙醇胺

这两种磷脂在体内含量最多，占组织和血液中磷脂的 75% 以上，是由活化的 CDP-胆碱与 CDP-乙醇胺和甘油二酯生成。磷脂酰胆碱和磷脂酰乙醇胺的生成如图 8-20 所示。

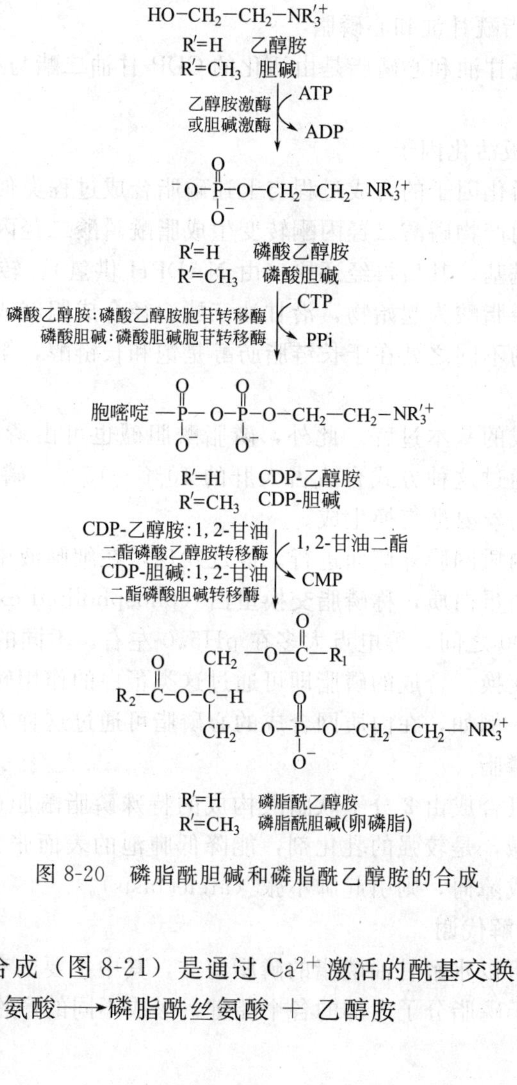

图 8-20　磷脂酰胆碱和磷脂酰乙醇胺的合成

② 磷脂酰丝氨酸

体内磷脂酰丝氨酸合成（图 8-21）是通过 Ca^{2+} 激活的酰基交换反应生成。

磷脂酰乙醇胺 ＋ 丝氨酸 —→ 磷脂酰丝氨酸 ＋ 乙醇胺

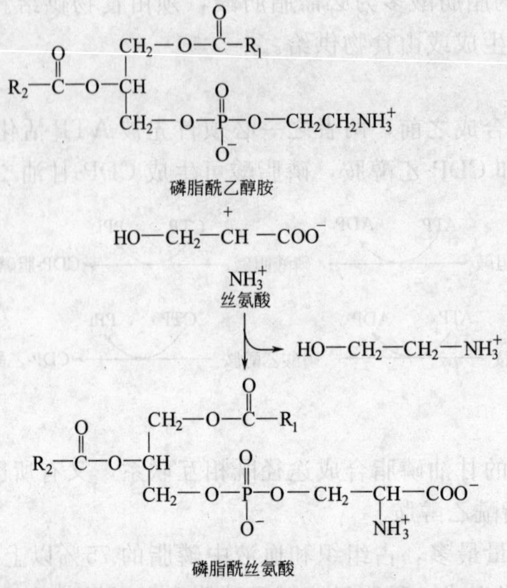

图 8-21　磷脂酰丝氨酸的合成

③ 磷脂酰肌醇、磷脂酰甘油和心磷脂

磷脂酰肌醇、磷脂酰甘油和心磷脂是由活化的 CDP-甘油二酯与相应取代基团反应生成，如图 8-22 所示。

④ 缩醛磷脂与血小板活化因子

缩醛磷脂与血小板活化因子的合成过程与上述磷脂合成过程类似，不同之处在于磷脂酸合成之前，由糖代谢中间产物磷酸二羟丙酮转变生成脂酰磷酸二羟丙酮以后，由一分子长链脂肪醇取代其第一位脂酰基，其后再经还原（由 NADPH 供氢）、转酰基等步骤合成磷脂酸的衍生物。此产物替代磷脂酸为起始物，沿甘油三酯途径合成胆碱或乙醇胺缩醛磷脂。血小板活化因子与缩醛磷脂的不同之处在于长链脂肪醇是饱和长链醇，第 2 位的脂酰基为最简单的乙酰基。

以上是各类磷脂合成的基本过程。此外，磷脂酰胆碱也可由磷脂酰乙醇胺从 S-腺苷甲硫氨酸获得甲基生成，通过这种方式合成占人肝的 $10\% \sim 15\%$。磷脂酰丝氨酸可由磷脂酰乙醇胺羧化或其乙醇胺与丝氨酸交换生成。

甘油磷脂的合成在内质网膜外侧面进行。最近发现，在细胞液中存在一类能促进磷脂在细胞内膜之间进行交换的蛋白质，称磷脂交换蛋白（phospholipid exchange proteins），相对分子质量在 $16000 \sim 30000$ 之间，等电点大多在 pH5.0 左右。不同的磷脂交换蛋白催化不同种类磷脂在膜之间进行交换。合成的磷脂即可通过这类蛋白的作用转移至细胞内的不同生物膜上，从而更新其磷脂。例如，在内质网合成的心磷脂可通过这种方式转至线粒体内膜，而构成线粒体内膜特征性磷脂。

Ⅱ 型肺泡上皮细胞可合成由 2 分子软脂酸构成的特殊磷脂酰胆碱，其 1、2 位均为软脂酰基，称为二软脂酰胆碱，是较强的乳化剂，能降低肺泡的表面张力，有利于肺泡的伸张。新生儿肺泡上皮细胞合成障碍，则引起肺不张（atelectasis）。

8.4.1.2　甘油磷脂的分解代谢

生物体内存在一些可以水解甘油磷脂的磷脂酶类，其中主要的有磷脂酶 A1、A2、B、C 和 D，它们特异地作用于磷脂分子内部的各个酯键，形成不同的产物。这一过程也是甘油磷

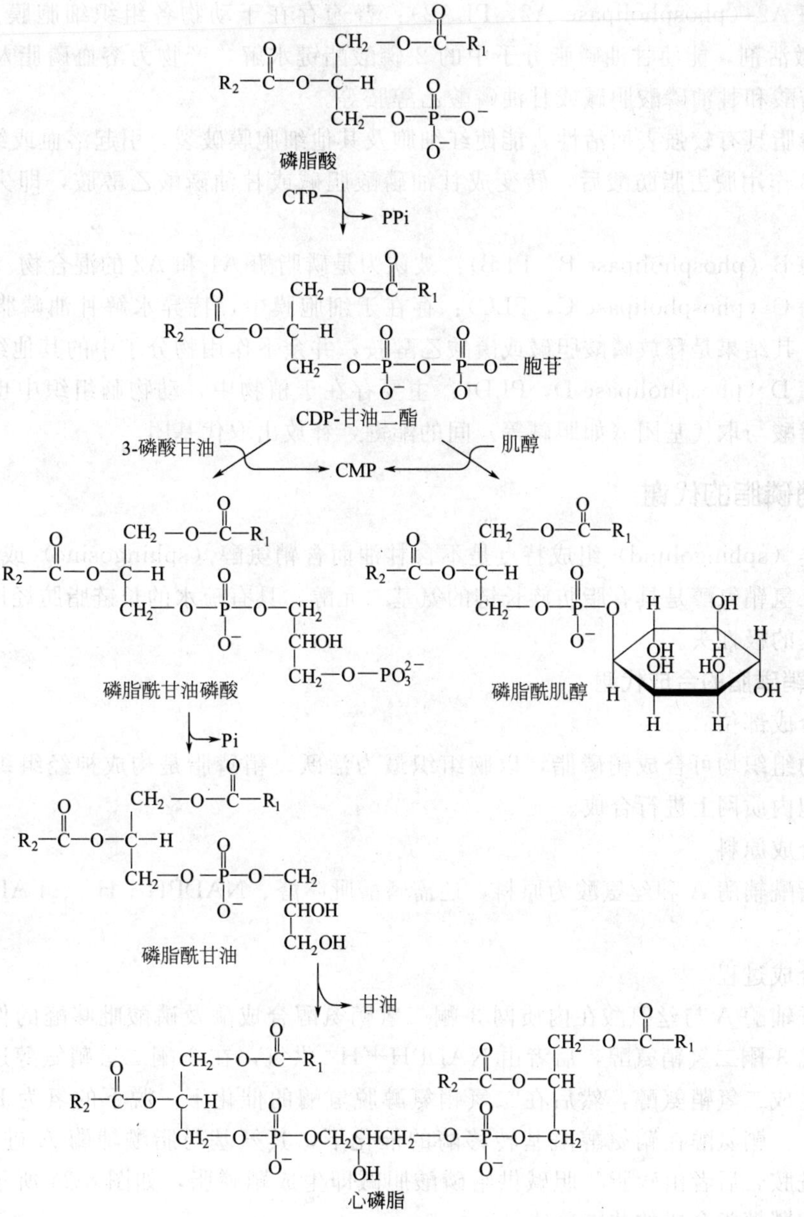

图 8-22　磷脂酰肌醇、磷脂酰甘油和心磷脂的合成

脂的改造加工过程。如图 8-23 所示。

　　磷脂酶 A1（phospholipase A1，PLA1）：在自然界中分布广泛，主要存在于细胞的溶酶体内，此外蛇毒及某些微生物中也存在，可催化甘油磷脂的 1-磷酸酯键断裂，产物为脂肪酸和溶血磷脂。

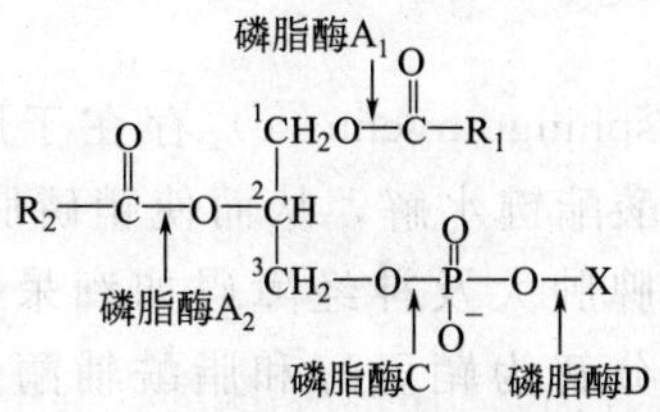

图 8-23　水解甘油磷脂的酶类和部位

磷脂酶 A2（phospholipase A2，PLA2）：普遍存在于动物各组织细胞膜及线粒体膜，Ca^{2+} 为其激活剂，能使甘油磷脂分子中的 2-磷酸酯键水解，产物为溶血磷脂及其进一步分解产物脂肪酸和甘油磷酸胆碱或甘油磷酸乙醇胺等。

溶血磷脂具有较强表面活性，能使红细胞及其他细胞膜破裂，引起溶血或细胞坏死。当经磷脂酶 B 作用脱去脂肪酸后，转变成甘油磷酸胆碱或甘油磷酸乙醇胺，即失去溶解细胞膜的作用。

磷脂酶 B（phospholipase B，PLB）：被认为是磷脂酶 A1 和 A2 的混合物。

磷脂酶 C（phospholipase C，PLC）：存在于细胞膜中，特异水解甘油磷脂分子中的 3-磷酸酯键，其结果是释放磷酸胆碱或磷酸乙醇胺，并余下作用物分子中的其他组分。

磷脂酶 D（phospholipase D，PLD）：主要存在于植物中，动物脑组织中也有，催化磷脂分子中磷酸与取代基团（如胆碱等）间的酯键，释放出取代基团。

8.4.2　鞘磷脂的代谢

鞘脂类（sphingolipid）组成特点是不含甘油而含鞘氨醇（sphingosine）或二氢鞘氨醇。鞘氨醇或二氢鞘氨醇是具有脂肪族长链的氨基二元醇，具有疏水的长链脂肪烃尾和 2 个羟基及 1 个氨基的极性头。

8.4.2.1　鞘磷脂的合成代谢

（1）合成部位

体内的组织均可合成鞘磷脂，以脑组织最为活跃。鞘磷脂是构成神经组织膜的主要成分，在细胞内质网上进行合成。

（2）合成原料

以软脂酰辅酶 A 和丝氨酸为原料，还需磷酸吡哆醛、$NADPH+H^+$、FAD 等辅助因子参加。

（3）合成过程

软脂酰辅酶 A 与丝氨酸在内质网 3-酮二氢鞘氨醇合成酶及磷酸吡哆醛的作用下，缩合并脱羧生成 3-酮二氢鞘氨醇，后者由 $NADPH+H^+$ 供氢，在 3-酮二氢鞘氨醇还原酶的催化下，加氢生成二氢鞘氨醇，然后在二氢鞘氨醇脱氢酶的催化下，脱下的氢为 FAD 所接受，生成鞘氨醇。鞘氨醇在鞘氨醇酰基转移酶的催化下，其氨基与脂酰辅酶 A 进行酰胺缩合，生成神经酰胺，后者由磷脂酰胆碱供给磷酸胆碱即生成鞘磷脂，如图 8-24 所示。神经酰胺是鞘磷脂和鞘糖脂合成的共同前体。

人体内含量最多的鞘磷脂是神经鞘磷脂，它由鞘氨醇、脂肪酸、磷酸胆碱组成。神经鞘磷脂是构成生物膜的重要磷脂，常与卵磷脂共存于细胞膜的外侧。神经鞘磷脂含大量脂类，所含脂类约占干重的 97%，其中 11% 为磷脂酰胆碱，5% 为神经鞘磷脂。人红细胞膜中的神经鞘磷脂占 20%～30%。

8.4.2.2　鞘磷脂的分解代谢

分解鞘磷脂的鞘磷脂酶（sphingomyelinase）存在于脑、肝、脾、肾等细胞的溶酶体中，属磷脂酶 C 类，能使磷酸酯键水解，从而使鞘磷脂水解为磷酸胆碱和神经酰胺。此酶有遗传缺陷时可引起肝、脾肿大及神经障碍如痴呆等鞘磷脂沉积症。而神经酰胺在神经酰胺酶的作用下，又可分解为鞘氨醇和脂酰辅酶 A。分解鞘磷脂的酶类和部位如图 8-25 所示。

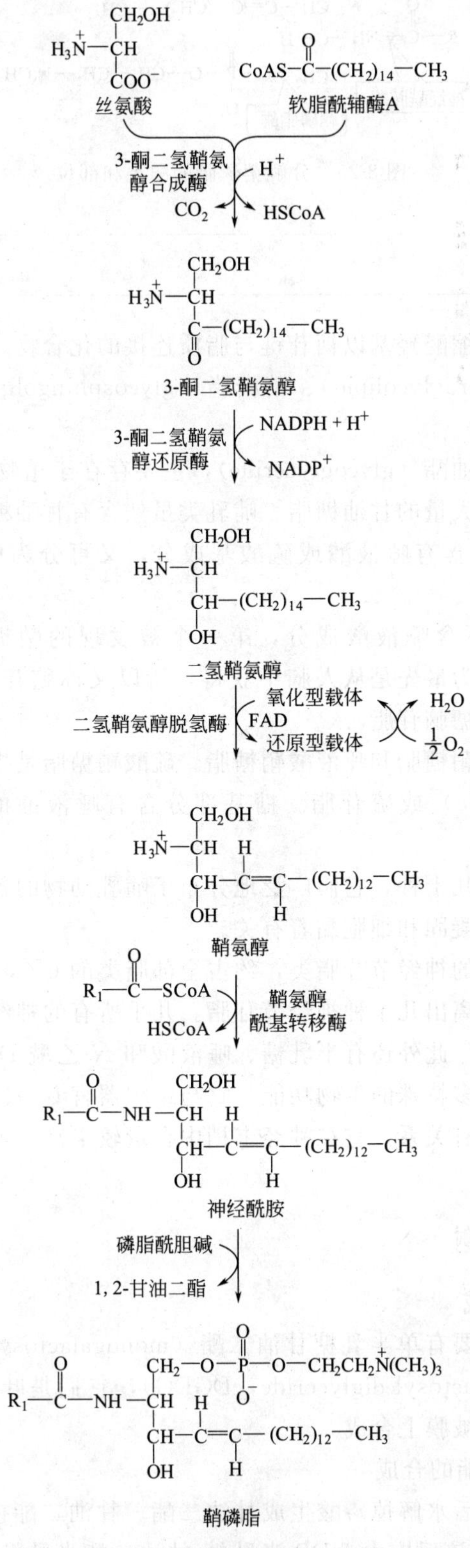

图 8-24 鞘磷脂的合成

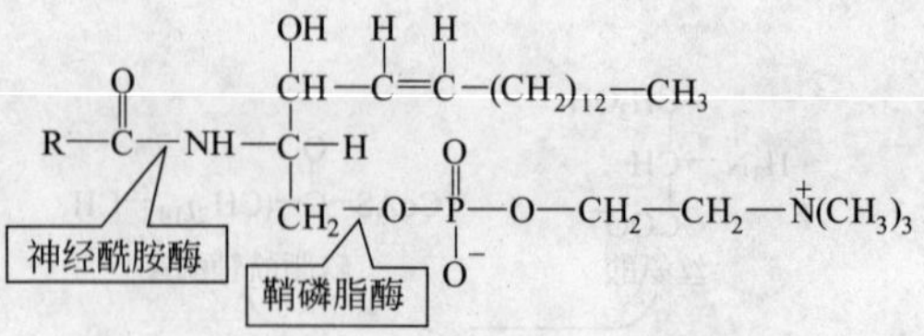

图 8-25　分解鞘磷脂的酶类和部位

8.5　糖脂代谢

糖脂是指糖通过其半缩醛羟基以糖苷键与脂质连接的化合物。鉴于脂质部分的不同，糖脂可分为甘油糖脂（glyceroglycolipid）、鞘糖脂（glycosphingolipid）以及由类固醇衍生的糖脂。

甘油糖脂也称糖基甘油酯（glycoglyceride），主要存在于植物界和微生物中。植物的叶绿体和微生物的质膜含有大量的甘油糖脂。哺乳类虽然含有甘油糖脂，但分布不广泛。

鞘糖脂根据糖基是否含有唾液酸或硫酸基成分，又可分为中性鞘糖脂和酸性鞘糖脂两类。

中性鞘糖脂的糖基不含唾液酸成分，第一个被发现的鞘糖脂是半乳糖基神经酰胺（galactosylceramide），因为最先是从人脑中获得，所以又称脑苷脂（cerebroside）。除了半乳糖脑苷脂外，还有葡萄糖脑苷脂。

酸性鞘糖脂包括硫酸鞘糖脂和唾液酸鞘糖脂。硫酸鞘糖脂是指糖基部分被硫酸化的鞘糖脂，也称脑硫脂（sulfatide）或硫苷脂。糖基部分含有唾液酸的鞘糖脂常称神经节苷脂（ganglioside）。

已分离到的脑硫脂有几十种，它们广泛地分布于哺乳动物的各器官中，以脑中含量最为丰富。脑硫脂可能与血液凝固和细胞黏着有关。

大脑灰质中含有丰富的神经节苷脂类，约占全部脂类的 6%，非神经组织中也含有少量的神经节苷脂。目前已分离出几十种神经节苷脂。几乎所有的神经节苷脂都有一个葡萄糖基与神经酰胺以糖苷链相连，此外还有半乳糖、唾液酸和 N-乙酰-D 半乳糖胺。神经节苷脂在脑膜中含量很少，但有许多特殊的生物功能。它与组织器官专一性、组织免疫、细胞与细胞间的识别及细胞癌变等都有关系。它在神经末梢中含量较丰富，可在神经突触的传导中起着重要的作用。

8.5.1　糖脂的合成代谢

8.5.1.1　甘油糖脂的合成

植物体内甘油糖脂主要有单半乳糖甘油二酯（monogalactosyl diglyceride，MGDG）和双半乳糖甘油二酯（digalactosyl diglyceride，DGDG），它们是叶绿体膜中的主要脂类，研究证明，它们在叶绿体的被膜上合成。

（1）单半乳糖甘油二酯的合成

首先合成磷脂酸，然后水解掉磷酸生成甘油二酯。甘油二酯接受 UDP-半乳糖上的半乳糖基，从而生成 MGDG。该反应由 UDP-半乳糖-甘油二酯半乳糖基转移酶催化，其反应式如图 8-26 所示。

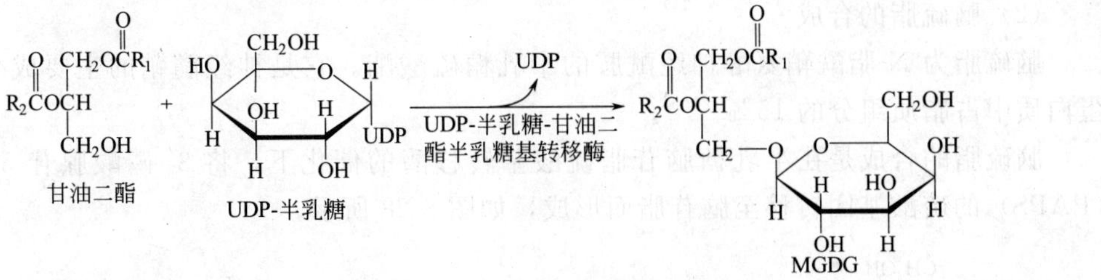

图 8-26　单半乳糖甘油二酯的合成

（2）双半乳糖甘油二酯的合成

由单半乳糖甘油二酯再接受一分子 UDP-半乳糖上的半乳糖基，即可生成 DGDG。研究发现，植物体内合成多烯脂肪酸时，去饱和酶的底物不是脂肪酸，而是磷脂或甘油糖脂，如 MGDG，其脂酰基 R_2 可以被去饱和酶作用继续脱饱和形成多烯脂肪酸。

8.5.1.2　鞘糖脂的合成

鞘糖脂是一类重要的糖脂，其基本化学结构是由鞘氨醇、脂肪酸和糖组成。鞘糖脂的生物合成也始于神经酰胺，即糖分子以糖核苷酸的形式转移到受体的神经酰胺上，参与此反应的酶是糖基转移酶，它们对各个反应是特异的。参与鞘糖脂合成的糖基转移酶中绝大多数存在于高尔基体的空腔一侧。最后，用于鞘糖脂合成的糖核苷酸是通过位于高尔基体膜上的运送分子穿过膜进入高尔基体空腔的。

由 3 种成分变化构成的鞘糖脂，包括脑苷脂、脑硫脂及神经节苷脂等的合成过程分述如下。

（1）脑苷脂的合成

脑苷脂是神经酰胺的六碳单糖衍生物，是由神经酰胺的羟基与 UDP-D-葡萄糖或 UDP-D-半乳糖在 N-乙酰基鞘氨醇葡萄糖或半乳糖基转移酶催化下。以 β-糖苷键相连而成。如图 8-27。

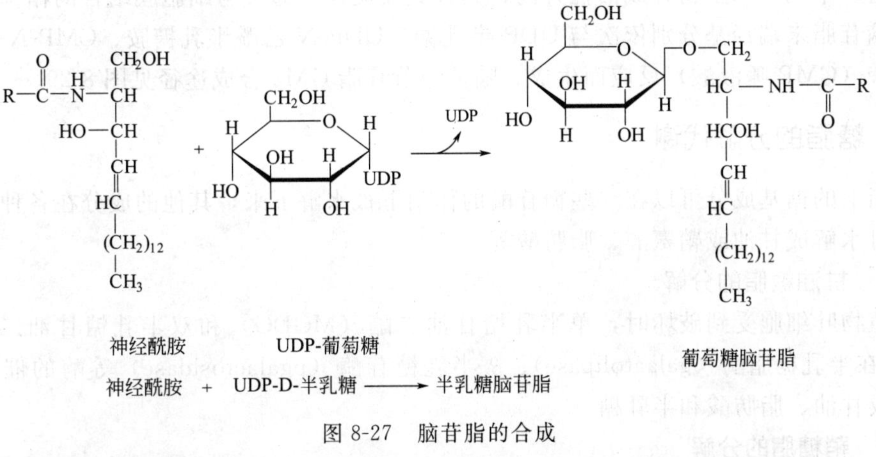

神经酰胺　＋　UDP-D-半乳糖 ——→ 半乳糖脑苷脂

图 8-27　脑苷脂的合成

此外，鞘氨醇也可先与半乳糖结合成为鞘氨醇半乳糖苷，然后酰化生成脑苷脂。

鞘氨醇＋UDP-半乳糖——→鞘氨醇半乳糖苷＋UDP

鞘氨醇半乳糖苷＋脂酰辅酶 A ——→脑苷脂＋辅酶 A

脑苷脂的脂肪酸随动物年龄的增大而变动。动物年龄越大，脑苷脂内短链脂肪酸越少，长链脂肪酸越多，不饱和度增加。

（2）脑硫脂的合成

脑硫脂为 N-脂酰鞘氨醇神经酰胺的半乳糖硫酸酯。它是神经髓鞘的主要成分，在大脑蛋白质中占脂质组分的 15%。

脑硫脂的合成是在半乳糖脑苷脂硫酸基转移酶的催化下，将 3′-磷酸腺苷-5′-磷酸硫酸（PAPS）的硫酸基团转移至脑苷脂而形成，如图 8-28 所示。

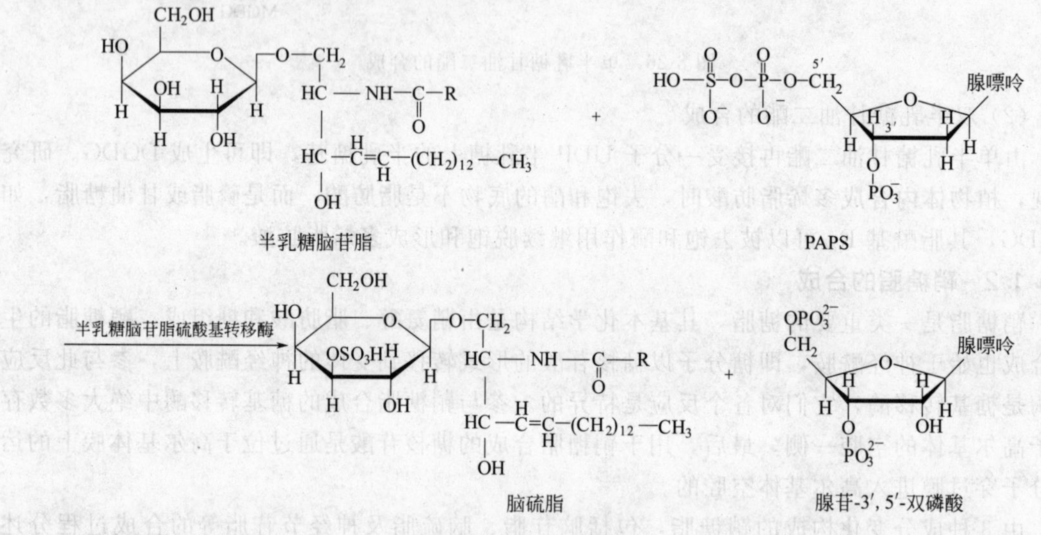

图 8-28　脑硫脂的合成

（3）神经节苷脂的合成

神经节苷脂的组成十分复杂。它是一类含有 N-乙酰神经胺糖酸（唾液酸）或 N-羟乙酰神经胺糖酸的鞘糖脂的总称，根据寡糖中唾液酸的数目不同，神经节苷脂又可分为单唾液酸神经苷脂（GM1）、二唾液酸神经苷脂（GM2）、三唾液酸神经苷脂（GM3）等。动物出生前后脑组织中鞘糖脂生物合成活性升高，其合成反应大多通过与细胞膜结合的糖基转移酶催化，使脑苷脂末端羟基分别依次与 UDP-半乳糖、UDP-N-乙酰半乳糖胺、CMP-N-乙酰神经酰胺糖酸（CMP-唾液酸）反应而生成。脑神经节苷脂 GM2 合成途径见图 8-29。

8.5.2　糖脂的分解代谢

糖脂上的糖基成分可以在一些糖苷酶的作用下被水解下来，其他的成分在各种脂肪酶的作用下可水解成甘油或鞘氨醇、脂肪酸等。

8.5.2.1　甘油糖脂的分解

当植物叶细胞受到破坏时，单半乳糖甘油二酯（MGDG）和双半乳糖甘油二酯（DG-DG）可在半乳糖脂酶（galactolipase）、β-半乳糖苷酶（pgalactosidase）等酶的催化下，迅速水解成甘油、脂肪酸和半乳糖。

8.5.2.2　鞘糖脂的分解

鞘糖脂的分解发生在溶酶体中，如图 8-30 所示。

鞘糖脂的分解过程因其与人类遗传性疾病的相关性而受到重视，相关疾病都是由鞘糖脂代谢中间体的积聚而引起。而多数情况下都是由于分解代谢所需的某种酶的缺欠而造成的，现已阐明 10 种以上疾病发生原理。

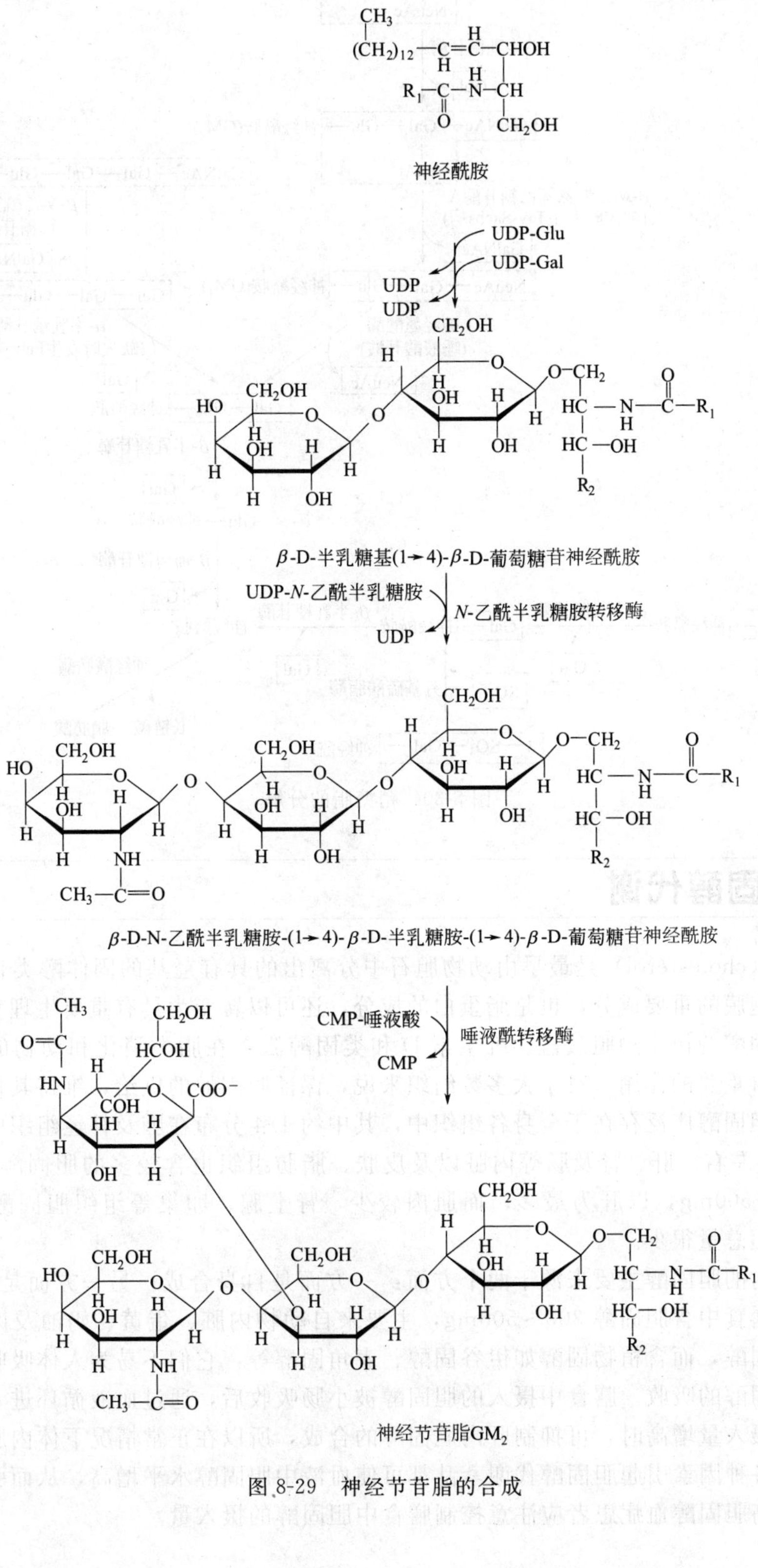

CH_3

$(CH_2)_{12}$—CH=CH—CHOH

R_1—C—N—CH

　　‖　　｜　｜

　　O　　H　CH_2OH

神经酰胺

UDP-Glu
UDP-Gal
UDP
UDP

β-D-半乳糖基(1→4)-β-D-葡萄糖苷神经酰胺

UDP-N-乙酰半乳糖胺
N-乙酰半乳糖胺转移酶
UDP

β-D-N-乙酰半乳糖胺-(1→4)-β-D-半乳糖胺-(1→4)-β-D-葡萄糖苷神经酰胺

CMP-唾液酸
唾液酰转移酶
CMP

神经节苷脂GM_2

图 8-29　神经节苷脂的合成

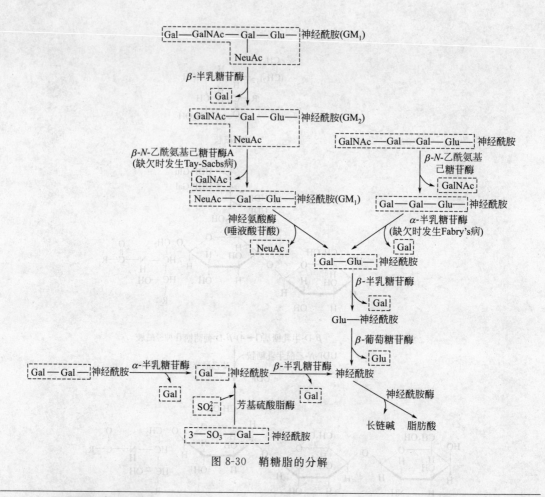

图 8-30 鞘糖脂的分解

8.6 胆固醇代谢

胆固醇（cholesterol）是最早由动物胆石中分离出的具有羟基的固体醇类化合物。它是脊椎动物细胞膜的重要成分，也是脂蛋白的成分，还可以转变为具有重要生理功能的生物活性物质。胆固醇的衍生物胆酸盐、维生素 D 和类固醇激素在脂类消化和动物的生长、发育过程中都具有重要的作用。对于大多数组织来说，保证胆固醇的供给，维持其代谢平衡是十分重要的。胆固醇广泛存在于全身各组织中，其中约 1/4 分布在脑及神经组织中，占脑组织总质量的 2％左右。肝、肾及肠等内脏以及皮肤、脂肪组织也含较多的胆固醇，每 100g 组织中含 200～500mg，以肝为最多，而肌肉较少，肾上腺、卵巢等组织胆固醇含量可高达 1％～5％，但总量很少。

生物体内的胆固醇主要来源于两个方面：一方面是自身合成；另一方面是从外界摄入。正常人每天膳食中含胆固醇 300～500mg，主要来自动物内脏、蛋黄、奶油及肉类。植物性食品不含胆固醇，而含植物固醇如伊谷固醇、麦角固醇等，它们不易为人体吸收，摄入过多还可抑制胆固醇的吸收。膳食中摄入的胆固醇被小肠吸收后，通过血液循环进入肝代谢。当外源胆固醇摄入量增高时，可抑制肝内胆固醇的合成，所以在正常情况下体内胆固醇量维持动态平衡。各种因素引起胆固醇代谢紊乱都可使血液中胆固醇水平增高，从而引起动脉粥样硬化，因此高胆固醇血症患者应注意控制膳食中胆固醇的摄入量。

8.6.1　胆固醇的合成代谢

动物体内的胆固醇来源于食物及体内合成。成年动物除脑组织及成熟红细胞外，几乎全身各组织均可合成胆固醇。肝脏是合成胆固醇的主要场所，占全身合成量的 3/4 以上，其他如小肠、皮肤、肾上腺皮质、性腺和动脉血管壁均能合成少量胆固醇。

胆固醇合成的酶系存在于细胞液和光面内质网膜上，因此，胆固醇的合成主要在细胞液及内质网中进行。

胆固醇合成的主要原料是乙酰辅酶 A，采用 ^{14}C 和 ^{13}C 标记乙酸的甲基碳及羧基碳，与肝切片在体外温育证明，乙酸分子中的 2 个碳原子均参与构成胆固醇，是合成胆固醇的唯一碳源。其中有 15 个胆固醇中的碳原子来自乙酸的甲基，12 个来自乙酸的羧基。乙酰辅酶 A 由葡萄糖、氨基酸及脂肪酸在线粒体内分解产生，它可以经过柠檬酸-丙酮酸循环从线粒体转运至细胞液中。此外，胆固醇的合成还需要 $NADPH+H^+$ 供氢和 ATP 提供能量。每合成 1 分子胆固醇，需 18 分子乙酰辅酶 A、16 分子 $NADPH+H^+$ 和 36 分子 ATP。

由于乙酰辅酶 A 也可用于脂肪酸的合成，因此它是胆固醇和脂肪酸这两种脂类物质合成途径的分支点。

8.6.1.1　胆固醇合成代谢途径

胆固醇合成过程复杂，有近 30 步酶促反应，可以归纳为三个阶段，如图 8-31 所示。

（1）由乙酰辅酶 A 合成 3-甲基-3，5-二羟戊酸

3-甲基-3，5-二羟戊酸（mevalonic acid，MVA）简称甲羟戊酸（mevalonate）。由 2 分子乙酰辅酶 A 在乙酰乙酰硫解酶的催化下缩合成乙酰乙酰辅酶 A，然后在细胞液中羟甲基戊二酸单酰辅酶 A 合酶（HMG-CoA synthase）的催化下再与 1 分子乙酰辅酶 A 缩合生成 3-羟基-3-甲基戊二酸单酰辅酶 A（HMG CoA），该化合物是合成胆固醇和酮体的重要中间产物。在线粒体中，3 分子乙酰辅酶 A 缩合成的 HMG-CoA 裂解后生成酮体；而在细胞液中生成的 HMG-CoA 在内质网 HMG-CoA 还原酶催化下，由 $NADPH+H^+$ 供氢，还原生成甲羟戊酸。HMG-CoA 还原酶是合成胆固醇的限速酶，这步反应是合成胆固醇的限速反应。

（2）由甲羟戊酸合成异戊烯焦磷酸酯和鲨烯（squalene）

甲羟戊酸在甲羟戊酸激酶催化下，由 ATP 提供能量，经 3 次磷酸化生成焦磷酸甲羟戊酸，在脱羧酶作用下焦磷酸甲羟戊酸脱羧形成活泼的异戊烯焦磷酸（isopentenyl pyrophosphate，IPP）。后者不仅是合成胆固醇的前体，也是植物合成萜类、昆虫合成保幼激素和蜕皮素等的前体。

在异戊烯焦磷酸异构酶催化下，IPP 异构为二甲基丙烯焦磷酸（dimethylallyl pyrophosphate，DPP），然后与两分子 IPP 逐一头尾缩合，形成牛儿基焦磷酸（geranyl pyrophosphate，GPP）和法尼酯焦磷酸（farnesyl pyrophosphate，FPP）。两分子法尼酯焦磷酸在内质网鲨烯合酶（squalene synthase）的催化下缩合，并脱去 2 分子焦磷酸形成鲨烯。

（3）由鲨烯合成胆固醇

胆固醇生物合成前期产物都是水溶性的。当形成鲨烯后，底物和产物都是不溶于水的，酶也是存在于内质网的微粒体中。

鲨烯为含30个碳原子的多烯烃，具有与固醇母核相近似的结构，鲨烯首先结合在细胞液中固醇载体蛋白上（sterol carrier protein，SCP），在鲨烯单加氧酶作用下环化生成2,3-环氧鲨烯，在动物体内，环氧鲨烯在环氧鲨烯羊毛固醇环化酶催化下进一步环化形成羊毛固醇，羊毛固醇在内质网膜结合的多酶体系催化下，经加氧、脱甲基、去饱和、异构化等多步反应，可通过多条途径生成胆固醇，如图8-31所示。在植物体内，环氧鲨烯则转化为豆固醇；在真菌中可转化为麦角固醇。

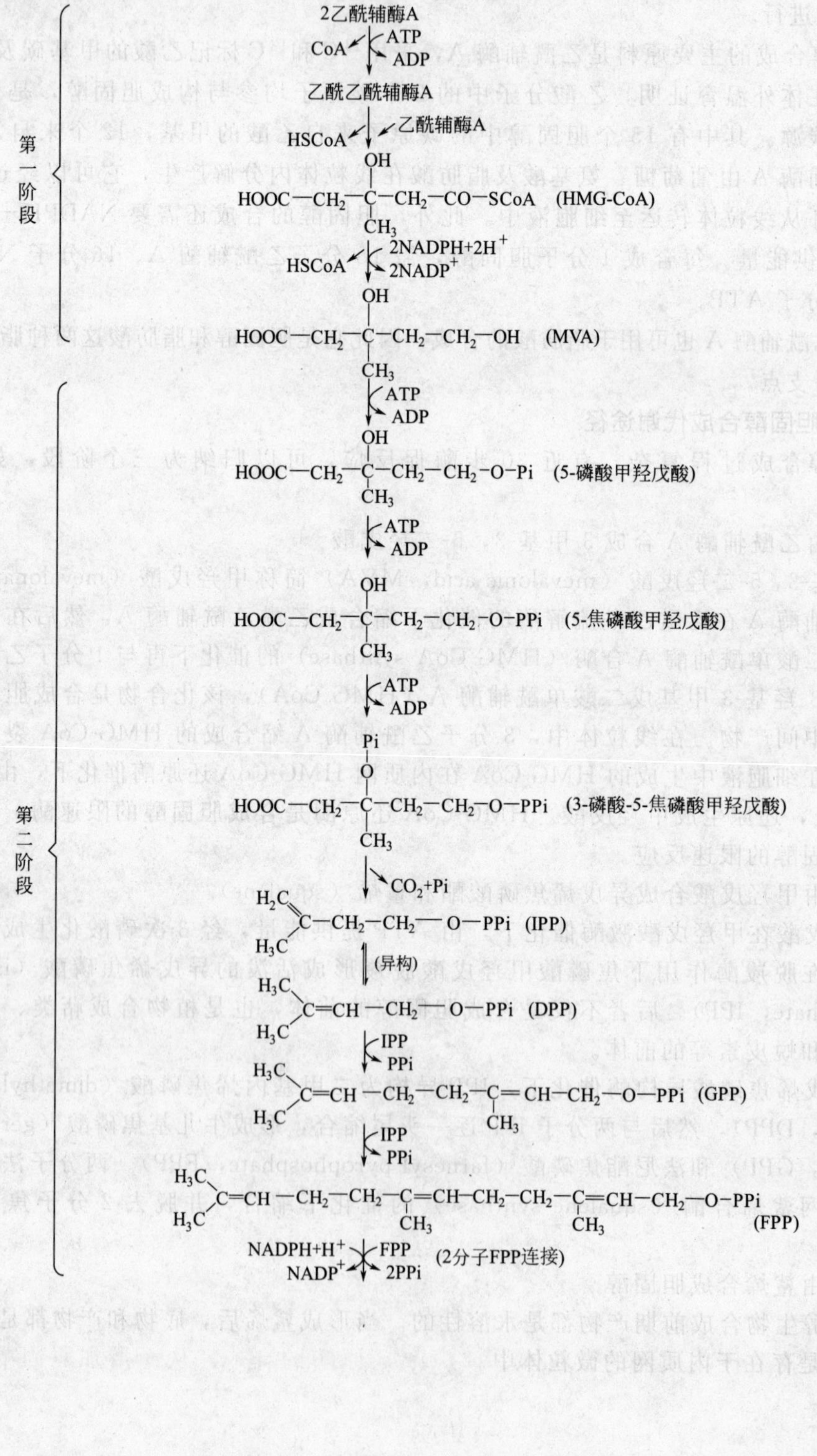

第一阶段

$$2乙酰辅酶A$$
$$CoA \nwarrow \swarrow ATP$$
$$\quad\quad \searrow ADP$$
$$乙酰乙酰辅酶A$$
$$HSCoA \nwarrow \swarrow 乙酰辅酶A$$
$$\quad\quad OH$$
$$HOOC-CH_2-\overset{|}{\underset{|}{C}}-CH_2-CO-SCoA \quad (HMG\text{-}CoA)$$
$$\quad\quad CH_3$$
$$HSCoA \nwarrow \swarrow 2NADPH+2H^+$$
$$\quad\quad \searrow 2NADP^+$$
$$\quad\quad OH$$
$$HOOC-CH_2-\overset{|}{\underset{|}{C}}-CH_2-CH_2-OH \quad (MVA)$$
$$\quad\quad CH_3$$

第二阶段

$$\swarrow ATP$$
$$\searrow ADP$$
$$\quad\quad OH$$
$$HOOC-CH_2-\overset{|}{\underset{|}{C}}-CH_2-CH_2-O-Pi \quad (5\text{-磷酸甲羟戊酸})$$
$$\quad\quad CH_3$$
$$\swarrow ATP$$
$$\searrow ADP$$
$$\quad\quad OH$$
$$HOOC-CH_2-\overset{|}{\underset{|}{C}}-CH_2-CH_2-O-PPi \quad (5\text{-焦磷酸甲羟戊酸})$$
$$\quad\quad CH_3$$
$$\swarrow ATP$$
$$\searrow ADP$$
$$\quad\quad Pi$$
$$\quad\quad \overset{\|}{O}$$
$$HOOC-CH_2-\overset{|}{\underset{|}{C}}-CH_2-CH_2-O-PPi \quad (3\text{-磷酸-5-焦磷酸甲羟戊酸})$$
$$\quad\quad CH_3$$
$$\searrow CO_2+Pi$$
$$H_2C \atop H_3C \Big\rangle C-CH_2-CH_2-O-PPi \quad (IPP)$$
$$(异构)$$
$$H_3C \atop H_3C \Big\rangle C=CH-CH_2-O-PPi \quad (DPP)$$
$$\swarrow IPP$$
$$\searrow PPi$$
$$H_3C \atop H_3C \Big\rangle C=CH-CH_2-CH_2-\overset{|}{\underset{CH_3}{C}}=CH-CH_2-O-PPi \quad (GPP)$$
$$\swarrow IPP$$
$$\searrow PPi$$
$$H_3C \atop H_3C \Big\rangle C=CH-CH_2-CH_2-\overset{|}{\underset{CH_3}{C}}=CH-CH_2-CH_2-\overset{|}{\underset{CH_3}{C}}=CH-CH_2-O-PPi \quad (FPP)$$
$$NADPH+H^+ \nwarrow \swarrow FPP$$
$$NADP^+ \nwarrow \searrow 2PPi \quad (2分子FPP连接)$$

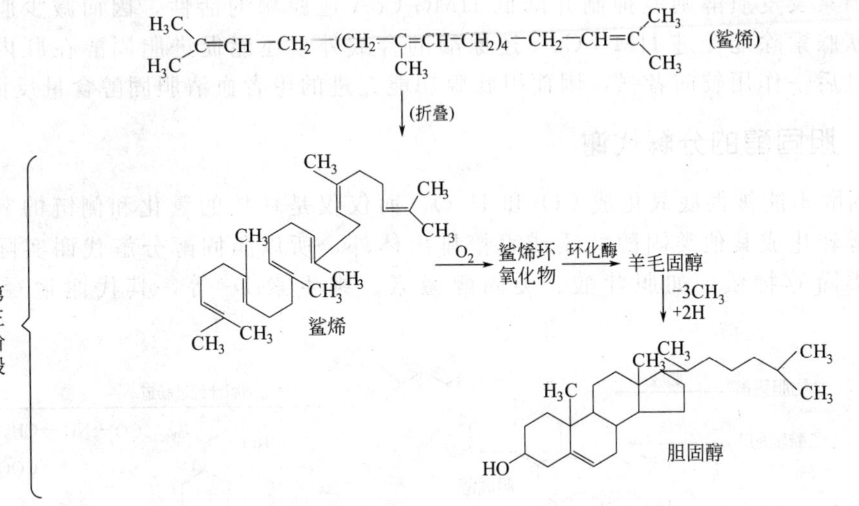

图 8-31 胆固醇的合成

8.6.1.2 胆固醇合成代谢的调节

HMG-CoA 还原酶是胆固醇合成的限速酶。各种因素对胆固醇合成的调节主要是通过对 HMG-CoA 还原酶活性的影响来实现的。动物实验发现，大鼠肝合成胆固醇有昼夜节律性，午夜合成最高，中午合成最低。进一步研究发现，肝 HMG-CoA 还原酶活性也有昼夜节律性，午夜酶活性最高，中午酶活性最低。由此可见，胆固醇合成的周期节律性是 HMG-CoA 还原酶活性周期性改变的结果。

HMG-CoA 还原酶存在于肝、肠及其他组织细胞的内质网。它是由 887 个氨基酸残基构成的糖蛋白，相对分子质量为 97000，其 N-端相对分子质量为 35000 的结构域含疏水氨基酸较多，跨内质网膜固定在膜上，C-端相对分子质量为 62000 亲水的结构域则伸向细胞液，具有催化活性。细胞液中有依赖于 AMP 的蛋白激酶，在 ATP 存在下，使 HMG-CoA 还原酶磷酸化而丧失活性。细胞液中的磷蛋白磷酸酶可催化 HMG-CoA 还原酶脱磷酸而恢复酶活性。某些多肽激素如胰高血糖素能快速抑制 HMG-CoA 还原酶的活性而抑制胆固醇的合成，可能是该酶磷酸化失活的结果。

（1）饥饿与饱食

饥饿与禁食可抑制肝合成胆固醇。人鼠禁食 48h，合成减少为 1/12，禁食 96h 减少为 1/18，而肝外组织的合成减少不多。禁食除使 HMG-CoA 还原酶合成减少、活性降低外，乙酰辅酶 A、ATP、$NADPH+H^+$ 的不足也是胆固醇合成减少的重要原因。相反，摄取高糖、高饱和脂肪膳食后，肝 HMG-CoA 还原酶活性增加，胆固醇的合成增加。

（2）反馈抑制

胆固醇可反馈抑制肝胆固醇的合成，它主要抑制 HMG-CoA 还原酶的合成。HMG-CoA 还原酶在肝的半衰期约为 4h，若酶的合成被阻断，则肝细胞内酶含量在几小时内便降低。反之，降低食物胆固醇量，对酶合成的抑制解除，胆固醇合成增加。此外还发现，胆固醇的氧化产物如 7-β-羟胆固醇、25-羟胆固醇对 HMG-CoA 还原酶有较强的抑制作用。胆固醇的抑制作用是否与此有关尚不清楚。

（3）激素

胰岛素及甲状腺素能诱导肝 HMG-CoA 还原酶的合成，从而增加胆固醇的合成。

胰高血糖素及皮质醇则能抑制并降低 HMG-CoA 还原酶的活性，因而减少胆固醇的合成。甲状腺素除能促进 HMG-CoA 还原酶的合成外，还能促进胆固醇在肝内转变为胆汁酸，且后一作用较前者强，因而甲状腺功能亢进的患者血清胆固醇含量反而下降。

8.6.2　胆固醇的分解代谢

胆固醇不能被彻底氧化成 CO_2 和 H_2O，而仅仅是环核的氢化和侧链的氧化。大部分胆固醇转化成其他类固醇物质或直接排出体外，所以胆固醇分解代谢实际上是转化成其他类固醇物质，如胆汁酸、类固醇激素、维生素 D_3 等，其代谢途径如图 8-32 所示。

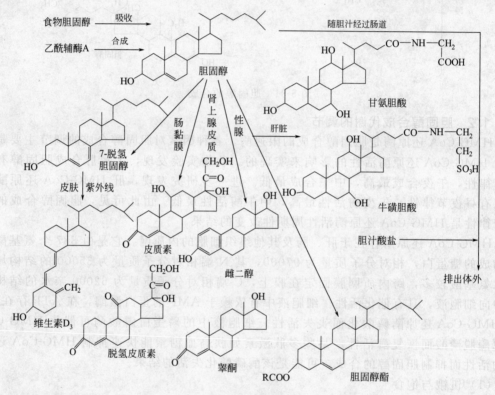

图 8-32　胆固醇的分解

（1）转化为胆汁酸及其衍生物

人体中的胆汁酸主要有胆酸、脱氧胆酸、鹅胆酸等，以及它们与牛磺酸或甘氨酸结合形成的牛磺胆酸盐和甘氨胆酸盐。胆固醇在肝中转化为胆汁酸是胆固醇在体内代谢的主要去向。正常人每天合成 $1\sim1.5g$ 胆固醇，其中 2/5 在肝中被转变为胆汁酸排入肠道，促进脂肪的消化和脂溶性维生素的吸收。

（2）转化为甾类激素

胆固醇是糖皮质激素、盐皮质激素、孕激素、雄激素和雌激素等五种主要激素的合成前体。性激素对动物和人类的生长、发育和成熟有重要作用。糖皮质激素可促进糖异生作用和糖原的合成，促进脂肪和蛋白质的降解。盐皮质激素具有保钠排钾的作用。

（3）转化为维生素 D

维生素 D 对控制钙、磷代谢有重要作用。儿童缺乏维生素 D 会导致佝偻病。胆固醇在脱氢酶作用下先转变为 7-脱氢胆固醇，后者在紫外线的照射下，B 环的 C_9 和 C_{10}

之间发生开环，再进一步转变为维生素 D_3。在肝中维生素 D_3 可发生羟化反应，形成高活性的 25-羟基维生素 D_3，此活性维生素 D_3 进入肾脏后可进一步转化为 1,25-二羟基维生素 D_3。

8.6.3 胆固醇的酯化

胆固醇酯是由游离胆固醇经酯化而形成的。催化胆固醇酯化的酶有两种。

（1）脂酰辅酶 A 胆固醇脂酰转移酶（acyl CoA cholesterol acyl transferase，ACAT）

此酶存在于细胞微粒体内，在动物肝、肾上腺和小肠内活性最大。当进入细胞的胆固醇过多而排出时，过剩的游离胆固醇就在 ACAT 催化下与长链不饱和脂酰辅酶 A 合成胆固醇酯而储存。

$$胆固醇＋脂酰辅酶 A \longrightarrow 胆固醇酯＋CoA$$

（2）卵磷脂胆固醇脂酰转移酶（lecithin cholesterol acyl transferase，LCAT）

此酶由肝合成后分泌入血。在血浆中经高密度脂蛋白（HDL）中的载脂蛋白 A1（apolipoprotein A1，APO-A1）激活后，催化 HDL 中卵磷脂的脂酰基转移至游离胆固醇形成胆固醇酯。

$$胆固醇＋软磷脂 \longrightarrow 胆固醇酯＋溶血卵磷脂$$

第9章 蛋白质的降解和氨基酸的代谢

导读

　　蛋白质是细胞的基本构成成分，是生命现象的物质基础，具有许多糖和脂肪无以替代的生命功能，因此蛋白质代谢在生命活动过程中具有重要的作用。　氨基酸是构成蛋白质分子的基本单位。体内蛋白质的更新与氨基酸的分解均需食物蛋白补充，人体必须从食物中摄取足够的蛋白质，才能保证体内各种生命活动的正常进行。食物蛋白质只有经过各种蛋白水解酶作用下水解成氨基酸或小分子肽后，才能被机体吸收和利用。氨基酸的吸收主要在小肠内进行。各种氨基酸主要通过耗能需钠的主动转运方式而吸收。

　　氨基酸是蛋白质合成和代谢的中心内容，因此，蛋白质的降解主要是讨论氨基酸在体内的代谢。组成蛋白质的20种氨基酸，营养学上可分为必需氨基酸和非必需氨基酸。必需氨基酸是指体内需要而不能自身合成，必须由食物供给的氨基酸。一般认为有八种：赖氨酸、色氨酸、苯丙氨酸、蛋氨酸、缬氨酸、苏氨酸、亮氨酸、异亮氨酸。其余12种氨基酸都可以在体内合成，不一定需由食物蛋白质供给，故称为非必需氨基酸。此外，组氨酸和精氨酸在婴幼儿和儿童时期因其体内合成量常不能满足生长发育的需要，也必须由食物提供，可称为半必需氨基酸。

　　氨基酸的主要功能是合成蛋白质，也合成多肽以及其他含氮的生理活性物质。除了维生素以外（维生素PP例外）体内的各种含氮物质几乎都可由氨基酸转变而成，包括蛋白质、肽类激素、氨基酸衍生物、黑色素、嘌呤碱、嘧啶碱、肌酸、胺类、辅酶或辅基等。

9.1 蛋白质的降解

9.1.1 蛋白质的水解

　　蛋白质与生命活动有着特别的关系，生命过程中几乎所有的环节都与蛋白质有关，蛋白质是生命活动的物质基础。蛋白质是生物大分子，从食物中摄取的蛋白质必须经过蛋白酶的降解作用，分解成短肽和氨基酸的形式才能被机体吸收。食物蛋白质经消化吸收的氨基酸、与体内组织蛋白质分解生成的氨基酸及体内合成的非必需氨基酸混为一体，共同组成氨基酸代谢库。过去的研究认为，人体吸收蛋白质主要是以氨基酸的形式吸收的。近些年的科学研究发现，人体吸收蛋白质主要是以小肽的形式吸收的。科学家在动物的小肠刷状物上发现了大量的小肽集聚。科学界对人体吸收蛋白质主要形式的重大发现是对人体吸收蛋白质理论的一次重大突破，营养科学的目光由氨基酸转向小肽。

蛋白质在酸性、碱性、酶等条件下发生水解，蛋白质的水解中间过程，可以生成多肽，但水解的最终产物都是氨基酸。蛋白质水解生成氨基酸大约有 20 余种，天然蛋白质水解的最终产物都是 α-氨基酸。

催化多肽或蛋白质水解的酶统称为蛋白质水解酶（protease，proteinase），简称蛋白酶。广泛分部于动物、植物以及细菌当中，种类繁多，在动物的消化道以及体内各种细胞的溶酶体内含量尤为丰富。蛋白酶对机体的新陈代谢以及生物调控起重要作用。蛋白酶按水解底物的部位可分为内肽酶以及外肽酶，前者水解蛋白质中间部分的肽键，后者则自蛋白质的氨基或羧基末端逐步降解氨基酸残基。蛋白质水解酶的作用位点如图 9-1 所示。

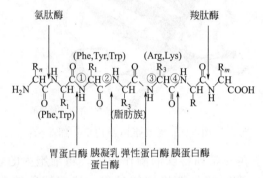

图 9-1　蛋白质水解酶的作用位点

动物和人体内水解蛋白质的各种酶具有不同的专一性，它们分别作用于多肽链不同部位的肽键。

9.1.2　细胞内蛋白质的降解

活细胞内的蛋白质总是在不断地合成和降解，保持着一种动态平衡。细胞内蛋白质的降解具有重要的意义：一是降解衰老、失活或多余的结构蛋白，为新蛋白质的合成提供原料；二是清除合成错误的异常蛋白或暂时不用的酶蛋白，消除它们的积累对细胞的危害；三是在代谢需要时分解储存蛋白，为组织细胞供应能量。细胞内蛋白质的降解速率与机体细胞的生理状况有关。通常，在营养缺乏的条件下，细胞会加速其蛋白质的降解速率，以便为维持正常的代谢提供必要的营养物质和能量。

组织蛋白的降解途径很多，主要有溶酶体降解和泛素介导的蛋白质降解两种途径。

9.1.2.1　溶酶体降解

溶酶体（lysosomes）是真核细胞中的一种细胞器；为单层膜包被的囊状结构，直径约 0.025～0.8mm，内含多种水解酶，专一分解各种外源和内源的大分子物质。通过溶酶体途径降解细胞内蛋白质是无选择的。

溶酶体的酶有 3 个特点。

① 溶酶体膜蛋白多为糖蛋白，溶酶体膜内表面带负电荷。所以有助于溶酶体中的酶保持游离状态。这对行使正常功能和防止细胞自身被消化有着重要意义。

② 所有水解酶在 pH 值为 5 左右时活性最佳，但其周围胞质中 pH 值为 7.2。溶

酶体膜内含有一种特殊的转运蛋白，可以利用 ATP 水解的能量将胞质中的 H^+（氢离子）泵入溶酶体，以维持其 pH 值为 5。

③ 只有当被水解的物质进入溶酶体内时，溶酶体内的酶类才行使其分解作用。一旦溶酶体膜破损，水解酶逸出，将导致细胞自溶。

9.1.2.2 泛素介导的蛋白质降解

泛素（ubiquitin）是一种存在于大多数真核细胞中的小蛋白。它的主要功能是标记需要分解掉的蛋白质，使其被水解。当附有泛素的蛋白质移动到桶状的蛋白酶的时候，蛋白酶就会将该蛋白质水解。泛素也可以标记跨膜蛋白，如受体，将其从细胞膜上除去。泛素蛋白由 76 个氨基酸组成，分子量大约 8500Da。它在真核生物中具有高度保留性，人类和酵母的泛素有 96％的相似性。泛素蛋白结构如图 9-2 所示。

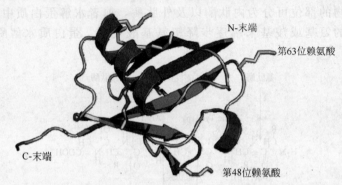

图 9-2　泛素蛋白结构示意图

泛素化是指泛素分子在一系列特殊的酶作用下，将细胞内的蛋白质分类，从中选出靶蛋白分子，并对靶蛋白进行特异性修饰的过程。这些特殊的酶包括泛素激活酶，结合酶、连接酶和降解酶等。泛素化在蛋白质的定位、代谢、功能、调节和降解中都起着十分重要的作用。同时，它也参与了细胞周期、增殖、凋亡、分化、转移、基因表达、转录调节、信号传递、损伤修复、炎症免疫等几乎一切生命活动的调控。泛素化与肿瘤、心血管等疾病的发病密切相关。因此，作为近年来生物化学研究的一个重大成果，它已然成为研究、开发新药物的新靶点。

催化的一系列反应的发生，整个过程被称为泛素化信号通路（图 9-3）。在第一步反应中，泛素活化酶（又被称为 E1）水解 ATP 并将一个泛素分子腺苷酸化。接着，泛素被转移到 E1 的活性中心的半胱氨酸残基上，并伴随着第二个泛素分子的腺苷酸化。被腺苷酸化的泛素分子接着被转移到第二个酶，泛素交联酶（E2）的半胱氨酸残基上。最后，高度保守的泛素连接酶（E3）家族中的一员（根据底物蛋白质的不同而不同）识别特定的需要被泛素化的靶蛋白，并催化泛素分子从 E2 上转移到靶蛋白上。靶蛋白在被蛋白酶体识别之前，必须被标记上至少四个泛素单体分子（以多泛素链的形式）。因此，是 E3 使得这一系统具有了底物特异性。E1、E2 和 E3 蛋白的数量依赖于生物体和细胞类型，人体中就存在大量不同的 E3 蛋白，这说明泛素-蛋白酶体系统可以作用于数量巨大的靶蛋白。

多泛素化后的蛋白质是如何被蛋白酶体所识别的，还没有完全弄清。最终，被标记的蛋白质被蛋白酶分解为较小的多肽、氨基酸以及可以重复使用的泛素。蛋白酶体的组分通常根据它们的斯维德伯格沉降系数（以"S"来标记）来命名。最普遍的蛋白酶体的形式是 26S 蛋白酶体，其分子量约为 2000kDa，包含有一个 20S 核心颗粒和两个

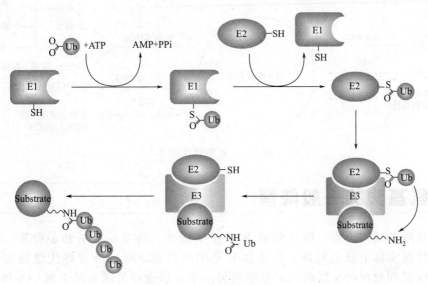

图 9-3 泛素化信号通路

19S 调节颗粒。核心颗粒为中空结构，将剪切蛋白质的活性位点围在"洞"中；将核心颗粒的两端敞开，目的蛋白质就可以进入"洞"中。核心颗粒的每一端都连接着一个19S 调节颗粒，每个调节颗粒都含有多个 ATP 酶活性位点和泛素结合位点；调节颗粒可以识别多泛素化的蛋白质，并将它们传送到核心颗粒中。除了 19S 调节颗粒外，还存在另一种调节颗粒，即 11S 颗粒；11S 调节颗粒可以以类似于 19S 颗粒的方式与核心颗粒结合；11S 颗粒可能在降解外源肽（如病毒感染后产生的肽段）上发挥作用。蛋白酶体结构如图 9-4 所示。

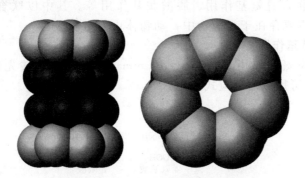

图 9-4 26S 蛋白酶体结构示意图

细胞内所有游离的氨基酸组成了细胞的氨基酸代谢库（amino acid metabolic pool）。库内的氨基酸不断被利用，又不断得到补充，总是处于动态平衡状态。库中氨基酸的来源主要有三个渠道：一是外源蛋白质的降解与吸收；二是细胞内蛋白质的降解；三是细胞内氨基酸的合成。植物可以合成自身需要的全部氨基酸，人和动物只能合成一些非必需氨基酸，而微生物合成氨基酸的能力差异很大。库中氨基酸的利用也包括三个方面：一是合成新的蛋白质，满足机体蛋白质的更新、组织修复和生长发育；二是合成核苷酸、维生素、激素等含氮化合物；三是脱氨基、脱氨基进行分解代谢。氨基酸代谢库的动态平衡如图 9-5 所示。

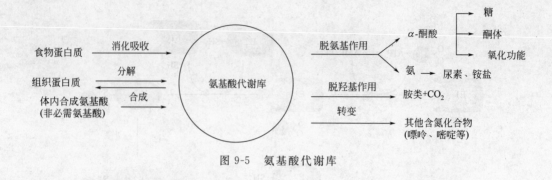

图 9-5　氨基酸代谢库

9.2　氨基酸的一般降解

　　从氨基酸的结构上看，除了侧链 R 基团不同外，均有 α-氨基和 α-羧基。氨基酸在体内分解代谢实际上就是氨基、羧基和 R 基团的代谢。氨基酸分解代谢的主要途径是脱氨基生成氨和相应的 α-酮酸；氨基酸的另一条分解途径是脱羧生成 CO_2 和胺。胺在体内可经胺氧化酶作用，进一步分解生成氨和相应的醛和酸。氨对人体来说是有毒的物质，氨在体内主要通过合成尿素排出体外，还可以合成其他含氮物质（包括非必需氨基酸、谷氨酰胺等），少量的氨可直接经尿排出。R 基团部分生成的酮酸可进一步氧化分解生成 CO_2 和水，并提供能量，也可经一定的代谢反应转变生成糖或脂在体内贮存。由于不同的氨基酸结构不同，因此它们的代谢也有各自的特点。

9.2.1　氨基酸的脱氨基作用

　　氨基酸的脱氨基作用可以通过多种方式进行，如氧化脱氨基作用、非氧化脱氨基作用、转氨基作用、联合脱氨基作用、脱酰胺基作用等。其中以联合脱氨基作用为主，非氧化脱氨基作用主要存在于微生物中，动物体内偶有发生。

9.2.1.1　氧化脱氨基作用

　　氨基酸的氧化脱氨基作用（oxidative deamination）是氨基酸先发生氧化反应（脱氢），再脱去氨基，可用下列反应式表示：

$$
\begin{array}{ccc}
R & R & R \\
| & | & | \\
CH-NH_2 & \xrightarrow[\text{酶}]{-2H} \ C=NH & \xrightarrow{+H_2O} \ C=O+NH_3 \\
| & | & | \\
COOH & COOH & COOH \\
\text{氨基酸} & \text{亚氨基酸} & \alpha\text{-酮酸}
\end{array}
$$

　　反应中实际包括脱氢和水解两个化学反应。脱氢反应是酶促反应，它的产物是亚氨基酸，亚氨基酸在水溶液中极不稳定，易于分解，可自发地分解为 α-酮酸和氨。根据氧化酶的不同又可将氧化脱氨基分为两类：一类是氨基酸氧化酶；一类是氨基酸脱氢酶。氨基酸氧化酶是一种需氧脱氢酶，以 FAD 或 FMN 为辅基，脱下的氢原子交给 O_2，生成 H_2O_2。该酶活性不高，在各组织器官中分布局限，因此作用不大。该酶的反应通式如下：

$$
\begin{array}{cc}
R & R \\
| & | \\
CH-NH_2+H_2O & \xrightarrow[O_2]{\text{氨基酸氧化酶}} \ C=O+NH_3+H_2O_2 \\
| & | \\
COOH & COOH
\end{array}
$$

　　氨基酸脱氢酶按照是否需要氧分为两类，最重要的酶是 L-谷氨酸脱氢酶，该酶的辅酶为 NAD^+ 或 $NADP^+$，接受氨基酸脱出的氢，经过电子传递链，将氢原子传递给活性氧生成 H_2O。最终催化 L-谷氨酸氧化脱氨基，生成 α-酮戊二酸及氨。氨基酸脱氢酶活性很高，分布广泛，作用较大。其所催化的反应如下：

$$
\begin{array}{c}
COO^- \\
| \\
(CH_2)_2 + NAD^+ + H_2O \\
| \\
HCNH_3^+ \\
| \\
COO^-
\end{array}
\xrightarrow{\text{L-谷氨酸脱氢酶}}
\begin{array}{c}
COO^- \\
| \\
(CH_2)_2 + NH_4^+ + NADH + H^+ \\
| \\
C = O \\
| \\
COO^-
\end{array}
$$

L-谷氨酸　　　　　　　　　　　α-酮戊二酸

9.2.1.2　转氨基作用

　　转氨基作用（transamination）是 α-氨基酸和 α-酮酸之间氨基的转移作用。在转氨酶（transaminase）的作用下，α-氨基酸的氨基转移到 α-酮酸上，变为相应的酮酸，而原来的酮酸则变为相应的氨基酸，这种作用称为转氨基作用。

$$
\begin{array}{c}
R_1 \\
| \\
H-C-NH_2 \\
| \\
COOH
\end{array}
+
\begin{array}{c}
R_2 \\
| \\
C=O \\
| \\
COOH
\end{array}
\xrightarrow{\text{转氨酶}}
\begin{array}{c}
R_1 \\
| \\
C=O \\
| \\
COOH
\end{array}
+
\begin{array}{c}
R_2 \\
| \\
H-C-NH_2 \\
| \\
COOH
\end{array}
$$

　　转氨基作用的反应是可逆的，即可催化氨基酸转移出氨基生成相应的 α-酮酸，也可催化 α-酮酸接受氨基生成相应的 α-氨基酸，故在氨基酸分解和合成非必需氨基酸中均有重要意义。该反应使氨基转移，但是并未真正脱去氨基。

　　转氨酶为结合蛋白酶，所有转氨酶的辅酶都是磷酸吡哆醛或磷酸吡哆胺。它结合于转氨酶活性中心赖氨酸的 ε-氨基上，在转氨基的过程中，磷酸吡哆醛先从氨基酸接受氨基转变成磷酸吡哆胺，同时氨基酸转变成 α-酮酸。磷酸吡哆胺进一步将氨基转移给另一种 α-酮酸而生成相应的氨基酸，同时磷酸吡哆胺又变回磷酸吡哆醛。

　　体内转氨酶分布广，活性高，种类多，特异性强。大多数氨基酸都可在相应转氨酶的作用下发生转氨基作用，但能接受氨基的 α-酮酸只有三种：丙酮酸、α-酮戊二酸、草酰乙酸。体内较为重要的转氨酶有丙氨酸氨基转移酶（ALT），又称为谷丙转氨酶（GPT）和天冬氨酸氨基转移酶（AST），又称为谷草转氨酶（GOT）。谷丙转氨酶催化丙氨酸与 α-酮戊二酸之间的氨基转换反应。该酶在肝脏中活性较高，在肝脏疾病时，可引起血清中 ALT 活性明显升高。谷草转氨酶催化天冬氨酸与 α-酮戊二酸之间的氨基转换反应。该酶在心肌中活性较高，故在心肌疾患时，血清中 AST 活性明显升高。

9.2.1.3　联合脱氨基作用

　　氨基酸的转氨基作用虽然在生物体内普遍存在，但是单靠转氨基作用并不能最终脱掉氨基，单靠氧化脱氨基作用也不能满足机体多种氨基酸的脱氨基需要。研究发现，机体内氨基酸的脱氨主要是联合脱氨基作用（transdeamination），即转氨基作用和脱氨基作用相偶联，如图 9-6 所示。

　　联合脱氨基作用主要是氨基酸与 α-酮戊二酸先进行转氨基作用，生成相应的 α-酮酸及谷氨酸，然后谷氨酸在 L-谷氨酸脱氢酶作用下，脱去氨基而重新生成 α-酮戊二酸，并放出氨。

　　联合脱氨基作用有以下特点。

　　① 联合脱氨基作用的顺序一般先进行转氨基，再进行氧化脱氨基。

　　② 转氨基作用的氨基受体是 α-酮戊二酸。只有 α-酮戊二酸接受氨基生成谷氨酸，才可被 L-谷氨酸脱氢酶作用进行氧化脱氨基。

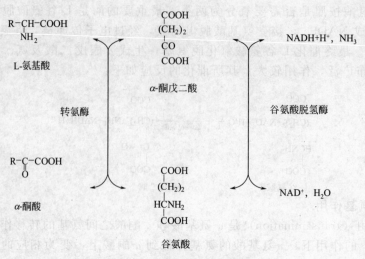

图 9-6　联合脱氨基作用

③ 主要存在于肝、肾、脑组织。

9.2.2　氨基酸的脱羧基作用

氨基酸可进行脱羧基作用（decarboxylation）生成相应的胺。催化此反应的酶是氨基酸脱羧酶，其辅酶是磷酸吡哆醛。脱羧生成的胺类通常具有重要的生理功能。体内广泛存在的胺氧化酶可将过多的胺氧化成醛，醛再氧化成酸，也可再氧化成 CO_2 和 H_2O，所以胺类物质不会在体内积累。氨基酸脱羧酶广泛存在于动物、植物及微生物体内，专一性很高，一般一种氨基酸脱羧酶只对一种 L-氨基酸起作用，除组氨酸脱羧酶不需要辅酶外，其他氨基酸脱羧酶均以磷酸吡哆醛辅酶。

$$
\begin{array}{c}
R \\
| \\
H-C-NH_2 \\
| \\
COOH
\end{array}
\xrightarrow[\text{磷酸吡哆醛}]{\text{氨基酸脱羧酶}}
RCH_2NH_2 + CO_2
$$

氨基酸　　　　　　　　　　胺类

9.3　氨基酸降解产物的代谢

氨基酸经脱氨作用生成 α-酮酸及氨，氨基酸经脱羧作用产生胺及 CO_2，氨基酸代谢的这些产物可进一步参加代谢，其中 CO_2 及酮酸与糖脂代谢类似 α-酮酸进入代谢途径可分解或合成，随氨基酸碳骨架不同而不同；氨及胺则有其特性，大量的氨及胺对生物体有害，必须及时处理。胺可直接排出，也可在酶的催化下转变为其他物质，而氨和 α-酮酸等则必须进一步参加其他代谢过程，才能转变为可被排出的物质或合成体内有用的物质。

9.3.1　α-酮酸的代谢

α-酮酸主要有以下三方面的代谢途径。

① 合成氨基酸：α-酮酸在体内通过联合脱氨基作用的逆过程可氨基化为相应的 α-氨基酸。这是机体合成非必需氨基酸的重要途径。

② 转变成糖或脂肪：在体内，α-酮酸可以转变为糖和酮体。能转变成糖的氨基酸称为生糖氨基酸，能转变成酮体的氨基酸称为生酮氨基酸，既能生成糖又能生成酮体的氨基酸称

为生糖兼生酮氨基酸。

③ 氧化供能：α-酮酸还可通过三羧酸循环和氧化磷酸化彻底氧化成 CO_2 和水，同时释放能量。

氨基酸生糖及生酮性质的分类见表 9-1。

表 9-1　氨基酸生糖及生酮性质的分类

类　　别	氨　基　酸
生糖氨基酸	甘氨酸、丝氨酸、缬氨酸、组氨酸、精氨酸、半胱氨酸、脯氨酸、丙氨酸、谷氨酸、谷氨酰胺、天冬氨酸、天冬酰胺、蛋氨酸
生酮氨基酸	亮氨酸、赖氨酸
生糖兼生酮氨基酸	异亮氨酸、苯丙氨酸、酪氨酸、苏氨酸、色氨酸

9.3.2　氨的代谢

氨基酸代谢产生的氨及消化道吸收的氨，进入血液形成血氨。氨具有毒性，且能渗透进细胞膜与血脑屏障，血液中含 1‰ 的氨就可引起中枢神经系统中毒，故氨在体内不能积聚。在正常的情况下，细胞中游离氨的浓度非常低，这是因为机体通过各种途径使氨发生转变，氨的来源和去路保持着动态平衡。

9.3.2.1　氨的来源

① 氨基酸脱氨基作用产生的氨是体内氨的主要来源。氨基酸脱羧基作用生成的胺类在体内分解也可产生氨。

② 肠道吸收的氨，肠道吸收的氨包括蛋白质的腐败作用产生的氨以及细菌分解渗入肠道的尿素产生的氨。肠道的 NH_3 在酸性环境下，可生成 NH_4^+，易于排出体外。在碱性环境下，易以 NH_3 的形式吸收入体内。因此，临床上对高血氨患者常采用弱酸透析液做结肠透析，而禁用碱性皂液灌肠。

③ 肾小管上皮细胞谷氨酰胺分解，在肾小管上皮细胞中，谷氨酰胺在谷氨酰胺酶催化下，分解产生谷氨酸和氨。当尿液为酸性时，氨易与 H^+ 结合生成 NH_4^+，以铵盐形式随尿排出。当尿液呈碱性，氨易被吸收进入血液，临床上对肝硬化腹水的患者不宜使用碱性利尿药，以防止血案升高。

9.3.2.2　氨的转运

（1）丙氨酸-葡萄糖循环

在肌肉中，通过转氨作用使氨基酸的氨基转给丙酮酸，而生成丙氨酸，丙氨酸经血液运至肝中，通过联合脱氨基作用，释放出氨。转氨后生成的丙酮酸经糖异生途径生成葡萄糖。葡萄糖再经血液运至肌肉经 EMP 生成丙酮酸，再发生转氨。于是形成一个环式途径，称为丙氨酸-葡萄糖循环。通过丙氨酸-葡萄糖循环（图 9-7），肌肉中氨以无毒的丙氨酸形式运输到肝，同时，肝为肌肉也提供了葡萄糖。

（2）谷氨酰胺的运输和贮存作用

在脑、肌肉中合成谷氨酰胺，运输到肝和肾后再分解为氨和谷氨酸，从而进行解毒。由此可见，谷氨酰胺是氨的解毒产物，也是氨的储存及运输形式。

9.3.2.3　氨的去向

尿素是氨代谢的最终产物，无毒性，由肾脏经尿液排出体外，这是机体去除氨毒的主要方式。尿素主要在肝脏中合成，其他器官如肾脏与脑组织也能合成尿素，但其量甚微。

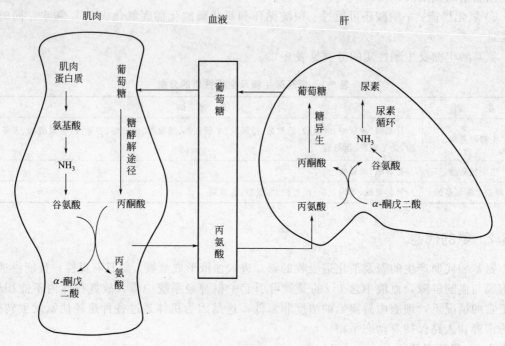

图 9-7　丙氨酸-葡萄糖循环

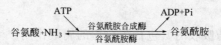

尿素通过鸟氨酸循环（图 9-8）合成：首先来自外周组织或肝脏自身代谢所生成的 NH_3 及 CO_2 合成氨基甲酰磷酸，氨基甲酰磷酸经鸟氨酸氨基甲酰转移酶的催化，将氨基甲酰转移至鸟氨酸而合成瓜氨酸，瓜氨酸经精氨酸代琥珀酸合成酶催化，与天冬氨酸反应生成精氨酸代琥珀酸，后者再受精氨酸代琥珀酸裂解酶的作用，裂解为精氨酸及延胡索酸。精氨酸受精氨酸酶的催化生成尿素和鸟氨酸，鸟氨酸再参与瓜氨酸的合成。

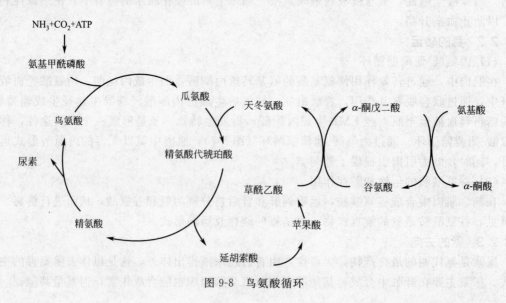

图 9-8　鸟氨酸循环

在上述反应中，尿素分子中有两个氨基，一个来自氨，另一个来自天冬氨酸，而天冬氨酸又可由其他氨基酸通过转氨基作用生成。由此可见，尿素分子中的两个氨基虽然来源不同，但均直接或间接来自各种氨基酸的氨基。

在鸟氨酸循环中，鸟氨酸、瓜氨酸、精氨酸是鸟氨酸循环的中间产物，可促进循环的进行。故临床上常用谷氨酸、精氨酸治疗高血氨。

9.4　个别氨基酸代谢

9.4.1　一碳单位的代谢

某些氨基酸在分解代谢过程中，可产生含有一个碳原子的有机基团称为一碳单位或一碳基团。体内的一碳单位有六种：甲基（$-CH_3$），羟甲基（$-CH_2OH$）甲烯基（$-CH_2-$），甲炔基（$-CH=$），甲酰基（$-CHO$）和亚氨甲酰基（$-CH=NH$）。凡涉及一个碳原子有机基团的转移和代谢的反应，统称为一碳单位代谢。一碳单位不能以游离形式存在。常与四氢叶酸（FH_4）结合在一起转运，参与代谢。因此，FH_4 是一碳单位的载体，也可以看作是一碳单位代谢的辅酶。一碳单位与 FH_4 结合后成为活性一碳单位，参与代谢，尤其在核酸的生物合成中占重要地位。

9.4.2　一碳单位的生理功能

一碳单位的代谢不仅与一些氨基酸代谢有关，而且参与体内许多重要化合物的合成，是氨基酸代谢与核酸代谢相互联系的重要途径，对人体的生命活动具有如下重要意义。

① 是合成嘌呤、嘧啶的必要原料，参与核苷酸、核酸的合成。

② 提供甲基，合成重要化合物。一碳单位直接参与 S-腺苷甲硫氨酸（SAM）的合成，为激素、核酸、磷脂等合成提供甲基。

③ 与新药设计密切相关。一碳单位代谢主要以 FH_4 为辅酶，如能影响叶酸的合成或影响叶酸转变为 FH_4，则可导致一碳单位代谢紊乱，影响正常的生命活动。临床上应用磺胺药抑菌及甲氨嘌呤抗肿瘤，就是通过影响一碳单位代谢，进而干扰核酸合成而发挥作用。

9.4.3　含硫氨基酸的代谢

体内的含硫氨基酸有三种：蛋氨酸、半胱氨酸和胱氨酸。蛋氨酸可以转变成半胱氨酸和胱氨酸，半胱氨酸和胱氨酸可以互相转变，但后两者不能转变成蛋氨酸。

9.4.3.1　蛋氨酸代谢

（1）蛋氨酸与转甲基作用

蛋氨酸分子中含有 S-甲基，是体内重要的甲基供体，可以通过各种转甲基作用生成多种含甲基的重要生理活性物质，如肌酸、肾上腺素、胆碱等。但是，蛋氨酸首先必须与 ATP 作用，生成 S-腺苷蛋氨酸（SAM），才能供给甲基。此反应由蛋氨酸腺苷转移酶催化。SAM 中的甲基称为活性甲基，SAM 称为活性蛋氨酸。

SAM 在甲基转移酶的作用下，为体内很多合成反应提供甲基后，活性蛋氨酸即变成 S-腺苷同型半胱氨酸，后者进一步脱去腺苷生成同型半胱氨酸。甲基化作用是重要的代谢反应，体内约有 50 多种物质需要 SAM 提供甲基，生成甲基化合物。甲基化具有广泛的生理意义（包括 DNA 与 RNA 的甲基化），而 SAM 是体内最重要的甲基直接供给体。

（2）蛋氨酸循环

蛋氨酸在体内最主要的分解代谢途径是通过上述转甲基作用而提供甲基，与此同时产生的 S-腺苷同型半胱氨酸进一步转变成同型半胱氨酸。同型半胱氨酸可以接受 N^5-甲基四氢叶酸（N^5-CH_3-FH_4）提供的甲基，重新生成蛋氨酸，形成一个循环过程，成为蛋氨酸循环（图 9-9）。通过这个循环，可以使蛋氨酸在提供甲基后得到重复利用，起到节约蛋氨酸的作用。循环中 N^5-CH_3-FH_4 提供甲基使同型半胱氨酸重新生成蛋氨酸，可把 N^5-CH_3-FH_4 看成体内甲基的间接供体。

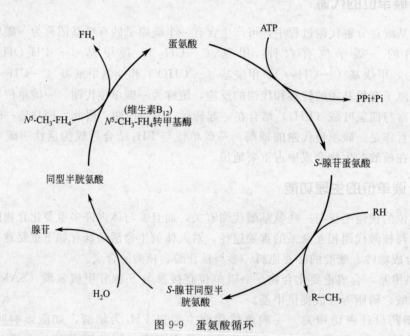

图 9-9　蛋氨酸循环

转甲基酶的辅酶为维生素 B_{12}。当维生素 B_{12} 缺乏时甲基不能转移，影响蛋氨酸的生成和 FH_4 的再生，使一碳单位周转受阻，导致核酸合成障碍，影响细胞分裂，发生巨幼红细胞贫血。

9.4.3.2　半胱氨酸与胱氨酸代谢

（1）半胱氨酸与胱氨酸互变

体内许多蛋白质和酶的活性与半胱氨酸上 —SH 有关，称为巯基酶。还原型谷胱甘肽（GSH）是抗氧化物，能保护蛋白质和酶的巯基。

$$
\begin{array}{ccc}
CH_2SH & CH_2-S-S-CH_2 & \\
2CHNH_2 & \xrightarrow[+2H]{-2H} & CHNH_2 \quad CHNH_2 \\
COOH & COOH \quad COOH \\
\text{半胱氨酸} & \text{胱氨酸} &
\end{array}
$$

（2）活性硫酸根

半胱氨酸经脱硫化氢酶催化，脱下的 H_2S 在体内被氧化成硫酸，其中一部分以无机盐形式随尿排出，另一部分转变成 3′-磷酸腺苷-5′-磷酸硫酸（3′-phosphoadenosine-5′-phosphosulfate，PAPS），即活性硫酸根。PAPS 是体内重要的硫酸根供体，在肝的生物转化反应中起重要作用。活性硫酸根生成过程如图 9-10 所示。

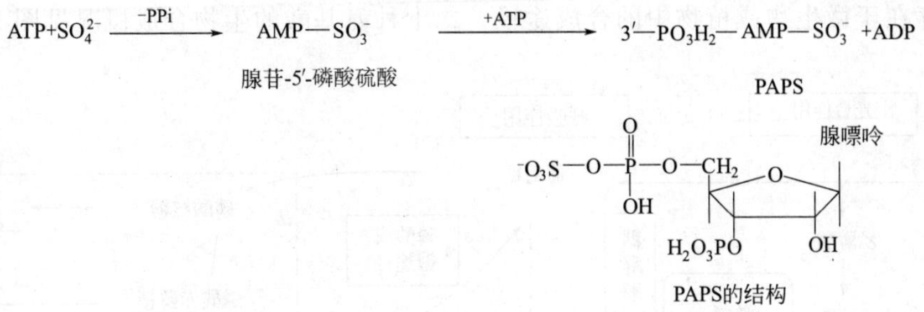
ATP+SO4 2-
-PPi
AMP—SO3 -
腺苷-5'-磷酸硫酸
+ATP
3'—PO3H2—AMP—SO3 - +ADP
PAPS
腺嘌呤
OH
H2O3PO
OH
PAPS的结构

图 9-10　活性硫酸根生成过程

9.4.4　芳香族氨基酸的代谢

芳香族氨基酸包括苯丙氨酸、酪氨酸与色氨酸。

9.4.4.1　苯丙氨酸代谢

正常情况下，苯丙氨酸经羟化作用生成酪氨酸。催化酶是苯丙氨酸羟化酶，此反应不可逆。先天性缺乏苯丙氨酸羟化酶时，体内苯丙氨酸经转氨基生成苯丙酮酸，尿中出现大量苯丙酮酸，这称为苯丙酮尿症。苯丙氨酸对中枢神经系统有强毒性，使儿童神经系统发育受障碍。

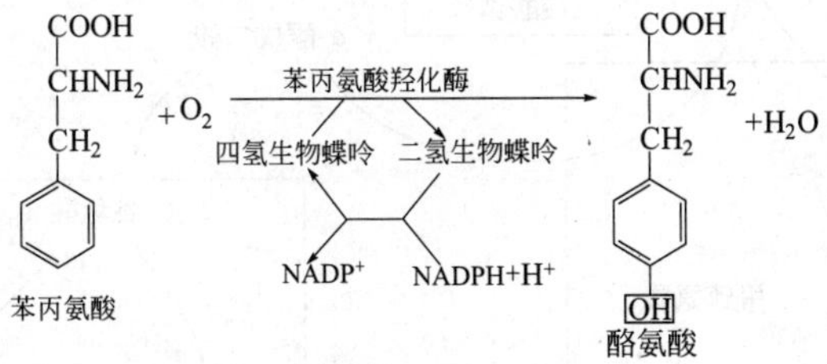
COOH
CHNH2
CH2
+O2
苯丙氨酸羟化酶
四氢生物蝶呤
二氢生物蝶呤
NADP+
NADPH+H+
+H2O
苯丙氨酸
OH
酪氨酸

9.4.4.2　酪氨酸代谢

酪氨酸代谢过程生成一些重要的生物活性物质。

(1) 生成儿茶酚胺

酪氨酸羟化生成多巴，再脱羧生成多巴胺，经羟化成去甲肾上腺素，由 SAM 提供甲基转变成肾上腺素。多巴胺、去甲肾上腺素和肾上腺素统称儿茶酚胺（catecholamine），均为神经递质。

(2) 生成黑色素

多巴经氧化、脱羧转变成黑色素。若酪氨酸酶缺乏，黑色素合成障碍，皮肤、发毛呈白色，成为白化病（albinsim）。

酪氨酸碘化生成甲状腺激素（T4、T3）。

转变成糖或脂肪。酪氨酸脱羧生成酪胺，脱氨生成羟苯丙酮酸，再转变为尿黑酸，后者进一步转变成延胡索酸和乙酰乙酸，此二者均可分别转变成糖或脂肪。如尿黑酸氧化酶缺乏，则引起尿黑酸堆积，尿液呈黑色，故称尿黑酸尿症。

9.4.5　色氨酸代谢

色氨酸代谢比较复杂，除了生成 5-羟色胺及一碳单位外，还可转变为尼克酸（维生素 PP）。尼克酸在体内可转变成尼克酰胺参与合成辅酶。

在不同氨基酸的生物合成中，其起始物分别来自于糖代谢的几个中间物。按照起始物可将氨基酸的合成分成几个家族组，用以合成非必需氨苯酸，而动物营养必需氨基酸的合成，主要是指存在于微生物或植物中的合成途径。二十种氨基酸的生物合成概况见图 9-11。

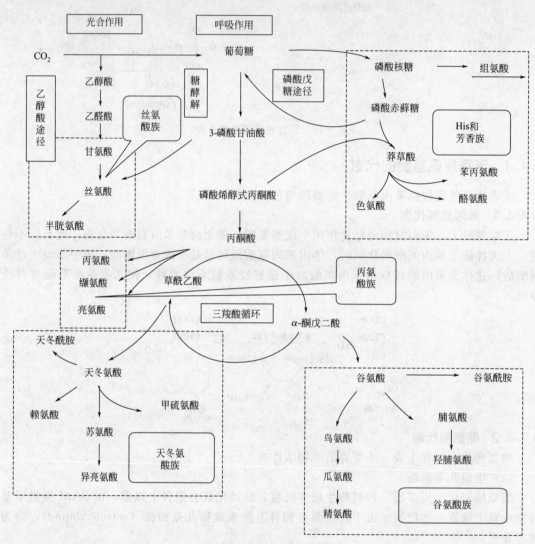

图 9-11　氨基酸生物合成概况

氨基酸具有重要的生理功能，除作为合成蛋白质的原料外，还可转变成某些激素、神经递质及核苷酸等含氮物质。人体的氨基酸主要来自食物蛋白质的消化吸收。各种蛋白质由于所含氨基酸的种类和数量不同，其营养价值也不同。体内不能合成而必须由食物提供的氨基酸称为营养必需氨基酸，人体的营养必需氨基酸有 8 种。食物蛋白质的消化主要在小肠进行，由各种蛋白水解酶协同完成。水解生成的氨基酸通过载体蛋白和 γ-谷氨酰基循环吸收。未被消化的蛋白质和未被吸收的氨基酸在大肠下部发生腐败作用。体内有两条蛋白质降解途径：一条是非依赖 ATP 的溶酶体蛋白水解酶降解途径；另一条是胞质内的依赖 ATP 和泛素的蛋白酶体降解途径。外源性与内源性的氨基酸共同构成"氨基酸代谢库"，参与体内代谢。

氨基酸的脱氨基作用生成氨及相应的 α-酮酸，这是氨基酸的主要分解途径。在转氨酶的作用下，α-氨基酸的氨基转移至 α-酮戊二酸，生成 L-谷氨酸。在 L-谷氨酸脱氢酶的催化下，

L-谷氨酸进行氧化脱氨基作用，生成氨和 α-酮戊二酸。此途径是体内大多数氨基酸脱氨基的主要方式。由于该过程可逆，因此也是体内合成营养非必需氨基酸的重要途径。在骨骼肌等组织，氨基酸主要通过嘌呤核苷酸循环脱去氨基。

α-酮酸是氨基酸的碳架，部分可用于合成氨基酸，其余有些可转变成丙酮酸和三羧酸循环的中间产物而生成糖，有些可转变成乙酰 CoA 而生成脂类。由此可见，在体内氨基酸、糖及脂类代谢有着广泛的联系。

氨是有毒物质。体内的氨以丙氨酸和谷氨酰胺的形式运往肝，大部分经鸟氨酸循环生成尿素排出体外。鸟氨酸循环受多种因素的调节。肝功能严重受损时，可产生高血氨症和肝性脑病。体内少部分氨在肾以铵盐形式随尿排出。

胺类物质也具有重要的生理作用，如 γ-氨基丁酸、组胺、5-羟色胺、牛磺酸及多胺等。它们都是氨基酸脱羧基的产物，脱羧基作用也是氨基酸的重要代谢途径。

某些氨基酸在分解代谢过程中可产生含有一个碳原子的基团，称为一碳单位，例如甲基、甲烯基、甲炔基、甲酰基及亚氨甲基等。四氢叶酸是一碳单位的运载体，在其代谢过程中起着重要的作用。一碳单位的主要功用是用于嘌呤和嘧啶核苷酸的合成。

含硫氨基酸有甲硫氨酸、半胱氨酸和胱氨酸。甲硫氨酸的主要功能是通过甲硫氨酸循环，提供活性甲基。此外，还可参与肌酸等代谢。半胱氨酸与胱氨酸可以相互转变，半胱氨酸可转变成牛磺酸，后者是结合胆汁酸的组成成分。许多重要酶的活性与酶蛋白分子中以半胱氨酸的自由巯基有关。含硫氨基酸分子中的硫在体内最后可转变成 H_2SO_4，部分以钠盐形式随尿排出，其余转变成活性硫酸根（PAPS）。

芳香族氨基酸包括苯丙氨酸、酪氨酸和色氨酸。苯丙氨酸羟化生成酪氨酸，后者转变成儿茶酚胺和黑色素。苯丙酮尿症及白化病等遗传病与苯丙氨酸或酪氨酸的代谢异常有关。

第 10 章 核酸代谢

导读

核酸是一类极其重要的生物大分子，它是遗传变异的物质基础，是遗传信息的载体，与许多重要的生命现象密切相关。核酸的基本结构单元是核苷酸，核苷酸及其代谢产物是生命活动的重要的物质，几乎参与了细胞的所有生物化学过程。

核酸在核酸酶的作用下水解产生寡聚核苷酸和单核苷酸。核苷酸在核苷酸酶作用下水解成核苷和磷酸。核苷又可被核酸酶分解成嘌呤碱和嘧啶碱以及糖，嘌呤碱和嘧啶碱还可进一步分解。生物体的新陈代谢是一个完整的过程，彼此之间联系紧密而复杂。因此，各种物质代谢途径之间的关系是相互联系、相互作用的。

某些重要的辅酶，如烟酰胺核苷酸、黄素核苷酸和辅酶 A 等，它们的分子结构中包含腺苷酸部分。这几种辅酶的合成也与核苷酸代谢有关。

生物系统的遗传信息主要储存在 DNA 分子中，表现为特异的核苷酸排列顺序。DNA分子的两条链都含有合成它的互补链的全部信息，因此 DNA 能指导自身的合成（即复制）。DNA 的互补合成有两种：一是整个 DNA 分子的复制，通过复制得以将遗传信息由亲代传递给子代；二是 DNA 的局部修复，这对消除偶然引起的碱基改变，维持 DNA 的正常结构具有重要意义。碱基配对原理是遗传信息传递的基本机制。

10.1 核酸的降解

食物中的核酸多以核蛋白的形式存在。核蛋白在胃中受胃酸的作用，分解成核酸与蛋白质。核酸的消化主要在小肠中进行。首先胰液中的核酸酶将核酸水解成为单核苷酸，肠液中尚有核苷酸酶可催化单核苷酸水解成为核苷和磷酸，核苷再经核苷磷酸化酶催化磷酸分解而生成含氮碱（嘌呤碱或嘧啶碱）和磷酸戊糖。磷酸戊糖可进一步受磷酸酶催化，分解成戊糖与磷酸。核糖的消化过程可表示如下。

10.1.1 核酸的酶促降解

核酸是由许多核苷酸以 $3'$，$5'$-磷酸二酯键连接而成的大分子化合物，其酶促降解依据条件不同，会得到大小不同的核苷酸片段及单核苷酸。核酸降解的第一步是水解核苷酸之间的磷酸二酯键、生成低级多聚核苷酸或单核苷酸。在生物体内有许多磷酸二酯酶可以催化这一解聚作用。体内核酸的降解如图 10-1 所示。

在生物体内催化这一降解反应的酶是核酸酶（nuclease）。水解核糖核酸的酶称为核糖核酸酶（ribonuclease），水解脱氧核糖核酸的酶称为脱氧核糖核酸酶（deoxyribonuclease）。核糖核酸酶和脱氧核糖核酸酶中能够水解核酸分子内磷酸二酯键的酶称为核酸内切酶（endonuclease），从核酸链的一端逐个水解核苷酸的酶称为核酸外切酶（exonuclease）。

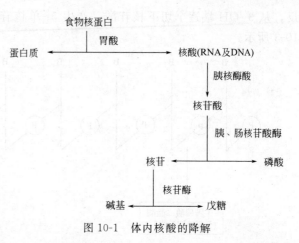

图 10-1　体内核酸的降解

10.1.1.1　脱氧核糖核酸酶

DNase 是一类通过特异性催化磷酸二酯键水解而降解 DNA 的酶类，主要有 DNase Ⅰ、DNase Ⅱ 和限制性核酸内切酶。

DNase Ⅰ 水解磷酸二酯键的 3′ 端酯键，产物为 5′ 端带磷酸的寡聚脱氧核苷酸片段，该酶特异性不强。DNase Ⅱ 水解磷酸二酯键的 5′ 端酯键，产物为 3′ 末端带磷酸的寡聚脱氧核苷酸片段。限制性核酸内切酶能专一性地识别并水解双链 DNA 上的特异核苷酸顺序，且只在特定核苷酸序列处切开核苷酸之间的连接键。该酶可交错地切断两链（此时产生两条互补的单链，称为黏性末端）。当外源 DNA 侵入细菌后，限制性核酸内切酶可将其水解切成片段，从而限制了外源 DNA 在细菌细胞内的表达，而细菌本身的 DNA 由于在该特异核苷酸顺序处被甲基化酶修饰，不被水解，从而得到保护。近年来，限制性核酸内切酶的研究和应用发展很快，目前已提纯的限制性核酸内切酶有 100 多种，许多已成为基因工程研究中必不可少的工具酶。

限制性核酸内切酶可分成三种类型：Ⅰ 型、Ⅱ 型和 Ⅲ 型。Ⅰ 型和 Ⅲ 型限制性核酸内切酶水解 DNA 时需要消耗 ATP，全酶中的部分亚基可通过在特殊碱基上补加甲基对 DNA 进行化学修饰。Ⅱ 型限制性核酸内切酶水解 DNA 时不需要 ATP，也不以甲基化或其他方式修饰 DNA，能在所识别的特殊核苷酸顺序内或附近切割 DNA。因此，被广泛用于 DNA 分子克隆和序列测定。

10.1.1.2　核糖核酸酶

RNase 是一类水解 RNA 中磷酸二酯键的内切酶，其特异性较强。RNase 主要有 RNase Ⅰ、RNase T_1、RNase U_2 等。RNase 作用位点如图 10-2 所示。

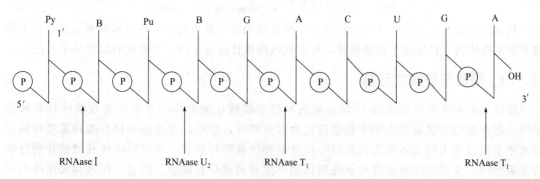

图 10-2　RNase 作用位点

在核酸外切酶中，比较常见的如牛脾磷酸二酯酶（SPDase）和蛇毒磷酸二酯酶（VPDase）。SPDase 从 RNA 的 5′-OH 端逐个切下核苷酸，产生 3′-单核苷酸；VPDase 与它相反，从 3′-OH 端逐个切下核苷酸，产生 5′-单核苷酸。核酸外切酶对核酸的水解位点如图10-3 所示。

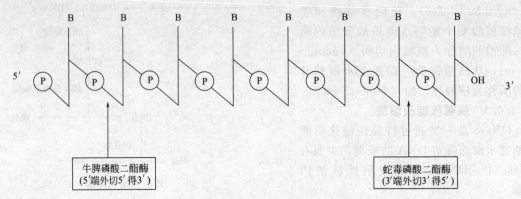

图 10-3　核酸外切酶对核酸的水解位点

10.1.1.3　核酸酶的功能

生物体内的核酸酶负责细胞内外催化核酸的降解，主要功能如下。

① 参与 DNA 的合成与修复及 RNA 合成后的剪接等重要基因复制和基因表达过程。

② 负责清除多余的、结构和功能异常的核酸，同时也可清除侵入细胞的外源性核酸。

③ 在消化液中降解食物中的核酸以利于吸收。

④ 体外重组 DNA 技术中的重要工具酶。

10.1.2　核苷酸的分解

核苷酸水解下磷酸即成为核苷，生物体内广泛存在的磷酸单酯酶或核苷酸酶可以催化这个反应。非特异性的磷酸单酯酶对一切核苷酸都能作用，无论磷酸基在核苷的 2′、3′ 或 5′ 位置上都可被水解下来。某些特异性强的磷酸单酯酶只能水解 3′-核苷酸或 5′-核苷酸，则分别称为 3′-核苷酸酶或 5′-核苷酸酶。

分解核苷的酶有两类：一类是核苷磷酸化酶（nucleoside phosphorylase），另一类是核苷水解酶（nucleoside hydrolase）。

$$（脱氧）核苷＋磷酸 \underset{}{\overset{核苷磷酸化酶}{\rightleftharpoons}} 嘌呤碱或嘧啶碱＋1-磷酸（脱氧）戊糖$$

$$核苷＋H_2O \xrightarrow{核苷水解酶} 嘌呤碱或嘧啶碱＋戊糖$$

核苷磷酸化酶广泛存在于生物机体中，所催化的反应是可逆的。核苷水解酶主要存在于植物和微生物体内，只作用于核糖核苷，对脱氧核糖核苷没有作用，所催化的反应是不可逆的。

10.1.3　嘌呤核苷酸的分解

嘌呤核苷酸既可以依次在 5′-核苷酸酶和核苷磷酸化酶的作用下水解为腺嘌呤核苷和腺嘌呤，再在腺嘌呤脱氨酶作用下脱氨转化为次黄嘌呤，也可以在腺嘌呤核苷酸和腺嘌呤核苷的水平上直接脱去氨基转变为次黄嘌呤核苷酸和次黄嘌呤核苷，次黄嘌呤核苷经核苷酶分解为次黄嘌呤，并进一步在黄嘌呤氧化酶作用下生成黄嘌呤和尿酸。但是，在人和大鼠体内不含腺嘌呤脱氨酶，腺嘌呤的脱氨反应是在腺苷或腺苷酸的水平上进行的，其产物是次黄嘌呤核苷或次黄嘌呤核苷酸，它们再进一步分解生成次黄嘌呤。鸟嘌呤核苷也可转变成次黄嘌呤和黄嘌呤，此反应是在核苷酶和鸟嘌呤脱氨酶催化下完成的。黄嘌呤在黄嘌呤氧化酶作用下氧化为尿酸。如图 10-4 所示。

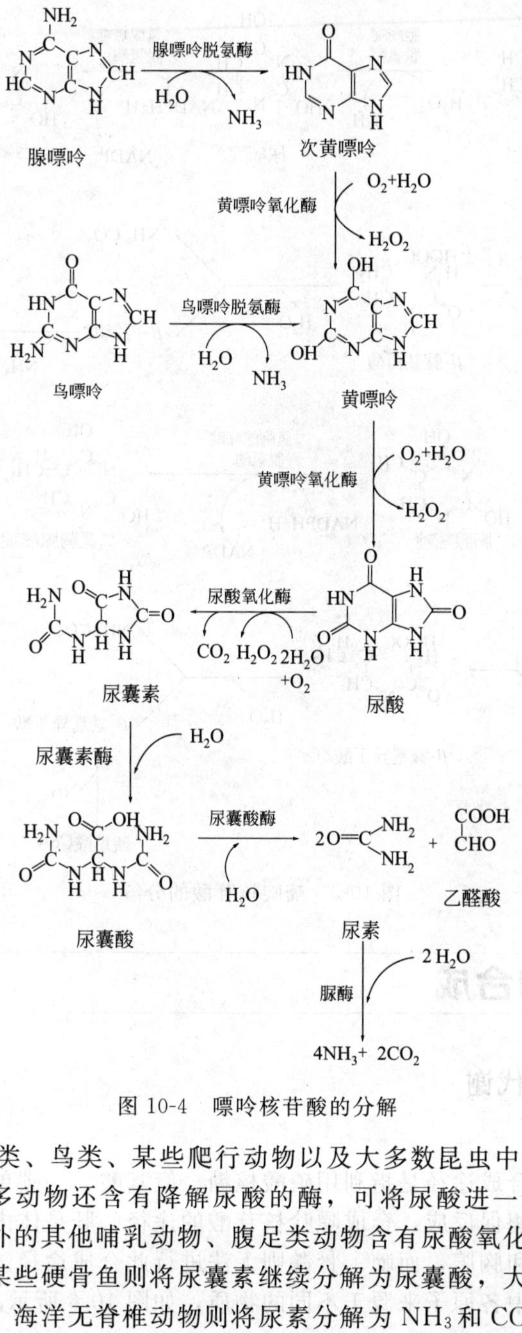

图 10-4 嘌呤核苷酸的分解

尿酸是人类、灵长类、鸟类、某些爬行动物以及大多数昆虫中嘌呤分解代谢的最终产物,随尿排出体外,许多动物还含有降解尿酸的酶,可将尿酸进一步降解为其他产物。例如,除人类及灵长类以外的其他哺乳动物、腹足类动物含有尿酸氧化酶,可将尿酸进一步氧化成尿囊素排出体外,某些硬骨鱼则将尿囊素继续分解为尿囊酸,大多数鱼类及两栖类动物将尿囊酸再分解为尿素,海洋无脊椎动物则将尿素分解为 NH_3 和 CO_2。

10.1.4 嘧啶核苷酸的分解

与嘌呤分解类似,具有氨基的嘧啶碱首先水解脱去氨基。例如,胞嘧啶脱去氨基后形成尿嘧啶,尿嘧啶和胸腺嘧啶经还原后分别形成二氢尿嘧啶和二氢胸腺嘧啶,继续水解分别形成开环的链状化合物 β-脲基丙酸和 β-脲基异丁酸,β-脲基丙酸再水解形成 CO_2、NH_3 和 β-丙氨酸,β-脲基异丁酸水解生成 CO_2、氨和 β-氨基异丁酸,β-丙氨酸和 β-氨基异丁酸脱氨基后进一步代谢。如图 10-5 所示。

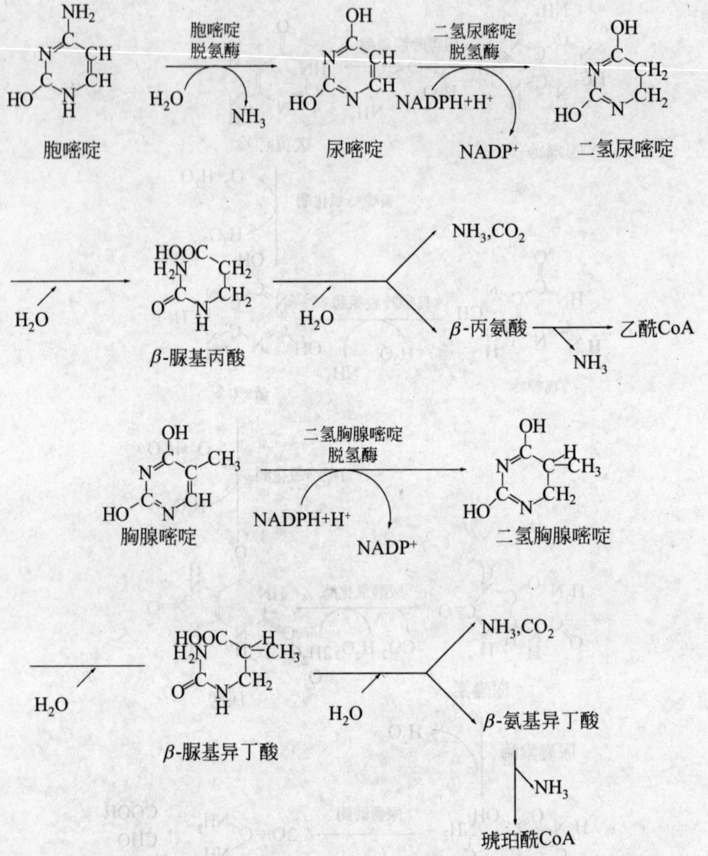

胞嘧啶
胞嘧啶
脱氨酶
H_2O
NH_3
尿嘧啶
二氢尿嘧啶
脱氢酶
NADPH+H+
NADP+
二氢尿嘧啶
H_2O
β-脲基丙酸
NH_3,CO_2
H_2O
β-丙氨酸
乙酰CoA
NH_3
胸腺嘧啶
二氢胸腺嘧啶
脱氢酶
NADPH+H+
NADP+
二氢胸腺嘧啶
H_2O
β-脲基异丁酸
NH_3,CO_2
H_2O
β-氨基异丁酸
NH_3
琥珀酰CoA

图 10-5 嘧啶核苷酸的分解

10.2 核苷酸的合成

10.2.1 嘌呤的合成代谢

10.2.1.1 从头合成

嘌呤核苷酸的从头合成途径是指利用磷酸核糖、氨基酸、一碳单位及二氧化碳等简单物质为原料，经过一系列酶促反应，合成嘌呤核苷酸的途径。肝是体内从头合成嘌呤核苷酸的主要器官，其次是小肠和胸腺，而脑、骨髓则无法进行此合成途径。

实验证明，嘌呤环中各原子来源于不同的物质，如图 10-6 所示。

CO_2
甘氨酸
天冬氨酸
甲酰基
(一碳单位)
甲酰基
(一碳单位)
谷氨酰胺
(酰胺基)

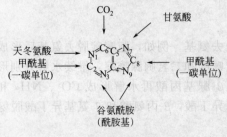

图 10-6 嘌呤环中各原子来源

10.2.1.2 合成过程

合成的起始物质是 5-磷酸核糖-1′-焦磷酸（PRPP），由来自磷酸戊糖途径的中间产物 5-磷酸核糖，在 PRPP 合成酶作用下合成。从 PRPP 到嘌呤核苷酸的生成要经历两个主要阶段：一是由 PRPP 到次黄嘌呤核苷酸（IMP）的合成；二是由 IMP 分别合成 AMP 和 GMP。嘌呤核苷酸的合成过程如图 10-7 所示。

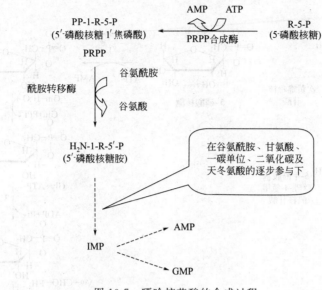

图 10-7　嘌呤核苷酸的合成过程

10.2.1.3　次黄嘌呤核苷酸的合成

由葡萄糖经磷酸戊糖通路产生的 5-磷酸核糖（R-5-P），先经磷酸核糖焦磷酸激酶（也称 PRPP 合成酶）催化生成 1-焦磷酸-5-磷酸核糖（PRPP）。它可参与各种核苷酸的合成，此反应需要 ATP 供能，是合成核苷酸的关键性反应，ATP 尚能激活 PRPP 合成酶。由谷氨酰胺提供酰胺基取代 PRPP 中 C_1 的焦磷酸基形成 1-氨基-5-磷酸核糖，此反应由谷氨酰胺-PRPP-酰胺转移酶所催化，该酶为关键酶。接着的反应是加甘氨酸、N^{10}-甲酰四氢叶酸提供甲酰基，谷氨酰胺氮原子的转移，然后脱水与环化而生成氨基咪唑核苷酸。下一步是氨基咪唑核苷酸的羧基化，天冬氨酸的加合及延胡索酸的去除，留下天冬氨酸的氨基。再由 N_{10}-甲酰四氢叶酸提供甲酰基，最后脱水和环化形成次黄嘌呤核苷酸（IMP），如图 10-8 所示。上述各步反应均由相应的酶催化，并且有五个步骤需要消耗 ATP。

10.2.1.4　腺嘌呤和鸟嘌呤的合成

AMP 与 IMP 的差别仅是 6 位酮基被氨基取代，此反应由两步反应完成：①天冬氨酸的氨基与 IMP 相连生成腺苷酸琥珀酸（adenylosuccinic acid），反应由腺苷酸琥珀酸合成酶（adenylosuccinate synthetase）催化，GTP 水解供能；②在腺苷酸琥珀酸裂解酶（adenylo-succinate lyase，ADSL）作用下脱去延胡索酸生成 AMP。反应过程如下。

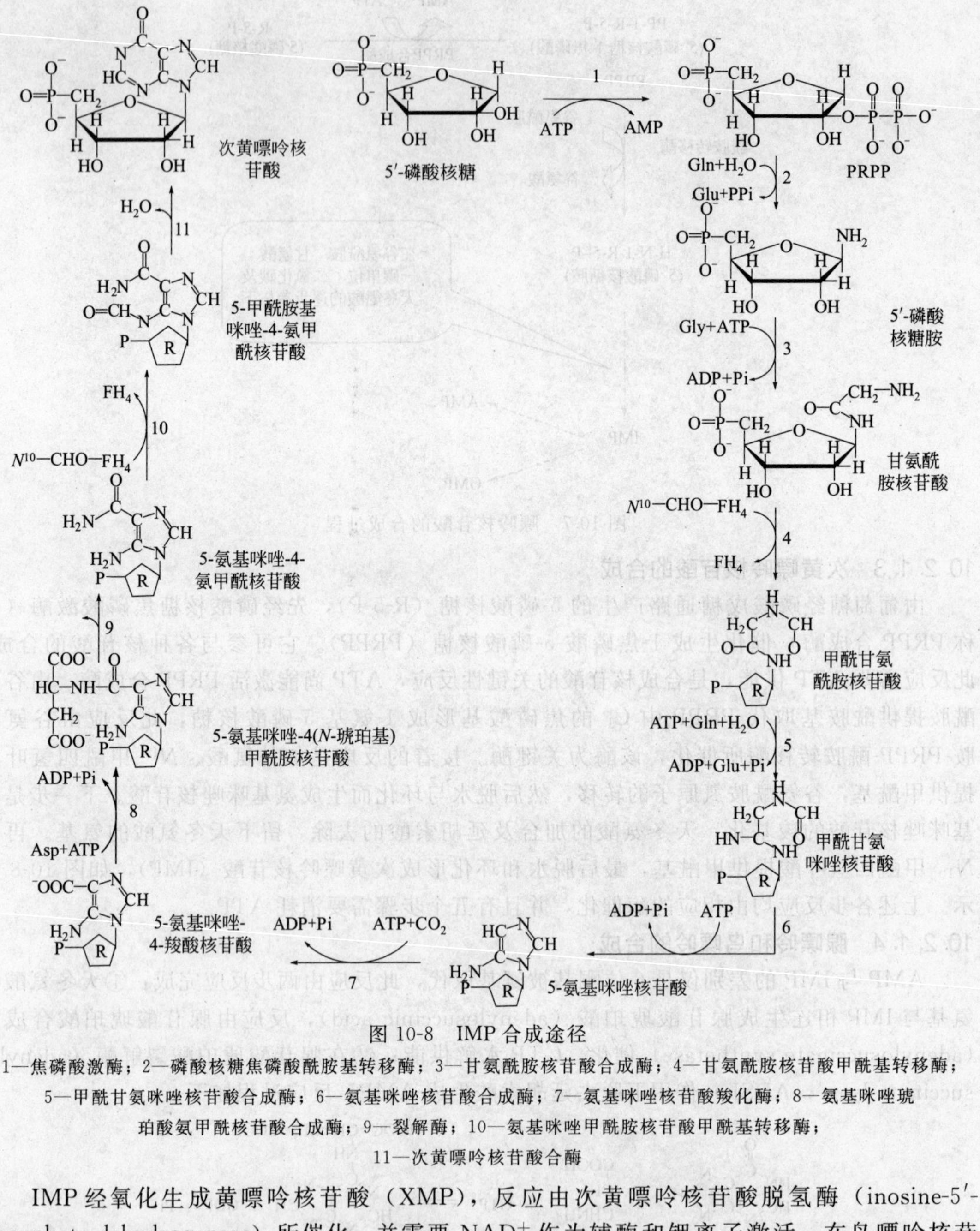

图 10-8 IMP 合成途径

1—焦磷酸激酶；2—磷酸核糖焦磷酸酰胺基转移酶；3—甘氨酰胺核苷酸合成酶；4—甘氨酰胺核苷酸甲酰基转移酶；

5—甲酰甘氨咪唑核苷酸合成酶；6—氨基咪唑核苷酸合成酶；7—氨基咪唑核苷酸羧化酶；8—氨基咪唑琥

珀酸氨甲酰核苷酸合成酶；9—裂解酶；10—氨基咪唑甲酰胺核苷酸甲酰基转移酶；

11—次黄嘌呤核苷酸合酶

　　IMP 经氧化生成黄嘌呤核苷酸（XMP），反应由次黄嘌呤核苷酸脱氢酶（inosine-5'-phosphate dehydrogenase）所催化，并需要 NAD^+ 作为辅酶和钾离子激活。在鸟嘌呤核苷酸合成酶（guanylate synthetase）的催化下，XMP 氨基化即生成鸟嘌呤核苷酸（GMP），该过程需要 ATP 供给能量。反应过程如下。

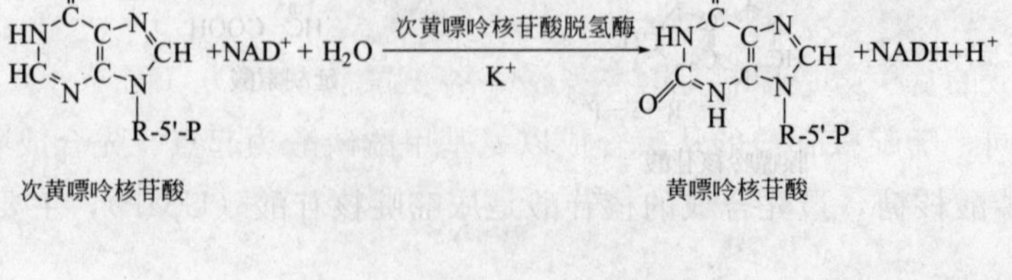

次黄嘌呤核苷酸　　　　　　　　　　　　　　　　黄嘌呤核苷酸

黄嘌呤核苷酸 + 谷氨酰胺 + ATP + H$_2$O $\xrightarrow{\text{鸟嘌呤核苷酸合成酶}}$

鸟嘌呤核苷酸 + 谷氨酸 + AMP + PPi

10.2.1.5 嘌呤核苷酸的补救合成途径

补救合成是细胞利用现有的嘌呤碱或嘌呤核苷与 PRPP 为原料，经过酶促反应形成嘌呤核苷酸的过程。细胞通过补救途径合成核苷酸的过程比较简单，消耗能量较少。有两类酶可参与嘌呤核苷酸的补救合成，一类是核苷磷酸化酶和核苷激酶，前者将嘌呤与 1-磷酸核糖转变为核苷，后者将核苷转变为核苷酸。另一类是嘌呤磷酸核糖转移酶，包含腺嘌呤磷酸核糖转移酶和次黄嘌呤-鸟嘌呤磷酸核糖转移酶，利用嘌呤直接合成核苷酸。

核苷磷酸化酶所催化的转核糖基反应是可逆的。各种碱基可与 1-磷酸核糖反应生成核苷。

$$\text{碱基} + \text{1-磷酸核糖} \xrightarrow{\text{核苷磷酸化酶}} \text{核苷} + \text{Pi}$$

核苷在适当的磷酸激酶（phosphokinase）作用下，由 ATP 供给磷酸基，形成核苷酸。

$$\text{核苷} + \text{ATP} \xrightleftharpoons{\text{核苷磷酸激酶}} \text{核苷酸} + \text{ADP}$$

在生物体内，除了腺苷酸激酶外，缺乏其他嘌呤核苷激酶。因此，在嘌呤核苷酸的补救合成途径中，还存在着其他的补救途径——利用嘌呤碱直接合成嘌呤核苷酸的途径。

在核糖磷酸转移酶的作用下嘌呤碱与 5′-磷酸核糖-1′-焦磷酸合成嘌呤核苷酸，其中腺嘌呤磷酸核糖转移酶催化腺苷酸的合成，次黄嘌呤-鸟嘌呤磷酸核糖转移酶催化次黄嘌呤核苷酸和鸟苷酸的合成。

$$\text{腺嘌呤} + \text{PRPP} \xrightarrow{\text{腺嘌呤磷酸核糖转移酶}} \text{AMP} + \text{PPi}$$

$$\text{鸟嘌呤} + \text{PRPP} \xrightarrow{\text{次黄嘌呤-鸟嘌呤磷酸核糖转移酶}} \text{GMP} + \text{PPi}$$

$$\text{次黄嘌呤} + \text{PRPP} \xrightarrow{\text{次黄嘌呤-鸟嘌呤磷酸核糖转移酶}} \text{IMP} + \text{PPi}$$

10.2.2 嘧啶核苷酸的生物合成

与嘌呤核苷酸一样，嘧啶核苷酸的合成也有两条途径，即从头合成途径和补救合成途径。嘧啶核苷酸合成的主要途径是从头合成途径。

嘧啶核苷酸的从头合成原料是天冬氨酸、谷氨酰胺和 CO$_2$（图 10-9）。与嘌呤核苷酸从头合成途径不同，嘧啶核苷酸的从头合成以氨基甲酰磷酸为起点，先合成嘧啶环，后加上由 PRPP 提供的磷酸核糖，最先合成的核苷酸是尿嘧啶核苷酸（UMP），主要在肝脏中进行。

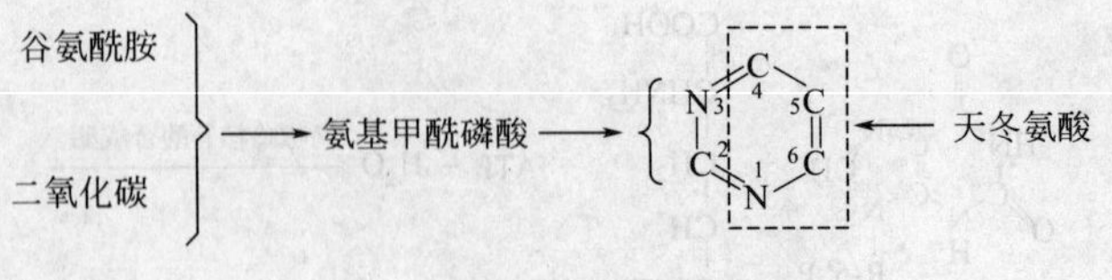

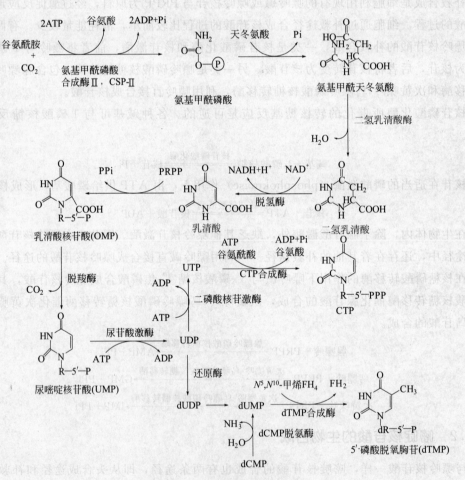

图 10-9　嘧啶碱合成的元素来源

10.2.2.1　尿嘧啶核苷酸的从头合成

氨基甲酰磷酸的合成原料是谷氨酰胺和 CO_2，在细胞液中，谷氨酰胺和 CO_2 首先在氨基甲酰磷酸合成酶Ⅱ（CPS-Ⅱ）作用下生成氨基甲酰磷酸。CPS-Ⅱ是尿嘧啶核苷酸合成的主要调节酶。虽然尿素合成的第一步反应也从合成氨基甲酰磷酸，但尿素合成所需的氨基甲酰磷酸合成酶Ⅰ存在于肝线粒体中；嘧啶合成的氨基来源于谷氨酰胺，尿素合成的氨基来源于氨。氨基甲酰磷酸再与天冬氨酸结合，经一系列变化生成尿嘧啶甲酸（乳清酸，orotic acid），然后再与 1'-焦磷酸-5'-磷酸核糖作用生成乳清酸核苷酸，最后脱羧生成尿嘧啶核苷酸。如图 10-10 所示。

图 10-10　嘧啶核苷酸的从头合成

10.2.2.2　胞嘧啶核苷酸的从头合成

由 UMP 转变为胞嘧啶核苷酸（CMP）是在尿嘧啶核苷三磷酸（UTP）的水平上进行的。UTP 可以由 UMP 在相应的激酶作用下经 ATP 转移磷酸基而生成。催化 UMP 转变为

UDP 的酶为特异的尿嘧啶核苷酸激酶（uridine-5′-phosphate kinase），催化 UDP 转变为 UTP 的酶为特异性的核苷二磷酸激酶（nucleoside diphosphokinase）。

$$UMP+ATP \xrightarrow{\text{尿嘧啶核苷酸激酶}} UDP+ADP$$

$$UDP+ATP \xrightarrow{\text{核苷二磷酸激酶}} UTP+ATP$$

尿嘧啶、尿嘧啶核苷和尿嘧啶核苷酸都不能氨基化变成相应的胞嘧啶化合物，只有 UTP 才能氨基化生成胞嘧啶核苷三磷酸（CTP）。在细菌中 UTP 可以直接与氨作用，动物组织则需要由谷氨酰胺供给氨基。反应要由 ATP 供给能量。催化此反应的酶为胞嘧啶核苷三磷酸合成酶（CTP synthelase）。反应式如下：

$$UTP+\text{谷氨酰胺}+ATP+H_2O \xrightarrow{\text{胞嘧啶核苷三磷酸合成酶}} CTP+\text{谷氨酸}+ADP+Pi$$

10.2.2.3　嘧啶核苷酸的补救合成

嘧啶核苷酸补救合成的主要酶是嘧啶磷酸核糖转移酶，催化嘧啶碱接受来自 PRPP 的磷酸核糖基，直接生成相应的核苷酸；此酶以尿嘧啶、胸腺嘧啶和乳清酸作为底物，但对胞嘧啶不起作用。尿苷激酶也是一种补救合成酶，催化尿嘧啶核苷生成尿嘧啶核苷酸。胸苷激酶催化脱氧胸苷生成 TMP。该酶在正常肝中活性很低，再生肝中活性升高，恶性肿瘤明显升高，并与恶性程度有关。

$$\text{尿嘧啶}+5′\text{-磷酸核糖-1′-焦磷酸} \xrightleftharpoons{\text{尿嘧啶磷酸核糖转移酶}} UMP+PPi$$

$$\text{尿嘧啶}+1\text{-磷酸核糖} \xrightleftharpoons{\text{尿苷磷酸化酶}} \text{尿嘧啶核苷}+PPi$$

$$\text{尿嘧啶核苷}+ATP \xrightleftharpoons{\text{尿苷激酶}} UMP+ADP$$

胞嘧啶不能直接与 5′-磷酸核糖-1′-焦磷酸反应生成胞嘧啶核苷酸，但是尿苷激酶能催化胞苷的磷酸化反应。

$$\text{胞嘧啶核苷}+ATP \xrightleftharpoons[Mg^{2+}]{\text{尿苷激酶}} \text{胞嘧啶核苷酸}+ADP$$

10.2.3　脱氧核糖核苷酸的合成

用同位素示踪实验证明，在生物体内，脱氧核苷酸可由相应的核糖核苷二磷酸还原生成。脱氧核苷酸，包括嘌呤脱氧核苷酸和嘧啶脱氧核苷酸，其所含的脱氧核糖并非先形成后再结合成为脱氧核苷酸，而是在核糖核苷二磷酸水平上直接还原生成的，由核糖核苷酸还原酶催化。脱氧胸腺嘧啶核苷酸则由 UMP 先还原成 dUMP，然后再甲基化而生成。

核苷二磷酸的 D-核糖还原为 2′-脱氧-D-核糖时需要一对氢原子，由硫氧还蛋白的 NADPH+H+ 提供。硫氧还蛋白有一对巯基用于携带从 NADPH+H+ 转移到核苷二磷酸上的氢原子，硫氧还蛋白的氧化态形式为二硫化物，可以被 NADPH+H+ 还原，此还原反应由硫氧还蛋白还原酶催化完成。随后还原型的硫氧还蛋白在核苷二磷酸还原酶作用下使核苷二磷酸还原为脱氧核苷二磷酸。在大肠杆菌突变株内，还发现了类似于硫氧还蛋白和硫氧还蛋白还原酶的谷氧还蛋白及谷胱甘肽还原酶，它们也参与到了核糖核苷酸还原的过程中。

四种核糖核苷酸即 ADP、GDP、CDP 和 UDP 分别为底物，可在核苷磷酸还原酶催化下还原为对应的脱氧核糖核苷酸。核糖核苷酸还原为脱氧核糖核苷酸（图 10-11）。

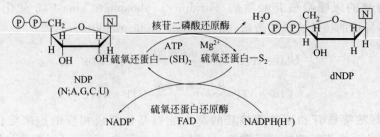

图 10-11　核糖核苷酸还原为脱氧核糖核苷酸

　　脱氧胸苷酸的合成与上述脱氧核糖核苷酸不同，它是由脱氧尿苷酸甲基化形成的，脱氧尿苷酸可由脱氧尿苷二磷酸水解而来，也可通过脱氧胞苷酸脱去氨基获得，脱氧尿苷酸甲基化形成脱氧胸苷酸的反应由胸苷酸合成酶催化。N^5，N^1-亚甲基四氢叶酸是一碳单位甲基的供体，产物为脱氧胸苷酸和二氢叶酸，二氢叶酸在二氢叶酸还原酶催化下可形成四氢叶酸，这个再生过程对于许多依赖四氢叶酸的反应都非常重要。脱氧胸腺嘧啶核苷酸的生成途径如图 10-12 所示。

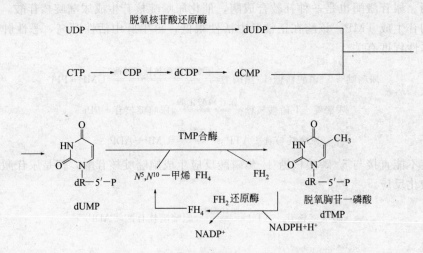

图 10-12　脱氧胸腺嘧啶核苷酸的生成途径

　　核苷酸的主要合成途径如图 10-13 所示。

　　现代生物学已充分证明 DNA 是生物遗传的主要物质基础。生物机体的遗传信息以密码的形式编码在 DNA 分子上，表现为特定的核苷酸排列顺序，并通过 DNA 的复制（replication）由亲代传递给子代。在后代的生长发育过程中，遗传信息自 DNA 转录（transcription）给 RNA，然后翻译（translation）成特异的蛋白质，以执行各种生命功能，使后代表现出与亲代相似的遗传性状。复制就是指以原来 DNA 分子为模板合成出相同分子的过程。转录就是在 DNA 分子上合成出与其核苷酸顺序相对应的 RNA 的过程。翻译则是在 RNA 的控制下，根据核酸链上每三个核苷酸决定一个氨基酸的三联体密码（triple code）规则，合成出具有特定氨基酸顺序的蛋白质肽链过程。在某些情况下，RNA 也可以是遗传信息的基本携带者，例如，RNA 病毒能以自身核酸分子为模板（template）进行复制，致癌 RNA 病毒还能通过逆转录（reverse transcription）的方式将遗传信息传递给 DNA。遗传信息从 DNA 到 RNA 再到蛋白质的这种传递方向的规律，称为生物学的"中心法则"（图 10-14）。

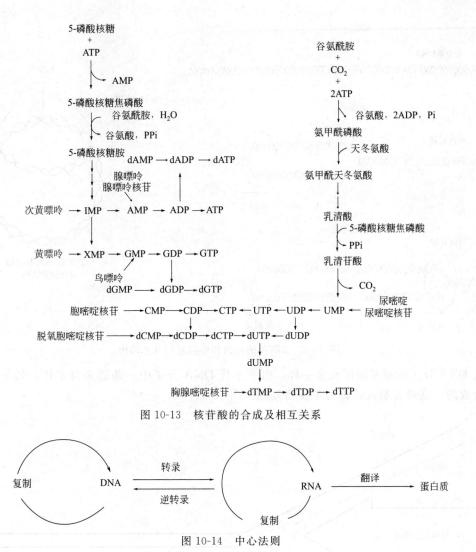

图 10-13　核苷酸的合成及相互关系

图 10-14　中心法则

10.3　DNA 的复制

DNA 在复制时，需在特定的位点起始，这是一些具有特定核苷酸排列顺序的片段，含有 100～200 个碱基对，即复制起始点（复制子）。DNA 复制时，在起始点分叉形成叉子样的"复制叉"，随着复制叉的移动完成 DNA 的复制过程。以起始点为中心，复制向两个方向进行；但在低等生物中，也可进行单向复制。对于环状 DNA，复制时将形成像字母"θ"的结构（图 10-15）。在原核生物中，复制起始点通常为一个，而在真核生物中则为多个。细胞内存在着能识别起始点的特种蛋白质。

10.3.1　DNA 的半保留复制

DNA 在复制时，两条链解开分别作为模板，在 DNA 聚合酶的催化下按碱基互补的原则合成两条与模板链互补的新链，以组成新的 DNA 分子。这样新形成的两个 DNA 分子与

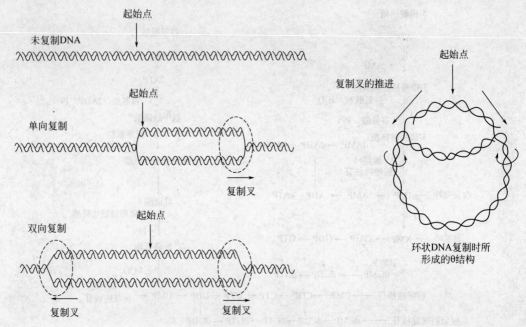

图 10-15　DNA 的双向和单向复制及 θ 结构

亲代 DNA 分子的碱基顺序完全一样。由于子代 DNA 分子中一条链来自亲代，另一条链是新合成的，这种复制方式称为半保留复制（图 10-16）。

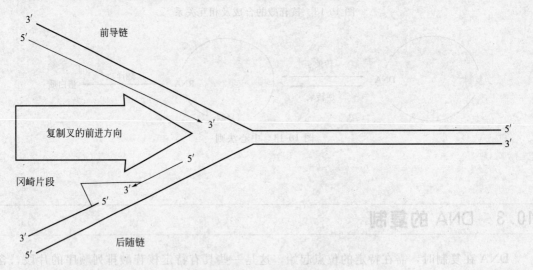

图 10-16.　DNA 的半保留复制

10.3.2　DNA 的半不连续复制

由于 DNA 聚合酶只能按 $5'{\rightarrow}3'$ 方向催化合成 DNA，所以，DNA 复制时两条子链不能按解链方向同时合成。经冈崎及其他许多人研究表明，DNA 复制具有半不连续性。在 $3'\rightarrow5'$ 模板链上，链的延长方向（$5'\rightarrow3'$）与解链方向（复制叉移动方向）相同，复制是连续进行的，这条链称为前导链或领头链。另一条 $5'\rightarrow3'$ 方向的模板链上，复制的方向与解链方向相反。由于亲代 DNA 双链在复制时是逐步解开的，因此，后随链的合成也是一段一段的。DNA 在复制时，先合成若干短的冈崎片段（短的 DNA 片段，原核约为 1000 ~ 2000 个核苷酸，真核约为 100～200 个核苷酸），然后在连接酶作用下连成一条完整的新链，这条不连续复制的链称为后随链或随从链。

10.3.3 DNA 复制体系

DNA 复制是一个核苷酸聚合的复杂体系，需要模板、原料、酶、引物和蛋白质因子等多种大分子物质的参与，并需 ATP 和 GTP 供能。

（1）复制的模板：DNA 复制的模板是亲代 DNA。DNA 分子的两条链都可作为模板指导合成新的 DNA。

（2）复制的原料：DNA 复制的原料是四种三磷酸脱氧核苷（dNTP），即 dGTP、dCTP、dATP 和 dTTP。

（3）参与复制的主要酶类（图 10-17）

① DNA 聚合酶：DNA 聚合酶又称为 DNA 指导的 DNA 聚合酶，是催化 dNTP 通过 $3'$，$5'$-磷酸二酯键聚合成 DNA 多核苷酸链的酶。DNA 聚合酶需要 RNA 引物存在，它以 DNA 为模板，以四种三磷酸脱氧核苷（dNTP）为底物，根据碱基互补的原则，按模板 DNA 上的核苷酸顺序，先将互补的 dNTP 脱去一个焦磷酸，与 RNA 引物的 $3'$-OH 末端形成磷酸二酯键连接，然后再催化互补的 dNTP 脱去焦磷酸形成磷酸二酯键逐个连接起来，使合成的 DNA 多核苷酸链逐渐延长，延长方向是 $5'{\rightarrow}3'$，合成过程中还需要 Mg^{2+} 参与。

② 引物酶：引物酶是一种特殊的 RNA 聚合酶，它根据相应复制起始部位的 DNA 链为模板，以 NTP 为原料，通过碱基互补原则，催化合成短片段的 RNA。这种短片段的 RNA 在 DNA 复制起始处作为 DNA 复制的引物。这种短 RNA 片段一般含十几个至数十个核苷酸不等。

③ 解链酶：DNA 开始复制时首先在起始点处的 DNA 双链必须打开，反应是在解链酶的催化下进行。解链酶通过 ATP 分解获得能量，打开 DNA 双链之间的氢键。

④ 拓扑异构酶：拓扑异构酶能使双链 DNA 分子切开一个切口，使 DNA 解旋变成松弛状态，以解决 DNA 复制过程中造成 DNA 分子打结、缠绕及连环的现象，有利于复制叉的

作用次序
1.拓扑异构酶(解超螺旋酶)
2.解链酶(解双螺旋酶)
3.单链DNA结合蛋白
4.引物酶
5.DNA聚合酶
6.DNA连接酶

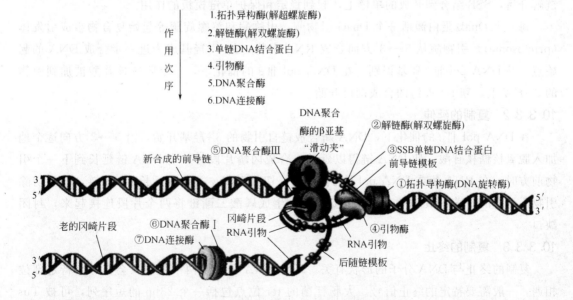

图 10-17 参与 DNA 复制的酶与蛋白因子及复制过程

前进及 DNA 的合成。在适当时候又能将切口封闭。DNA 复制完成后，拓扑异构酶又可将 DNA 分子引入超螺旋结构，使 DNA 缠绕、折叠，压缩以形成染色质。

⑤ DNA 连接酶：DNA 连接酶的作用是催化相邻的 DNA 片段以 3′，5′-磷酸二酯键相连接成一条完整的 DNA 长链。

（4）参与复制的其他蛋白因子

单链 DNA 结合蛋白（SSBP）：单链 DNA 结合蛋白能与打开后的 DNA 单链结合，使 DNA 单链稳定，不会再度螺旋化并且避免核酸内切酶对单链 DNA 的水解，保证了 DNA 单链作为模板时的伸展状态，SSBP 可以重复利用。另外，还有一些蛋白因子参与辨认 DNA 复制起始点和协助 DNA 解螺旋作用。

10.3.3.1 DNA 复制的起始

复制的起始涉及蛋白复合物对复制起始点的识别。原核生物以固定的起始点开始，同时向两个方向进行复制。在 DNA 合成之初，母链分开成双股，并短暂地保持单链状态，张开的模板形成 Y 形的复制叉结构，以作为 DNA 合成的模板。

复制起始点的识别需多种蛋白因子的参与，主要包括 DnaA 蛋白（起始蛋白），DnaB 蛋白（解螺旋酶）和 DnaC 蛋白。大肠杆菌的复制起始点 oriC 由 245 个碱基组成，包含左右两个串联序列。oriC 右侧是 4 个 9bp 的保守序列，提供了 DnaA 蛋白的起始结合位点；左侧是 3 个含 A-T 的 13bp 的串联重复序列（GATCTNTTNTTTT）。DnaA 蛋白与起始点结合后，继续使 20~40 个 DnaA 蛋白单体与 oriC 结合，形成一个由 DNA 序列包裹的中心核。接着 DnaA 作用于 oriC 左侧的 3 个串联重复序列，在 ATP 的存在下，DnaA 蛋白在这些位点溶解 DNA，形成开放复合物。所有 3 个重复的 13bp 的串联重复序列必须开放。才能开始下一个阶段的反应。然后 6 个 DnaC 蛋白单体和 1 个 DnaB 的六聚体，形成了一个半径大约 6nm 的球体，置换出 DnaA 蛋白，并与 13bp 的串联重复序列结合，形成引发前体复合物。DnaB 利用其解螺旋酶的活性，使解链区域延长。同时，DNA TopoⅡ促进复制叉的不断解链。双链解开后，SSB 结合到开放的单链上，起到稳定和保护单链模板的作用。

每一个 DnaB 蛋白激活一个 DnaG 引物酶，引物酶和解螺旋酶等起始复合物组成引发体（primosome）。引物酶从 5′→3′ 方向合成 RNA 引物，其 3′-羟基成为进一步合成 DNA 的起始点，被 DNA pol Ⅲβ 亚基识别。在 DNA pol Ⅲβ 的催化下，一个脱氧核苷酸被加到引物的 3′-羟基上，新 DNA 链的合成即已开始。

10.3.3.2 复制的延伸

在 DNA pol Ⅲβ 的催化下，DNA 新合成链自引物的 3′-羟基开始，沿 5′→3′ 方向逐个地加入脱氧核糖核苷酸，使 DNA 链得以延长。合成冈崎片段时，当 DNA 链延长到下一个引物前方时，在 RNA 酶或 DNA polⅠ 的作用下，切除引物，并继续延长 DNA 链，填补切除引物后形成的空隙，最后由 DNA 连接酶通过生成磷酸二酯键将两个片段连接起来，封闭缺口。

10.3.3.3 复制的终止

复制的终止与 DNA 分子的形状有关。环状 DNA 分子中两个复制叉会在一个特定部位相遇，一般需要特定的终止信号。大肠杆菌的 ter 位点包括一个 23bp 的短序列，可被 Tus 蛋白识别，并阻止复制叉的前进。对于线形 DNA，当复制叉到达分子末端时，复制即终止。

一般来说，DNA 链复制的终止不需要特定的信号。

10.3.4 真核生物体内存在端粒酶

由于真核生物染色体是线性 DNA，它的两端叫做端区（telomeres），端区是由重复的寡核苷酸序列构成的。由于所有生物 DNA 聚合酶都只能催化 DNA 从 $5' \rightarrow 3'$ 的方向合成，因此当复制叉到达线性染色体末端时，领头链可以连续合成到头，而由于后随链是以一种不连续的形式合成冈崎片段，所以不能完成线性染色体末端的复制，如果这个问题不解决，真核生物在细胞分裂时 DNA 复制将产生 $5'$ 端隐缩，使 DNA 缩短。近十多年的研究表明，真核生物体内都存在一种特殊的反转录酶叫做端粒酶（telomerase），它是由蛋白质和 RNA 两部分组成的，它以自身的 RNA 为模板，在后随链模板 DNA 的 $3'$-OH 端延长 DNA，再以这种延长的 DNA 为模板，继续合成后随链。由此可见端粒酶在保证染色体复制的完整性上有重要意义。

10.4 逆转录

以 RNA 为模板合成 DNA 的过程与通常转录过程中遗传信息流从 DNA 到 RNA 的方向相反，故称为逆转录（reverse transcription），也称反转录。催化此过程的 DNA 聚合酶称为逆转录酶（reverse transcriptase），也称依赖 RNA 的 DNA 聚合酶（RDDP），即以 RNA 为模板催化 DNA 链的合成。后来发现逆转录酶不仅普遍存在于 RNA 病毒中，小鼠及人的正常细胞和胚胎细胞中也有逆转录酶（图 10-18），推测可能与细胞分化和胚胎发育有关。

逆转录病毒的复制过程分两个阶段。第一阶段，病毒侵入宿主脑浆后，在逆转录酶的作用下，以 RNA 为模板合成负链 DNA，形成 RNA-DNA 杂合分子；然后正链 RNA 被逆转录酶的 RNA 酶 H 活性降解，以负链 DNA 为模板形成双链 DNA（即 DNA-DNA）；进入细胞核内，整合入宿主 DNA 中，成为前病毒。第二阶段，前病毒 DNA 转录出病毒 mRNA，翻译出病毒蛋白质；同样，前病毒 DNA 转录出病毒 RNA，在细胞质内装配，以出芽方式释放；被感染的细胞仍持续分裂，将前病毒传递至子代细胞。逆转录病毒的生活周期如图 10-19 所示。

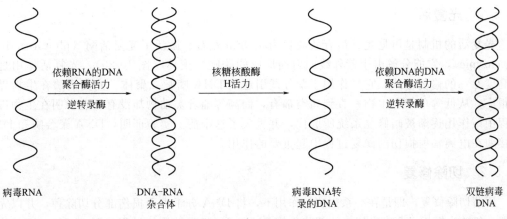

图 10-18　逆转录酶的作用

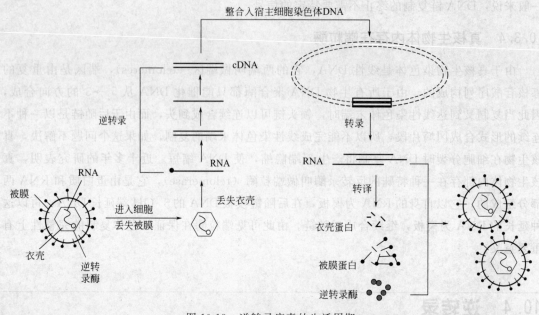

图 10-19　逆转录病毒的生活周期

10.5　DNA 的损伤修复

　　DNA 在复制过程中可能产生错配。DNA 重组、病毒基因的整合常常会局部破坏 DNA 的双螺旋结构；某些物理化学因子，如紫外线、电离辐射和化学诱变剂等，都能造成 DNA 结构与功能的破坏，从而引起生物突变。然而在一定条件下、生物机体能使其 DNA 的损伤得到修复，这种修复是生物在长期进化过程中获得的一种保护功能。造成 DNA 损伤的原因可能是生物因素、物理因素或是化学因素；可能来自细胞内部，也可能来自细胞外部；受到破坏的可能是 DNA 的碱基、糖或是磷酸二酯键。细胞对 DNA 损伤的修复系统有四种：光复活（photoreactivation）、切除修复（excision repair）、重组修复（recombination repair）和诱导修复（induction repair）。后 3 种机制不需要光照，因此又称为暗修复（dark repair）。

10.5.1　光复活

　　光复活的机制是可见光（最有效波长为 400nm 左右）激活了光复活酶（photoreactivating enzyme），它能分解由于紫外线照射而形成的嘧啶二聚体（图 10-20）。光复活作用是一种高度专一的修复方式。它只作用于紫外线引起的 DNA 嘧啶二聚体。光复活酶在生物界分布很广，从低等单细胞生物一直到鸟类都有，而高等哺乳类动物却没有。这说明在生物进化过程中该作用逐渐被暗修复系统所取代，并丢失了这个酶。实验证明，DNA 聚合酶和 DNA 连接酶在电离辐射损伤的修复过程中起重要的作用。

10.5.2　切除修复

　　所谓切除修复，即是在一系列酶的作用下，将 DNA 分子中受损伤部分切除掉，并以完整的那一条链为模板，合成出切去的部分，使 DNA 恢复正常结构的过程（图 10-21）。这是比较普遍的一种修复机制，它对多种损伤均能起修复作用。切除修复包括两个过程：一是由细胞内

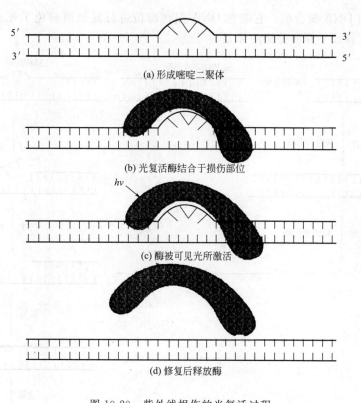

图 10-20　紫外线损伤的光复活过程

特异的酶找到 DNA 的损伤部位, 切除含有损伤结构的核酸链; 二是修复合成并连接。

10.5.3　重组修复

切除修复在切除损伤片段时是以原来正确的互补链为模板来合成新的片段, 但在某些情况下可能没有互补链可以直接利用, 或 DNA 分子的损伤面较大, 还来不及修复时, 可利用重组修复 (recombination repairing) 过程进行修复 (图 10-22)。重组修复不能完全去除损伤, 损伤的 DNA 仍然保留在亲代 DNA 链上, 只是重组修复后合成的 DNA 分子是不带有损伤的, 随着多次复制及重组修复, 损伤链所占比例越来越小, 不影响细胞的正常功能。

10.5.4　诱导修复

前面介绍的 DNA 损伤修复功能可以不经诱导而发生。然而许多能造成 DNA 损伤或抑制复制的处理均能引起一系列复杂的诱导效应, 称为应急反应 (SOS response)。SOS 反应包括诱导出现的 DNA 损伤修复效应、诱变效应、细胞分裂的抑制以及溶原性细菌释放噬菌体等。细胞的癌变也可能与 SOS 反应有关。

SOS 反应是细胞 DNA 受到损伤或复制系统受到抑制的紧急情况下, 为求得生存而出现的应急效应。SOS 反应诱导的修复系统包括避免差错的修复 (error free repair) 和倾向差错的修复 (error prone repair) 两类。光复活、切除修复和重组修复能够识别 DNA 的损伤或错配碱基而加以消除, 在它们的修复过程中并不引入错配碱基, 因此属于避免差错的修复。SOS 反应能诱导切除修复和重组修复中某些关键酶和蛋白质的产生, 使这些酶和蛋白质在细胞内的含量升高, 从而加强切除修复和重组修复的能力。此外, SOS 反应还能诱导产生缺乏校对功能的 DNA 聚合酶，它能在 DNA 损伤部位进行复制而避免了死亡，可是却带来了高变异率，这就属于倾向差错的修复。

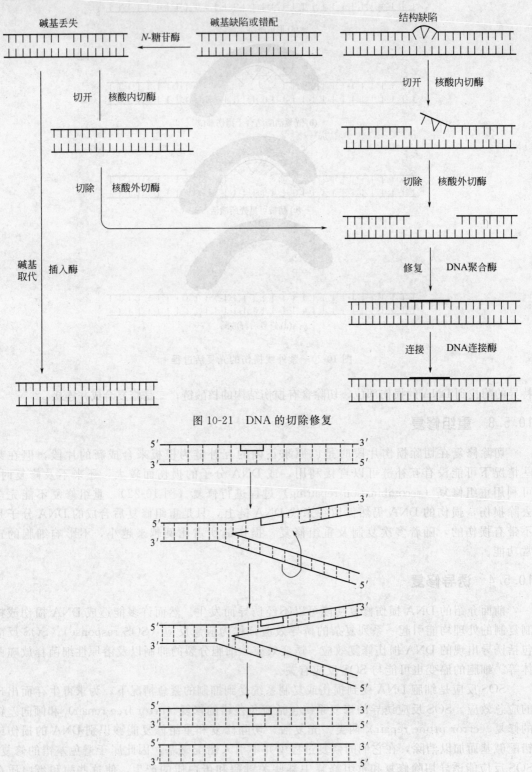

图 10-21　DNA 的切除修复

图 10-22　DNA 的重组修复

10. 6　RNA 的合成

转录是以 DNA 为模板合成 RNA 的过程，是中心法则的重要环节，也是体内 RNA 生物合成的主要途径。通过 RNA 生物合成，DNA 将携带的遗传信息传递给 RNA（遗传信息从细胞核内转送到细胞质内）。转录与复制的过程有一定的相似，又有一定的区别（表 10-1）。

表 10-1　转录与复制的区别

	复　制	转　录
模板	两股链	模板链
原料	dNTP	NTP
配对	A-T，G-C	A-U，T-A，G-C
聚合酶	DNA 聚合酶	RNA 聚合酶
产物	子代 DNA 链	三种 RNA(mRNA，tRNA，rRNA)

10. 6. 1　RNA 的转录过程

转录过程可分为起始、延伸和终止阶段。

10. 6. 1. 1　转录起始

转录是从 DNA 分子的特定部位开始的，这个部位称为启动子，RNA 聚合酶能识别这个部位并与之结合，使 DNA 双链解开约 17 个碱基对，随后，在起始点上，根据 DNA 模板链上核苷酸的序列，催化与模板相配对的两个相邻三磷酸核苷（NTP）形成磷酸二酯键连接，同时释放出焦磷酸，生成二核苷酸。原核启动子位于转录起始点（记为 +1）的上游区，含有 40~60bp。启动子结构包括三个部位：第一个称为开始识别部位（-35 区），这是 RNA 聚合酶的识别信号，位置在 -35bp 附近，具有 TTGACA 序列或类似序列，其中 TTG 高度保守，RNA 聚合酶依靠 σ 因子识别该部位；第二个称为牢固结合部位（-10 区），这是酶的紧密结合点，位于 -10bp 左右，是最保守序列，碱基顺序为 TATAAT，称为 TATA 盒或 Pribnow box，是 RNA 聚合酶牢固结合位点；第三个为转录的起始点；合成 RNA 的第一个核苷酸一般为 A 或 G。转录起始示意图如图 10-23 所示。

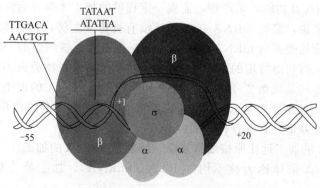

图 10-23　转录起始示意图

10.6.1.2 转录延伸

新生 RNA 达到一定长度（6~9 个核苷酸），σ 因子脱落，RNA 聚合酶核心酶变构，与模板结合松弛，基因转录进入 RNA 链的延长阶段。核心酶在模板上滑行，按照模板 DNA 提供的信息不断加入四种底物核苷三磷酸，使 RNA 链由 5′→3′ 方向延长（图 10-24）。随着核心酶在模板 DNA 上滑行，使模板 DNA 不断解旋，而原来部位又重新形成完整的双螺旋。

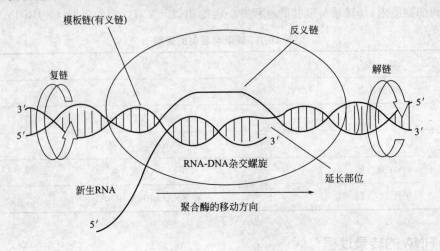

图 10-24　RNA 链的延长

10.6.1.3 转录终止

在 DNA 分子上（基因末端）有终止转录的特殊碱基顺序称为终止子（terminator），它具有使 RNA 聚合酶停止合成 RNA 链和释放 RNA 链的作用。这些终止信号有的能被 RNA 聚合酶自身识别，而有的则需要有 ρ 因子的帮助。ρ 因子能与 RNA 聚合酶结合，但它不是酶的组分。它的作用是阻止 RNA 聚合酶向前移动，于是转录终止，并释放出已转录完成的 RNA 链。对于不依赖于 ρ 因子的终止子序列的分析，发现有两个明显的特征，即在 DNA 上有一个 15~20 个核苷酸的回文结构，富含 G-C，位于 RNA 链结束之前，新合成的 RNA 链易形成发夹结构，阻碍 RNA 聚合酶的移动。接着有一串大约 6 个 A 的碱基序列，它们转录的 RNA 链的末端为一连串的 U。寡聚 U 可能提供信号使 RNA 聚合酶脱离模板。这类不依赖于 ρ 因子的终止子也被称为强终止子。两类终止子的回文结构如图 10-25 所示。

10.6.2　RNA 转录后加工

转录生成的 RNA 是初级转录产物，需要一定程度的加工才具有活性。

对于原核细胞来说，多数 mRNA 在 3′ 端还没有被转录之前，核糖体就已经结合到 5′ 端开始翻译，所以，原核细胞的 mRNA 很少经历加工过程。原核细胞的 rRNA 必须经历剪切和修饰的加工过程。剪切由特定的 RNA 酶催化，将初级转录产物剪成 16S、23S 和 5S 三个片段。修饰的主要形式是核糖 2′-羟基的甲基化。原核细胞 tRNA 的加工方式也是剪切和修饰。参与 tRNA 剪切的主要酶是 RNA 酶，其主要作用是切除多余的核苷酸序列。tRNA 的修饰作用主要是碱基修饰，有近百种方式。

真核细胞 RNA 的加工远比原核细胞复杂，特别是 mRNA 的加工。

真核细胞 mRNA 前体称为核不均一 RNA（hnRNA），加工修饰包括加帽、加尾和剪接。

① 加帽：在 mRNA 的 5′ 端有 m7GpppG 结构。即对 hnRNA 进行加帽后形成。

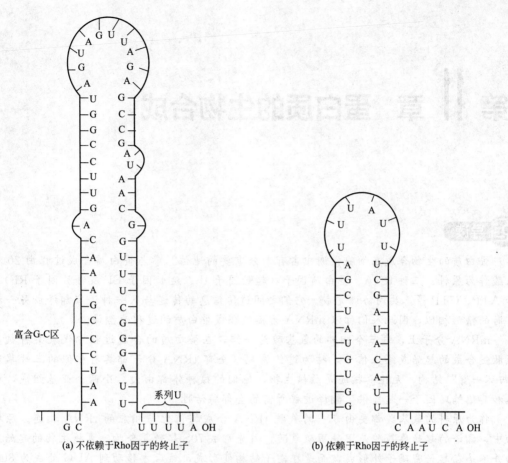

(a) 不依赖于Rho因子的终止子　　　　(b) 依赖于Rho因子的终止子

图 10-25　两类终止子的回文结构

　　② 加尾：由核酸外切酶切去 3′端一些过剩的核苷酸，然后再加入多聚腺苷酸（poly A）尾巴。

　　③ 剪接：切除内合子，将外显子相互连接。

　　tRNA 的转录后加工主要是剪接（去除内含子）、甲基化（生成甲基嘌呤）、3′-末端加上—CCA—OH 等。

　　rRNA 的转录后加工主要是剪接成为 5.8S、18S、28S 3 种 rRNA。

第 11 章 蛋白质的生物合成

导读

　　蛋白质的生物合成在细胞代谢中占有十分重要的地位。参与蛋白质合成过程由 20 种氨基酸作为原料、三种 RNA、蛋白质因子（起始因子 IF、延长因子 EF 及释放因子 RF）、酶和 ATP、GTP 等，共同协调完成。它们之间遗传信息的传递与从一种语言翻译成另一种语言时的情形相似，因此人们称以 mRNA 为模板合成蛋白质的过程为翻译。

　　mRNA 分子上，每三个相邻的氨基酸为一组，在蛋白质的合成过程中代表某种氨基酸或肽链合成的起始或终止信号，称为遗传密码。全部 tRNA 分子都具有相似的三叶草形和"四环一臂"结构。无论真核还是原核生物，他们的核糖体都由大、小两个亚基组成，核糖体和其他辅助因子一起提供了翻译过程所需的全部酶活性。

　　作为原料的氨基酸都要由专一的氨酰-tRNA 合成酶催化与相应的 tRNA 相连。原核生物中，翻译的起始氨基酸是甲酰甲硫氨酸，首先形成 70S 起始复合物。真核生物的起始复合物并不是在起始密码子处形成，而是在帽子结构处形成，然后才移动到 AUG 处成为 80S 起始复合物。延伸过程则包括进位、转肽、移位以及引进氨酰-tRNA 时相关因子的循环等十分复杂的步骤。翻译的终止和肽链的释放是在核糖体、终止密码和释放因子共同作用下完成的。

　　新生成的肽链必须进行翻译后加工才能成为有活性的蛋白质。这个过程主要包括分子伴侣协助下的正确折叠和各种化学修饰过程。翻译后的蛋白质还必须通过转运到达细胞的不通部位，发挥各自的生物学功能。

11.1　参与蛋白质生物合成的物质

11.1.1　mRNA 与遗传密码

11.1.1.1　mRNA

　　1956—1961 年期间，由 Jacob 等人领导的四个不同的实验室，通过用 T4 噬菌体感染大肠杆菌，发现了真正的模板。T4 噬菌体感染后，宿主细胞 *E.coli* 的 RNA 合成停止，转录出的 RNA 仅来源于 T4 噬菌体的 DNA，T4 RNA 的碱基组成不仅与 T4 DNA 非常相似，而且能与 tRNA 和 *E.coli* 核糖体结合。因为 T4 RNA 携带 T4 DNA 的遗传信息，并在核糖体上指导合成蛋白质，所以称为信使 RNA。图 11-1 是成熟卵清蛋白 mRNA 的结构。

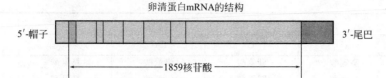

图 11-1　成熟卵清蛋白 mRNA 的结构

许多真核细胞的 mRNA 已经被纯化，某些 mRNA 的序列也被测定。所有的 mRNA 都含有合成一种多肽链的信息。它们具有一些共同的结构特征，以成熟卵清蛋白的 mRNA 为例，在 5′端有一个"帽子"，3′端含多聚腺苷酸（poly A）序列，在 5′端非翻译序列（64 个碱基）和 3′端非翻译序列（637 个碱基）之间是翻译区或编码区（1158 个碱基）。

mRNA 的 5′端含有 7-甲基鸟苷三磷酸帽子，其通式为 m7GpppNm，其中 N 代表 mR-NA 分子原有的第一个碱基，m7G 是转录后加上去的，即鸟嘌呤第 7 位氮（N_7）被甲基化。不同真核生物的 mRNA 其 5′端帽也不同。5′端帽子可分为三种类型：O 型为 m7GpppN；Ⅰ型为 m7-GpppN1mp，即转录出的 mRNA 的第一位碱基也被甲基化（C_2 甲基化）；Ⅱ型为 m7GpppN1mpN2mp，即 mRNA 的第一个碱基和第二个碱基均被甲基化。5′帽结构中 m7Gppp 与下一个核苷酸以 5′与 5′的方式连接，这和一般的多核苷酸中的 5′与 3′的连接方式不同。这种特殊的连接方式称为相对核苷酸结构（confronted nucleotide structure）。

5′帽子的功能至少有两种。一是对翻译起识别作用。实验表明，含有 5′帽子结构，翻译活性会下降。但无帽结构的脊髓灰质炎病毒在无细胞系统中也能有效翻译。一般认为，当起始密码子 AUG 离 5′端很远，或者核糖体与 mRNA 亲和力很强时，帽结构则不太重要。另一个功能是稳定 mRNA 的作用。mRNA 的帽结构可保护 mRNA 5′端避免外切酶的攻击。在体外无细胞翻译系统中证明，有帽的逆转录病毒 mRNA 较无帽的逆转录病毒 mRNA 更稳定。帽结构的 G 不甲基化时，翻译效果减弱，但稳定性不变。

大多数真核生物 mRNA 的 3′端都有 50～200 个腺苷酸残基，构成 poly A 尾结构。poly A 也是转录后 mRNA 还未离开胞核时（此时称 hnRNA）就加上去的。但有些真核细胞 mRNA，如组蛋白 mRNA，呼肠弧病毒及一些植物病毒 mRNA 上没有 poly A。原核细胞的 mRNA 没有加帽或加尾修饰。poly A 尾结构的生物学功能还不太清楚，初步认为与 hnRNA 从核内移出和抵抗外切核酸酶从 3′端降解 mRNA 有关。

11.1.1.2　遗传密码

mRNA 中蕴藏遗传信息的碱基顺序称为遗传密码。mRNA 中每相邻的三个核苷酸，这个三联体称为一个密码子。mRNA 分子中所含有的密码子信息的区域成为开放阅读框。它的 5′端为起始密码子，3′端为终止密码子。密码表（表 11-1）中左边是密码子 5′端的第一位碱基，中间是密码子的第二位碱基，右边是密码子的第三位碱基。例如苯丙氨酸的密码子是 UUU 或 UUC。该表中所列的 64 个密码子编码 18 种氨基酸和 2 种酰胺。其他的氨基酸，例如羟脯氨酸、胱氨酸等则都是在肽链合成后再加工形成的。

表 11-1　遗传密码表

第一个核苷酸	第二个核苷酸				第三个核苷酸
	U	C	A	G	
U	苯丙氨酸	丝氨酸	酪氨酸	半胱氨酸	U
	苯丙氨酸	丝氨酸	酪氨酸	半胱氨酸	C
	亮氨酸	丝氨酸	终止密码	终止密码	A
	亮氨酸	丝氨酸	终止密码	色氨酸	G

第一个核苷酸	第二个核苷酸				第三个核苷酸
	U	C	A	G	
C	亮氨酸	脯氨酸	组氨酸	精氨酸	U
	亮氨酸	脯氨酸	组氨酸	精氨酸	C
	亮氨酸	脯氨酸	谷氨酰胺	精氨酸	A
	亮氨酸	脯氨酸	谷氨酰胺	精氨酸	G
A	异亮氨酸	苏氨酸	天冬酰胺	丝氨酸	U
	异亮氨酸	苏氨酸	天冬酰胺	丝氨酸	C
	异亮氨酸	苏氨酸	赖氨酸	精氨酸	A
	甲硫氨酸	苏氨酸	赖氨酸	精氨酸	G
G	缬氨酸	丙氨酸	天冬氨酸	甘氨酸	U
	缬氨酸	丙氨酸	天冬氨酸	甘氨酸	C
	缬氨酸	丙氨酸	谷氨酸	甘氨酸	A
	缬氨酸	丙氨酸	谷氨酸	甘氨酸	G

遗传密码子基本特点如下。

① 每个密码子三联体决定一种氨基酸。

② 两种密码子之间无任何核苷酸或其他成分加以分离,即密码子无逗号。

③ 密码子具有方向性,例如 AUC 是 lle 的密码子,A 为 5′端碱基,C 为 3′端碱基。因此密码也具有方向性,即 mRNA 从 5′到 3′的核苷酸排列顺序就决定了多肽链从 N-端到 C-端的氨基酸排列顺序。

④ 密码子具有简并性,一种氨基酸有几个密码子,或者几个密码子代表一种氨基酸的现象称为密码子的简并性。除了 Met 和 Trp 只有一个密码子外,其他氨基酸均有两个以上密码子,例如 Arg 有 6 个密码子。

⑤ 共有 64 个密码子,其中 AUG 不仅是 Met 或者 fMet(原核细胞)的密码子,也是肽链合成的起始信号,故称 AUG 为起始密码子。UAA、UAG 和 UGA 为终止密码子,不代表任何氨基酸,也称为无意义密码子。

⑥ 密码子有通用性,即不论是病毒、原核生物还是真核生物密码子的含义都是相同的。

但真核细胞线粒体 mRNA 中的密码子与胞浆中 mRNA 的密码子有以下三点不同:一是线粒体中 UGA 不代表终止密码子,而是编码 Trp;二是肽链内的 Met 由 AUG 和 AUA 两个密码子编码,起始部位的 Met 由 AUG、AUA、AUU 和 AGG 编码;三是 AGA 和 AGG 不是 Arg 的密码子,而是终止密码子,即 UAA、UAG、AGA 和 AGG 均为终止密码子。

密码子结构与氨基酸侧链极性之间有如下关系。

① 氨基酸侧链极性性质在多数情况下由密码子的第二个碱基决定。第二个碱基为嘧啶时,氨基酸侧链为非极性,第二个碱基为嘌呤时,氨基酸侧链有极性。

② 当第一个碱基为 U 或者 A,第二个碱基为 C,第三个碱基无特异性时,所决定的氨基酸侧链为极性不带电。

③ 当第一个碱基不是 U,第二个碱基是 G 时,氨基酸侧链则带电。在此前提下,若第一个是 C 或者 A 时,表示带正电的氨基酸;第一、第二个碱基分别是 G、A 时,此种氨基酸带负电。但上述关系也有个别例外。

11. 1. 1. 3 密码与反密码子的相互识别

人们一度认为在 tRNA 上的反密码子只能识别一种密码子。后来发现的两个事实不能用这种理论解释。一是纯化的 tRNA Ala(随后也证明了其他 tRNA)可识别几种不同的密码子，二是某些反密码子中含有稀有核苷酸-次黄嘌呤核苷酸并不按标准配对，但与密码子中的三种碱基形成氢键。对于一种 tRNA 能识别几种密码子的现象，Crick（1966 年）提出了所谓"摆动假说"，他认为碱基间除标准配对外，还可以有非标准的配对，即密码的第一、第二碱基是必须严格按标准配对而第三个碱基则不然，它的配对不必如此严格，可以有一定程度的摆动灵活性，但也不是可以任意组合，只限于表 11-2 中所列举的配对。

表 11-2　密码子与反密码子的配对

密码子 5′端碱基	反密码子中与之配对的 3′端碱基
G	C、U
C	G
A	U
U	A、G
I	C、A、U

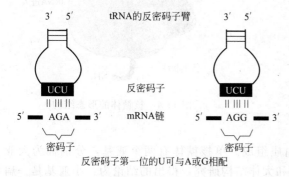

tRNA的反密码子臂

反密码子

mRNA链

密码子

反密码子第一位的U可与A或G相配

图 11-2　密码子与反密码子的配对关系

如图 11-2 所示，反密码子 5′端的 G 可以与密码子 3′端的 C 或 U 配对；但反密码子 5′端的 C 或 A 却必须严格地按标准配对，不得摆动。一般说来，摆动假说是正确的，但有一个例外，tRNA Gly 的反密码子 3′CCA 5′可识别 Gly 密码子 5′GGC 3′。摆动规则所允许的碱基间配对，必须满足核糖-核糖间距接近于标准碱基间距（G-C 间为 1.08nm，A-U 间为 1.1nm）。嘌呤间或嘧啶间的配对全导致核糖-核糖间距过大或过小。摆动规则并不允许任何一种 tRNA 去识别四种以上不同的密码子。事实上只有当 I 占据反密码子第一位（5′端）时，该反密码子才能识别三种密码子，例如三种 tRNASer（tRNASer，tRNASer，tRNASer）能识别 Ser 的六种密码子（UCU、UCC、UCA、UCG、AGU 和 AGC）。从 80 年代中期所建立的 tRNA 三维结构表明，反密码子的第一位碱基在摆的一端，它的移动受限性比其他两个碱基要小。相反，反密码子的第三位碱基不仅处在摆的中间，而且其 3′端毗邻碱基部是烷基化修饰的嘌呤，这样该碱基的移动性严格受限。因此，反密码子的 5′端碱基在与密码子 3′端碱基配对时，可产生一定范围的摆动。

11.1.2　rRNA 与核糖体

11.1.2.1　rRNA

核糖体 RNA（rRNA）是细胞内含量最丰富的 RNA。在大肠杆菌中占 RNA 总量的 82%，在哺乳动物肝细胞中占 RNA 总量的 50%。rRNA 在核糖体的结构和功能上都起重要作用。

原核细胞中，16S rRNA 在识别 mRNA 上多肽合成起始位点中起重要作用。不同来源的 16S rRNA 具有相似的二级结构，大肠杆菌 16S rRNA 的二级结构模型如图 11-3 所示。它分为 4 个功能域，分别是 5′端区域、中心区域、3′端大区域和 3′端小区域。3′端小区域中存在一段序列 ACCUCCU，它能与原核 mRNA 翻译起始区中富含嘌呤的序列互补结合，在翻译中起作用。真核生物的 18S rRNA 之间保守性较强，与原核生物的 16S rRNA 比较，序列同源性较差，但是它们都有相似的二级结构。

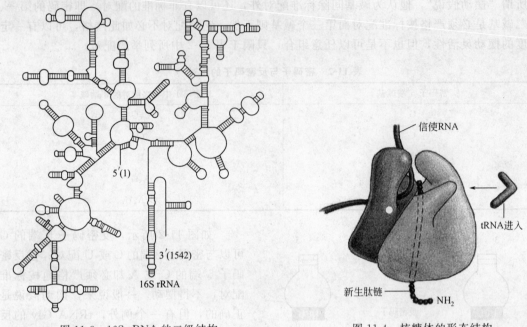

图 11-3　16S rRNA 的二级结构　　　　图 11-4　核糖体的形态结构

11.1.2.2　核糖体

　　核糖体也称核蛋白体，由 rRNA 和蛋白质组成。单核糖体有两个亚基，分别称为大亚基和小亚基。采用不同的方法对核糖体形状和大体结构研究，得出的结论为：小亚基是一扁平不对称颗粒，由头和体组成，分别占小亚基的 1/3 和 2/3。在头和体之间的部分是茎，并有 1～2 个突起称为叶或平台。大亚基呈半对称性皇冠状和对称性肾状。大亚基由半球形主体和三个大小与球状不同的突起组成。中间的突起称为"鼻"，呈杆状；两侧的突起分别称为"柄"和"脊"。柄含两种蛋白质 L7/L12，向颗粒外伸出 8～12nm。脊含蛋白质 L1，故脊又称为 L1 肩。电镜下的 70S 核糖体大体是圆形颗粒，直径约 23nm。小亚基斜（45°）卧在 50S 亚基的 L1 肩和中心突之间（图 11-4）。

　　原核细胞和真核细胞中核糖体的组成见表 11-3。

表 11-3　原核细胞和真核细胞的核糖体组成

项　目	原核细胞		真核细胞	
	沉降常数	近似相对分子质量	沉降常数	近似相对分子质量
核蛋白体	70S	2.7×10^6	80S	4.6×10^6
小亚基	70S	0.9×10^6	40S	1.5×10^6
rRNA	16S	0.6×10^6	18S	0.7×10^6
蛋白质	21 种	0.3×10^6	约 30 种	0.78×10^6
大亚基	50S	2.0×10^6	60S	3.0×10^6
rRNA	23S	1.2×10^6	28S	1.7×10^6
			5.8S	4.0×10^6

续表

项　目	原核细胞		真核细胞	
	沉降常数	近似相对分子质量	沉降常数	近似相对分子质量
	5S	3.2×10^6	5S	3.2×10^6
蛋白质	34 种	0.7×10^6	约 50 种	1.37×10^6

11.1.2.3　核糖体的组成

哺乳动物细胞前体 rRNA（pre-rRNA）链长 45S（1300 个核苷酸）。不同哺乳动物细胞来源的 rRNA 链长有种间差异，大鼠肝 28S rRNA 和 18S rRNA 链长分别为 4718 个和 1874 个核苷酸。5.8S rRNA 含 156 个核苷酸，正好与原核细胞的 23S rRNA 5′端的 156 个核苷酸序列组成相当。酵母细胞的 25S 和 17S rRNA 分别相当于哺乳动物细胞的 28S 和 18S rRNA。5S rRNA 为真核和原核细胞共有，含 120 个核苷酸。原核细胞的 16S rRNA 和 23S rRNA 分别含 1542 和 2904 个核苷酸。

所有的 rRNA 均有其基本的特点：①rRNA 是单链 RNA；②G-C 碱基对与 A-U 碱基对的总量不等；③单股 rRNA 链可自行折叠，形成螺旋区和环区，所有螺旋区的碱基都是保守的；④所有来源的 rRNA 均能形成 4 个结构域，每个结构域均含许多茎和环，它们通过无距离碱基对的相互反应彼此靠近；⑤绝大多数的 rRNA 碱基的特异功能尚不清楚。

与 rRNA 或核糖体亚基结合的蛋白质有两类。一类与 rRNA 或核糖体亚基紧密连接，需要高浓度盐和强解离剂（如 4mol/L 尿素）才能将其分离，这类蛋白质称为"真"核糖体蛋白质或简称为核糖体蛋白质。如大肠杆菌 30S 亚基上的 21 种蛋白质及 50S 亚基上的 34 种蛋白质即属此类。另一类蛋白质则为与有功能的核糖体亚基疏松缔合，能被 0.5mol/L 单价阳离子从亚基上洗脱，并对核糖体循环发挥调节作用的蛋白质，如起始因子等，称为核糖体相关蛋白质。核糖体相关蛋白质不是构成核糖体的固有成分。

11.1.3　tRNA 和氨基酸的活化

翻译过程中，tRNA 与 mRNA 的密码子结合时，必须先与相应的氨基酸结合形成氨酰-tRNA（图 11-5）。促进这一反应的酶是氨酰-tRNA 合成酶（图 11-6）。图 11-6(a) 代表大肠杆菌的谷氨酰-tRNA 合成酶，属于Ⅰ型氨酰-tRNA 合成酶。图 11-6(b)代表酵母菌的天冬氨酰-tRNA 合成酶，属于Ⅱ型氨酰-tRNA 合成酶。这种结合有两方面的意义：①氨基酸与 tRNA 分子的结合使得氨基酸本身被活化，有利于下一步的肽键形成反应；②tRNA 可以携带氨基酸到 mRNA 的指定部位，使得氨基酸能够被掺入到多肽链合适的位置。

氨酰-tRNA 合成酶参与的合成反应分两步进行，如图 11-7 所示。

第一步：氨酰-tRNA 合成酶识别它所催化的氨基酸以及另一底物 ATP，在氨酰-tRNA 合成酶的催化下，氨基酸的羧基与 ATP 上的磷酸基形成一个酯键，同时释放出一分子 PPi，反应式为：

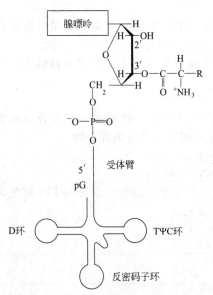

图 11-5　氨酰-tRNA 的一般结构式

$$氨基酸 + ATP \longrightarrow 氨酰-AMP + PPi$$

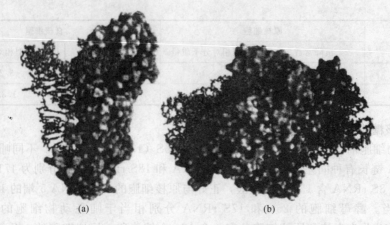

(a)   (b)

图 11-6　tRNA 与氨酰-tRNA 合成酶结合的三维结构模型

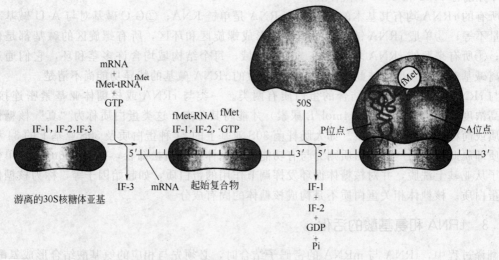

图 11-7　原核生物翻译起始复合物的形成

这个反应的平衡常数大约为 1，以至于 ATP 分子中磷酸键断裂所具备的能量继续保存到氨酰-AMP 分子中。此时，氨酰-AMP 仍然紧密地与酶分子结合。

第二步：通过形成酯键，氨酰-tRNA 合成酶将氨基酸连接到 tRNA 3′端的核糖上，反应式为：

$$氨酰\text{-}AMP + tRNA \longrightarrow 氨酰\text{-}tRNA + AMP$$

不同的氨酰-tRNA 合成酶在识别 tRNA 的部位上有所不同。一些氨酰-tRNA 合成酶能够形成 2′号位的酯，有的能够形成 3′号位的酯，有的还可能形成二者的混合物。

以上两个氨酰-tRNA 合成酶催化的反应可总结为下式：

$$氨基酸 + ATP + tRNA \longrightarrow 氨酰\text{-}tRNA + AMP + PPi$$

该总反应式的平衡常数接近于 1，自由能降低极少，反应是可逆的。但随着 PPi 被焦磷酸酶水解成两个自由磷酸分子，上述反应就趋向于完全反应。

11.2　蛋白质的合成过程

mRNA 上信息的阅读（翻译）是从 mRNA 的 5′端向 3′端进行的。翻译过程从阅读框的

5′-AUG 开始，按 mRNA 模板三联体密码子的顺序延伸肽链，直至终止密码子出现。终止密码子前一位三联体，翻译出肽链 C-端氨基酸。翻译过程也可分为起始、延伸和终止三个阶段。此外，蛋白质合成后，还需要加工和修饰。

在肽链合成之前，氨基酸必须先经过活化，然后再与其特异的 tRNA 结合，带到 mRNA 相应的位置上，这个过程靠氨酰 tRNA 合成酶催化。此酶能够催化特定的氨基酸与特异的 tRNA 相结合，生成各种氨酰 tRNA。每种氨基酸都靠其特有合成酶催化，使之和相对应的 tRNA 结合，在氨酰 tRNA 合成酶催化下，利用 ATP 供能，在氨基酸羧基上进行活化，形成氨酰 AMP，再与氨酰 tRNA 合成酶结合形成三联复合物，此复合物再与特异的 tRNA 作用，将氨酰转移到 tRNA 的氨基酸臂（即 3′末端 CCA—OH）上。原核细胞中起始氨基酸活化后，还要甲酰化，形成甲酰蛋氨酸 tRNA，由 N^{10}-甲酰四氢叶酸提供甲酰基。

运载同一种氨基酸的一组不同 tRNA 称为同功 tRNA。一组同功 tRNA 由同一种氨酰 tRNA 合成酶催化。氨酰 tRNA 合成酶对 tRNA 和氨基酸二者具有专一性，它对氨基酸的识别特异性很高，而对 tRNA 识别的特异性较低。

那么，氨酰 tRNA 合成酶是如何选择正确的氨基酸和 tRNA 呢？按照一般原理，酶和底物的正确结合是由二者相嵌的几何形状所决定的，只有适合的氨基酸和适合的 tRNA 进入合成酶的相应位点，才能合成正确的氨酰 tRNA。现在已经知道合成酶与 L 形 tRNA 的内侧面结合，结合点包括接近臂，DHU 臂和反密码子臂 D 柄、反密码子和可变环与酶反应。

11.2.1 肽链合成的起始

核蛋白体大小亚基，mRNA、起始 tRNA 和起始因子共同参与肽链合成的起始。

原核生物翻译起始复合物的形成过程如下。

① 核糖体 30S 小亚基附着于 mRNA 起始信号部位：原核生物中每一个 mRNA 都具有其核糖体结合位点，它是位于 AUG 上游 8～13 个核苷酸处的一个段片段叫做 SD 序列。这段序列正好与 30S 小亚基中的 16S rRNA 3′端一部分序列互补，因此 SD 序列也叫做核糖体结合序列，这种互补就意味着核糖体能选择 mRNA 上 AUG 的正确位置来起始肽链的合成，该结合反应由起始因子 3（IF-3）介导，另外 IF-1 促进 IF-3 与小亚基的结合，故先形成 IF3-30S 亚基-mRNA 三元复合物。

② 30S 前起始复合物的形成：在 IF-2 作用下，甲酰蛋氨酰起始 tRNA 与 mRNA 分子中的 AUG 相结合，即密码子与反密码子配对，同时 IF-3 从三元复合物中脱落，形成 30S 前起始复合物，即 IF2-3S 亚基-mRNA-fMet-tRNA 复合物，此步需要 GTP 和 Mg^{2+} 参与。

③ 70S 起始复合物的形成：50S 亚基与上述的 30S 前起始复合物结合，同时 IF-2 脱落，形成 70S 起始复合物，即 30S 亚基-mRNA-50S 亚基-mRNA-fMet-tRNA^{fMet} 复合物。此时 fMet-tRNA^{fMet} 占据着 50S 亚基的肽酰位。而 A 位则空着有待于对应 mRNA 中第二个密码的相应氨基酰 tRNA 进入，从而进入延长阶段。

真核细胞蛋白质合成起始复合物（图 11-8）的形成中需要更多的起始因子参与，因此起始过程也更复杂。

① 需要更多的蛋白质因子参与，并且不需要 N 端甲酰化。已发现的真核起始因子有近 10 种（eukaryote initiation factor，eIF）。

② 真核生物并不具有能在一个多顺反子 mRNA 上独立起始的 SD 序列，但它具有一个更高明的机理（扫描机理）。核糖体的 40S 亚基与一个单顺反子 mRNA 的 5′端结合并沿着 mRNA 扫描，直到遇到一个合适的起始 AUG 密码。这时核糖体的 60S 亚基就恶意与之结

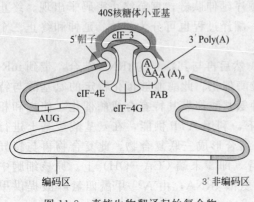

图 11-8　真核生物翻译起始复合物

合。与原核生物相比，真核生物起始 tRNA 在与 mRNA 结合之前是与核糖体的小亚基结合的，另外，真核生物不具有能在内部自我起始的多顺反子 mRNA。

③ ATP 水解为 ADP 供给 mRNA 结合所需要的能量。真核细胞起始复合物的形成过程是：eIF-3 使得 40S 小亚基与大亚基分开，而且也是通过 GTP 的水解使大、小亚基结合，然而其间的反应则有所不同。fMet-tRNA^{fMet}首先与小亚基结合，同时与 eIF-2 及 GTP 形成四元复合物，形成的复合物在多个因子的帮助下开始与 mRNA 的 5′端结合。其中一个因子 eIF-4 含有一个亚基，能够特异性的结合在 mRNA 的帽子结构上。结合上 mRNA 后，核糖体小亚基就开始向 3′端移动至第一个 AUG。表 11-4 描述的是原核、真核生物各种起始因子的生物功能的比较。

表 11-4　原核、真核生物各种起始因子的生物功能

项　　目	起始因子	生物功能
原核生物	IF-1	占据 A 位点防止结合其他 tRNA
	IF-2	促进起始 tRNA 与小亚基结合
	IF-3	促进大、小亚基分离，提高 P 位点对结合起始 tRNA 的敏感性
真核生物	eIF-2	促进起始 tRNA 与小亚基结合
	eIF-2B,eIF-3	最先结合小亚基，促进大、小亚基分离
	eIF-4A	eIF-4A 复合物成分，有解旋酶活性，促进 mRNA 结合小亚基
	eIF-4B	结合 mRNA，促进 mRNA 扫描定位起始 AUG
	eIF-4E	eIF-4F 复合物成分，结合 mRNA 5′帽子
	eIF-4G	eIF-4F 复合物成分，结合 eIF-4E 和 PAB
	eIF-5	促进各种起始因子从小亚基解离，进而结合大亚基
	eIF-6	促进核糖体分离成大、小亚基

注：前缀"e"表示其为真核因子。

11.2.2　肽链合成的延伸

肽链合成的延伸是指当起始过程结束后，根据 mRNA 密码序列的指导，依次添加氨基酸从 N-端向 C-端延伸肽链，直到合成终止的过程。在多肽链上每增加一个氨基酸都需要经过进位，转肽和移位三个步骤。这 3 个延伸反应在原核与真核生物中相似，其中两个需要非核糖体蛋白的延伸因子（elongation factor，EF）的参与，见表 11-5。

表 11-5　肽链合成的延伸因子

原核生物延伸因子	生物功能	对应真核生物延伸因子
EF-Tu	促进氨酰-tRNA 进入 A 位点，结合分解 GTP	EF-1-α
EF-Ts	调节亚基	EF-1-$\beta\gamma$
EF-G	有转位酶活性，促进 mRNA-肽酰-tRNA 由 A 位点前移到 P 位点，促进 tRNA 的释放	EF-2

11.2.2.1 原核生物肽链合成的延伸

（1）进位。氨酰 tRNA 结合到核蛋白体的 A 位，称为进位。如图 11-9 所示。氨酰 tRNA 进位前需要有三种延长因子的作用，即，热不稳定的 EF-Tu，热稳定的 EF-Ts 以及依赖 GTP 的转位因子 EF-G。EF-Tu 首先与 GTP 结合，然后再与氨酰 tRNA 结合成三元复合物，这样的三元复合物才能进入 A 位。此时 GTP 水解成 GDP，EF-Tu 和 GDP 与结合在 A 位上的氨酰 tRNA 分离。

（2）转肽。如图 11-10 所示。在 70S 起始复合物形成过程中，核糖核蛋白体的 P 位上已结合了起始型甲酰蛋氨酸 tRNA，进位后，P 位和 A 位上各结合了一个氨酰 tRNA，两个氨基酸之间在核糖体转肽酶作用下，P 位上的氨基酸提供 α-COOH，与 A 位上氨基酸的 α-CNH$_2$ 形成肽键，从而使 P 位上的氨基酸连接到 A 位氨基酸的氨基上，这就是转肽。转肽后，在 A 位上形成了一个二肽酰 tRNA。

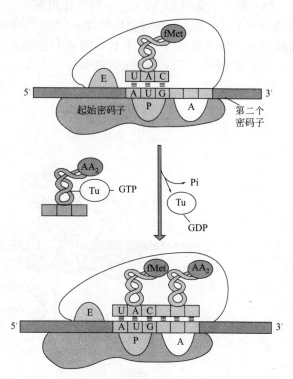

图 11-9 原核生物肽链延伸的第一步反应（进位）

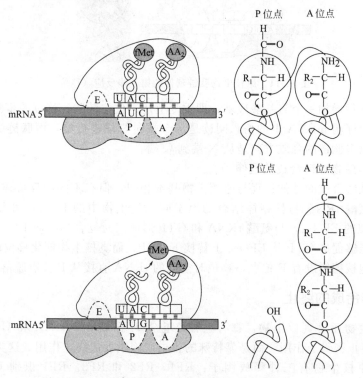

图 11-10 原核生物肽链延伸的第二步反应（转肽）

（3）移位。如图 11-11 所示。转肽作用发生后，氨基酸都位于 A 位，P 位上无负荷氨基酸的 tRNA 就此脱落，核蛋白体沿着 mRNA 向 3′端方向移动一组密码子，使得原来结合二肽酰 tRNA 的 A 位转变成了 P 位，而 A 位空出，可以接受下一个新的氨酰 tRNA 进入，移位过程需要 EF-2，GTP 和 Mg^{2+} 的参与。

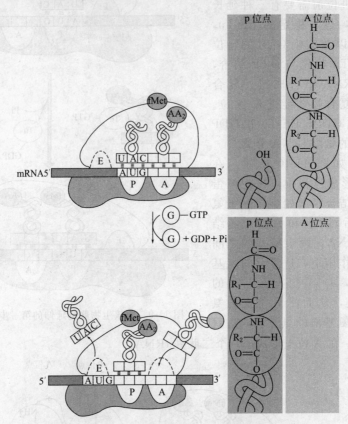

图 11-11　原核生物肽链延伸的第三步反应（移位）

（4）肽链上每增加一个氨基酸残基，即重复上述进位，转肽，移位的步骤，直至所需的肽链长度。实验证明 mRNA 上的信息阅读是从 5′端向 3′端进行的，而肽链的延伸是从氨端到羧基端。所以多肽链的合成方向是从 N-端到 C-端。

11.2.2.2　真核生物肽链合成的延伸

真核生物肽链合成的延伸过程与原核生物基本相似，但有不同的反应体系和延伸因子。真核生物催化氨酰 tRNA 与核糖体结合的因子同原核生物中的 EF-Tu 和 EF-Ts 相似。与 EF-Tu 结构相似的 EF-1-α，与氨酰 tRNA 和 GTP 形成三元复合物；而 EF-1-$\beta\gamma$ 则在功能上对应 EF-Ts，能够促进 GTP 从 EF-1-α 上替换下 GDP。而真核生物催化移位的因子为 EF-2。另外，真核细胞核糖体没有 E 位点，移位时空载的 tRNA 直接从 P 位点脱落。

11.2.3　肽链合成的终止

无论原核生物还是真核生物，都有三种终止密码子 UAG，UAA 和 UGA。没有一个 tRNA 能够与终止密码子作用，而是靠特殊的蛋白质因子促成终止作用。这类蛋白质因子叫做释放因子。原核生物有三种释放因子：RF1，RF2 和 RF3。RF1 识别 UAA 和 UAG，RF2 识别 UAA 和 UGA，RF3 的作用还不明确。而真核生物中只有一种释放因子 eRF，它能够识别三种终止密码子。

11.2.3.1 原核生物肽链合成的终止

在大肠杆菌中，当终止密码子进入核糖体上的 A 位点后，它们就被释放因子识别。释放因子识别在 A 位点上的终止密码子后，将改变在大亚基上的肽酰转移酶的专一性，使其能结合水用于亲核进攻，而不是识别通常的底物氨酰 tRNA。多肽链被释放以后，mRNA 和空载的 tRNA 仍然和核糖体结合。为了下一轮蛋白质合成的进行，它们必须从核糖体释放以重新生成核糖体亚基。这一步反应需要 GTP、EF-G 和核糖体释放因子 RRF 的参与。

11.2.3.2 真核生物肽链合成的终止

在真核生物的终止反应中，存在一个能识别 UAA、UAG 和 UGA 终止密码子的释放因子，它的功能等同于原核生物的 RF-1 和 RF-2。真核生物的第二个释放因子等同于细菌的 RF-3 因子。真核生物 RF 的氨基酸序列与原核生物 RF-1 和 RF-2 没有同源性，但它具有一段与色氨酰 tRNA 合成酶相似的序列。

11.3　蛋白质的靶向运输及翻译后修饰

细胞内合成的蛋白按合成后的功能和去向分成两类，胞液蛋白由游离核蛋白体合成，包括胞液蛋白、过氧化体蛋白、线粒体蛋白及核内蛋白；另一类蛋白为分泌蛋白和膜蛋白，由结合于粗面内质网膜的核蛋白体合成。许多蛋白质合成后经靶向运送到其相应功能部位，称为蛋白质的靶向运输或蛋白分送。而蛋白质靶向输送的信号存在于蛋白质的氨基酸序列中。

11.3.1　蛋白质的靶向运输

11.3.1.1　分泌蛋白的靶向运输

各种分泌蛋白合成后经内质网、高尔基体以分泌颗粒形式分泌到细胞外。指引分泌蛋白分送过程的信号序列称为信号肽。信号肽位于新合成的分泌蛋白前体 N 端，约 15～30 个氨基酸残基，包括氨基端带正电荷的亲水区（1～7 个残基）、中部疏水核心区（15～19 个残基），近羧基端含小分子氨基酸的信号肽酶切识别区三部分。实验证明信号肽对分泌蛋白的靶向运输起决定作用。

分泌蛋白输出胞外的关键步骤是进入粗面内质网腔，该过程涉及多种蛋白质成分，与膜结合核蛋白体翻译过程同步进行，主要步骤如下：①分泌蛋白在游离核蛋白体上合成约 70 个氨基酸残基，N 端为信号肽，细胞内的信号肽识别颗粒（SRP）是含 6 种亚基的 RNA 核蛋白，SRP 识别信号肽并形成核蛋白体-多肽-SRP 复合物使肽链合成暂时停止，引导核蛋白体结合到粗面内质网膜；②核蛋白体-多肽-SRP 复合物中的 SRP 识别、结合于内质网膜上的对接蛋白（DP），DP 水解 GTP 功能使 SRP 分离，核蛋白体大亚基与膜蛋白结合固定，多肽链继续延长；③信号肽通过结合内质网膜特异结合蛋白，启动形成蛋白跨膜通道，后者并与核蛋白体结合，信号肽利用 GTP 水解释放的能量插入内质网膜，并引导延长多肽经通道进入内质网腔，信号肽经信号肽酶切除。多肽在分子伴侣蛋白作用下逐步折叠成功能构象。进入内质网腔的分泌蛋白进而在高尔基体包装成分泌颗粒完成出胞过程（图 11-12）。

另外，粗面内质网上的核蛋白体还合成各种膜蛋白及溶酶体蛋白。除信号肽外，膜蛋白前体序列中含有其他定位序列，是富含疏水氨基酸序列，能形成跨膜螺旋区段。膜蛋白合成后，按上述过程穿进内质网膜，并以各定位序列固定于内质网膜，成为膜蛋白。然后以膜性转移小泡形式把膜蛋白靶向运到膜结构部位与膜融合，这样膜蛋白根据其功能定向镶嵌于相

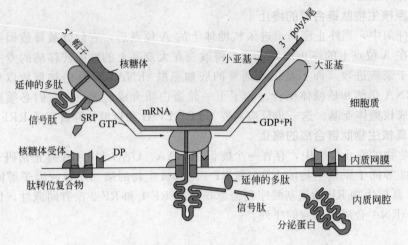

图 11-12　信号肽引导真核细胞分泌蛋白进入内质网

应的膜中。

11.3.1.2　线粒体蛋白的靶向运输

　　大部分线粒体蛋白位于基质以及内、外膜或膜间隙，N 端都有相应的信号肽序列。运输过程中有分子伴侣 HSP70、线粒体输入刺激因子（MSF）、外膜转运体（Tom）或内膜转运体（Tim）等参与，需要能量。跨内膜电化学梯度为肽链进入线粒体提供动力（图 11-13）。

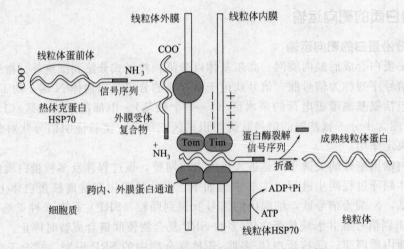

图 11-13　真核细胞线粒体蛋白的靶向输送机制

11.3.1.3　细胞核蛋白的靶向输送

　　所有胞核蛋白多肽链内含有特异的信号序列，称为核定位序列，其特定为：①不只在 N 端，可位于肽链不同部位；②蛋白质进入核后定位，不被切除；③只含 4～8 个氨基酸残基，富含带正电的赖氨酸、精氨酸及脯氨酸；④不同核定位序列间无共有序列。靶向输送过程涉及多种因子和通道蛋白，需要消耗能量（图 11-14）。

11.3.2　蛋白质的翻译后修饰

　　前体蛋白是没有生物活性的，常常要进行一系列的翻译后加工，才能成为具有功能的成熟蛋白。加工的类型是多种多样的，一般分为四种：N 端 fMet 或 Met 的切除，二硫键的形成，化学修饰和剪切。

11.3.2.1 N 端 fMet 或 Met 的切除

原核生物的肽链，其 N 端不保留 fMet，大约半数蛋白由脱甲酰酶除去甲酰基，留下 Met 作为第一个氨基酸。在原核及真核细胞中，fMet 或者 Met 一般都要被除去，该过程是由氨肽酶水解完成的。水解过程有时发生在肽链合成的过程中，有时发生在肽链从核糖体上释放以后。选择脱甲酰还是除去 fMet 常与邻接的氨基酸有关。如第二个氨基酸是 Arg，Asn，Asp，Glu，Ily 或 Lys 以脱甲酰为主，如邻接的氨基酸是 Aly，Gly，Pro，Thr 或 Val 则常除去 fMet。

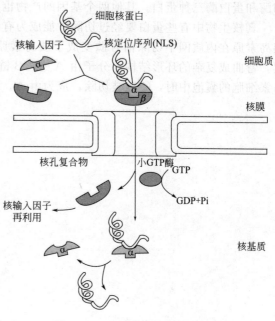

图 11-14　细胞核蛋白的靶向输送

11.3.2.2 二硫键的形成

两个半胱氨酸相距较远硫氢基可以氧化生成二硫键，产生 mRNA 中没有响应密码子的胱氨酸。

11.3.2.3 化学修饰

化学修饰在蛋白质加工中发挥着重要的作用。修饰的类型很多，包括磷酸化，糖基化，甲基化，乙基化，羟基化。还有各种辅基如大卟啉环结合在叶绿蛋白和血红蛋白上。其中，糖基化是真核细胞中特有的加工，这些蛋白常和细胞信号的识别有关。

（1）折叠

蛋白二硫异构酶可以改变二硫键，影响到折叠。此酶的某些活性或全部的活性可能是酶作为内质网腔中的一种复合体的形式来实现的。即在越过膜位点和蛋白结合后才能发挥其功能。

一个与折叠功能有关的蛋白是 Bip，它是分子伴侣 Hsp70 家族的一个成员。Bip 具有两个功能：①帮助转运蛋白折叠；②切除错折叠蛋白。

（2）在内质网中的糖基化及修整

实际上所有的分泌蛋白和膜蛋白几乎都是被糖基化的蛋白。糖基化有两种类型：①糖蛋白是由寡糖连接在 Asp 的氨基形成的，连接的链叫 N-糖苷键；②寡糖连接在 Ser、Thr 的羟基或 Lys 的羟基上叫 O-糖苷键。N-糖苷键是在内质网开始，而在高尔基体重进一步完成的；O-糖苷键的形成仅发生在高尔基体中。

（3）在高尔基表面的进一步加工

复合寡聚糖是在高尔基体中进一步修整和加上糖的残基的。第一步是通过高尔基体的甘露糖苷酶 I 修整甘露糖残基。然后单个的糖基由 N-乙酰-葡萄糖胺转移加上，接着由高尔基体甘露糖苷酶 II 继续切除甘露糖残基。

11.3.2.4 剪切

很多前体蛋白要经过剪切后方可成为成熟的蛋白。

在原核生物中常常产生一种多蛋白的前体，该前体要经剪切后才能成为成熟的蛋白，如反转录病毒中有 3 个基因 *gag*，*pol* 和 *env*。其中 *pol* 基因的产物经剪切后产生反转录酶，内切酶和蛋白酶三种蛋白。其他两个基因的产物也要经过加工才能产生核心蛋白和外壳蛋白。

真核生物中有些蛋白要经过切除才能成为有活性的成熟蛋白，比如胰岛素。新合成的前胰岛素原在内质网中切除信号肽变成了胰岛素原，它是单链的多肽，由三个二硫键连在一起，弯曲成复杂的环形结构。分子由 A 链，B 链和 C 链三个连续的片段构成。当转运到胰岛素细胞的囊泡中时，C 链被切除，成为由 A，B 两条分开的链组成的成熟的胰岛素。

第 12 章 物质代谢的调控

导读

物质代谢调节是生命存在的三大要素（物质、能量、信息传递）之一。代谢调节首先是调节催化代谢的酶活性，这是代谢调节的基础。其次是激素通过调节酶活性发挥调节代谢的作用，神经则通过协调多种激素的调节作用在整体水平发挥代谢调节作用，即三级水平的调节。

物质代谢途径之间的联系如下。

① 糖、脂类和蛋白质代谢的关系：脂类中的甘油、糖类和蛋白质之间可互相转化，脂肪酸在植物和微生物体内可通过乙醛酸循环由乙酰辅酶 A 合成琥珀酸，然后转变为糖类或蛋白质，而动物体内不存在乙醛酸循环，一般不能由乙酰辅酶 A 生成糖和蛋白质。

② 核酸代谢与其他物质代谢的关系：核酸通过控制蛋白质的合成可影响细胞的组成成分和代谢类型。许多核苷酸在代谢中发挥着重要的作用，如 ATP、辅酶等。另外，核酸的代谢也受其他物质，特别是蛋白质的影响。

③ 各种物质在代谢中是彼此影响、相互转化和密切联系的。

（1）物质代谢的特点

① 整体性：体内各种物质代谢不是彼此孤立，而是同时进行的，从而构成统一的整体性。

② 代谢调节：正常情况下机体各种物质代谢存在精细的调节机制，不断调节各种物质代谢的强度、方向和速度，以适应内外环境的变化。

③ 各组织、器官的物质代谢各具特色：由于各组织、器官的结构不同，所含有酶系的种类和含量各不相同，因而代谢途径及功能各异，各具特色。

④ 各种代谢物均具有各自共同的代谢池。

⑤ ATP 是机体能量利用的共同形式。

⑥ NADPH 是合成代谢所需的还原当量。

（2）组织、器官代谢的特点

① 肝：是机体物质代谢的枢纽，是人体的中心生化工厂。在糖、脂、蛋白质、水、盐及维生素代谢中均具有独特的重要作用。

② 心脏：以酮体、乳酸、自由脂肪酸及葡萄糖为耗用的能量物质，并以有氧氧化途径为主。

③ 脑：是机体耗能最大的主要器官，耗氧量占全身耗氧量的 $20\% \sim 25\%$。几乎以葡萄糖为唯一功能物质。血糖供应不足时，可由肝产生的酮体作为能源物质。

④ 肌肉组织：以氧化脂肪为主，剧烈运动时则以糖的无氧酵解产生的乳酸为主。由于肌肉缺乏葡萄糖-6-磷酸酶，因此肌糖原不能直接分解葡萄糖提供血糖。

⑤ 红细胞：能量主要来自葡萄糖的酵解途径。由于红细胞没有线粒体，因此不能进行糖的有氧氧化，也不能利用脂肪酸及其非糖物质。

⑥ 脂肪组织：是合成及储存脂肪的重压组织。脂肪细胞含有的 TG 脂肪酶，能使储存的脂肪分解成脂肪酸和甘油释入血液循环以供机体其他组织能源的需要。

⑦ 肾：能进行糖异生和生成酮体。

（3）新陈代谢研究方法

①活体内与活体外实验；②同位素示踪法；③代谢途径阻断法；④气体测量法；⑤核磁共振波谱法；⑥苯环化合物示踪法；⑦遗传缺欠症研究法。

12.1　物质代谢的相互联系

机体中各种物质的代谢活动通过一些共同的代谢中间物作为分支点把代谢途径连接起来，通过一个复杂的网络交织在一起，如图 12-1 所示。三羧酸循环处于中心的位置，表明糖的有氧分解途径不仅是糖、脂类、氨基酸和核苷酸等各种物质分解代谢的共同归宿，也是他们之间相互联系和转变的枢纽。

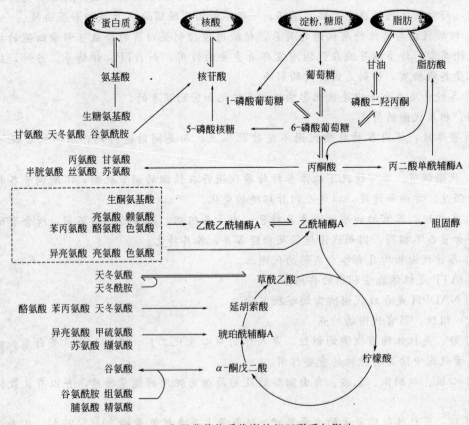

图 12-1　主要营养物质代谢的相互联系与影响

12.1.1 糖代谢与脂类代谢之间的关系

（1）糖转变为脂肪

糖酵解所产生的磷酸二羟丙酮还原后形成甘油，丙酮酸氧化脱羧形成的乙酰辅酶 A，是脂肪酸合成的原料，甘油和脂肪酸合成脂肪。

（2）脂肪转变为糖

脂肪分解产生的甘油和脂肪酸，可沿不同的途径转变成糖。甘油经磷酸化作用转变成磷酸二羟丙酮，再异构化变成 3-磷酸甘油醛，后者沿糖酵解逆反应生成糖；脂肪酸氧化产生乙酰辅酶 A，在植物或微生物体内可经乙醛酸循环和糖异生作用生成糖，也可经糖代谢彻底氧化放出能量。

（3）能量相互利用

磷酸戊糖途径产生的 NADPH 直接用于脂肪酸的合成，脂肪分解产生的能量也可用于糖的合成。糖代谢与脂类代谢之间的关系见图 12-2。

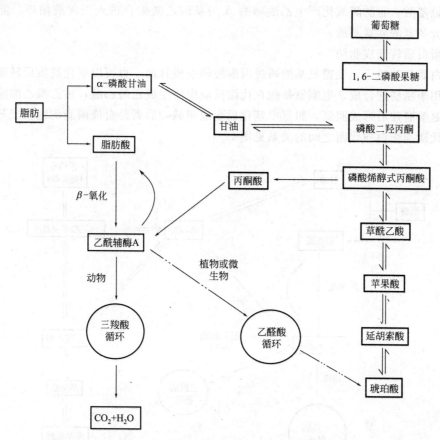

图 12-2　糖代谢与脂类代谢之间的联系

12.1.2 糖代谢与蛋白质之间的关系

（1）糖是蛋白质合成的碳源和能源

糖分解代谢产生的丙酮酸、α-酮戊二酸、草酰乙酸、磷酸烯醇式丙酮酸、4-磷酸赤藓糖等是合成氨基酸的碳架。糖分解产生的能量被用于蛋白质的合成。

（2）蛋白质分解产物进入糖代谢

蛋白质降解产生的氨基酸经脱氨后生成 α-酮酸，α-酮酸进入糖代谢可进一步氧化放出能量，或经糖异生作用生成糖。

糖代谢与蛋白质代谢之间的关系见图 12-3。

$$糖 \longrightarrow \alpha\text{-酮酸} \overset{NH_3}{\longrightarrow} 氨基酸 \longrightarrow 蛋白质$$

$$蛋白质 \longrightarrow 氨基酸 \longrightarrow \alpha\text{-酮酸} \longrightarrow 糖$$

（生糖氨基酸）

图 12-3 糖代谢与蛋白质（氨基酸）代谢之间的联系

12.1.3 脂类代谢与蛋白质代谢之间的关系

（1）脂肪转变为蛋白质

脂肪分解产生的甘油可进一步转变成丙酮酸、α-酮戊二酸、草酰乙酸等，再经过转氨基作用生成氨基酸。脂肪酸氧化产生乙酰辅酶 A 与草酰乙酸缩合进入三羧酸循环，能产生谷氨酸族和天冬氨酸族氨基酸。

（2）蛋白质转变成脂肪

在蛋白质氨基酸中，生糖氨基酸通过丙酮酸转变成甘油，也可以氧化脱羧后转变成乙酰辅酶 A，用于脂肪酸合成。生酮氨基酸在代谢反应中能生成乙酰乙酸，由乙酰乙酸缩合成脂肪酸。丝氨酸脱羧后形成胆氨，胆氨甲基化后变成胆碱，后者是合成磷脂的组成成分。

脂类代谢与蛋白质代谢之间的关系见图 12-4。

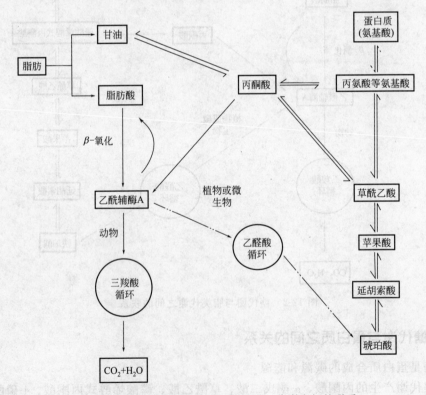

图 12-4 脂类代谢与蛋白质（氨基酸）代谢之间的联系

12.1.4　核酸代谢与糖、脂肪及蛋白质代谢的相互关系

核酸是细胞中重要的遗传物质,核苷酸是其基本组成单位。许多核苷酸在调节代谢中也起着重要作用。例如,ATP 供能及磷酸基团,UTP 参与单糖转变成多糖,CTP 参与卵磷脂合成,GTP 为蛋白质合成供能。此外,许多重要的辅酶辅基,如 CoA 和尼克酰胺核苷酸都是腺嘌呤核苷酸的衍生物,参与酶的催化作用。环核苷酸,如 cAMP、cGMP 作为胞内信号分子(第二信使)参与细胞信号的传导。

另一方面,核酸本身的合成又受到其他物质的控制。如甘氨酸、天冬氨酸、谷氨酰胺是核苷酸的合成前体。核酸的合成过程还需要酶的催化及多种蛋白质因子的参与。

12.2　细胞的整体水平调节

高等动物在中枢神经系统的控制下,或通过神经纤维及神经递质对靶细胞直接发生影响,或通过某些激素的分泌来调节某些细胞的代谢及功能,并通过各种激素的相互协调对机体代谢进行综合调节。这种调节称为整体水平的代谢调节。高等生物由内分泌细胞及内分泌器官分泌激素对其他细胞发挥代谢调节作用,这种调节称为激素水平的代谢调节。神经水平的调节和激素水平的调节合称为多细胞整体水平的调节。这二者的作用必须通过其激素受体和递质受体的信号传导系统来实现。

12.2.1　激素水平的调节

细胞的物质代谢反应不仅受到局部环境的影响,即各种代谢底物、产物的正负反馈调节,而且还受到来自于机体其他组织器官的各种化学信号的控制,激素就属于这类化学信号。激素是一类由特殊的细胞合成并分泌的化学物质,它随血液循环于全身,作用于特定的组织或细胞,指导细胞物质代谢沿着一定的方向进行。同一激素可以使某些代谢反应加强,而使另一些代谢反应减弱,从而适应整体的需要。

激素的作用必须通过受体来实现。受体是一类可以与相应的配体特异结合的物质,常为糖蛋白或脂蛋白。激素作为一类配体,与受体的结合具有高度的特异性和亲和性。激素作为第一信使与受体结合后,受体分子的构象发生改变而引起一系列生物学效应。按激素受体在细胞的不同部位,可将激素分为细胞膜受体激素和细胞内受体激素两类。

12.2.1.1　激素通过细胞膜受体的调节

激素通过细胞膜受体的调节作用通常通过靶细胞膜上的特异性 G 蛋白受体起作用,即激素到达靶细胞后,先与细胞膜上的特异受体结合,激活 G 蛋白,G 蛋白在激活细胞内模的腺苷酸环化酶,活化后的腺苷酸环化酶可催化 ATP 转化为 cAMP,cAMP 作为激素的第二信使,再激活胞内的蛋白激酶 A,产生一系列的生理效应。这样,激素的信号通过一个酶促的酶活性级联放大系统逐级放大,使细胞在短时间内做出快速应答反应。例如,肾上腺素作用于肌细胞受体导致肌糖原分解的过程,肾上腺素的信息经 cAMP 传达到细胞内,同时抑制糖原合酶 b(无活性)去磷酸化转变为糖原合酶 a(有活性),从而在瞬间内使糖原分解,以适应动物在应激状态下能量的需求。

此外,胰高血糖素、促肾上腺皮质激素、促甲状腺素、促卵泡素和黄体素等非脂溶性激素都属于胞外激素,都是以 cAMP 为第二信使产生生理效应(图 12-5)。

现将几种激素对 cAMP 浓度的影响及其与受体结合后引起的生理效应列于表 12-1 中。

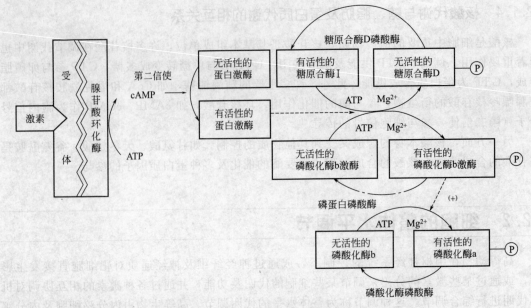

图 12-5　激素通过 cAMP 信使的作用机理

表 12-1　某些激素对 cAMP 浓度的影响及其最终生理效应

激素	靶组织或靶器官	cAMP 浓度	对酶或化学反应的影响	最终生理效应
肾上腺素	肝	↑	磷酸化酶↑	糖原分解↑
	脂肪组织	↑	脂肪酶↑	脂肪分解↑
	心肌、骨骼肌	↑	磷酸化酶↑	糖原分解↑
胰高血糖素	肝、心肌	↑	磷酸化酶↑	糖原分解↑
	脂肪组织	↑	脂肪酶↑	脂肪分解↑
	胰岛 β-细胞	↑	—	胰岛素分泌↑
促肾上腺皮质激素（ACTH）	肾上腺皮质	↑	胆固醇→孕烯醇酮↑	糖皮质激素合成↑
	脂肪组织	↑	脂肪酶↑	脂肪分解↑
促甲状腺激素	甲状腺	↑	磷酸化酶↑	糖原分解↑，摄取碘及合成分泌 T3、T4
	脂肪组织	↑	脂肪酶↑	脂肪分解↑
	脂肪组织	↓	脂肪酶↓	脂肪分解↓
胰岛素	肝、骨骼肌	↓	磷酸化酶↓	糖原分解↓
			丙酮酸→磷酸烯醇式丙酮酸↓	糖异生↑

注：↑代表增高或增强；↓代表降低或减弱。

12.2.1.2　激素通过细胞内受体的调节

　　有一些脂溶性的激素，如固醇类激素、甲状腺素、前列腺素等，易于进入细胞内，直接与胞质内或核内的特异受体以非共价键进行可逆结合，形成激素-受体复合物使受体活化，活化后的受体再结合 DNA 片段中特定的核苷酸序列，促进或阻止基因的表达，调节蛋白质的生物合成，产生一系列的生物学效应（图 12-6）。

12.2.2　神经水平的调节

动物机体主要通过神经体液途径对各组织的物质代谢进行调节，以适应不断变化的内环境，力求在动态中维持相对的稳定，以维持正常生命活动。机体内各种组织器官处于一个严密的整体系统中。一个组织可以为其他组织提供底物，也可以代谢来自其他组织的物质。这些器官之间的相互联系是依靠神经-内分泌系统的调节来实现的。神经系统可以释放神经递质影响内分泌腺的活动，改变激素分泌的状态，从而实现整体的代谢协调和平衡。神经系统对内分泌腺活动的控制有两种方式：直接控制和间接控制。

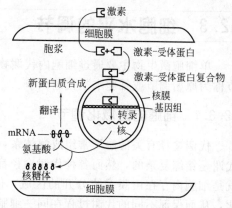

图 12-6　脂溶性激素调节代谢的作用机理

（1）神经系统直接控制下的内分泌调节系统

神经系统可以直接作用于内分泌腺，引起激素分泌。例如，肾上腺髓质受中枢-交感神经的支配而分泌肾上腺素，胰岛的 β-细胞受中枢-迷走神经的刺激而分泌胰岛素。

（2）神经系统通过脑下垂体控制下的内分泌调节系统

这种间接调节一般的模式为：中枢神经系统→丘脑下部→脑下垂体→内分泌→靶细胞。甲状腺素、性激素、肾上腺皮质激素、胰高血糖素等的分泌都是这种调节方式。

神经调节与激素调节的区别在于：①神经系统的调节作用快但不持久，激素的作用缓慢而持久。②激素的调节往往是局部性的，协调组织与组织间、器官与器官间的代谢；神经系统的调节则具有整体性，协调全部代谢。③绝大多数激素的合成和分泌是直接或间接地受到神经系统支配的，激素调节离不开神经系统的调剂。

12.2.3　整体水平综合调节

整体水平的调节就是神经-体液调节。就激素而言，也不是单一的激素，而是通过神经系统，使多种激素共同协调，综合对机体代谢进行调节。例如血糖浓度的稳定就是胰岛素、胰高血糖素以及肾上腺素、肾上腺皮质激素等综合调节的结果，在代谢层面包括脂肪动员、酮体生成增加以补充葡萄糖功能的不足，骨骼肌等组织中蛋白质分解的加强，以氨基酸作为原料加强肝中的糖异生作用，同时外周组织中葡萄糖利用减少、酮体利用增加以确保大脑与红细胞中葡萄糖的持续供应。

应激是动物体受到某些刺激，如创伤、剧痛、冻伤、缺氧等所做出的一系列反应"紧张状态"的总称。应激状态时伴有一系列神经-体液的改变，是整体神经综合应答反应调节过程，它使机体全身紧急动员渡过"难关"。其中包括交感神经兴奋、下丘脑促肾上腺皮质激素释放激素，脑垂体促肾上腺皮质激素释放激素，脑垂体促肾上腺皮质激素，最后肾上腺糖皮质激素和肾上腺髓质激素分泌的增加，同时胰岛素等分泌相应减少，使肝糖原分解及血糖浓度升高，糖异生增加，脂肪动员和蛋白质分解加强，机体呈负氮平衡，同时相应的合成代谢受到抑制，最终使血液中葡萄糖、脂肪酸、酮体和氨基酸等浓度相应升高，使机体各组织能及时得到充足的能源和营养物质的供应，有效地应付紧急状态。但机体呈消瘦、乏力并消耗氮。然而机体应付应激的能力是有一定限度的，若长期应激的消耗会导致机体功能衰退而危及生命。

12.3 　细胞水平的调节

单细胞微生物主要通过细胞内代谢物浓度的变化，对酶的活性及含量进行调节，这种调节称为原始调节或细胞水平代谢调节。

12.3.1 　细胞的区域化调节

代谢途径有关的酶类常组成酶体系，分布于细胞的某一区域或亚细胞中。细胞内的物质代谢是错综复杂的，然而各种代谢途径都能相互协调、相互制约，有条不紊的进行，其原因就是细胞内存在由膜系统分开的区域，使各类反应在细胞中有各自的空间分布，也称区域化，从而保证不同的代谢过程在同一细胞内的不同部分进行而不致互相干扰。例如大肠杆菌的壁膜间隙宽度为 12～15nm，呈胶冻态，其间含有三类蛋白质：水解酶，催化食物的初步降解；结合蛋白，启动物质转运过程；化学受体，在趋化性中起作用的蛋白。由质膜将之与细胞质分开，这样酶分布在次周质空间，它们与细胞内的酶不混在一起。

真核细胞的结构比原核细胞复杂得多，细胞呈更高度的区域化。由膜包围的多种细胞器分布在细胞质内，如细胞核、叶绿体、线粒体、溶酶体和高尔基体等。各细胞器均包含有一整套酶系，执行特定的代谢功能。例如糖酵解、磷酸戊糖途径和脂肪酸合成的酶系存在于细胞质中；三羧酸循环、脂肪酸 β-氧化和氧化磷酸化的酶系存在于线粒体中。即使在同一细胞器内，酶分布也有一定的区域。如在线粒体外膜、内膜、膜间腔以及内部基质的酶是不同的：细胞色素和氧化磷酸化的酶分布在内膜上，而三羧酸循环的酶则主要在基质中。

细胞的区域化一方面使得在同一代谢途径中的酶相互联系、密切配合，同时将酶、辅酶和底物高度浓缩，结果在局部范围内，代谢过程以快得多的速度进行。另一方面，细胞的区域化使得不同代谢途径隔离分布，代谢途径有关酶类所组成酶体系分布于细胞的某一区域或亚细胞结构中，这使得有关代谢途径只能分别在细胞不同区域内进行，各自行使不同功能，互不干扰，使整个细胞的代谢得以正常进行。

12.3.2 　膜结构对代谢的调控

细胞膜除将细胞系统分开，使各类反应在细胞中有各自的空间分布，即区域化，保证不同代谢过程在同一细胞内的不同部分进行而不致相互干扰外，其自身对代谢的调节也起着至关重要的作用。

（1）控制跨膜离子浓度和电位梯度

膜的三种最基本功能：物质运输、能量转换和信息传递都与离子和电位梯度的产生和控制有关，如质子梯度可合成 ATP，钠离子梯度可运输氨基酸和糖，钙可作为细胞内信使。

（2）控制细胞和细胞器的物质运输

通过底物和产物的运输可调节代谢，如葡萄糖进入肌肉和脂肪细胞的运输是其代谢的限速步骤，胰岛素可促进其主动运输，从而降低血糖。

（3）内膜系统对代谢途径的分隔

内膜形成分隔区，其中含有浓集的酶和辅因子，有利于反应。而且分隔可防止反应之间的相互干扰，有利于对不同区域代谢的调控。

（4）膜与酶的可逆结合

某些酶可与膜可逆结合而改变性质，成为双关酶。离子、代谢物、激素等都可改变其状态，发挥迅速、灵敏的调节作用。

12.4　分子水平的调节

分子水平（酶水平）的代谢调节是生物体在进化上较为原始的调节方式，包括酶水平的调节和代谢物水平的调节。酶水平调节是最关键的代谢调节。酶对代谢的调节包括两种方式：一是通过激活或抑制来改变细胞内已有酶分子的催化活性，即酶活性的调节，包括酶的别构效应和共价修饰；二是通过影响酶分子的合成或降解来改变酶分子的含量。

代谢物的浓度在一定范围内对代谢反应有一定调节，但这种调节作用是有限的。因此，细胞的代谢反应主要受到酶的调节。

12.4.1　酶活性的调节

生物体通过调节酶的功能来控制代谢速度和方向。酶的调节机制有两类：一是对酶活性的调节，主要是酶的"别构调节"与"化学修饰调节"两种方式，这种调节是利用现有的酶，一般在数秒或数分钟内即可完成，因此是一种快速调节；另一类是对酶数量的调节，即诱导增加该酶蛋白的合成或影响该酶蛋白的降解速度来调节，这种调节一般需要数小时才能完成，因此是一种迟缓调节。前者改变酶的活性，效果快速而短暂，称细调；后者通过控制酶的合成与降解速度来控制酶量，作用缓慢而持久，称粗调。酶活性的调节包括酶原激活、酶的别构调节、酶的共价修饰、反馈抑制及前馈激活等方面。

12.4.1.1　酶原激活

在细胞内，首先合成无活性酶的前体，即酶原，再通过蛋白酶的作用释放出一些氨基酸或小肽，转变成有活性的酶蛋白，这一过程称为酶原激活，酶原激活是不可逆的过程。

消化道分泌的蛋白酶往往以无活性的酶原形式分泌，到达目的地时才被激活，这样可以避免对消化腺的水解。例如，胰凝乳蛋白酶是原由 245 个氨基酸残基组成单链酶蛋白，链内有 5 对二硫键，这条肽链不具有酶活性；当酶原经胰蛋白酶作用，切断 Arg15 和 Ile16 之间的肽键，就转变成有活性的 π-胰凝乳蛋白酶，π-胰凝乳蛋白酶活性高，但不稳定；再通过 π-胰凝乳蛋白酶的自身作用，切去一段二肽，生成 δ-胰凝乳蛋白酶；然后再切去一段二肽（Thr147 和 Asn148）后转变成更加稳定但活性较低的 α-胰凝乳蛋白酶；酶原激活后构象发生变化，形成疏水口袋，肽链本身也从单链变成三链结构。胃蛋白酶原中已形成完整的活性中心，但酶原中有一段碱性序列与活性中心形成盐桥，将活性中心堵塞；在 pH<5 时，酶原可自动激活，切去 44 个氨基酸残基的前体片段，而转变为具有活性的胃蛋白酶。

激活的酶还可再激活其他酶原。例如，胰蛋白酶原可被肠激酶激活，然后激活胰凝乳蛋白酶原、胰蛋白酶原、弹性蛋白酶原及羧肽酶原，所以胰蛋白酶是胰脏蛋白酶原的共同激活剂。酶原激活时会切掉很多氨基酸残基，如牛羧肽酶 B 激活时要从 505 个氨基酸残基中切掉约 200 个氨基酸残基。

12.4.1.2　共价修饰与级联系统

在酶的化学修饰中，共价修饰占有重要地位。共价修饰是指在专一酶的催化下，某种小分子基团可以共价结合到被修饰酶的特定氨基酸残基上，而改变酶的活性。共价修饰可通过不同酶的催化实现反应过程反方向进行，小分子基团可在酶的催化下水解去除，发生逆转。表 12-2 列出了一些可被化学修饰调节的酶。

表 12-2　某些酶的共价修饰调节

酶类	修饰机理	效应
磷酸果糖激酶	磷酸化/去磷酸化	抑制/激活
丙酮酸脱氢酶	磷酸化/去磷酸化	抑制/激活
丙酮酸脱羧酶	磷酸化/去磷酸化	抑制/激活
糖原磷酸化酶	磷酸化/去磷酸化	激活/抑制
磷酸化酶 b 激酶	磷酸化/去磷酸化	激活/抑制
磷酸化酶磷酸酶	磷酸化/去磷酸化	抑制/激活
糖原合酶	磷酸化/去磷酸化	抑制/激活
甘油三酯脂肪酶(脂肪细胞)	磷酸化/去磷酸化	激活/抑制
HMG-CoA 还原酶	磷酸化/去磷酸化	抑制/激活
HMG-CoA 还原激酶	磷酸化/去磷酸化	激活/抑制
乙酰 CoA 羧化酶	磷酸化/去磷酸化	抑制/激活
谷氨酰胺合成酶(大肠杆菌)	腺苷酰化/去腺苷酰化	抑制/激活
黄嘌呤氧化(脱氢)酶	—SH/—S—S—	脱氢/氧化

　　绝大多数属于此类调节方式的酶分为无活性（低活性）和有活性（高活性）两种形式。这两种形式通过共价修饰，可互相转变。以磷酸化为例，酶蛋白分子中丝氨酸、苏氨酸、酪氨酸的羟基是磷酸化的位点，但有些酶经磷酸化后活性升高，而有些酶磷酸化后却活性降低，再去磷酸化才是其活性状态。化学修饰引起酶的共价键变化，且化学修饰发生的酶促反应。一个酶分子催化多个酶蛋白出现组成变化，故有放大效应，催化效率比别构调节高。

　　磷酸化及去磷酸化是最常见的化学修饰调节，其本身也是酶促反应，磷酸化由蛋白激酶催化，去磷酸化由磷蛋白磷酸酶催化，酶发生磷酸化消耗的 ATP 比合成酶蛋白消耗的 ATP 要少得多，因此，是体内调节酶活性经济而有效的方式。对某一酶而言，可同时受变构调节和化学修饰两种方式的调节，然而当效应剂浓度过低，变构调节就不如共价修饰来得快而有效，故在应激情况下，共价修饰尤为重要。

　　肌糖原磷酸化酶的共价化学修饰是研究的比较清楚的一个例子。该酶有两种形式，即无活性的磷酸化酶 b 和有活性的磷酸化酶 a。磷酸化酶 b 是二聚体，相对分子质量约为 85000。它在酶的催化下，使每个亚基分别接受 ATP 供给的一个磷酸基团，转变为磷酸化酶 a，后者具有高活性。两分子磷酸化酶 a 二聚体可以再聚合成活性较低的磷酸化酶 a 四聚体（图 12-7）。

　　酶促化学修饰反应往往是多个反应配合进行的。在生物体内，有些反应是连锁进行的。在这些连锁反应中，一个酶被修饰后，连续地发生其他酶被激活，导致原始调节因素的效率逐级放大，这样的连锁代谢反应系统叫级联放大反应或级联系统。如肾上腺素对磷酸化酶 b 激酶的激活就属这种类型。激素把改变细胞生理活动的信息传递给细胞膜上的受体，激素与受体结合后使腺苷酸环化酶活化，由腺苷酸环化酶催化 ATP 环化生成 cAMP；再把这一信息传递给细胞内的某些蛋白质或酶系统，在这里是依赖于 cAMP 的蛋白激酶 A。因此将激素称为第一信使，而将 cAMP 称为第二信使。活化的蛋白激酶 A 使磷酸化酶 b 激酶激活；磷酸化酶 b 激酶又使磷酸化酶 b 转变为激活态磷酸化酶 a；磷酸化酶 a 使糖原分解为 1-磷酸葡萄糖。这样，由激素的作用开始，最后导致糖原的分解。上述一系列变化便构成一个"级联系统"。

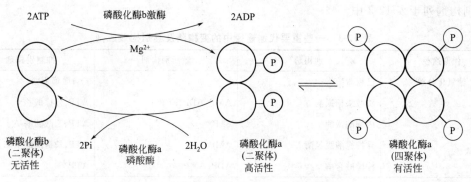

图 12-7　肌糖原磷酸化酶的共价化学修饰作用

　　在这样的级联系统中，前一反应的产物是后一反应的催化剂，每进行一次共价修饰，修饰后酶活性就产生一次放大，假设每一次反应放大的倍数是 100，即 1 个酶分子被共价修饰后引起 100 个分子发生反应（酶的转换数实际上比这大得多），那么从肾上腺素促进 cAMP 生成的反应开始，到磷酸化酶 b 活化为磷酸化酶 a 生成为止，相应经过四次共价修饰后，调节效应就相当于放大了 108 倍。由此可见，极微量的激素对酶活性控制是十分灵敏的。

　　由上述论述可见酶促化学修饰的特点有以下几点。

　　① 绝大多数能够进行共价修饰的酶都具有无活性（或低活性）与有活性（或高活性）两种形式。它们之间的互变反应在正逆两向都有共价变化，由不同的酶进行催化，而催化这互变反应的酶又受机体调节物质（如激素）的控制。

　　② 存在级联机制能够产生放大效应。由于酶促化学修饰是酶所催化的反应，故有瀑布式（逐级放大）效应。少量的调节因素就可通过加速这种酶促反应，使大量的另一种酶发生化学修饰。因此，这类反应的催化效率常较变构调节高。

　　③ 磷酸化与去磷酸化是常见的共价修饰反应。一分子亚基发生磷酸化常需消耗一分子 ATP，这与合成酶蛋白所消耗的 ATP 相比，显然是少得多；同时酶促化学修饰又有放大效应，因此，这种调节方式更为经济有效。

　　④ 此种调节同别构调节一样，可以按着生理的需要来进行。在前述的肌肉糖原磷酸化酶的化学修饰过程中，若细胞要减弱或停止糖原分解，则磷酸化酶 a 在磷酸化酶 a 磷酸酶的催化下即水解脱去磷酸基而转变成无活性的磷酸化酶 b，从而减弱或停止了糖原的分解。

　　此外，对某一种酶来说，它可以同时受共价修饰与变构调节这两种方式的调节。如糖原磷酸化酶受化学修饰的同时也是一种变构酶，其二聚体的每个亚基都有催化部位和调节部位。它可由 AMP 激活，并受 ATP 抑制，这属于变构调节。细胞中一种酶同时受共价修饰与变构调节这两种方式调节的意义可能在于变构调节是细胞的一种基本调节机制，它对于维持代谢物和能量平衡具有重要作用，但当效应剂浓度过低，不足以与全部酶分子的调节部位结合时，就不能动员所有的酶发挥作用，故难以应急；当在应激等情况下，若有少量肾上腺素释放，即可通过 cAMP，启动一系列的级联反应的酶促化学修饰反应，快速转变磷酸化酶 b 成为有活性的磷酸化酶 a，加速糖原的分解，迅速有效地满足机体对能量的急需。

12.4.1.3　酶的别构效应调节

　　某些物质能与酶分子上的非催化部位特异地结合，引起酶蛋白的分子构象发生改变，从而改变酶的活性，这种现象称为酶的别构调节或变构调节。受这种调节作用的酶称为别构酶或变构酶。能使酶发生别构效应的物质称为别构效应剂，若别构后引起酶活性的增强，则此效应剂称为激活别构剂或正效应物，反之则称之为抑制别构剂或负效应物。现将某些代谢途径的别构剂列于表 12-3 中。

表 12-3　一些重要代谢途径中的变构酶及其别构效应剂

代谢途径	别构酶	激活别构剂	抑制别构剂
糖氧化分解	己糖激酶		6-磷酸葡萄糖
	磷酸果糖激酶	AMP、ADP、FDP、Pi	ATP、柠檬酸
	丙酮酸激酶	FDP	ATP、乙酸辅酶 A
	异柠檬酸脱氢酶	AMP	ATP、长链酯酰辅酶 A
	柠檬酸合酶	ADP、AMP	ATP
糖异生	1,6-二磷酸果糖酶		AMP
	丙酮酸羟化酶	乙酰辅酶、ATP	
脂肪酸合成	乙酰辅酶 A 羟化酶	柠檬酸、异柠檬酸	长链酯酰辅酶 A

12.4.1.4　反馈和前馈调节

反馈现象是普遍存在的。简单来说，一种运动的效果对这种运动的影响就是反馈，通常区分为"正反馈"和"负反馈"，凡是一种运动的效果对于这种原始运动的影响是促进性的称为正反馈；反之，所发生抑制性的影响称为负反馈。

代谢途径的底物或终产物常影响催化该途径起始反应的酶活性，此调节方式称为反馈调节，它存在于所有的生物体中，是调节酶活性最精巧的方式之一。由质量作用定律（即化学反应速率与反应物的有效质量成正比），可以确定在细胞内当一个酶促反应产物积累过多时，能抑制其本身的合成，这种抑制属简单的抑制，它不牵涉到酶结构的改变。如 α-淀粉酶催化淀粉水解成麦芽糖，过多的麦芽糖能够抑制 α-淀粉酶的活性，使淀粉水解的速度下降。

反馈调节具有两种情况：一是终产物的积累抑制初始步骤的酶活性，使得反应减慢或停止，此种反馈称为负反馈或反馈抑制。负反馈既可使代谢产物的生成不至于过多，又可使能量得以有效利用，不至于浪费。例如，葡糖-6-磷酸抑制糖原磷酸化酶以阻断糖酵解及糖的氧化，使 ATP 不至于产生过多，同时葡糖-6-磷酸又激活糖原合酶，使多余的磷酸葡萄糖合成糖原，能量得以有效贮存。又如，ATP 可变构抑制 6-磷酸果糖激酶，丙酮酸激酶及柠檬酸合成酶，阻断糖酵解及三羧酸循环，使 ATP 的生成不致过多，避免浪费，还避免了由于产物（乳酸）过量生成所引起的肌体危害。另一种反馈称为正反馈或反馈激活。例如，乙酰 CoA 对丙酮酸羧化酶的反馈激活作用，在糖分解代谢中，当丙酮酸不能顺利通过乙酰 CoA 转变成柠檬酸进入三羧酸循环时，丙酮酸即可在丙酮酸羧化酶的催化下直接转变成草酰乙酸。

对于不发生分支的代谢反应中，只有一个终产物对线性反应序列开头的酶起反馈抑制作用，属于一价反馈抑制，又称单价反馈抑制。如果反应发生分支，就会产生两种或两种以上的终产物，而其中某一种终产物过多都会对序列反应前面的变构调节酶起反馈抑制作用，即二价反馈抑制，其调节方式如下。

（1）同工酶的反馈抑制

同工酶是指催化同一生化反应，但酶蛋白结构及组成有所不同的一组酶。如果在一个分支代谢过程中，在分支点之前的一个反应由一组同工酶所催化，分支代谢的几个最终产物往往分别对这几个同工酶发生抑制作用，并且最终产物对各自分支单独有抑制，这种调节方式称为同工酶的反馈抑制。

（2）协同反馈抑制

在分支代谢中，只有当几个最终产物同时过多才能对共同途径的第一个酶发生抑制作用，称为协同反馈抑制。而当终产物单独过量时，只抑制相应支路的酶，不影响其他产物合成。如天冬氨酸型氨基酸合成途径中，天冬氨酸激酶是受末端产物赖氨酸、甲硫氨酸和苏氨酸的协同反馈抑制。另外，在芳香族氨基酸合成代谢途径中，末端产物色氨酸、苯丙氨酸和酪氨酸对第一个酶也存在协同反馈抑制。

（3）累积反馈抑制

在一个分支代谢中，几个最终产物中的任何一个产物过多时都能对某一酶发生部分抑制作用，但要达到最大效果，则必须几个最终产物同时过多，这样的反馈抑制称为累积反馈抑制。例如，饱和浓度的 X 对 E1 抑制 30%，余下 70%的活性；饱和浓度的 Y 则对 E1 抑制 40%，余下 60%活性，如果 X 和 Y 均以饱和浓度存在时，总抑制为 30%＋40%－60%×70%＝58%，则余下 70%×60%＝42%活性。一个典型的例子是谷氨酰胺合成酶的反馈抑制，谷氨酰胺是由谷氨酸和 NH_4^+ 在 ATP 参与下合成的。谷氨酰胺在氮代谢中起重要作用，谷氨酰胺代谢的终产物有甘氨酸、丙氨酸、色氨酸、组氨酸、氨基甲酰磷酸、6-磷酸氨基葡萄糖 CTP 及 AMP 等化合物，这些终产物对谷氨酰胺合成酶起累积反馈抑制作用。有证据认为，在谷氨酰胺合成酶分子中有分别对上述各种终产物专一的结合部位，当所有这些产物均与酶分子结合时，其活性便几乎完全丧失。

终产物的反馈抑制是准确经济的调控方式。这是因为起调节作用的物质就是产物本身，所以，当产物的量少时，关键酶的活性增高，整个途径的运行速度加快，产物就增多；而当产物的量过多时，则产生反馈抑制，使合成速度减慢，产物就减少。而且在这种调节中受控的酶是初始酶，而不是其他催化后续反应的酶，所以能避免反应的中间产物积累，有利于原料的合理利用和节约机体的能量，反馈抑制在一系列的合成代谢调节中起重要作用。

在一系列反应序列中，前面反应产生的中间代谢物对后面反应的酶起激活作用，促使反应沿途径方向进行，叫做前馈激活。例如，在糖原合成中，6-磷酸葡萄糖是糖原合成酶的变构激活剂，因此可促进糖原的合成。前馈激活作用能使代谢速度加快，所以是一种正前馈。在某些特殊的情况下，为避免代谢途径过分拥挤，当代谢底物过量时，对代谢过程也可呈负前馈作用。此时，过量的代谢底物可以转向其他代谢途径。例如，高浓度的乙酰辅酶 A 是乙酰辅酶 A 羧化酶的变构抑制剂，从而避免丙二酸单酰辅酶 A 过多合成。

12.4.2　酶量的调节

生物体除通过改变酶分子的结构来调节细胞内原有酶的活性快速适应需要外，还可通过改变酶的合成或降解速率以控制酶的绝对含量来调节代谢。但酶蛋白的合成与降解调节需要消耗能量，所需时间和持续时间都较长，故酶的含量的调节属迟缓调节。要升高或降低某种酶的浓度，除调节酶蛋白合成的诱导和阻遏过程外，还必须同时控制酶降解的速度，现分述如下。

12.4.2.1　酶蛋白合成的诱导和阻遏

酶的化学本质是蛋白质，酶的合成也就是蛋白质的合成。酶的底物或产物、激素以及药物等都可以影响酶的合成。一般将加强酶合成的化合物称为诱导剂，减少酶合成的化合物称为阻遏剂。诱导剂和阻遏剂可在转录水平或翻译水平影响蛋白质的合成，但以影响转录过程较为常见。这种调节作用要通过一系列蛋白质生物合成的环节，故调节效应出现较迟缓。但一旦酶被诱导合成，即使除去诱导剂，酶仍能保持活性，直至酶蛋白降解完毕。因此，这种调节的效应持续时间较长。现对原核生物和真核生物的酶蛋白合成的诱导和阻遏分述如下。

（1）原核生物：主要是转录水平调控，存在以下的调控机制。

① 操纵子模型：包括结构基因和控制部位。大肠杆菌的乳糖操纵子包括三个结构基因：结构基因 lacZ 编码分解乳糖的 β-半乳糖苷酶、lacY 编码吸收乳糖的 β-半乳糖苷透性酶和 lacA 编码 β-半乳糖苷转乙酰酶。操纵基因可与调节基因编码的阻遏蛋白结合，抑制转录。乳糖或其他诱导物可使阻遏蛋白变构，解除抑制。

② 降解物阻遏：有些调节基因起正调节作用，如腺苷酸受体蛋白，可被环腺苷酸活化，作用于启动子，促进转录。葡萄糖的降解物对乳糖、阿拉伯糖等操纵子有阻遏作用，称为降解物阻遏。葡萄糖的降解物可抑制腺苷酸环化酶，活化磷酸二酯酶，降低环腺苷酸浓度，从而抑制转录。

③ 衰减子：可终止和减弱转录。色氨酸操纵子的转录需要使核糖体结合在转录产物的特定部位，才能产生合适的构象以继续转录。前导 RNA 可合成前导肽，当只缺少色氨酸时，核糖体停留在色氨酸密码子处，破坏衰减子的终止作用，转录可继续。

④ 生长速度的调节：生长速度由蛋白质合成速度控制，快速生长时核糖体数量增加。缺乏氨基酸时核糖体 RNA 和转运 RNA 的合成显著下降，关闭大部分代谢活性，称为严紧控制。未负载转运 RNA 与核糖体结合后引起鸟苷四磷酸和鸟苷五磷酸的合成，抑制核糖体 RNA 的转录起始，并增加 RNA 聚合酶在转录中的暂停，减缓转录。

⑤ 基因表达的时序控制：λ 噬菌体的发育阶段由几个调节蛋白作用于不同的启动子和终止子而调控，早期基因的表达可打开后期基因，在后期又可关闭早期基因，使遗传信息按时序表达。

⑥ 翻译水平的调控：a. 翻译能力的差异：由 5′ 端的核糖体结合部位（SD 序列）决定，而且用常见密码子的信使 RNA 翻译较快。多顺反子 RNA 各个编码区的翻译频率和速度可以不同。b. 翻译阻遏：核糖体游离蛋白对自身的翻译有阻遏作用，可以使其蛋白与 RNA 相适应。c. 反义 RNA：与信使 RNA 序列互补，结合后抑制其翻译。可用于抑制有害基因的表达。

（2）真核生物：存在多级调节，即多水平调节，并特有长期调控。

① 转录前调节：通过改变 DNA 序列和染色质结构而影响基因表达。a. 染色质的丢失：某些低等真核生物在发育早期可丢失一半染色质，生殖细胞除外，如红细胞成熟时细胞核丢失。b. 基因扩增：细胞在短期内大量产生某一基因的拷贝，如发育时核糖体基因的扩增。c. 染色体 DNA 序列重排：淋巴细胞成熟时抗体基因重排，可产生许多种抗体分子。d. DNA 修饰和异染色质化：高等动物常用异染色质化的方法永久关闭不需要的基因。甲基化可改变染色质结构、DNA 构象、稳定性及与蛋白质作用方式，非活性区甲基化程度高，去甲基化能诱导基因的重新活化。

② 转录活性的调节：分两步，先活化，再与其他因素作用。a. 染色质的活化：使基因区呈疏松状态。b. 激素的诱导：固醇类激素进入细胞核，与非组蛋白作用，促进转录。c. 增强子：与启动子位置无关，无方向性。

③ 转录后调节：mRNA 加"帽子"和"尾巴"可延长寿命，选择性剪接、RNA 编辑可产生不同的信使 RNA。

④ 翻译水平调节：主要是控制稳定性和有选择地翻译。某些蛋白因子可起保护作用，翻译控制 RNA 可与之形成双链，抑制翻译；对 eIF2 的磷酸化也可抑制翻译。

⑤ 翻译后的调节：翻译后加工也有调控作用。不同的加工方式可产生不同蛋白。将蛋白转变为易降解的形式，促进水解也是调控手段。

12.4.2.2 酶分子降解的调节

细胞内酶的含量也可通过改变酶分子的降解速度来调节。饥饿情况下，精氨酸酶的活性增加，主要是由于酶蛋白降解的速度减慢所致。饥饿也可使乙酰辅酶 A 羧化酶浓度降低，这除了与酶蛋白合成减少有关外，还与酶分子的降解速度加强有关。苯巴比妥等药物可使细胞色素 B$_5$ 和 NADPH-细胞色素 P450 还原酶降解减少，这也是这类药物使单加氧酶活性增强的一个原因。

酶蛋白受细胞内溶酶体中蛋白水解酶的催化而降解，溶酶体的蛋白水解酶可催化酶蛋白的降解。因此，凡能改变蛋白质水解酶活性或蛋白质水解酶在溶酶体内的分布的因素，都可间接影响酶蛋白的降解速率。除溶酶体外，细胞内还存在蛋白酶体，由多种蛋白水解酶组成，当待降解的酶与泛肽结合而被泛肽化即可使该酶蛋白迅速降解。如大肠杆菌在指数生长期，蛋白酶的总活性较低，但当大肠杆菌由于营养缺乏而处于静止期时，便诱导合成蛋白水解酶，分解细胞内不需要的蛋白质；植物种子在萌发时蛋白酶的合成速度也明显增加，用于分解种子中的储藏蛋白质供幼苗生长。目前认为，通过酶蛋白的降解来调节酶含量远不如酶蛋白合成的诱导和阻遏重要。

参考文献

[1] 陈丙莺，陈子兴. 分子生物学基础与临床. 南京：东南大学出版社，2000.

[2] 丁国英，王招娣，李崇勇. 医用生物化学. 南京：东南大学出版社，1999.

[3] 高天祥，田竟生. 医学分子生物学. 北京：科学出版社，1999.

[4] Hames D B, Hooper N M. 生物化学. 第2版. 北京：科学出版社，2003.

[5] 李建武等. 生物化学原理和方法. 北京：北京大学出版社，2000.

[6] 卢忠心. 脱氧核酶及其应用进展. 国外医学：分子生物学分册，2003，25（3）：282-285.

[7] 罗纪盛，张丽萍等. 生物化学简明教程. 第3版. 高等教育出版社，1999.

[8] 毛华伟，赵晓东，杨锡强. 脱氧核酶研究进展. 中国生物工程杂志，2003，23（4）：43-47.

[9] 孙册，莫汉庆. 糖蛋白与蛋白聚糖结构、功能和代谢. 北京：科学出版社，1988.

[10] 孙志贤. 现代生物化学理论与研究技术. 北京：军事医学科学出版社，1995.

[11] 童坦君. 生物化学. 北京：北京大学医学出版社，2003.

[12] 王德宝，祁国荣. 核酸结构、功能与合成. 北京：科学出版社，1987.

[13] 王鄂生. 代谢调控. 北京：高等教育出版社，1990.

[14] 王金胜. 基础生物化学. 北京：中国林业出版社，2003.

[15] 王联结. 生物化学与分子生物学原理. 修订版. 北京：科学出版社，2002.

[16] 王希成. 生物化学. 北京：清华大学出版社，2001.

[17] 吴显荣. 基础生物化学. 第2版. 北京：中国农业出版社，1999.

[18] 吴耀生. 新编生物化学实验. 北京：人民卫生出版社，2002.

[19] 伍欣星等. 医学分子生物学原理与方法. 北京：科学出版社，2000.

[20] 徐晓利，马涧泉. 医学生物化学. 北京：人民卫生出版社，1998.

[21] 于自然，黄泰熙. 现代生物化学. 北京：化学工业出版社，2001.

[22] 喻红. 医学生物化学与分子生物学实验技术. 武汉：武汉大学出版社，2003.

[23] 张楚富. 生物化学原理. 北京：高等教育出版社，2004.

[24] 张洪渊. 生物化学教程. 第3版. 成都：四川大学出版社，2002.

[25] 张龙翔，张庭芳，李令媛. 生物化学实验方法和技术. 第2版. 北京：高等教育出版社，1997.

[26] 张曼夫. 生物化学. 北京：中国农业大学出版社，2002.

[27] 张迺蘅. 生物化学. 第2版. 北京：北京医科大学出版社，1999.

[28] 张钦宪，何亚娅，李平法. 医学分子生物学. 郑州：郑州大学出版社，2002.

[29] 周俊宜. 分子生物学基本技能和策略. 北京：科学出版社，2003.

[30] Buchanan B B, Gruissem W, Jones R L. Biochemistry & Molecular Biology of Plants. 影印版. 北京：科学出版社，2002.

[31] Conn, E E, Stumpf, P K, Bruening, G. Dol, R H. Outlines of Biochemistry, 5/E, John Wiley & Sons, Inc. , 1987.

[32] Donald V, Judith G V. Biochemistry. 2nd ed. New York：John Wiley & Sons, Inc. , 1995.

[33] Garrett R H, Grisham C M. 生物化学. 第2版. 影印版. 北京：高等教育出版社，2002.

[34] Hames B D, Hooper N M, Houghton J D. Instant Notes in Biochemistry. BIOS Scientific Publishers Limited, London, 1997.

[35] Lehninger A L. Principle of Biochemistry. 2nd ed. New York：Worth Publishers. 1993.

[36] Lubert Stryer. 生物化学. 唐有祺等译. 北京：北京大学出版社，1990.

[37] Marschner H. Mineral Mutrition of Higher Plants. 2nd ed. Academic Press, 1995.

[38] Mathews C K, Yan Holde K E, Ahern K G. Biochemistry. 3rd ed. San Francisco：Benjiamin Cummings, an inprint of Addison Wesley Longman, Inc. , 2000.

[39] McKee T, McKee J R. 生物化学导论. 第2版. 北京：科学出版社，2003.

[40] Nelson D L, Lehninger A L, Cox M M. Principles of Biochemistry. New York：Worth Publishers，2000.

［41］Stryer L. Biochemistry. 3th ed. New York：W. H. Freeman and Company，1995.

［42］Trudy Mckee. 生物化学导论. 北京：科学出版社，2000.

［43］Voet D，Voet J D，Pratt C W. 基础生物化学. 朱德煦，郑昌学译. 北京：科学出版社，2003.

［44］Watson J D，Hopkins N H，Roberts J W et al. Molecular Biology of Gene. 4th ed. The Benjamin/Cummings Publishing Company，Inc. ，1987.